"十二五"职业教育国家规划教材

经全国职业教育教材审定委员会审定 高职高专教材

荣获中国石油和化学工业优秀出版物奖（教材类）一等奖

HUAGONG
JIBEN
SHENGCHAN
JISHU

# 化工基本生产技术

## 第二版

◎ 卞进发 彭德厚 主编 ◎ 王一男 副主编 ◎ 程桂花 主审

U0392014

化学工业出版社

·北京·

《化工基本生产技术》第二版基本保留了第一版教材的编排体系和框架结构，以化工产品的生产技术为主线，从产品的市场调研、生产过程技术经济评价、项目确定到立项，从原料的选用到反应过程、产物的分离和精制、储存、包装和运输，从生产技术规程到岗位操作法的制订和组织实施，分别介绍了：化工生产基本过程、化工生产基础理论、典型化工产品生产技术、化工装置开停车技术、化工安全与环保技术和四个项目式教学案例。全书共 7 章，为了方便读者学习，在每章、节前精心安排了知识目标、能力（技能）目标和素质目标，文中穿插了大量的具有启发性的问题、练习等插件，在相关章节安排了利用 ChemCAD 解决化工生产过程的计算问题、通过登录给定网址进行乙烯装置热区分离工艺开车仿真练习，章、节后精心设计了知识拓展和综合练习等内容。本书力求体现以生产过程为导向、以基础理论知识为载体、面向实际、引导思维、启发创新的原则。通过对本书的学习，读者既可以获取化工生产的基本知识、熟悉化工生产过程中的基本操作、增强安全环保和责任关怀意识，又可提高分析问题和解决问题的能力，同时还可以了解化工生产技术的现状及发展趋势。

本书为高职高专化工生产技术类专业教材，也可作为非化工生产技术专业和相关专业的化学工艺课程和化工企业职工培训教材，亦可供本科院校学生及从事化工生产、设计的工程技术人员参考。

**图书在版编目（CIP）数据**

化工基本生产技术/卞进发，彭德厚主编. —2 版.
北京：化学工业出版社，2015.6 （2024.10重印）
"十二五"职业教育国家规划教材 高职高专教材
ISBN 978-7-122-23660-9

Ⅰ.①化… Ⅱ.①卞…②彭… Ⅲ.①化工生产-生
产技术-高等职业教育-教材 Ⅳ.①TQ06

中国版本图书馆 CIP 数据核字（2015）第 079171 号

责任编辑：窦　臻　　　　　　　　　　文字编辑：丁建华
责任校对：王素芹　　　　　　　　　　装帧设计：刘剑宁

出版发行：化学工业出版社（北京市东城区青年湖南街 13 号　邮政编码 100011）
印　　装：河北延风印务有限公司
787mm×1092mm　1/16　印张 21¼　字数 520 千字　2024 年 10 月北京第 2 版第 9 次印刷

购书咨询：010-64518888　　　　　　　　售后服务：010-64518899
网　　址：http://www.cip.com.cn
凡购买本书，如有缺损质量问题，本社销售中心负责调换。

定　　价：56.00 元

　　伴随经济的不断发展，化工生产技术领域发生了显著变化。新技术、新工艺不断出现，生产化工产品所需要的能源、原料格局也在发生着重大改变。本书作为"十二五"职业教育国家规划教材，为了体现行业发展要求、对接职业标准和岗位要求，培养掌握生产基本技术、能应用技术解决具体问题的高技能人才，以适应社会经济发展的需要，编者在本书第一版内容基础上，结合对企业走访、调研以及多次课堂教学中发现的问题，进行了适当修订。

　　按照教育部职成司《关于"十二五"职业教育国家规划教材选题立项的函》的要求，并结合了 2013 年 10 月，本书编写成员在徐州工业职业技术学院召开《化工基本生产技术（第二版）》教材编写研讨会会议纪要精神，在保留原教材整体结构、主要内容基本不变的情况下对本教材进行了修订，修订后的第二版教材的突出特点如下：

　　一是新。各章节内容结合当前的新技术、新工艺、新方法、新理念、新的统计数据等方面进行更新，做到增删结合、注重创新。

　　二是实。编者深入多家代表性的企业进行调研。在企业通过与技术人员及生产操作人员进行深入的交流与研讨，掌握了大量的生产一线技术资料，为修订教材内容积累了丰富的素材，使得本版教材内容更加实用，生产实际知识得以加强。

　　三是突出重点。为适应我国能源、资源的开发利用，突出了煤化工、煤制甲醇、煤制烯烃技术。

　　四是练。教材不仅更加注重对学生职业能力的综合训练，如在章或节后增加了旨在帮助读者理解掌握知识、应用知识解决实际问题、提高职业能力的自测题；而且强化对学生行业素质的训练，将"责任关怀"理念贯穿于化工基本生产技术之中，旨在培养学生的行业责任意识。

　　本书包括绪论、化工生产基本过程、化工生产基础理论、典型化工产品生产技术、化工装置开停车技术、化工安全与环保技术、项目式教学案例等主要内容。

　　本书由卞进发和彭德厚任主编、王一男任副主编，其中第一章，第四章第一、七节，第七章由南京科技职业学院（原南京化工职业技术学院）卞进发、王一男编写；第二章、第五章由徐州工业职业技术学院彭德厚编写；第三章、第四章第六节由常州工程职业技术学院陈群编写；第四章第四节、第六章由河北化工医药职业技术学院李永真编写，第四章第二、五节由徐州工业职业技术学院李蕾编写，第四章第三节由李永真和李蕾编写，全书由卞进发统稿。

　　本书由河北化工医药职业技术学院程桂花教授担任主审，并对教材的编写倾注了大量的心血，付出了艰辛的劳动，提出了十分宝贵的意见，在此表示特别的感谢！在编写过程得到了化学工业出版社、参编学校的领导和专业老师，中石化扬子公司教授级高级工程师贡保仁，扬子巴斯夫有限责任公司烯烃装置经理杨建平工程师的大力支持和帮助，在此表示真诚的感谢。

　　由于编者的水平有限，难免疏漏，敬请应用此书的老师和学生们批评指正，共同为高职教材建设出力。

编者

2015 年 3 月

# 第一版前言

化学工业在国民经济建设和提高人民物质文化生活方面，已经发挥越来越重要的作用，显现出无限的生机与活力。随着化学工业的发展和进步，迫切需要一本符合高职高专教学特色，内容基本涵盖化工过程的生产技术，并能反映出当代先进的化工生产技术的专业教材，以适应高职高专院校应用化工生产技术、有机化工生产技术、精细化学品生产技术等化工生产技术类专业学生的需要。

本书可作为化工类各不同专业方向的一门专业主干课选用教材。该课程既可以作为专业课的前置课，又可以作为专业课开设。作为专业课的前置课时，学过本门课后再进行其他不同专业方向的专业课学习；作为专业课开设，学生学完该门课程之后，其他不同专业方向的专业课完全可以通过选学或者自学完成。选学在学校完成，自学可在顶岗实习或工作岗位上完成，根据实际工作需要，用什么学什么，学用结合。

本书具有四个特点。

一是实。真实地反映化工生产场境，以生产过程为主线，从产品调研、项目确定到立项，从生产技术规程到岗位操作法，从原料的选用到反应过程、产物的精制、储存、包装、商品化等，构建成一个完整真实的化工生产场境。

二是新。突出高职教育新理念，教师可以设计一个产品为贯穿项目，通过项目式教学设计案例（本书第七章）组织教学，学生可以通过想一想、练一练、查一查等多种形式，融"教、学、做"为一体，培养学生的职业能力。

三是精。文字简洁、内容精练，每章、节前精心安排了知识目标、能力（技能）目标和素质目标，文中穿插了大量的具有启发式插件，章、节后精心设计了拓展知识和综合练习。不仅可以提高学生的学习兴趣、拓宽知识面，还可培养学生热爱化工，立志献身祖国化学工业的精神。

四是活。教学手段灵活，教材内容既可以在课堂，也可以在实训中心，还可以在生产现场组织教学；教学方式灵活，既有启发式插件元素，又有讨论式的典型案例，还有理实结合的读图、识图、开停车和常见事故处理的练习；同时教材中各章节均为教师和学生提供了独立思考的平台、空间。

全书包括绪论、化工生产基本过程、化工生产基础理论、典型化工生产技术、化工装置开停车技术、化工安全与环保技术、项目式教学案例等主要内容。

全书由南京化工职业技术学院卞进发和徐州工业职业技术学院彭德厚主编，其中第一章，第四章第一、五节，第七章由南京化工职业技术学院卞进发、王一男编写；第二章、第五章由徐州工业职业技术学院彭德厚编写；第三章、第四章第四节由常州工程职业技术学院陈群编写；第四章第二、三节，第六章由河北化工医药职业技术学院李永真编写，全书由卞进发统稿。

本书由河北化工医药职业技术学院程桂花担任主审，并对教材的编写倾注了大量的心血，付出了艰辛的劳动，提出了十分宝贵的意见，在此表示特别的感谢！在编写过程中得到了化学工业出版社、参编学校的领导和专业老师的大力支持和帮助，尤其是南京化工职业技术学院张小军老师、徐建良老师分别对全书的英文部分和部分章节进行了精心的审定修改，在此表示真诚的感谢。

为方便教学，本书配有内容丰富的电子课件，使用本教材的学校可以与化学工业出版社联系（cipedu@163.com），免费索取。

本书可以作为高职高专化工生产技术类（化工工艺类）专业的专业课教材，也可以作为非化工生产技术类（非化工工艺类）专业的专业基础课教材。

由于编者的水平有限，难免存在各种问题，敬请应用此书的老师和学生们斧正，共同为高职教材建设出力。

编者
2010 年 4 月

# 目 录

# 第一章 绪 论

## Introduction

## 第一节 化工生产技术概述

### Summary of Chemical Production Technology

化学工业（chemical industry）亦称化学加工业，泛指生产过程中化学方法占主要地位的制造工业。由原料到化学产品的转化要通过化学工艺来实现。化学工艺即化工技术或化工生产技术（chemical production technology），指将原料物质主要通过化学反应转化为产品的方法和过程，包括实现这种转变的全部化学和物理的措施。通常将具有共性的化工产品的生产方法和过程称为化工基本生产技术（basic chemical production technology）。它可归纳为两类，即单元反应技术（cell reaction）与单元操作技术（unit operations technology）。单元反应技术包括烃类裂解技术、羰基合成技术、氧化技术、聚合技术等。单元操作技术包括：流体输送、非均相分离、传热、蒸发、精馏、干燥、吸收等技术。由于化工生产技术密集，产品化学结构复杂，纯度要求高，质量要求严格，因此要求化工行业从业人员，特别是生产企业的一线操作人员、技术人员和管理人员，必须掌握化工基本生产技术，才能研究、开发、生产出品种新、质量好的化工产品。

随着科学技术与国民经济的发展，化工生产技术的范围也在不断扩大，如生产过程中的过程控制与优化技术、环境与安全控制技术及节能减排技术等，只要涉及化工生产的，都可以列入化工生产技术的范畴，形成如化工生产自动化技术、化工生产过程模拟技术、化工生产环境治理技术、化工生产安全技术等。

通常所说的化工生产技术主要指依据化学反应原理和规律实现化学品生产的工业技术。

# 一、化工生产技术的发展简史 (The Development Brief History of Chemical Production Technology)

## 1. 世界化工生产技术发展简史

世界化工生产技术的发展，从生产方法、生产方式、控制技术等方面，经历了由手动到自动，由间歇到连续，由自动化到智能化的漫长发展阶段。大致可分为古代、近代和现代三阶段。

**古代的化学加工业**　这时期的化工生产技术处于萌芽阶段，人们经过实践-认识-探索-再实践，经验积累-归纳提炼-推广应用的循序渐进过程。从而使化工生产技术基本形成。

远古时期，火的利用不仅是人类文明的起点，也是人类化学化工生产史的第一个伟大发现和发明。火第一次使人支配了一种自然力，最终把人从原始人进化为现代人成为可能。

（1）最早的化工生产技术——硅酸盐的生产　大约1万年前，人类进入新石器时代，相对来说，这一时期人类使用的生产工具有了很大的改进，发展到一个新的水平，人们开始过着比较稳定的定居生活，因而需要更多更好的与之相适应的生产生活用具，陶器正是为满足这种社会经济生活的需要而产生的。

陶器具体是什么时候产生的，确实很难考证。仅从考古学家发掘实物的研究表明，人类最初是随意使用黏土，后来是有意识选择，进而用淘洗的方法除去黏土中的沙粒、石灰和其他杂质，经反复烧制后的陶器，表面逐渐光滑而美观，使粗陶逐渐过渡到细陶。陶器的发明，在制造技术上是一个重大突破。制陶过程改变了黏土的性质，使黏土的成分二氧化硅、三氧化二铝、碳酸钙、氧化镁等在烧制过程中发生了一系列的化学变化，这一生产技术使陶器具备了防水耐用的优良性质。

随着制陶工艺的不断改进，生产技术的不断进步，约公元前1500年，完成了从陶器向瓷器的过渡，使中国成为世界上最早发明瓷器的国家。

玻璃的发现在科学发展史上的地位至关重要，人们可以将玻璃制作成显微镜观察微观世界，也可做成望远镜用于天体研究，观察广阔的宏观世界和宇宙。

约公元前2600年，玻璃产生于美索不达米亚（现今伊拉克）或埃及的早期文明中心地之一。

中国的玻璃出现虽然比埃及晚，但它萌芽于商代，最迟在西周已开始烧制。《穆天子传》载，周穆王登采石之山，命民采石铸以为器，就是烧制玻璃。到了战国时期已生产出真正意义上的玻璃。我国古代的玻璃制造技术大致可分为四个阶段：一是早期原始玻璃，大约在西周至春秋时期，这时期主要有珠、管、剑饰等；二是早期玻璃，即战国至西汉，玻璃已脱离原始状态，如玻璃璧、耳珰，玻璃耳杯、盘、碗等；三是中期玻璃，从唐代至元代，主要有铅钡玻璃和高钾低镁玻璃；四是明清时期，这一时期主要生产玻璃瓶、玻璃罐等。

从烧制陶瓷到玻璃的制作过程中，人们不断改进对原料的选择和精制、烧制温度和空气的控制、对烧制设备的设计等技术，这些都是化工生产技术中最重要的环节和影响因素。

（2）金属冶炼技术　约公元前3800年，伊朗就开始将铜矿石（孔雀石）和木炭混合在一起加热，得到金属铜。到了公元前3000～前2500年出现了质地坚硬的青铜（铜和锡），青铜适合制造生产工具、兵器、铜币、乐器等。如殷朝前期的"司母戊"鼎。它是一种礼器，是世界上迄今出土的最大的青铜器。随州出土的战国时代编钟，是古代在音乐史上的伟大创举。因此，青铜器的出现，推动了当时农业、兵器、金融、艺术等方面的发展，使社会文明向前推进了一步。

（3）酿造技术　酿造是利用发酵的方法，使有机物质发生化学变化的加工技术。发酵是在微生物所分泌的酶的影响下进行的化学变化。

当时的人们利用含有糖分的粮食和水果制作发酵饮料，并利用酿制的方法，来保存提高粮食与果类的营养价值。由于酒类饮料特有的芳香、营养，并能使人发生快感，所以酒逐渐在人类历史的进程和技术发展上扮演起重要的角色，并促进了农业和粮食处理技术的发展。

利用发酵还可以制备醋、酱、酱油等许多其他产品。西方公元前3000年就利用酶菌和细菌把牛乳中的蛋白质制成干酪，至今仍是欧洲人喜欢的美食。目前，工业上利用发酵技术制造乙醇、丙醇、丁醇、丙酮、乳酸、醋酸、柠檬酸等许多产品，医药工业上制造青霉素等许多抗生素产品。

**近代化学加工业**　这一时期的化工生产技术已由作坊式向工厂化转化，控制方式也从手动向电动、由电动到自控转化，是化工生产技术的发展时期。

1740年，英国的瓦尔德（Wald）将硫黄、硝石在玻璃容器中燃烧，再和水反应得到硫酸。1746年英国的劳伯克（Roeback）用铅室代替玻璃容器并于1749年建厂，这是世界上诞生的第一个近代典型化工厂。

1791年N. 吕布兰（Nicolas Lebla）在法国科学院悬赏之下，获取专利，以食盐为原料制得纯碱，并建起了第一个碱厂，也带动了硫酸工业的发展。生产中产生的氯化氢用以制盐酸、氯气、漂白粉等为产业界所急需的物质，纯碱又可苛化为烧碱，把原料和副产品都充分利用起来，这是当时化工企业的创举；用于吸收氯化氢的填充装置，煅烧原料和半成品的旋转炉，以及浓缩、结晶、过滤等用的设备，逐渐运用于其他化工企业，为化工单元操作奠定了基础。吕布兰法于20世纪初逐步被索尔维法取代。19世纪末叶出现电解食盐的氯碱工业。这样，整个化学工业的基础——酸、碱的生产已初具规模。

 写出上文中提到的"吕布兰法"、"索尔维法"所涉及的反应方程式，并用自己的话说明一下技术进步的地方有哪些。

19世纪化工生产技术发展很快，其中包括煤化工技术，1812年干馏煤气开始用于街道照明。1825年英国建成第一个水泥厂，它标志着现代硅酸盐的开始。1839年美国人固特异（G. Goodyear）生产出第一个人工加工的高分子橡胶，即用硫黄硫化天然橡胶，应用于轮胎及其他橡胶制品。1856年英国人柏金（W. H. Perkin）生产出第一个合成染料苯胺紫。1860

年在美国建成第一个炼油厂。瑞典发明家诺贝尔（A. B. Nobel）1862 年建成了第一个硝化甘油厂，1863 年发明 TNT、1867 年发明雷汞雷管等。1872 年美国建成第一个人工加工高分子塑料（赛璐珞）的工厂。1890 年德国建成第一座隔膜电解制氯气和烧碱的工厂。1891 年法国建成第一个人造纤维素（硝酸纤维）工厂。其后三大合成材料制品已相继问世，标志着合成材料的生产技术已进入新的开端。

 这一时期的化工生产技术，在装置规模和控制技术方面有哪些进展？举一实例。

**现代化学加工业** 这个时期的化工生产技术发展迅猛。主要体现在，生产装置单体系列产量最大化、过程连续化、自动化、智能化。

从 20 世纪初至 60～70 年代是化学加工业真正成为大规模生产的主要阶段，一些主要领域都是在这一时期形成的。合成氨和石油化工得到了发展，高分子化工进行了开发，精细化工逐渐兴起。这个时期，英国 G. E. 戴维斯和美国的 A. D. 利特尔等人提出单元操作的概念，奠定了化学工程的基础。它推动了化工生产技术的发展，无论是装置规模，或产品产量都增长很快。

（1）合成氨生产技术 1913 年德国的化学家哈伯和工业化学家博施，用物理化学的反应平衡理论，提出氮气和氢气直接合成氨的催化方法，以及原料气与产品分离后，经补充再循环的设想，进一步解决了设备问题。因而使德国能在第一次世界大战时建立第一个合成氨工厂，这是化工生产技术实现高压催化反应的第一个里程碑。

合成氨生产技术，由传统型蒸汽转化制氨生产技术，到低能耗制氨生产技术，发展为装置单系列产量最大化等三个阶段。

① 传统型蒸汽转化制氨生产技术 传统型合成氨工艺以凯洛格（Kellogg）工艺为代表，以两段天然气蒸汽转化为基础，包括：合成气制备（有机硫转化和 ZnO 脱硫＋两段天然气蒸汽转化）、合成气净化（高温变换和低温变换＋湿法脱碳＋甲烷化）、氨合成（合成气压缩＋氨合成＋冷冻分离）。Kellogg 传统合成氨工艺首次在合成氨装置中应用了离心式压缩机，并将装置中工艺系统与动力系统有机结合起来，实现了装置的单系列大型化（无并行装置）和系统能量自我平衡（即无能量输入），是传统型制氨工艺的最显著特征，成为合成氨工艺的"经典之作"。

② 低能耗制氨生产技术 具有代表性的低能耗制氨生产技术有 4 种：Kellogg 公司的 KREP 生产技术、布朗（Braun）公司的低能耗深冷净化生产技术、德国伍德（UHDE）与英国帝国化学公司（ICI）合作的 AMV 生产技术、托普索（Topsøe）生产技术。与 4 种代表性低能耗生产技术同期开发成功的生产技术还包括：①以换热式转化生产技术为核心的 ICI 公司 LCA 生产技术、Kellogg 公司的 KRES 生产技术等；②基于"一段蒸汽转化＋等温变换＋PSA"制氢生产技术单元和"低温制氮"生产技术单元，再加上高效氨合成生产技术单元等成熟技术结合而成的德国林德（Linde）公司 LAC 生产技术；③以"钌基催化剂"为核心的 Kellogg 公司的 KAPP 生产技术。

③ 装置单系列产量最大化 20 世纪 80 年代投产的世界级合成氨装置的平均产量为 1120t/d，随后投产的世界级合成氨装置的产量大多已接近 2000t/d，且主要按照现有技术进行放大。而德国伍德（UHDE）公司已经推出了日产 3300t 合成氨技术，美国凯洛格·布朗·路特

（KBR）集团、托普索（Topsøe）、鲁奇（Lurgi）公司均推出了日产2000t合成氨技术。

合成氨技术的发展，将会继续紧密围绕"降低生产成本、提高运行周期，改善经济性"的基本目标，进一步集中在"大型化、低能耗、结构调整、清洁生产、长周期行"等方面进行技术的研究开发。

合成氨生产技术的发展过程中，烃类蒸汽转化催化剂、一氧化碳变换催化剂、甲烷化催化剂、氨合成催化剂的使用现状及发展趋势。

（2）石油化工生产技术　1920年美国新泽西标准石油公司采用了C.埃利斯发明的丙烯水合制异丙醇生产技术，这是大规模发展石油化工的开端。1939年美国标准油公司开发了临氢催化重整技术，成为芳烃的重要来源。1941年美国建成第一套以炼厂气为原料的管式裂解炉制乙烯的技术装置，使烯烃等基本有机化工原料有了丰富、廉价的来源。第二次世界大战以后，化工产品市场扩大，化工生产技术不断发展，由于石油可提供大量廉价有机化工原料，逐步形成石油化工生产技术。甚至不产石油的地区，如西欧、日本等也以原油为原料，发展石油化工，同一原料或同一产品，各化工企业却有不同的工艺路线或不同催化剂，由于基本有机原料及高分子材料单体都以石油化工为原料，所以人们以乙烯的产量作为衡量有机化工的标志。20世纪80年代，90％以上的有机化工产品来自石油化工。例如，氯乙烯、丙烯腈等，由以电石乙炔为原料，改用氧氯化法生产技术，以乙烯生产氯乙烯，用丙烯氨氧化法生产丙烯腈。

石油化工生产技术的发展史。完成一篇石油炼制生产技术中常减压蒸馏技术、烃类裂解制乙烯生产技术中的裂解技术的生产规模和控制技术方面的发展状况调研报告。

（3）高分子化工生产技术　20世纪30年代，建立了高分子化学体系，合成高分子材料得到迅速发展。1931年氯丁橡胶在美国实现工业化，1937年德国法本公司开发丁苯橡胶获得成功，1937年聚己二酰己二胺（尼龙66）合成工艺诞生，并于1938年投入工业化生产，用熔融法纺丝，因其有较好的强度，用作降落伞及轮胎用。随着高分子化工生产技术的蓬勃发展，涤纶、维尼纶、腈纶等陆续投产，也因为有石油化工作为原料保证，人造纤维逐渐占据了天然纤维的大部分市场。塑料方面，开发出的酚醛树脂是当时优异的绝缘材料，迄今仍为塑料中的大品种，30年代后，新品种不断出现，出现了醇酸树脂等热固性树脂。1939年高压聚乙烯用于海底电缆及雷达，低压聚乙烯、等规聚丙烯的开发成功，为民用塑料开辟了广泛的用途，这是齐格勒、纳塔研制的催化剂为高分子化工所作出的极大贡献。这一时期还出现耐高温，抗腐蚀的材料，如聚四氟乙烯。

到20世纪40年代实现了腈纶、涤纶纤维的生产，50年代形成了大规模生产塑料、合成橡胶和合成纤维的产业，人类进入了"三大合成"材料新时代，进一步推动了工农业生产和科学技术的发展，人类生活水平得到了显著的提高。

上述有关高分子化工生产技术中出现的化学物质，你能写出其结构式吗？

（4）精细化工生产技术　在石油化工和高分子化工发展的同时，为满足人们生活的更高需求，产品批量小、品种多、性能优良、附加值高的精细化工也很快发展起来。

在染料方面，发明了活性染料，使染料与纤维以化学键相结合。合成纤维及其混纺织物需要新型染料，如用于涤纶的分散染料、用于腈纶的阳离子染料、用于涤棉混纺的活性分散染料。此外，还有用于激光、液晶、显微技术等特殊染料。在农药方面，20世纪40年代瑞士P.H.米勒发明第一个有机氯农药滴滴涕之后，又开发出一系列有机氯、有机磷杀虫剂，后者具有胃杀、触杀、内吸等特殊作用。此外，还有施后要求高效低毒或无残毒的农药，如仿生合成的拟除虫菊酯类。60年代，杀菌剂、除草剂发展极快，出现了一些性能很好的品种，如吡啶类除草剂、苯并咪唑杀菌剂等。此外，还有抗生素农药，如我国1976年研制成的井冈霉素用于抗水稻纹枯病。医药方面，在1910年法国P.埃尔利希制成砷制剂"606"（根治梅素的特效药）后，又在结构上改进制成"914"。30年代的磺胺药类化合物、甾族化合物等都是从结构上改进，发挥出特效作用。1928年，英国A.弗莱明发现青霉素，开辟了抗生素药物的新领域。以后研究成功治疗生理上疾病的药物，如治心血管病、精神病等的药物，以及避孕药。此外，还有一些专用诊断药物问世。涂料工业摆脱天然油漆的传统，改用合成树脂，如醇酸树脂、环氧树脂、丙烯酸树脂等，以适应汽车工业等高级涂饰的需要。第二次世界大战后，丁苯胶乳制成水性涂料，成为建筑涂料的大品种。采用高压无空气喷涂、静电喷涂、电泳涂装、阴极电沉积涂装、光固化等新技术，可节省劳力和材料，并从而发展了相应的涂料品种。当今，化学工业的发展重点之一就是进一步综合利用资源，充分、合理、有效地利用能源，提高化工生产的精细化率和绿色化水平。

发展新技术、新工艺，开发新产品，增加高附加值产品的品种和产量，深受世界各国的高度重视。新材料的开发与生产已成为推动科技进步、培植经济新增长点的一个重要领域；设计和制备复合材料、信息材料、纳米材料以及高温超导体材料等，必须运用化工生产技术。可见，不断创新的化工生产技术在新材料的制造中发挥了关键作用。同时，化学工程与生物技术相结合，引起了世界各国的广泛重视，已经形成具有宽广发展前景的生物化工技术产业，给化学工业增添了新的活力。

### 2. 我国化工生产技术发展简史

我国利用化学的方法制造食品和生活用品的历史悠久。从远古的粮食发酵酿酒到烧结黏土制造陶素、陶瓷；从公元前1000年已经掌握用木炭还原铜矿石（孔雀石）的炼铜技术到编钟制备；从唐朝时代发明黑火药到公元105年蔡伦发明推广的造纸技术等。充分说明中国人民对人类文明进步，对经济和科学文化的发展起了重大的推动作用。

由于历史的原因，我国化学工业起步较晚，化工生产技术的发展大致分为三个阶段。

(1) 1949年前的化学工业　这一时期，我国化工生产技术基本形成，已初步开发或引进规模化生产装置，主要以民族资本和国外资本为主体。

1876年，我国最早的铅室法硫酸生产装置，在天津机械局淋硝厂投产，这是我国第一个现代化化工厂。第一次世界大战期间，我国民族资本企业在沿海城市得到发展，建成了一批生产轻化产品的化工企业。规模较大的有1915年在上海创办的开林油漆厂，归国华侨在广州开办的"广东兄弟创制树胶公司"。随即，在上海、天津、青岛等地陆续建成了一些染料厂、油漆厂、肥皂厂和药品加工厂等。

直到抗日战争时期，我国的民族资本化工企业主要有：范旭东创办的天津永利系统和吴蕴初创办的上海天原系统，当时被称为"北范南吴"。

永利制碱公司（后改名为永利化学工业公司）是范旭东先生在1917年创办，1919年在塘沽建成永利碱厂，采用索尔维法（Solvay process）生产纯碱。1921年范旭东邀请当时在美国的化学家侯德榜回国，从事制碱技术的研究，1942年，侯德榜先生成功发明了联碱生产氯化铵的新工艺——侯氏制碱法，这是我国现代化学工业的开端，该法至今仍具有重要的工业意义。

1921年吴蕴初先生成功试制调味剂——味精，随后创办了中华工业化学研究所，建成了上海天原电化厂。1934年开始生产合成氨与硝酸，并在香港、重庆等地建成了多座化工厂。为我国的化学工业的发展做出了突出的贡献。这一时期国内的化工企业还有，化学兵工厂、硫酸厂、烧碱厂、纯碱厂和酒精厂等；革命根据地建成的化工企业主要有，延安八路军制药厂、晋冀鲁豫边区的光华制药厂和硫酸厂、胶东地区的山东制药厂等。

当时的化学工业除上述民族资本化工企业外，还有外国资本在国内建成的化工企业，主要有日本1933年在大连建立的满洲化学工业株式会社，生产合成氨、硫酸、硝酸、硫酸铵、硝酸铵等产品；1936年在大连建立满洲曹洲曹达株式会社，生产纯碱和烧碱；还有在青岛、天津、上海、东北建成的染料厂和橡胶厂。

（2）1949年～1978年的化学工业　这时期，我国化工生产技术发展迅速。

20世纪50年代，我国的化学加工业主要是加工生产农用化学品和基本原料产品。新建了一批大型工业企业如吉林、太原、兰州化工区、保定胶片厂、石家庄华北制药厂和一批中型氮肥厂，扩建了大连、南京、天津、锦西等地的化工老企业，组建了一批化工研究所及设计施工队伍。随后开始了塑料及合成纤维产品的生产，60年代开发了大庆油田，在兰州建成了用天然气为原料生产乙烯的装置，它标志着我国石油化学工业的开始。70年代，随着石油化学工业的快速发展，相继建成了十几个以油气为原料的大型合成氨厂，并在北京、上海、辽宁、四川、吉林、黑龙江、山东、江苏等地建成了一大批大型石油化工企业，使我国的石油化学工业初具规模。从而带动了高分子生产技术、精细化工生产技术和生物化工生产技术的快速发展。

（3）改革开放后的化学工业　改革开放以后，我国相继引进了一大批先进技术和装置，并通过对原用装置进行技术挖潜和技术改造、节能减耗，使化学工业得到突飞猛进的发展。1996年尿素产量已居世界首位；1998年化学纤维产量已超过美国，居世界首位；2007年我国乙烯总产量已突破1000万吨，拥有18个年产量在60万吨以上的乙烯装置；2013年随着四川、武汉等大乙烯的建成投产，我国将新增乙烯产能220万吨/年，同比增长12.9%，达到1929.5万吨/年。根据国家《乙烯行业"十二五"规划》，到2015年，我国乙烯总有效生产能力将达到2700万吨/年。

目前，我国化学加工业需要进一步优化产业结构，努力提高产品质量，节能减排，降低生产成本，强化环境保护，高度重视安全生产，建立现代企业制度，培养大批的技术人才，继续走引进、消化、吸收、创新，重在创新上下工夫的化学工业发展的思路，努力赶超世界先进水平。

## 二、化工生产技术的分类、特点 (The Classification and Characteristics of Chemical Technology)

### 1. 化工生产技术的分类

化工生产技术主要是指将基础原料、基本原料或中间产物经化学合成、物理分离或化学的、物理的复配得到化工产品的工业生产技术。

（1）按生产产品的结构和性质分类　按所生产的产品结构和性质不同，将化工生产技术分为无机化工生产技术、有机化工生产技术、精细化学品生产技术和高分子化工生产技术。

（2）按化工生产的起始原料分类　按化工生产过程的起始原料不同化工生产技术可分为，煤化工生产技术、天然气化工生产技术、石油化工生产技术、盐化工生产技术和生物质化工生产技术等。煤化工生产技术，早期是煤焦油生产技术，获得芳烃、萘、蒽等化工原料和产品，后来又用电石法生产技术获得乙炔，由乙炔生产化工产品，所以也有叫做乙炔化工生产技术；近期由煤或天然气蒸汽转化生产技术制合成气，合成气可以生产氨、甲醇，甲醇羰基合成醋酸，甲醇制乙烯、丙烯及聚烯烃等一系列化工产品。石油化工生产技术，是原油经一次加工和二次加工技术，生产一系列的化工产品。盐化工生产技术，是以电解食盐水溶液生产技术，获得烧碱、盐酸，以联碱法生产纯碱、氯化铵等化工产品。传统的生物化工生产技术，就是利用生物发酵技术通过发酵的方法，将植物的秸秆、籽粒、下脚料用来生产化工产品，而现代生物发酵技术已经能够利用转基因工程以玉米为原料生产生物塑料，它解决了一般塑料不可降解和石油价格居高不下的困境。

化工生产技术还可按国家统计局对工业部门的分类来进行，分为基本化学肥料生产技术、化学肥料生产技术、染料生产技术、化学农药生产技术、有机化工生产技术、日用化学品生产技术、合成化学材料生产技术、医药化工生产技术、化学纤维生产技术、橡胶制品生产技术、塑料制品生产技术、化学试剂生产技术等。

**2. 现代化工生产技术的特点**

现代化工生产技术的特点，主要体现在以下几个方面。

（1）化工业生产技术的复杂性　化工生产技术的复杂性主要体现在：用同一种原料可以制造多种不同用途的化工产品，即虽然原料相同，但生产方法、生产工艺技术不同可以生产出不同的化工产品。如天然气既可以生产合成氨，也可以生产甲醇，还可生产系列基本原料；同一种产品可采用不同的原料、不同方法和不同的技术路线来生产，即可以采用不同的原料路线、不同的生产路线生产出同一种产品，如同是醋酸产品，既可以采用乙烯作为原料，乙烯水合生产乙醇，乙醇氧化生产乙醛，乙醛氧化生产醋酸；也可以采用煤或天然气作为原料，采用煤作为原料时就利用煤气化技术生产合成气，在催化剂的作用下合成甲醇，若采用天然气为原料，天然气在催化剂的作用下蒸汽转化生产合成气，再进一步合成甲醇，而甲醇在催化剂作用下羰基合成制醋酸。同一种原料可以通过不同生产方法和技术路线生产同一种产品，如乙苯催化脱氢制苯乙烯；乙苯催化氧化脱氢制苯乙烯。同一种产品可以有不同的用途，而不同的产品又可能会有相同用途。由于这些多方案性，通过化工生产技术能够为人类提供越来越多的新物质、新材料和新能源。同时，由于它的复杂性，多数化工产品的生产过程是多步骤的，有的步骤及其影响因素很复杂，生产装备和过程控制技术也很复杂。

 你还能举出哪些说明化工生产技术的复杂性的实际例子？

（2）生产技术装置趋向大型化、生产技术过程综合化、产品精细化

① 装置规模的大型化　其有效容积在单位时间内的产出率随之显著增大。在 20 世纪 60 年代后，乙烯工业发展更为迅速，生产规模也愈来愈大，70 年代后，一些工业先进的国家陆续建成年产 30 万吨以上的乙烯生产装置，而年产 50 万吨至 100 万吨的大型装置不乏其例，年

产超过 100 万吨乙烯的超大型厂也已经出现，例如美国壳牌公司鹿园（Deer Park）厂年产乙烯达 131.5 万吨装置已投产。装置规模的大型化虽然对生产成本的降低是有利的，但是，考虑到设计、仓储、运输、安装、维修和安全等诸多因素的制约，装置规模的增大也应有度。

② 生产技术过程综合化　坚持走可持续发展、科学发展，循环经济的发展模式，化工产品生产过程的综合化、产品的网络化是化工生产发展的必由之路。生产过程的综合化、产品的网络化既可以使资源和能源得到充分合理的利用，就地将副产物和"废料"转化成有用产品；又可以表现为不同化工厂的联合及其与其他产业部门的有机联合；这样就可以降低物耗、能耗，减少"三废"排放。例如，用煤生产合成气，合成气可以作为合成氨的原料，也可以作为合成甲醇的原料；合成氨可以生产氮肥、复合肥；甲醇可以作为二甲醚、甲醛、甲酸、二甲基甲酰胺的原料。经过综合化的利用，将合成氨生产过程中必须作为有害物质脱除的一氧化碳，通过联醇法生产甲醇，变害为利，变废为宝，综合利用，大大提高了企业的经济效益。

③ 化工产品精细化　精细化是提高化学工业经济效益的重要途径，这主要体现在它的附加值高。精细化工产品不仅是品种多，相对于大化工规模小，而更主要的是生产技术含量高，如何开发出具有优异性能或功能，并能适应快速变化的市场需求的产品。化学工艺和化学工程也更趋于精细化，深入到分子内部的原子水平上进行化学品的合成，使化学品的生产更加高效、节能和环保。

（3）多学科合作、技术、资金和人才的密集性　高度自动化和机械化的现代化工生产技术，正朝着智能化方向发展。它越来越多地依靠高新技术并迅速将科研成果转化为生产力，如生物与化学工程技术、微电子与化学技术、材料与化工技术等不同学科的相互结合，可创造出更多优良的新物质和新材料；计算机技术的高水平发展，已经使化工生产实现了自动化和智能化的 DCS 控制，它将给化学合成提供强有力的智能化工具，由于可以准确地进行新分子、新材料的设计与合成，节省了大量的人力、物力和实验时间。现代化工生产技术虽然装备复杂，生产流程长，技术要求高，建设投资大，但化工产品产值较高，成本低，利润高，因此化学工业是技术和资金密集型行业，更是人才密集型行业。在化工产品的开发和生产过程中不仅需要大批具有高水平、创造性和具有开拓能力的多种学科、不同专业的科学家和工程技术专家，同时又需要更多的受过良好教育及训练、懂得生产技术和管理的高素质、高技能人才。

（4）重视能量合理利用，积极采用节能技术　化工生产是由原料主要经过物理和化学的加工转化为产品的过程，同时在生产过程中伴随有能量的传递和转换，必须消耗能量。化工生产过程是耗能大户，如何节能降耗，提高效率显得尤为重要。在生产过程中，力求采用新工艺、新技术、新方法，淘汰落后的工艺、技术和方法，关键是要开发出新型高效的催化剂。例如，合成甲醇工艺，原采用的锌铬基催化剂，压力在 30～35MPa，温度在 340～420℃；采用新型的铜基催化剂后，压力在 5MPa，温度在 175℃。由于新型催化剂的采用，压力和温度都大大地降低，设备投资费用和能量消耗都明显地下降。所以化工生产的核心技术就是催化剂技术，它是一个国家的化学工业是否具有核心竞争力的重要标志。

（5）安全生产要求严格　化工生产的特点是具有易燃、易爆、有毒、有害、高温（或低温）、高压（负压）、腐蚀性强等特点；另外，工艺过程多变，不安全因素很多。要采用安全的生产工艺，有可靠的安全技术保障、严格的规章制度及监督机构。在连续性的大型化工装置生产过程中，要发挥现代化生产的优越性，保证高效、经济地生产，就必须高度重视安全，确保装置长期、连续地安全运行。

化工生产技术除上述特点，更加重视化工生产过程中从业人员的健康、安全和环境，主动承诺并倡导先进的行业理念——"责任关怀"（见章后知识拓展）。采用无毒无害的清洁生产方法和工艺过程，生产环境友好的产品，创建清洁生产环境，大力发展绿色化工，是化学工业赖以可持续发展的关键之一。

# 第二节　化工生产过程的原料资源与产品网络
## The Raw Materials and Products Network of Chemical Industry

### 一、原料资源 (Raw Material Resources)

自然界包括地壳表层、大陆架、水圈、大气层和生物圈等，其中蕴藏着的各类资源是可供化学加工的初始原料，自然资源有矿物资源、生物（植物和动物）资源，还包括水、空气以及生产和生活中的一些废弃物等。

矿物资源（mineral resources）包括金属矿、非金属矿和化石燃料矿。金属矿多以金属氧化物、硫化物、无机盐类形态存在；非金属矿以化合物形态存在，其中含硫、磷、硼的矿物储量比较丰富；化石燃料包括煤、石油、天然气等，它们主要由碳和氢组成。虽然化石燃料只占地壳中总碳质量的0.02%，却是目前人类最常利用的能源，也是最重要的化工原料。目前世界上85%左右的能源与化学工业均建立在石油、天然气和煤炭的基础上。石油炼制、石油化工、天然气化工、煤化工等在国民经济中占有极为重要的地位。由于矿物是不可再生的，因此，节约和充分利用矿物资源十分重要。我国已探明的石油、天然气和煤资源储量如表1-1所示。

**表 1-1　我国已探明的石油、天然气和煤资源储量**

| 石油[1] | 天然气[2] | 煤[3] |
|---|---|---|
| 探明储量为 27.88 亿吨<br>静态可开采年限 14 年 | 最终可探明天然气地质储量约 13.2 万亿立方米<br>可开采年限无确切数字 | 储藏量 6000 亿吨<br>探明储量可供开采 100 年 |

① 第三次全国油气资源评价公布数字（2005 年）。

② 2007～2009 年我国每年新增天然气探明储量约 4000 亿立方米，年消费量是 700 万～800 万吨。

③《中国能源发展报告 2009》。

《全国油气资源动态评价 2010》结果显示，我国天然气地质资源量 52 万亿立方米，石油地质资源量 881 亿吨。与新一轮全国油气资源评价结果相比，天然气地质资源量增长49%，石油地质资源量增长 15%。《全国油气资源动态评价 2010》一经对外发布（详见《中国化工报》2011 年 11 月 26 日 A1、A3 版）就受到业界人士的好评，并引起了社会的关注。

空气（air）也是一种宝贵的资源。从空气中提取的高纯度的氦、氖、氪、氩等气体，广泛应用于高精尖科技领域；空气的主要成分氮气和氧气更是重要的化工原料，将空气经过深度冷冻分离技术，得到的纯氧和纯氮，广泛用于冶金、化工、石油、机械、采矿、食品等工业部门和军事、航天领域。随着近年来膜分离技术的发展，从空气中分离更多有用的组分成为可能。

水资源（water resources）在化工生产中的应用很普遍：水可溶解固体、吸收气体，可作为反应物参加水解、水合等反应，可作为加热或冷却的介质，可吸收反应热并汽化成具有做功本领的高压蒸汽。虽然地球上水的面积占地球表面的 70% 以上，但是可供使用的淡水量只占总水量的 3%，因此节约和保护淡水资源、提高水的循环利用率刻不容缓。

生产和生活中的一些废弃物，它们可作为再生资源，经过物理和化学的再加工，成为有价值的产品和能源。未来物质生产的特点之一将是越来越完善地有效地利用这些"废料"和"垃圾"。

## 二、主要产品网络 (The Main Product Network)

化学品生产工业部门极其广泛，相互关系密切，所得产品种类繁多。按照主要原料资源加工的产品类型来分，有煤化工产品 (coal chemical products)、石油化工产品 (oil chemical products)、天然气化工产品 (natural gas chemical products)、农林副产化工产品 (chemical utilization of farming, forestry, animal husbandry, side-line production) 等。

### 1. 煤化工产品

煤 (coal) 是自然界蕴藏最丰富的自然资源，已知煤的储量要比石油储量大十几倍。根据成煤过程的程度不同，可将煤分为泥煤、褐煤、烟煤、无烟煤等。不同品种的煤具有不同的元素组成。表1-2列举了不同种类煤的元素组成。

表1-2 不同种类煤的元素组成 单位：%

| 煤的种类<br>元素分析 | 泥煤 | 褐煤 | 烟煤 | 无烟煤 |
|---|---|---|---|---|
| C | 60～70 | 70～80 | 80～90 | 90～98 |
| H | 5～6 | 5～6 | 4～5 | 1～3 |
| O | 25～35 | 15～25 | 5～15 | 1～3 |

煤可为能源、化工和冶金提供有价值的原料。以煤为原料，经过化学加工转化为气体、液体和固体燃料及化学品的工业，称为煤化学工业（简称煤化工，chemical processing of coal）。煤化工始于18世纪后半叶，19世纪形成了完整的煤化学工业体系。煤化工利用的化工产品网络如图1-1所示。

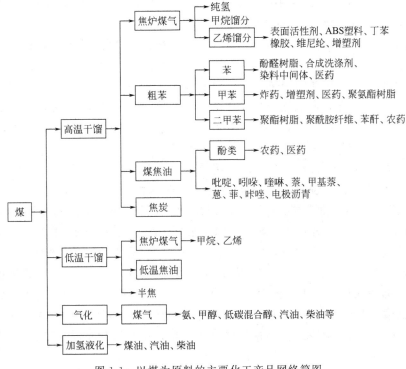

图1-1 以煤为原料的主要化工产品网络简图

进入 21 世纪煤化工生产技术得到飞速发展。以煤制油、煤制天然气、煤制烯烃、煤制醇醚为主要产品特征的新型现代煤化工生产技术相继出现。

（1）直接液化　神华集团百万吨级煤直接液化示范工程试车成功。该示范装置 2008 年 12 月 30 日 14 时 46 分开始投煤，经过 16h 运行，2008 年 12 月 31 日 7 时生产出合格油品和化工品，"标志着我国成为世界上首个掌握百万吨级煤直接液化示范工程关键技术的国家，是我国实施石油替代战略的重大突破，意义十分重大"● 第一阶段运行共维持了 303h，之后这条生产线处于停产检修阶段；2009 年 6 月进行第二次试车，第二阶段开车目标超过 1000h。

（2）间接液化　潞安集团 16 万吨/年煤间接液化合成油示范装置成功出油。该装置包括两条生产线，一条为 1 万吨/年采用钴基催化剂固定床装置，另一条为采用铁基催化剂浆态床装置。2008 年 12 月 22 日，钴基催化剂固定床装置成功出油，这是我国成功出油的第一套煤间接液化合成油示范装置。还有 2007 年 6 月，经国家发改委核准批复立项的神华 829 项目。项目位于目前神华煤直接液化厂的西北侧，建设规模为生产合成油品 18 万吨/年，主要产品包括液化气 4.96 万吨，石脑油 3.57 万吨，柴油 9.81 万吨等。F-T 合成技术采用 Synfuels China，ICC（中国科学院山西煤炭化学研究所合成油品研究中心）具有自主知识产权技术，2009 年 8 月开车成功。

（3）煤制天然气　我国目前在建、拟建的煤制天然气（SNG）项目有：大唐国际分别位于内蒙古赤峰市和辽宁阜新市的 40 亿立方米/年 SNG 项目；新汶矿业新疆伊犁 20 亿立方米/年 SNG 项目；位于内蒙古鄂尔多斯悖牛川煤电煤化工园区的内蒙古汇能煤化工有限公司 16 亿立方米/年 SNG 项目；神华鄂尔多斯 20 亿立方米/年 SNG 项目；华银电力拟与内蒙古海神煤炭集团有限责任公司合资建设的 15 亿立方米/年 SNG 项目。此外，中海油公司近年积极关注煤化工，目前拟与同煤集团合作开发 SNG 项目。这些项目建成投产，将大大缓解我国天然气资源不足，市场需求量大的矛盾。

（4）煤制烯烃示范装置　我国在建和规划中的甲醇制烯烃项目总产能超过 2000 万吨/年。神华集团内蒙古包头 DMTO 装置（国家核准示范项目）：2006 年 12 月获国家发改委核准；装置工程规模 180 万吨/年甲醇、60 万吨/年甲醇制烯烃，2010 年 8 月投产，该项目是我国第一个煤制烯烃工业示范项目——神华包头煤制烯烃项目的核心装置之一，也是首套全球规模最大的、唯一的煤基甲醇制烯烃生产装置。以神华万利煤矿生产的煤为原料生产甲醇，通过甲醇制烯烃（MTO）装置转化为烯烃，再经聚合装置生产出聚乙烯和聚丙烯，同时副产硫黄、丁烯、丙烷、乙烷及 $C_5^+$ 等副产品。神华宁煤 MTP（鲁奇公司开发的甲醇制烯烃工艺）装置：神华宁煤集团在宁东能源化工基地建设 167 万吨/年甲醇、52 万吨/年（设计规模）聚丙烯项目。2006 年 8 月，神华集团与德国鲁奇公司签订了 MTP 技术转让合同；2007 年神华与西门子公司签订了 GSP 气化技术及专有设备采购合同；2007 年底，项目开工建设，2010 年建成投产，5 月 18 日煤基烯烃项目产出了合格的聚丙烯产品。目前，总投资 178 亿元的神华宁煤集团年产 50 万吨煤基烯烃项目，是世界上最大煤基烯烃项目。大唐多伦 MTP 装置：2006 年 8 月开工，项目地点锡林郭勒盟多伦县，以胜利煤田褐煤为原料，建设 167 万吨/年甲醇，50 万吨/年丙烯装置，2011 年 1 月 15 日 3 时 45 分，MTP 反应器一次投料试车成功，甲醇转化率达 99.8%，实现了最优

---

● 2009 年 1 月 22 日李毅中主持召开神华煤直接液化示范工程联动试车协调指导小组第三次会议的讲话。

转化率，丙烯含量达到 31.9%。

 在煤化工生产技术中，我国在煤气化方面引进或自主开发了哪些技术？举出实例。

根据我国基本国情，以煤为主的能源格局在相当长时期内难以改变，如何清洁高效利用好煤炭资源，是解决我国能源问题、减少二氧化碳排放的关键。在煤的清洁高效利用中，煤制烯烃是公认和可行的发展方向，而甲醇制烯烃是其中的关键技术。神华包头 60 万吨/年甲醇制烯烃、神华宁煤集团年产 50 万吨煤基烯烃项目、大唐多伦 MTP 装置的顺利开车得到合格产品，标志着煤的化工利用有了新的发展前景。

### 2. 石油化工产品

石油（oil）是一种有气味的黏稠液体，色泽有黄色、褐色或黑褐色，色泽深浅一般与其密度大小、所含组分有关。石油是由众多碳氢化合物组成的混合物，成分复杂，随产地不同而异。石油中所含的化合物可分为烃类、非烃类、胶质和沥青四大类，几乎没有烯烃和炔烃。石油中含量最高的两种元素是 C 和 H，其质量分数分别为碳 83%～87%，氢 11%～14%，此外还含有少量氧、氮、硫等元素。

为了充分利用宝贵的石油资源，原油通常不直接使用，需要进行一次加工和二次加工，在生产出汽油、航空煤油、柴油和液化气等产品的同时，制取各类化工原料。以石油为原料的主要化工产品网络如图 1-2 所示。

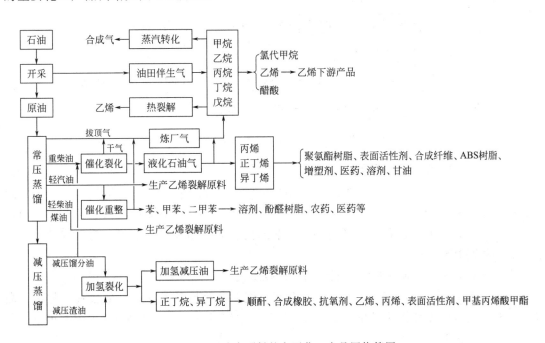

图 1-2  以石油为原料的主要化工产品网络简图

### 3. 天然气化工产品

天然气（natural gas）是由埋入冲积土层中的大量动植物残骸经过长时期密闭，由厌氧菌发酵分解而形成的一种可燃性气体。天然气除含有主要成分甲烷外，还有乙烷、丙烷、丁烷等各种烷烃及硫化氢、氮、二氧化碳等气体。

由于天然气中甲烷和其他烷烃含量的不同，通常将天然气分为干气和湿气两种。干气也称为贫气，甲烷含量高于90%，其他烷烃则很少，多由开采气田得到，个别气田的甲烷含量高达99.8%。湿气又称为富气，除含甲烷外，还有相当数量的其他低级烷烃。湿气往往和石油产地连在一起，油田气就是开采石油时析出的含烷烃的气体，故又称为油田伴生气或多油天然气。以天然气为原料的主要化工产品网络如图1-3所示。

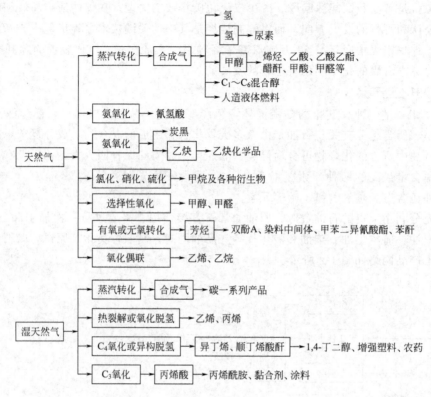

图1-3　以天然气为原料的主要化工产品网络简图

### 4. 农林副产品的化工利用

农、林、牧、副产品及其在加工过程中的下脚料（如花生壳、玉米芯、麦秆、米糠等）中含有较丰富的生物有机质（即生物质），这些物质若被当作燃料烧掉或被扔掉，一方面造成资源浪费，另一方面还会造成环境污染。若能把它们利用起来，加工成基本有机化工原料，就能提高其经济价值。

下面介绍几类生物质实现化工利用的生产技术途径。

（1）含糖或淀粉物质的化工利用　含糖或淀粉的物质种类很多，如粮食、甘蔗、甜菜、各种薯类或野生植物的根和果实，这类物质经水解后得己糖，己糖再经发酵后可以制取酒精、丁醇和丙酮。

（2）含纤维素物质的化工利用　自然界中含纤维素的物质很多，常用来加工成化工原料的是木材加工过程中所得到的下脚料（如木屑、碎木、枝丫等）及一些农副产品废料和野生植物（如芦苇、玉米秆、稻秆、棉籽壳、甘蔗渣等）。用它们可以加工生产得到甲醇、乙醇、乙酸、丙酮、糠醛等化工产品。

总之，利用生物质资源经过酶或化学物质的催化作用可获得多种基本有机化工的原料或产品，而某些产品由生物质资源制取，至今仍是惟一或较方便的途径。生物质的利用前景广阔，利用现代科学技术，实现生物质替代石油是完全可能的。

 国外在使用生物质制取车用燃料的进展如何？

# 第三节　本教材的性质、任务、主要内容、教学方法和评价

## Nature，Task，Chief Content and Method of Study in the Course

"化工基本生产技术"课程是化工生产技术类专业的一门必修课，也是其他相近专业的一门必修课。是学习者具备了基础化学、化工制图、化工单元操作、化学反应设备等基本知识、基本技能和基本能力后的一门专业课，也是化工生产技术类专业后续专业课的先行课。

本课程的主要任务是以化工生产过程中的共性为重点，介绍必备的基础知识，以化工生产的基本过程为主线，通过对化工原料的选择、预处理、储存运输，经过化学反应和分离、精制得到合格产品，这一基本生产过程中的物理因素、化学因素和工艺影响因素以及开停车步骤的分析和掌握，培养学生熟悉化工生产全过程、应用知识分析问题和解决问题的能力，使其初步具备对基本生产过程评价的能力，为学习后续专业课和将来从事相关工程技术工作打好基础。

本课程是根据化工生产技术特点、内在联系和发展趋势，结合化工技术类专业的特点，遵循化工基本生产技术的教学和学习规律，按照"掌握基本知识，注重能力培养"的目的，讲述化工产品生产的基本知识、基本原理及应用技术案例。其主要内容包括化工基本生产技术的概念与基础知识，化工基本生产过程，以典型化工生产过程来总结和概括原料路线和生产路线的选择、工艺影响因素的分析、生产工艺条件的确定以及工程实现的手段（开停车步骤和注意事项）、工艺流程的分析、评价，化工过程的物料衡算和热量衡算基础，生产过程的安全与环保，项目式教学案例等。

本课程是化工基本生产知识与理论的提炼及归纳，突出理论与实际的结合，强调基础知识与基本生产过程原理的应用。学习时，应注意应用基础科学理论、化学工程原理和方法及相关工程学知识，分析、组织和评价典型化工产品生产技术，通过项目式案例教学、现场教学、课堂分组讨论、参加实际生产装置的核算和技术改造等多种方式，培养学生分析和解决化工基本生产过程实际问题的能力及工程创造能力。以学生为主体，突出案例教学、项目化教学、过程教学为主，采取形式多样的考核、考试方式。

本课程注重教学效果的评价，以可操作性原则，设计课程教学评价体系。为了使评价项目与评价指标具有较好的一致性，保证评价的独立性和整体的完整性，力求评价项目最少，评价指标体系简单容易，各章、节均设置了明确的教学目标。静态性与动态性相结合，更加注重动态发展的项目式案例教学贯穿于教材之中。

# "责任关怀"简介

责任关怀（responsible care）是由国际化学品制造商协会（AICM）倡导的针对化工行业自身的发展情况提出的一套自律性的、持续改进环保、健康及安全绩效的管理体系。它要求化学品制造企业在生产过程中，有责任关注本企业员工、附近社区及公众的健康与安全，有责任保护公共环境，不应因自身的行为使员工、公众和环境受到损害。在改善健康、安全和环境质量等各个方面通过对生产活动及其成果进行评估、公告、对话来树立化学工业在全社会中的新形象，从而推动全球化学工业的可持续发展，最终达到零排放、零事故、零伤亡、零财产损失的目标。

1. "责任关怀"由来与发展

1977 年加拿大化学生产者协会（Canadian Chemical Producers'Association，CCPA）计划起草关于危险化学品的管理草案。当时的讨论比较集中在"化学品的危险性"上，提出了建议并认为应有行业指南。当时安全问题的重要性也被政府充分认识。指导原则于 1978 年 5 月 31 日被 CCPA 通过，并散发给协会成员进行签署（当时有 1/3 的成员签署）。之后关于责任关怀的提法就此沉默下来。直到 1983 年，政府要求石油化工行业在履行经济角色的同时必须考虑健康、安全和环境问题。"责任关怀"的指导原则才被正式接受，成员们签署了这一承诺。

1984 年印度博帕尔邦的悲剧引发了行业对"责任关怀"的进一步重视，CCPA 制定了安全评估系统，包括内部和外部的部分，并明确规定进入协会的成员必须正式签署"责任关怀"的承诺。1985 年 Boldt 在陶氏化学负责"责任关怀"与产品服务的项目，并开始着手"责任关怀"有关文件的修改工作。1987 年，"责任关怀"的项目主管 Jim McDonough 接手了 Boldt 的最初工作，进行"责任关怀"实践准则的确定。这一过程是行业成员或非成员以及大小公司"头脑风暴"（brainstorming）点子和想法的归集。"责任关怀"1988 年下半年在美国被采纳，1989～1990 年在西欧和澳大利亚被接受。此后，在世界上其他地区，"责任关怀"逐渐被实施。

从 1992 年的 6 个国家的参与发展至目前全球 53 个国家加入到"责任关怀"的实践中。"责任关怀"这一名词已不再仅用英语，其相同的内涵已通过不同的语言进行传播，其标志"帮助之手，（helping hand)成为全球化工行业注册的品牌商标。"责任关怀"的名称和标志的特许权理所当然地为 CCPA 所持有。

责任关怀目前已经成为西方化工界经营管理战略及理念的一个不可分割的重要组成部分，与现行管理体系相连，涉及企业生产经营活动的各个环节。它作为国际化工界广泛采用的一种行业自律性管理体系，受到各国政府的大力支持与鼓励，并使企业受益。国际劳工组织评价：作为一种自愿行动，责任关怀反映了企业在职业安全、健康卫生和环境保护方面所取得的进步。企业的自愿行动正在被视为一种新的政策手段和有助于处理安全生产、健康卫生和环境保护问题的管理工具。目前，不仅工业界自身，政府也在推动自愿行动。责任关怀在美国化学制造商协会至今已经实行了 10 余年。在亚洲地区，日本、新加坡、马来西亚、泰国以及我国台湾地区的化工协会已经采纳承诺责任关怀。到 20 世纪 80 年代中后期，发生在美国等西方工业国家的一系列化工行业事故灾难，使化工界认识到自身在健康卫生、劳动安全和环境保护方面普遍缺乏良好的管理。行业领导者也认识到由于公众对化学工业缺乏信心且心存恐惧，而公众的怀疑和恐惧是由于化学工业对产品和操作的保密和防护引起的，所以那些由事故引起的公众愤怒不断加剧，直接导致了政府加速制定对化工工业的惩罚性和强制性的法规，责任关怀就是在这样的背景下，被作为能引人注目地改进化工工业表现的有效办法提出，继而发展起来，在发展过程中，让公众了解实情并取信于公众。国外大公司 10 年的经验证明了责任关怀中所包含的职业道德标准及其在改进健康卫生、增强职业安全、健全环境保护方面的效力，能使全球的化工业保持和谐。

2. 在我国推行"责任关怀"的简况

2002年，以中国石油和化学工业协会［现中国石油和化学工业联合会（China Petroleum and Chemical Industry Association），简称石化协会（CPCIA）］与国际化学品制造商协会（AICM）签署推广"责任关怀"合作意向书，相继在2005年、2007年、2009年、2011年、2013年召开了五届全国责任关怀促进大会。

2005年6月14日，首届中国责任关怀促进大会在北京召开。《中国化工报》首次以责任关怀为主题进行了专题报道。

2006年中国石油和化学工业协会将推广责任关怀作为重点工作之一；石化协会和国际化学品制造商协会（依据2006年2月5日在阿联酋迪拜召开的国际化学品管理大会上通过并发布的《责任关怀全球宪章》）共同编制了中国《责任关怀实施准则（试行本）》。

2007年4月6日，由中国石油和化学工业协会发起的中国石油和化工行业推进责任关怀行动在北京正式启动。首批17家企业和化工园区作为试点单位在倡议书上郑重签字。《责任关怀实施准则》试行本正式面世。

2007年10月30日，第二届中国责任关怀促进大会在上海召开，成为世界范围内以责任关怀为主题的规模最大的一次会议。又有15家国内化企成为责任关怀试点单位。

2008年5月29日，国际化学品制造商协会在北京举办了"携手发展，共担责任"企业社会责任媒体圆桌会。24家成员企业在华最高负责人代表共同签署《责任关怀北京宣言》。这一年，中国石化协会《责任关怀实施准则（试行）》被国家发改委列入行业标准制定计划。协会组织企业进行责任关怀自我评估工作，编制了《石油和化工行业实施责任关怀的基本步骤和做法（讨论稿）》等一系列文件，使我国的责任关怀工作首次有了基础性参照文件。这一年，又有40家企业和3个园区承诺开展责任关怀试点。

2009年8月6日，由中国石油和化学工业协会举办的石油化工行业责任关怀系列活动正式启动。系列活动从8月初开始到10月中旬结束，包括"责任关怀中国行"采访报道。10月13日，中国石油和化学工业协会在北京召开第三届中国责任关怀促进大会，并举办石油化工行业责任关怀年度报告发布会，这在国内尚属首次。这一年，已有53家大中型石化企业和化工园区承诺实施责任关怀。一些地方环保部门也开始尝试在本辖区内推行责任关怀。

2010年9月16日，国际化学品制造商协会（AICM）与中国石油和化学工业联合会在上海举行的2010中国国际石油化工大会上签署了战略合作协议，确定了进一步推进责任关怀工作的计划。

2011年10月获民政部备案批准，成立中国石油和化学工业联合会责任关怀工作委员会。并于2011年10月19日在北京召开成立大会暨2011第四届中国责任关怀促进大会。并将《责任关怀实施准则》作为中华人民共和国化工行业标准——（HG/T 4184—2011）正式发布。160多家（个）化工企业和化工园区签署了责任关怀承诺书，成立了责任关怀工作委员会，为开展责任关怀活动奠定了坚实的组织基础。

2012年4月在北京召开中国石油和化学工业联合会责任关怀工作委员会工作会议。10月10日，由中国石油和化学工业联合会主办，道康宁（中国）有限公司协办的"2012中国石油和化学工业联合会责任关怀工作委员会工作会议"在张家港市召开。本次会议是中国石油和化学工业联合会责任关怀工作委员会成立以来召开的第一次专题工作会议，旨在构建责任关怀工作体系，建立责任关怀长效工作机制。

2013年4月20日在北京召开第五届中国责任关怀促进大会。

# 本章小结

本章主要介绍内容：化工生产技术、化工基本生产技术的概念，化工生产技术的发展简史、分类及特点，化工生产的主要原料资源与产品网络，本课程的性质、任务、主要内容及学习方法。

1. 化工生产技术、化工基本生产技术的内涵。

2. 世界化工生产技术和我国化学工业发展简史，中华民族在化工生产技术的发展史上对人类文明所作出的贡献。

3. 我国化工生产技术的发展概况，充分利用我国丰富的煤资源储量和已掌握的煤化工生产技术，合理地开发和发展煤化工。

4. 化工生产技术的门类比较多，互相交叉，相互渗透，对其分类要根据具体情况而定。

5. 化工生产特点是大型化、自动化、智能化、多方案性；技术、资本、人才的密集性；易燃、易爆、高温、高压、有毒、有害、有腐蚀性，安全事故的多发性，要牢固树立"生产必须安全，安全重于泰山"的理念。

6. 本课程的学习方法，重点内容，明确本门课的学习目的和考核方式。

## 综合练习

通过阅读下列资料，思考文中"商之大者"之大的含义。

范旭东
商之大者，为国为民

范旭东（1883年10月24日～1945年10月4日），湖南湘阴县人，出生时取名源让，字明俊；后改名为范锐，字旭东。他是中国化工实业家，中国重化学工业的奠基人，被称作"中国民族化学工业之父"。

**早年**

范旭东1883年出生于湖南湘阴县，其父亲是一名私塾先生。范旭东六岁丧父，随母亲谢氏和兄长范源濂迁往长沙定居。戊戌变法失败后，身为维新派的范源濂被清政府通缉，范旭东也被迫逃亡。后东渡日本。

1900～1910年间，范旭东留学日本冈山第六高等学校和京都帝国大学化学系，1910年从帝国大学毕业，并留校担任专科助教。同年，他与在东京留学的湖南同乡许馥结婚。

**创业**

范旭东1911年返回中国，在北洋政府北京铸币厂任分析化验员。随后，他的一系列创业，写下了中国化学工业史上诸多第一：

1914年，范旭东创立了中国第一家现代化工企业——久大精盐公司（1919年以后改为久大盐业公司），以及中国第一个精盐工厂——久大精盐工厂。1918年11月，他又创立永利制碱公司，在天津塘沽创办了亚洲第一座纯碱工厂——永利碱厂。

1922年8月，范旭东从久大精盐分离出了中国第一家专门的化工科研机构——黄海化学工业研究社，并把久大、永利两公司给他的酬金用作该社的科研经费。

1926年8月，范旭东旗下"红三角"商标的纯碱，第一次进入美国费城万国博览会，并获得金奖。

1935年，"黄海"试炼出中国第一块金属铝样品。1937年2月5日，中国首座合成氨工厂——永利南京铔厂生产出中国第一批硫酸铵产品、中国第一包化学肥料，被誉为"远东第一大厂"。

20世纪初国人最常见的装束是粗布长袍，色彩单调，并且不耐磨。印染的布料是一种奢侈品，因为印染需要用碱，而碱十分昂贵。在制碱业，以氯化钠与石灰石为原料的"索尔维法"是最先进的技术，西方国家在这方面已经形成专利垄断，对外绝不公开。当时在中国垄断纯碱市场的是英国卜内门公司（ICI）。第一次世界大战爆发后，远洋运输困难，英商乘机将纯碱价钱抬高七八倍，甚至捂住不卖，使许多民族布业工厂陷于停顿。范旭东曾到卜内门的英国本部参观，英国人嘲弄地说，你们看不懂制碱工艺，还是看看锅炉房就好了。

范旭东决意雪耻制碱，一群跟他意气相投的青年科学家围拢在他的周围，其中有苏州东吴大学化学硕士陈调甫、上海大效机器厂的厂长兼总工程师王小徐、东京高等工业学校电气化学专业毕业生李烛尘和美国哥伦比亚大学化学博士侯德榜，这是企业史上第一个真正意义上的科学家团队。李烛尘日后出任共和国的食品工业部部长，侯德榜因独创的"侯氏制碱法"而闻名世界。这是一群真正为中国而付出了一切的年轻人。

1918 年，永利制碱公司在塘沽成立。陈调甫和王小徐在范旭东的家中建起了一座高 3m 的石灰窑，制成一套制碱设备，进行了 3 个多月的试验之后，打通了工艺流程，制出 9kg 合格的纯碱。

英国人知道这个范旭东不可轻视，便想方设法将永利扼杀在摇篮之中。卜内门公司游说北洋政府财政部，试图通过《工业用盐征税条例》，规定"工业用盐每担纳税 2 角"，这将使每吨碱的成本凭空提高 8 元，让试验中的永利难以承担。时任财政部盐务稽核所的会办是英国人丁恩爵士，他当然竭力促成此案。范旭东愤而上告北洋政府行政院，起诉财政部盐务署违反政府颁布的准予工业用盐免税 30 年的法令，几经周旋，才得胜诉。

1924 年 8 月，永利投入 200 万元，才终于产出了第一批成批量的碱制品。可是，令人失望的是，生产出来的仍是红黑相间的劣质碱。消息传出，英资公司发出一阵嘲笑之声。此时，4 台船式煅烧炉全部烧坏，无法再用，全厂一度被迫停产，苦候数年的股东们已失去了耐心，唯有范旭东仍然咬牙坚持。卜内门公司乘机要求与范旭东会谈，希望入股永利，范旭东以公司章程明确规定"股东只限于享有中国国籍者"为理由，予以回绝。一年多后的 1926 年 6 月 29 日，永利终于生产出纯净洁白的合格碱，全厂欢腾。范旭东眼噙热泪，对身旁的陈调甫说："这些年，我的衣服都嫌大了。老陈，你也可以多活几年了。"范旭东给产品取名永利纯碱，以区别于"洋碱"，8 月，在美国费城举行的万国博览会上，永利纯碱荣膺大会金质奖章，专家的评语是："这是中国工业进步的象征。"

从 1927 年到 1937 年，永利的纯碱年产量翻了三番多，"红三角"牌纯碱远销日本、印度、东南亚一带。在天津，永利碱厂、南开大学和《大公报》被合称为"天津三宝"，分别代表了那一时代工业、大学和新闻业的最高水准。永利碱厂的主体厂房南北高楼耸入云天，碳化厂房高 32m，共有 8 层，蒸吸厂房高 47m，达 11 层，不但是华北第一高楼，更是塘沽乃至整个天津的标志性建筑。范旭东的科学救国之心十分炽热，他曾在一次演讲中说："中国如其没有一班人，肯沉下心来：不趁热，不惮烦，不为当世功名富贵所惑，至心皈命为中国创造新的学术技艺，中国决产不出新的生命来。"

从 1930 年起，他就想建设中国的硫酸产业，他向南京实业部提出报告，希望财政拨出 2000 万，600 万办碱厂、800 万办硝酸厂、600 万办硫酸厂。然而，政府给出的批复公文却句句空话，无一实施，让他的指望完全落空。后来 3 年，他奔波于各家银行之间，竭力融资促进这个项目，终于在 1933 年获准成立南京厂，设计能力为年产硫酸铵 5 万吨。1937 年 2 月 5 日，南京厂正式投产，生产出了第一批国产的硫酸铵。硫酸铵可以生产硝酸，制造炸药。消息发布，国人为之一振。范旭东在日记中写道："列强争雄之合成氨高压工业，在中华于焉实现矣。我国先有纯碱、烧碱，这只能说有了一翼；现在又有合成氨、硫酸、硝酸，才算有了另一翼。有了两翼，我国化学工业就可以展翅腾飞了。"

正当范旭东雄心万丈的时刻，中日战争爆发了。卢沟桥事变前夕，日本军舰已经开入天津塘沽港，范旭东恐有大变，当即组织人员拆迁设备，退出工厂。工程师们将留在厂内的图纸有的烧毁，有的秘密保存，以为日后重建做技术准备。工人们拆散了石灰窑顶部的分石转盘及遥控仪表、当时代表最新技术水平的蒸馏塔温度传感器以及碳化塔的部分管线。拆下来的仪器和图纸分批乘船南下，经香港转道武汉和长沙，之后又陆续转移进川，成为大后方重建的重要财富。

南京战事打响后，范旭东下令将凡是带得走的机器材料、图样、模型都抢运西迁，搬不走的设备也要将仪表拆走，主要设备或埋起来，或尽可能拆下扔进长江，以免为强寇所用。8 月 21 日、9 月 7 日、10 月 21 日，日机三次轰炸南京厂，厂区共中 87 弹，狼藉一片。日军进城后，三井公司将南京厂据为己有。1942 年，日本人又将该厂的设备拆运到日本，安装在九州大牟田东洋高压株式会社横须工厂，为日军生产炸药。

天津和南京的工厂落入敌手后，范旭东和同事们把部分设备搬迁到了四川。1938 年 9 月 18 日，也就是"九一八"纪念日当天，新的久大盐厂在自贡宣告成立。次年，永利和黄海也在五通桥重新建成。为纪念塘沽本部，范旭东将五通桥改名为"新塘沽"。在重庆久大、永利联合办事处的墙上，挂着一张塘沽碱厂的照片，范旭东亲自在上面写了"燕云在望，以志不忘"八个字。他常常在照片前伫立，并对同事说："我们一定要打回去的。"然而，范旭东的事业终于没有重现战前的面貌，他的盐碱公司受到诸多的困难和阻扰，一直没有真正打开局面。

范旭东在抗战胜利后不久，因突发急病在重庆去世，时间是 1945 年 10 月 4 日，终年只有 61 岁。在逝前，昏迷中的他用手拼命向空中抓去，嘴中大喊，"铁链——"，其临终遗言是，"齐心合德，努力前进"。

范旭东的多年同事侯德榜回忆，"先生当公司总经理三十余年，出门不置汽车，家居不营大厦，一生全部精神，集中于事业，其艰苦卓绝，稍知范先生为人者，胥能道之。"据他的儿子范果恒回忆，即使在生意顺利的天津时期，家里的生活也还是比较拘谨的，那时候家里日常食用的大米都是从老家湖南乡下运来的，因为这样比在北京、天津购粮要便宜一些。重庆时期，范旭东的收入经常不够养家，就靠妻子的一些陪嫁首饰帮补家计。范旭东逝后，重庆二十多个团体组织追悼会，国共两党领袖都送了挽联，毛泽东写的是"工业先导，功在中华"，蒋介石写的是"力行致用"。

范旭东毕生拼斗于中国化工业的振兴，生为此虑，死不瞑目，实在是中国企业史上顶天立地的大丈夫。他以书生意气投身商业，日思夜想，全为报国，数十年间惨淡经营，无中生有，独力催孕出中国的化工产业。在他的周围环绕着侯德榜、陈调甫、李烛尘、孙学悟等诸多科技精英，他们或出身欧美名校，或就职跨国大公司，原本都有优厚舒适的事业生活，全是被范旭东的精诚感动，毅然追随他四海漂泊，在残败苦寒中尝尽百难，后来的三十年里，这些人一直是国家化工业的领导者。

"商之大者，为国为民"，说的正是像他这样的人。

（节选自吴晓波《商之大者》经济观察报 2009-04-13 第 414 期）

## 自测题

### 填空题

1. 化学工业（chemical industry）亦称_____，泛指生产过程中_____占主要地位的制造工业。由原料到化学产品的转化要通过化学工艺来实现。化学工艺即_____或_____，指将原料物质主要通过化学反应转化为产品的方法和过程，包括实现这种转变的全部化学和物理的措施。

2. 通常将具有共性的化工产品的_____称为化工基本生产技术（basic chemical production technology）。它可归纳为两类，即_____与_____。

3. 世界化工生产技术的发展，从生产方法、生产方式、控制技术等方面，经历了_____，_____，_____的漫长发展阶段。大致可分为___、___和_____三个阶段。

### 名词解释

1. 煤制烯烃；
2. 石油一次加工、二次加工；
3. 干性天然气、湿性天然气；
4. 化工"责任关怀"；
5. 化工单元反应。

### 作文题

如何以范旭东精神学好化工（文体不限，不少于 1000 字）。

## 复习思考题

1. 何谓化工生产技术？
2. 试以原料的变迁和技术的发展说明化学工业的发展过程。
3. 试述煤化工与石油化工的关系，并说明煤化工在我国发展的前景。
4. 现代工生产技术有何特点？试举例说明。
5. 本课程学习的主要内容有哪些？它与你所学专业的主要专业基础课和后续专业课有何区别和联系？

# 第二章 化工生产基本过程

## Basic Procedure of Chemical Production

### 知识目标

1. 掌握原料的选用、储存、处理、混合与输送技术；
2. 了解各种类型反应器的结构特征、优缺点及适应范围并掌握其操控方法；
3. 掌握不同性状产物的分离与精制方法；
4. 了解产品包装与储存方面的知识。

### 能力目标

1. 能够根据产品的要求选用原料路线与生产路线；
2. 能够对所选用的原料进行预处理、混合与输送；
3. 能够操控反应设备，正确地使用反应器；
4. 能够根据反应产物的状态选用单元操作过程，正确地操作单元过程设备；
5. 能够正确地选用产物储存设备和运输装置；
6. 能够正确处置生产过程中所发生的安全事故。

### 素质目标

1. 严格遵守装置的操作规程和操作方法，养成遵章守纪的良好习惯；
2. 严格遵守工厂的规章制度，坚守岗位，保证装置或设备安全、优质、高效地运转；
3. 对工作严格要求，一丝不苟，实事求是，不弄虚作假，严格交接班制度；
4. 具有团结协作的精神，遇事不推诿、不扯皮，努力作好本职工作。

化工产品虽然种类繁多、方法多样、生产过程复杂，但产品生产的基本过程大致相同。如图 2-1 所示。

图 2-1　化工基本生产过程简图

由图 2-1 所示，化工原料经过系列处理，达到反应要求后进入化学反应器，出反应系统的原料进入分离系统，最后得到所需的合格产品。

**实例：以天然气为原料生产甲醇的工艺过程**

以天然气为原料制合成气，合成气在铜基催化剂的存在下合成甲醇，以及粗甲醇的精制过程说明一般的化工基本生产过程的基本构成。

### 1. 天然气精制过程

如图 2-2 所示。

无论是来自海生的天然气还是来自陆生的天然气，都含有大量的盐分、水分和各种硫化物等杂质。这些杂质对后续天然气利用带来极大的害处，特别是作为化工原料使用危害极大，必须除去。天然气作为合成甲醇的原料，它能使制合成气的催化剂、合成甲醇的催化剂中毒或失活，所形成的酸性物质能腐蚀管道和设备，而且还影响甲醇产品的进一步加工和利用。原料是否需要精制是根据原料的用途来确定的。从油气田来的天然气，首先经脱盐脱水。经脱盐脱水的天然气，如果作为燃料使用就不需要进行脱硫，相对于其他燃料来说它是一种清洁能源，燃烧后排放的废气不会对大气造成污染，因为其含硫量很低；而如果是作为生产合成气（$CO+H_2$）的原料，天然气虽然含硫量很低，但也不能满足生产合成气以及后续应用的要求，所以必须经过脱硫。脱硫过程一般分为两步进行：首先通过加氢反应器在加氢催化剂的作用下将有机硫转变成无机硫；其次是在金属氧化物的无机脱硫剂的作用下将无机硫转化成无机金属硫化物，将天然气中的无机硫化物脱除到 0.1ppm（$10^{-6}$）以下，以满足后续工段催化剂的要求。原料气采用什么样的技术和生产方法精制，需要根据所选精制技术的结果能否满足后续生产的要求而定，要求所选技术成熟、经济、安全、环保。脱硫原理如下。

在催化剂的作用下：$CS_2+4H_2 \Longrightarrow 2H_2S+CH_4$

$$COS+H_2 \Longrightarrow H_2S+CO$$

在脱硫剂的作用下：$ZnO+H_2S \Longrightarrow ZnS+H_2O$

$$ZnO+RSH \Longrightarrow ZnS+ROH$$

$$ZnO+COS \Longrightarrow ZnS+CO_2$$

### 2. 天然气水蒸气转化制合成气过程

如图 2-3 所示。

经脱硫后的天然气与水蒸气按一定的比例在高温下转化成合成气，也有人称之为转化气。转化原理如下。

$$C_nH_{2n+2}+\frac{n-1}{2}H_2O \longrightarrow \frac{3n+1}{4}CH_4+\frac{n-1}{4}CO_2$$

式中，$n \neq 1$。

天然气中各种烃类首先转化成甲烷气，然后甲烷气再转化成转化气：

$$CH_4+H_2O \Longrightarrow CO+3H_2$$

$$CO+H_2O \Longrightarrow CO_2+H_2$$

转化过程所需的高温热量由燃烧经脱盐脱水的天然气提供。对燃烧后所产生的高温烟道气的热量进行充分的回收利用，如预热转化的原料气、预热高压锅炉给水、中压锅炉给水等。高温转化气的热量也需要充分回收利用，如过热高压饱和蒸汽、预热需在催化剂作用下脱硫的天然气、预热高压锅炉给水、用常温水或冷却剂进一步冷却到常温，有利于转化气与多余水汽的分离，经过气液分离后的转化气即可进入甲醇合成工段。

### 3. 合成气合成甲醇过程

如图 2-4 所示。

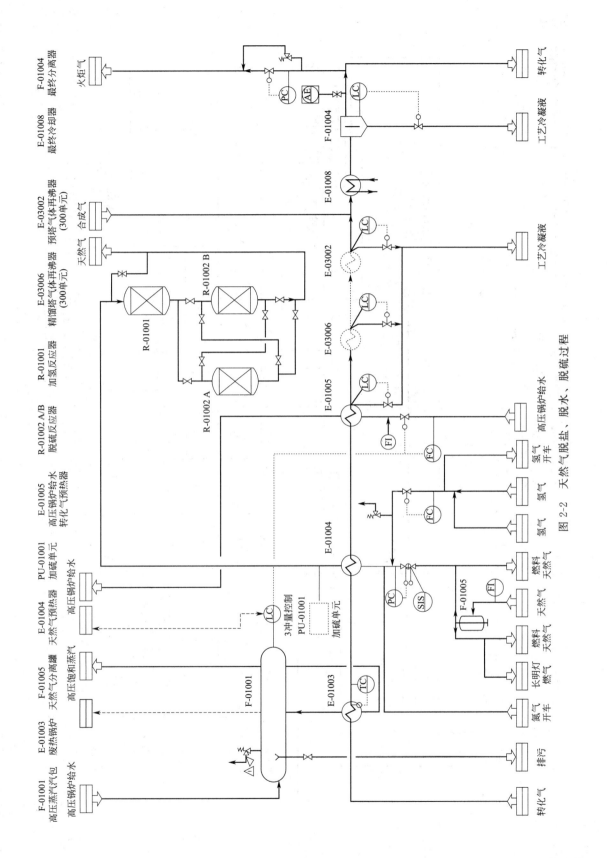

图 2-2 天然气脱盐、脱水、脱硫过程

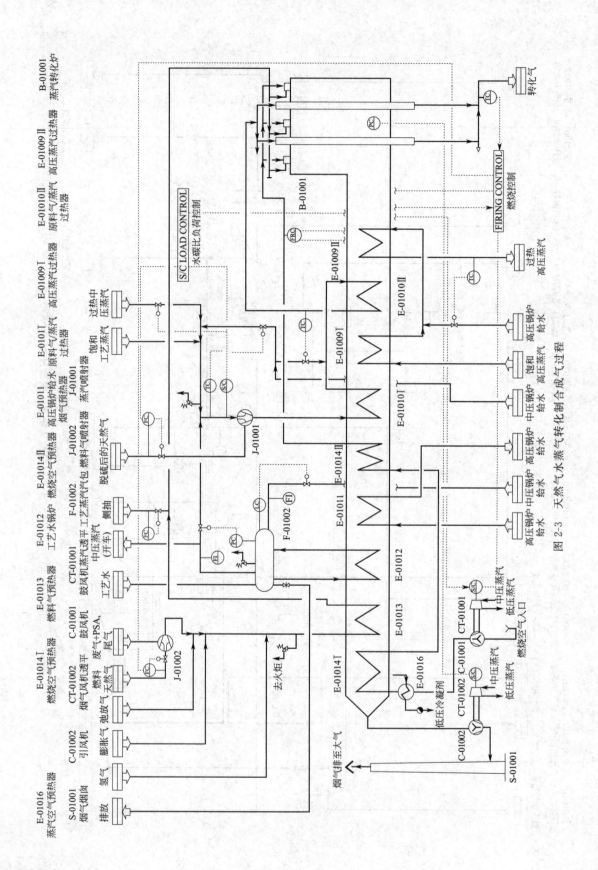

图 2-3 天然气蒸汽转化制合成气过程

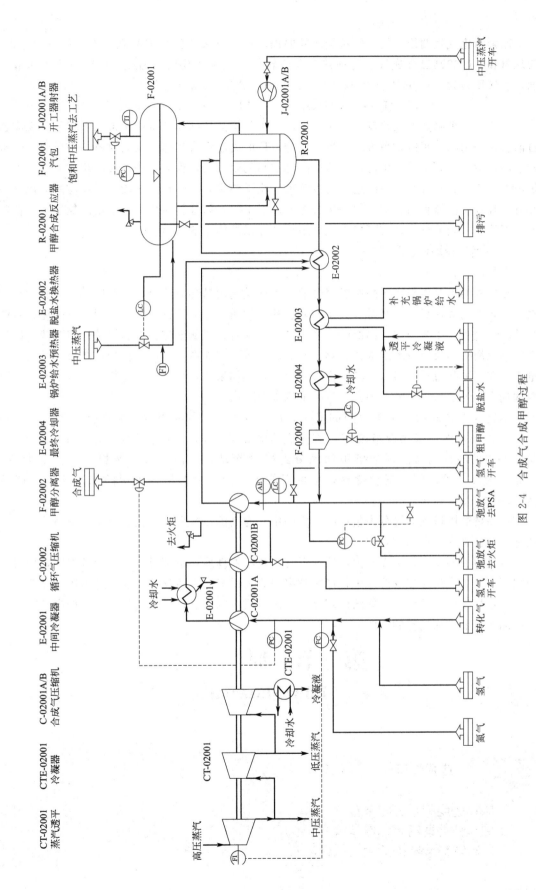

图 2-4 合成气合成甲醇过程

新鲜转化气经两级压缩与经单级压缩的循环气从浮头式换热器的壳体不同的位置进入，与从管程流过的高温合成气进行换热，混合转化气被预热到反应温度。反应采用中压催化剂，反应压力为 5～10MPa，反应温度为 220～270℃，反应原理如下：

$$CO + 2H_2 \Longrightarrow CH_3OH \qquad \Delta H^{\ominus} = -90.8 kJ \cdot mol^{-1}$$

反应是一个强烈的放热反应，采用中压水进行换热的同时产生中压饱和水蒸气。反应器目前普遍采用的是水冷式恒温反应器。反应以后的高温混合气体经预热原料、中压锅炉给水和水冷后被冷却到常温，甲醇以及比甲醇沸点高的组分（俗称粗甲醇）被液化成液体，而大量没有反应的转化气与粗甲醇进行气液分离。粗甲醇进入甲醇精制工段，未反应的转化气一部分循环入反应器重新反应，另一部分进入制氢工段，以弥补转化气中不足的氢气。在特殊的情况下，多余的气体还有可能放入火炬烧掉，以求体系的平衡。

### 4. 粗甲醇精制过程

参见图 5-1。

粗甲醇的精制根据粗甲醇中各组分的物化性质选用精馏方法分离。粗甲醇中含有大量的水，少量的高级烷烃、高级醇和少量的醛、酸等物质。根据所选原料的不同，有的还含有微量的胺类物质。甲醇与水、高级醇、醛、酸都是互溶的，从整体上看它们是理想溶液，但是其中高级烃类物质与甲醇形成恒沸物，并非理想溶液。如果在精馏过程中，高级烃类物质含量少，在其脱除过程中可以不考虑损失的甲醇，但如果含量高必须考虑脱除过程中所造成甲醇的损失。为了减少甲醇的损失，有时采取萃取精馏。

本精馏工艺就没有考虑甲醇的损失。从合成工段来的粗甲醇首先进行闪蒸，脱除其中的轻组分，然后采用双塔精馏。首先进入预馏塔，同时按比例加入 5％的烧碱溶液，脱除其中的酸性物质。预馏塔顶的馏分经冷凝冷却，气液分离，液相物质全部回流，气相作为废气可以作为锅炉燃料，也可以排入火炬。预馏塔底的甲醇水溶液进入产品精馏塔。

产品精馏塔塔顶的馏分为精甲醇，塔的中部为高沸点的醇、烃类物质作为燃料油，塔的底部为工艺废水，可以回收利用。

从上面的各个过程可以看出，所选定的原料经处理后输送到合成气的制备工序，合成气经列管固定床式反应器反应后进行产物分离得到精甲醇。本章就按照这一过程逐一介绍，其中反应过程是核心部分，原料的处理是为了满足反应的要求，产物的分离是根据市场或用户对产品质量要求而进行的。

# 第一节　原　　料

## Raw Material

 **应用知识**

1. 原料选用的方法和储存；
2. 原料预处理的单元操作技术；
3. 原料输送设备的选用与操作。

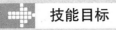
1.能够根据生产要求和产品要求选用正确的化工原料；

2.能够根据化工原料的物理和化学性质，正确储存化工原料，确保安全的前提下，减少化工原料在储存过程中的损失；

3.根据化学反应单元对所选原料的要求，对于不符合反应要求的原料能够用正确的简单的方法处理；

4.能够选择正确的原料输送机械将原料输送入反应器。

在化工生产过程中，原料是基础，技术是关键，企业应根据自身的情况正确地选择原料路线，才能实现优质、低耗、高效、低碳排放、绿色的化工生产。

## 一、原料的选用与储存 (Selection，Use and Storing of Raw Material)

### 1. 原料的选用

上述实例中为什么选用天然气而不选用煤作为合成甲醇的起始原料呢？选择什么样的化工原料才能满足所生产的化工产品的要求，这是一个十分复杂的技术问题，它涉及生产的方方面面，诸如生产技术、环保、安全、价格、国家的产业结构政策等。化工产品种类繁多、生产方法多种多样、工艺过程复杂多变，同一种化工产品可以选用不同的化工原料；同一种化工原料可以经过不同的工艺过程，生产不同的化工产品；同一种原料生产同一种产品可以采用不同的工艺过程。甚至同一种原料路线，同样的生产工艺，生产同样的化工产品，对不同地区或不同规模的生产企业其生产技术路线也有差别。例如，用煤、重油、渣油等固体或液体原料经部分氧化生产合成气，然后合成气在铜基催化剂的作用下采用中、低压法不同的工艺路线合成甲醇；也可以用天然气、油田伴生气或炼厂气等气体作为起始原料，通过蒸汽转化生产所需要的原料气——合成气（$CO+H_2$），然后合成气再经中、低压法合成甲醇，这就说明生产同一种产品可以选用不同的原料路线；同样，合成气不仅可以合成甲醇，也可以合成氨，这也说明同一种原料可以经过不同的生产路线生产不同的化工产品。又如，由石油经常减压蒸馏，得到石脑油和轻质柴油，石脑油经催化重整得芳烃；石脑油也可以经热裂解得各种烯烃。再如，由裂解所得到的乙烯可以经水合制得乙醇，乙醇氧化制得乙醛，乙醛氧化制得冰醋酸；但是，也可以经液相配合（络合）催化氧化制得乙醛，乙醛再氧化制得醋酸。总之，生产同一种产品可以选用不同的原料，即不同的原料路线；同一种原料经不同的工艺过程得到同一种产品或不同的产品，即不同的生产技术路线。一般来说原料路线确定后，生产技术路线也就随之确定，但生产技术路线的确定与催化技术密切相关。究竟如何选用不同原料来生产所需要的产品，要考虑哪些因素，还要遵守哪些原则，这是本节所要讨论的重点。

 石油经炼制得到哪些油品？这些油品如何作为化工原料使用。

化工原料的选用首先应考虑原料来源是否可靠，即是否能够充足地供应。任何化工产品的生产，不论该产品的市场前景如何广阔，利润空间如何之大，企业多么想通过该产品的生产来改变目前的困境或创造更大的利润，如果没有充足的原料供应，就不具备化工生产正常进行的基础。原料来源可靠，首先要考虑企业所在地域是否有可靠的原料资源；其次要考虑外购原料是否稳定。当然有些化工原料即使当地或国内有丰富的资源，从战略角度考虑也要有稳定的外部资源供应，才能实现可持续发展。如，世界上一些有丰富石油资源的国家，都在进行石油的战略储备，以实现本国经济的可持续发展。中国海洋石油化工海南东方基地选用天然气作为原料，生产合成氨和合成甲醇，处于江苏北部的江苏恒盛化肥集团选用煤作为合成氨和合成甲醇的原料，这主要是因为中海油海南基地具有丰富的南海油气资源，可以稳定的供应天然气，而江苏恒盛化肥集团无天然气资源，但有可靠的陕煤和晋煤供应，只能选用煤炭作为起始原料。

其次是要考虑原料的价格，原料的价格受各种因素影响较大，如储量、开采和运输、市场行情的波动等客观的和人为的因素。一般，化工原料占化工产品生产成本的 $60\% \sim 70\%$，所以化工原料价格直接影响到化工产品生产能否正常进行。2008 年下半年，受国际金融危机的影响，化工产品销路受阻，价格一路下跌，但化工原料价格变化不大，有的甚至略有上升，其结果产品与原料价格的剪刀差在减少，直接影响生产的进行。采用不同原料路线的化工产品，当相关化工原料的价格波动时，会对企业产生较大的影响。如当国际石油价格下跌时，石油化工行情看涨，而以煤为原料的化工生产难以为继；相反，当国际石油价格上涨时，以石油或天然气为原料的化工生产举步维艰，而煤化工却能很好地生存，这主要是因为原料价格的作用。

再者，除了考虑化工原料的来源和价格因素外，还要考虑其他多种因素，包括原料的储量、开采、运输、储存及处理、化工安全和环境保护等。

储量丰富、开采方便、易于运输的原料价格相对较低；反之，储量稀缺、开采不便、运输不易的原料价格相对较高。从储量上来看，目前石油或天然气储量相对来说还是比较丰富，短时间内不会造成资源的枯竭，但是从长远来看相对于煤来说其储量还是不足的；从开采和运输上来看，石油和天然气便于开采和运输，可以用管道进行长距离的输送，输送成本低、安全可靠；而煤及其他固体物质只能通过水路、公路或铁路进行输送，而且有时候从原料产地不能通过一种运输方式直接输送到目的地，所以运输成本较高，运输过程不安全因素较多。为了解决煤的长距离输送困难的问题，煤通过气化、液化方式转化成煤气和液态烃后，像石油和天然气样进行长距离的管道输送，这种方式成本较高，我国已在内蒙古投资170 亿元人民币建成世界首座百万吨煤加氢直接液化制轻质烃的装置。虽然目前还无法与石油和天然气相抗衡，但是从长远角度考虑这是一项具有战略眼光的投资。

综上所述，化工原料的选用，首先要考虑原料来源是否可靠；其次要考虑运输是否方便、安全；再者确定原料后，要选择成本低廉、安全可靠的运输方式。所以原料的选用是一个复杂的系统工程，要从技术的、经济的、安全的、环保的等多方面综合考虑后，确定技术成熟、经济合理、来源可靠，而且环境友好，又符合国家能源政策的原料作为该生产装置的原料路线。

有时原料路线直接决定了生产技术路线，即选择什么样的原料就要用什么样的生产技术来生产所需要的化工产品。生产技术是否成熟可靠，是否符合化工环保、绿色化工的要求，就决定了能否用你所选择的原料生产化工产品。如，煤化工经由煤焦油、电石、合成气这样三个阶段。选用煤焦油，通过精馏分离可以得各种芳烃，如苯、甲苯、二甲苯、萘、蒽、醌等，它们是染料、农药生产的重要原料；选用电石，可用于生产乙炔，也叫乙炔化工；选用合成气，可以在不同的催化体系中生产合成氨和合成甲醇等。所以不同的原料路线就决定了生产技术路线，只有成熟可靠的生产技术路线，所选用的原料路线才得以实现。

但是，同一种原料路线有不同的生产技术路线生产不同的或相同的化工产品，有时确定的原料路线并不一定就能采用所希望的最先进的生产技术路线生产化工产品，原因是，这样的生产技术路线有没有被企业通过合法的途径掌握。如具有自主知识产权的生产技术，或者通过引进，或者在引进的基础上经再创造、吸收、消化、形成具有一定的自主知识产权的创新的生产技术，只有这样在原料路线确定之后，才能选择更先进的生产技术生产化工产品。如果没有自主知识产权的生产技术，或者无法引进先进的生产技术，原料路线确定之后只能采用成熟的，但并不是非常先进的生产技术进行生产。

 如果选用生物质作为化工原料能够生产哪些化工产品？与煤、石油和天然气相比较有哪些特点？

### 2. 原料的储存

原料的储存总的原则是适量、安全、经济。

（1）适量　在化工生产过程中，为了保证生产的正常进行，需要有一定的原料储存量。化工原料储存量既不能过多，也不能过少。过多的原料储存量，一是占用大量的流动资金，影响生产的发展；二是占用工厂的大量空间；三是有可能因为储存过程不当而造成挥发、风化等形式的损耗和浪费；四是有时因为储存过多而造成安全事故。同样，过少的储存量，一旦遇到原料价格的波动或者运输障碍，会直接影响工厂的正常生产，有时还会导致停产。所以为了保证生产的正常进行，必须有一定的原料储存量。原料储存量的多少应视原料的供应情况确定。另外，原料储存量的多少直接确定了储存场所或储存设备投资的多少，例如，液体储存就包括单个设备的容积和相同设备的套数。

（2）安全　正确地储存原料也是减少原料的损耗、避免安全事故的发生，提高生产经济效益的重要方面。在过去或即使现在有些化工厂无论从工程设计、工程施工直到正常生产，都忽略了化工原料储存的环节，以至于化工原料在储存的过程中造成原料的流失，甚至燃烧、爆炸事故的发生，给人们的生命财产造成了不必要的损失。所以，在化工生产过程中必须重视化工原料的储存，以防止流失或安全事故的发生。

为了原料储存的安全首先要考虑原料的性质。某些化工原料有可能是起始原料也有可能是上游的化工产品，但无论是起始原料还是上游化工产品，多数都是有毒、有害、易燃、易爆，或是高温高压的气体或液体，有的甚至还有强烈的腐蚀性。所以，化工原料在储存的过程中一定要遵守化工原材料、产品的储存规定，特别是对于因接触空气、水，或者两种不同的化工原料或产品互相接触而发生剧烈的化学反应，导致原料变质无法使用或者发生危险事故的，在其储存过程中更应该小心谨慎，要按照物质的物理性质和化学性质，采取必要的措施，防止事故的发生。

对于挥发性大的液体物料，采用加压或冷却的方法储存，有的还要避免阳光的暴晒，采用遮阳措施，并保持通风，以防产生挥发性的气体的积聚，引起燃烧或爆炸、中毒。

对于气体原料，为了安全起见，一般采用钢瓶或球形贮罐储存，其钢瓶或贮罐必须定期进行安全检查，以确保气体原料储存的安全性。

有的化工原料在储存的过程中并不会发生剧烈的化学变化，而是缓慢地发生潮解、溶解、变质、聚合、缩合、氧化等，轻则原料损耗，重则原料根本无法使用。所以在化工原料的储存的过程中，有的时要采取特殊措施，确保原料储存过程中的安全。

化工原料或化工产品储存的火灾危险等级分类，如表 2-1 所示。

表 2-1  化工原料或化工产品储存的火灾危险等级分类

| 储存物品类别 | 火 灾 危 险 性 的 特 征 |
|---|---|
| 甲类 | 1. 闪点小于 28℃的液体；<br>2. 爆炸下限＜10%的气体，以及受水和空气中水蒸气的作用，能产生爆炸下限＜10%的气体的固体物质；<br>3. 常温下能自行分解或在空气中氧化即能导致迅速自燃或爆炸的物质；<br>4. 常温下受到水或空气中水蒸气的作用能产生可燃气体并引起燃烧或爆炸的物质；<br>5. 遇酸、受热、撞击、摩擦以及遇有机物或硫黄等易燃的无机物而极易引起燃烧或爆炸的强氧化剂；<br>6. 受撞击、摩擦或与氧化剂、有机物接触时间能引起燃烧或爆炸的物质 |
| 乙类 | 1. 闪点≥28℃而＜60℃的液体；<br>2. 爆炸下限≥10%的气体；<br>3. 不属于甲类的氧化剂；<br>4. 不属于甲类的化学易燃危险固体；<br>5. 助燃气体；<br>6. 常温下与空气接触能缓慢氧化，积热不散引起自燃的物品 |
| 丙类 | 1. 闪点≥60℃的液体；<br>2. 可燃固体 |
| 丁类 | 难燃烧物品 |
| 戊类 | 非可燃物品 |

注：难燃烧物品、非可燃物品的可燃包装的质量超过物品本身质量的 1/4 时，其火灾危险等级为丙类。

化工原料或化工产品火灾危险等级分类举例，如表 2-2 所示。

表 2-2  化工原料或化工产品火灾危险等级分类举例

| 储存物品类别 | 举 例 |
|---|---|
| 甲类 | 1. 乙烷、戊烷，石脑油，环戊烷，二硫化碳，苯，甲苯，甲醇，乙醇，乙醚，甲酸甲酯、乙酸甲酯、硝酸甲酯，汽油，丙酮，60°以上的白酒；<br>2. 乙炔，氢，甲烷，乙烯，丙烯，丁二烯，环氧乙烷，水煤气，硫化氢，氯乙烯，液化石油气，电石，碳化铝；<br>3. 硝化棉，硝化纤维胶片，喷漆棉，火胶棉，赛璐珞棉，黄磷；<br>4. 金属钾、钠、锂、钙、锶，氢化锂，四氢化锂铝，氢化钠；<br>5. 氯酸钾，氯酸钠，过氧化钠，硝酸铵；<br>6. 赤磷，五硫化磷，三硫化磷 |
| 乙类 | 1. 煤油，松节油，丁烯醇，异戊醇，丁醚，乙酸丁酯，硝酸戊酯，乙酰丙酮，环己胺，溶剂油，冰醋酸，樟脑油，蚁酸；<br>2. 氨气，液氨；<br>3. 硝酸铜，铬酸，亚硝酸钾，重铬酸钠，铬酸钾，硝酸，硝酸汞，硝酸钴，发烟硫酸，漂粉；<br>4. 硫黄，镁粉，铝粉，赛璐珞板(片)，樟脑，萘，生松香，硝化纤维漆布，硝化纤维色片；<br>5. 氧气，氟气；<br>6. 漆布及其制品，油布及其制品，油纸及其制品，油绸及其制品 |
| 丙类 | 1. 动物油，植物油，沥青，蜡，润滑油，机油，重油，闪点≥60℃的柴油，糠醛，50°～60°的白酒；<br>2. 化学、人造纤维及其织物，纸张，棉、毛、丝、麻及其织物，谷物、面粉，天然橡胶及其制品，竹、木及其制品，中药材，电视机、收录机等电子产品，计算机房已录数据的磁盘，冷库中的鱼、肉 |
| 丁类 | 自熄塑料及其制品，如聚氯乙烯及其制品，酚醛泡沫塑料及其制品，水泥刨花板 |
| 戊类 | 钢材，铝材，玻璃及其制品，搪瓷制品，陶瓷制品，不可燃气体，玻璃棉，岩棉，陶瓷棉，硅酸铝纤维，矿棉，石膏及其无纸制品，水泥，石，膨胀珍珠岩 |

（3）经济  化工原料储存的经济性，主要体现在原料储存的方式。化工原料的储存按

储存场地，分为室外储存和室内储存；按储存方式，分为容器储存和堆放储存；按化工原料的性质，分为危险品物料储存和一般物料储存；按物料状态，分为固体、液体和气体物料储存。一般化工原料储存的分类按原料的性质和原料的状态进行。

化工原料的储存，从经济性上考虑的一般原则是：能室外储存不用室内储存，能堆放储存不用容器储存，能用非金属容器储存不用金属容器储存，能用普通碳钢容器储存不用合金钢容器储存，在保证原料储存安全的前提下，尽量节约储存原料场地或设备的投资。除此之外，还要考虑原料量的多少才能最终确定化工原料的储存方式。因为固体原料储存时，所占空间的大小，以及气体物料或液体物料储存时，所需单个容器的容积和容器的数量，都直接确定了化工原料储存的安全性和经济性。

化工原料储存的方式，一般要考虑原料的状态。化工原料的状态有固体、液体和气体。对于固体原料，若是起始原料一般是露天场地储存，例如，磷矿石、硫铁矿石等；若是化工中间品原材料，一般采用袋装的室内储存；对于液体和气体原料，采用罐装或桶装的既可以室内储存也可以室外储存。无论室内储存还是室外储存，原料罐区一般远离生产区，罐装或桶装，多数情况下都室外储存。

注意：在化工厂，一般都设置有原料罐区。原料罐区与生产区是分开设立的，这主要是考虑安全因素。在化工生产场所一般不要储存多余的化工原料，有的化工原料用多少领多少。原料进厂要验质验量，记录在册；生产车间用料要同样计量，登记造册，以做到物、账相符。所以化工原料的储存是化工生产的重要环节。

 现有丙酮作为化工原料，应该采用何种储存方式，在储存过程中应该采取何种安全措施？

## 二、原料的预处理 (Raw Material Pretreatment or Prehandling)

化工原料的预处理是以满足后续的化学反应为目的所进行化工单元操作。化工原料预处理的结果就是为了使经过处理后的原料符合进行化学反应所要求的状态和规格。化学反应对原料所要求的状态与规格实际上就是满足催化剂对原料的要求。也就是说原料的预处理是为了满足反应所使用催化剂的要求。

化工生产的全过程分三个步骤：即原料的预处理、化学反应和产物的分离与精制。其中，原料的预处理应根据原料的不同状态和反应对原料的要求，分别对其进行净化、提浓、混合、乳化、或粉碎（对固体物料）等不同的简单单元操作或几种简单单元操作的组合，以达到反应对原料规格（状态、粒度、纯度）的要求。

### 1. 化学反应类型

化学反应按反应器类型分类，分为气固相反应、气液相反应、液液相反应和气液固相反应。

（1）气固相反应　有非催化的气固相反应（如焙烧）和催化的气固相反应。

非催化的气固相反应，其中一种反应物料是固态，另一种物料是气态，如空气、氧气、水蒸气等。固态的反应物料在高温条件下，用空气或氧气进行焙烧，反应后的产物的状态是气固混合物，其中气体是反应后的产物，固体是烟尘或没有反应完全的固体颗粒。例如，硫铁矿的焙烧过程，硫铁矿石是固相，而空气是气相，反应产物是含有二氧化硫、未反应掉的氧气、大量的氮气、烟尘以及一些有害杂质的气体混合物。

有催化的气固相反应，催化剂是固体，进、出反应器的物料均为气体。

（2）气液相反应　如酸碱型或金属配合物型的液相催化剂，反应物中有一种必定是气体，反应产物通常与催化剂处于同一相。

（3）液液相反应　其原料可能是液体，也可能是细小的颗粒状固体，如聚合反应中的溶液聚合、本体聚合、悬浮聚合和乳液聚合。

（4）气液固相反应　反应物分别为气体、液体和固体，例如空气直接氧化法生产硫酸铜，空气是气相，稀硫酸是液相，而铜粉或杂铜是固相，反应产物是稀溶液，经过滤、蒸发、结晶、再过滤或洗涤得固体产品。

### 2. 对原料规格的要求

不同类型的反应对反应物料规格的要求是不同的。

（1）固体物料　为了增大反应的接触面积，提高反应速率，要求有一定的粒度，一般要经过破碎或粉碎、过筛等过程达到反应要求的一定粒度。粒度过小，虽然气固接触面积较大，有利于提高反应速率，但是容易被气流带走，燃烧不充分；粒度过大，气固接触面积较小，反应速率较慢。所以固体进行焙烧时，需要一定的粒度。

有的固体要经过溶解过程制备成一定浓度的溶液，实际上进行的是液相均相反应。

经粉碎、过筛的固体物料，一般选择粉碎机破碎，采用干法破碎或湿法破碎，干法破碎要注意防尘，防毒，防止肺沉着病的发生和中毒事件的出现。

需要制备成溶液的固体物料，也需要将大块物料破碎成小块的物料，以增大溶解的速度，有时候在溶解的过程中采用加热的方式增大溶解速度和提高物质的溶解度，但是在加热的过程中要注意溶液的挥发性，以防操作人员的中毒。有些物料在常温时，特别是在冬季，气温比较低时是固态，而在反应的温度下是液体。此种物料如以固态投入反应器，反应速率较快，难以控制，无法进行正常的反应，所以在投入反应器之前必须熔化成液体再按要求的比例或速度投入反应器中参加反应，如苯酚与甲醛水溶液的反应即属于此类，这一类反应也属于液相均相反应。

（2）液体物料　一般是上游的产品，其质量标准是能够满足本生产工艺的要求的，不需要重新处理。对于起始原料的液体物料，要采用非均相分离的方法以除去其中的固体杂质；采用精馏的方法以除去液体杂质。如原油的炼制过程，经管道输送来的原油首先进行脱盐、脱水；然后进行初馏、常压精馏和减压精馏，得石脑油、汽油、轻柴油、重油、减压柴油和渣油。如石脑油是符合热裂解要求的，不需要再进行预处理。石脑油是原油常减压精馏的产品，是热裂解的原料。

（3）气体物料　一般采用吸收的方法脱除其中有害的杂质，如空气中酸性气体等。可采用物理吸收、化学吸收或物理-化学吸收的方法。采用物理化学吸收时，一般可先物理吸收，后化学吸收，这样不仅能将气体中的有害气体脱除干净，而且也能节约化学溶剂的用量，同时又能有利于污水治理和水的回收利用。对于气体中的固体粉尘、有害杂质含量较小的，一般采用吸附单元操作，因为此时吸附比吸收更方便、更经济合理。

总之，原料预处理的单元操作相对于产物分离的单元操作来说较为简单，在整个工艺设备投资中所占的比例较小，常用到的单元操作设备多为非均相分离设备和吸收设备。

 氨合成的原料气要经过哪些处理过程才能符合氨合成过程的需要，为什么？

### 3. 原料的混合

原料的混合（mixing of raw material）是指参加化学反应的两种或两种以上的物料在进入反应器之前需要按比例进行的混合，以保证反应的正常进行。化工原料的混合有的是在混合器中混合好后进入反应器；有的是在反应器中进行混合，混合后直接升温反应。气固相反应的气体反应物料一般在混合器中进行混合。混合时，对于有氧参加的化学反应各反应物的量按爆炸极限的要求进行计量混合；无氧参加的化学反应各反应物料一般是以化学计量比为基础，经具体的工艺研究确定各物料实际量进行混合。气液相反应，反应物料有的是气体，有的是液体，当反应体系是液相，原料的混合根据工艺要求直接进入反应器进行混合。对于液液相反应，反应物料可能是液体，也可能是固体。是液体的直接按照计量要求投入反应器中，通过机械搅拌或鼓泡搅拌使其混合均匀后参与反应，而不需要事先混合。当反应物料是固体的，如焙烧反应，一般是用螺旋推进器送入焙烧炉；若是液相反应，有的是按照计量比投入反应器的溶剂中，加热溶解，然后进行反应，也有的是先熔化成液体再按要求投入反应器进行反应。

总之，进行气固相反应（除焙烧反应外）的气体反应物料，是需要事先在混合器中进行混合的，混合时要考虑爆炸极限，保证混合的安全性；气液相反应的反应物料是在反应器中进行混合参与反应；液液相反应，反应物料是液体的可直接进入反应器，通过搅拌进行反应，是固体的物料先进入反应器进行溶解，再反应，需要熔化的固体要事先熔化再按要求投入反应器进行反应。

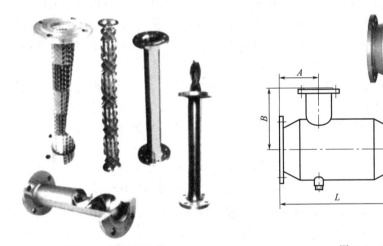

图 2-5　静态混合器
（适用于液体黏度≤100mPa·s 液液、液气、气气的混合、乳化、反应、吸收、萃取、强化传热等过程）

图 2-6　喷射混合器
（适用于液体黏度≤100mPa·s 液液、液气、气气的混合、乳化、反应、吸收、萃取、强化传热等过程）

图 2-5、图 2-6 所示两种混合器适用于哪些场合，并举出应用实例，同时，通过网查和比较，了解有哪些厂家生产这种类型的混合器，而且品种全、质量又好。

## 三、原料输送 (Raw Material Transport)

**原料输送**　原料输送是指利用输送机械将原料从储存区输送到计量罐或者反应器让其参

与化学反应的过程。根据原料的状态，可分为固体原料输送和流体原料输送，流体原料输送又可分为液体原料输送和气体原料输送。

**固体原料输送**　固体原料的输送都是敞开输送过程，有的利用皮带输送机，进行具有一定斜坡高度的输送，如电解食盐水溶液之前的粗盐的精制，就是利用皮带输送机械将工业粗盐从粗盐仓库输送到具有一定高度的食盐溶解槽中；有的利用平板车、手推车将固体物料搬运到反应装置，然后利用料斗或料桶通过手提或电动葫芦提升到进料口送入反应器中；还有的是通过螺旋推进器连续不断地定量地送入反应器中。由于固体物料的输送相对于流体输送来说比较安全、方便、快捷，所以本节不作为重点介绍。下面着重介绍流体的输送过程。

**流体输送（fluid transport）**　无论是气体或是液体的输送总是以一定的流速或流量沿着管道从一处送往另一处，它属于流体动力过程的单元操作过程。作为化工生产处理的物料（包括原料、中间产物、产品和载体等）多数为流体，按工艺要求如何在原料贮罐和化学反应设备之间把这些物料安全地输送，是实现化工安全生产的重要环节。液体化工原料的种类繁多，性质各异，如密度、黏度、毒性、腐蚀性、易燃性与易爆性等各不相同，而且温度变化较大，从低于-200℃到高达1000℃以上；压力从高度真空到100MPa；流量从$10^{-3}m^3/$h到$10^4m^3/$h以上，所以输送液体原料所用的流体输送机械有多种形式，输送机械或管道的材质也是多种多样。

当送料点流体的位能足够高时，所要求的流体输送量能自行地流至位能较低的反应器中，否则就需要补充能量以满足输送的要求。补充能量的方式对于液体和气体是不同的。液体可以采用压送、抽吸和泵送的方式；气体采用鼓风机和压缩机。液体的压送适应于那些挥发性较大、沸点较低、易于发生燃烧爆炸的物质，这类物质是无法用抽吸或泵送的方式输送。抽吸的方式适应于那些物质沸点较高、挥发性相对较小；泵送一般适应于水溶液，或有机液体。

在化工原料的流体输送过程中，应尽量缩短其输送距离，减少阻力损失，节约能量。流体大多数是在密闭的管道中输送，为了调节流量，改变流向以及实现流体的分流和合流，管道中装有阀门、弯头和三通等管件、阀件和仪表，但这些都是增加流体输送过程中阻力损失的重要的因素。

流体输送过程中的总费用，包括管道、输送机械的折旧费用和输送机械的能耗费用。对于一定的输送量的流体，采用大口径的管道时，流动阻力减少，能耗下降，但管道的投资和折旧费用增加；采用小口径管道时，投资和折旧费用减少，但能耗费用增加。因此，选用管道口径过大或过小，使管道内流体的流速过小或过大，都是不经济的。工厂内部的原料输送可参照各种流体在管道内常用流速范围，来确定管道内的流速，据此确定现有流体输送管径是否符合要求。

液体输送机械，如前所述为了补充能量，可以采用压送、抽吸和泵送的方式。

压送所采用介质一般为氮气，氮气的压力大小在克服流体在流经管道、管件、阀门和仪表所产生的阻力后，要略微高于反应器内操作压力。即氮气压力要大于流体阻力和反应压力之和。在不压送液体时，只需要保安氮气的压力保证原料液体正常储存即可。

抽吸液体时一般是采用喷射真空泵造成系统内的真空，使原料源源不断地进入反应器，对于间歇操作过程，当原料进入量达到反应要求时，关闭真空停止进料。喷射真空泵的工作流体常用高压蒸汽或水，用蒸汽时称为蒸汽喷射真空泵，用水时称为水喷射真空泵。也有采用机械真空泵造成系统内真空，但是机械真空只适用于挥发性小，不易燃的物料。

　　泵送液体是常用的输送液体的方法，一般选用离心泵或计量泵。选用离心泵时为了计量的方便，可以设置高位槽。操作方法是先将料液打入高位槽，如间歇反应过程，一般采用液位计进行计量；若是连续反应过程，一般是在高位槽上部设置回流管以保证稳定的液位。也可以不设置高位槽，在此直接设置双转子流量计计量操作，它适用于连续化生产，对于间歇生产过程，省去了转子流量计。有的进料直接采用计量泵进料，它是工业生产中常用的进料机械。离心泵按工作介质特性分为水泵、油泵和耐腐蚀泵。水泵又分为清水泵、热水循环泵和凝结水泵；油泵又分为冷油泵、热油泵、液态烃泵和油浆泵；耐腐蚀泵又分为耐蚀金属泵、非金属泵和杂质泵等。计量泵也称作定量泵或比例泵，计量泵属于往复式容积泵，主要用于精确计量输送，稳定性精度不超过±1%。计量泵可以输送易燃、易爆、腐蚀、磨蚀、浆料等各种液体，在化工和石油化工中经常使用。

　　气体输送机械，对于常压反应，常用鼓风机；对于加压反应，常用压缩机；对于气体输送流量比较大的，近来多采用离心式压缩机；对于气体输送流量比较小的，仍然采用传统的往复式压缩机。离心式压缩机，结构较为复杂，操作要求较高，但原动机既可以采用电机，也可以采用透平机；往复式压缩机结构简单、操作方便，但原动机只能采用电机。所以对于工厂无高压蒸汽可利用的可以选用离心式压缩机或往复式压缩机输送气体；但对于工厂有高压蒸汽可能利用的，一般选择离心式压缩机作为气体的输送机械。

 　　生产醋酸乙酯所用的原料是醋酸和乙醇，根据原料的特性，应选择何输送机械或输送方法？如若是生产醋酸丁酯呢？

# 第二节　反应过程

## Reaction Process

 **应用知识**

1. 不同反应器的结构特征、优缺点以及适用范围；
2. 反应影响因素分析的方法，选择反应条件的依据；
3. 操控各反应条件的方法与技巧。

**技能目标**

1. 能根据反应类型和对反应的要求正确地选用化学反应器；
2. 能够分析简单化学反应的工艺影响因素，能够正确地确定工艺条件；
3. 能够正确地控制工艺条件。

　　反应过程是生产的关键过程，而反应器又是反应过程的关键设备，能否根据反应特性选用满足反应要求的反应器，是强化设备生产能力，提高经济效益的关键步骤之一。

　　本节主要介绍，几种不同类型反应器的结构特征、优缺点和适用范围；反应条件的选择方法和依据；工艺条件控制技术。重点是如何正确地选择反应器。

### 一、反应器选型 (Selection and Use of Reactor Type)

化学反应器是化工装置中的核心装置，它是实现由原料转化成产物的重要单元反应装置。所以正确地选用化学反应器，不仅能实现化学反应安全、平稳的操作，而且又能达到节能、降耗的效果。了解各种反应器的结构特征、优缺点及适用范围，对反应器的选用十分有帮助。

#### (一) 化工生产中常用的化学反应器

#### 1. 管式反应器 (tubular reactor)

这种反应器呈管状，长径比很大，有的长达数公里，如丙烯二聚的反应器的长度就是以公里计。反应器结构按照管子排列方式可以分为单管和多管，如图 2-7 所示，(a) 为多管式反应器的外形结构，(b) 为多管式反应器的结构示意图，此种多管是通过 U 形管连接成串联管道；还有的多管是通过管板将多管连接成并联管道。管式反应器按照管内有无填充物可以分为空管和填充管，空管多数是无催化反应，如管式裂解炉；而填充管是在管内填充颗粒状的催化剂，以进行多相催化反应，如烃类蒸汽转化一段转化炉。通常反应物流处于湍流状态时，空管长径比大于 50；填充管长径比大于 100（气体）或 200（液体），物料的流动可近似看作为平推流。

(a) 多管式反应器外形结构

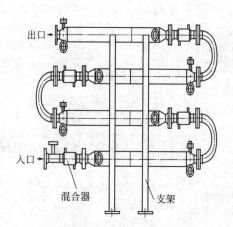

(b) 多管式反应器结构示意图

出口
入口
混合器
支架

图 2-7　管式反应器

管式反应器的主要优点：一是返混小，因而容积效率（单位容积生产能力）高，对要求转化率较高或有串联副反应的场合尤为适用；二是管式反应器可以实现分段控制温度，所以对温度控制较为方便。

管式反应器的主要缺点：对于反应速率很低时所需管道过长，在工业上就不易实现。

#### 2. 釜式反应器 (tank reactor)

如图 2-8 所示，釜式反应器为一种低高径比的圆筒形反应器，高径比通常为 (1～1.1)∶1，也有少数釜式反应器的高径比稍大者或较小者，如聚合釜等。该反应器内常设有搅拌装置，如机械搅拌或气流搅拌；换热装置，如盘管、夹套等；釜顶有的还带有冷凝回流装置。

釜式反应器的优点是操作灵活，可以间歇操作、连续操作或半连续操作。间歇操作适用于小批量、多品种、反应时间较长的产品的生产。

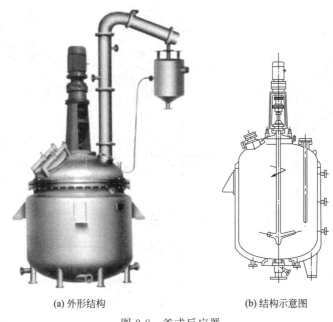

(a) 外形结构                    (b) 结构示意图

图 2-8　釜式反应器

　　釜式反应器的缺点是需要有装料和卸料等辅助时间，而且产品质量也不太稳定；连续操作可避免间歇操作的缺点，但强烈的搅拌会导致釜内物料完全返混，可视作全混流，对于转化率要求高而且有串联副反应发生场合，该类型操作是不利的，为了减少返混等不利因素的影响，可以采用多釜串联操作；半连续操作的反应釜是指一种原料一次加入，而另一原料连续地加入反应器，其特征是介于间歇釜和连续釜之间。

　　釜式反应器主要适用于单相反应过程和液液、气液、液固、气液固等多相反应。

### 3. 固定床反应器 (fixed bed reactor or packing bed reactor)

　　又称为填充床反应器，装填有固体催化剂或固体反应物用以实现多相反应过程的一种反应器。固体物通常呈现颗粒状，堆积成一定高度的床层。它与流化床或移动床的区别在于床层是静止的，流体通过床层反应。

　　固定床反应器有三种基本形式：

　　一是轴向绝热式反应器，如图 2-9(a) 所示，流体自上而下流动，床层同外界无需换热，这种反应器多数是床层式反应器，如天然气加氢脱硫反应器。

　　二是径向绝热式固定床反应器，流体沿径向流过床层，可采用离心式流动或向心式流动，床层同外界无热量交换，该种类型反应器多数是分段构成的床层式反应器。

　　径向反应器与轴向反应器相比较，流体流动距离短，流道截面大，流体压力降小，但径向反应器相对于轴向反应器结构复杂。以上两种类型的反应器大多属于绝热式反应器，一般适用于热效应不大的场合，或反应系统能承受绝热条件下由反应热效应引起的温度变化的场合。

　　三是列管式固定床反应器，如图 2-9(b) 所示，这是工业上常用换热式固定床反应器，有的也称为等温式固定床反应器。该类型反应器是由多根列管并联而成，管内或管间置催化剂，冷热载体流经管间或管内进行冷却或加热，管径通常在 25～50mm 之间，管数可高达数万根，其结构型式类似于固定管板式换热器。列管式换热反应器相对于绝热式固定床反应器来说适用于热效应较大的场合，但换热能力低于流化床或移动床反应器。

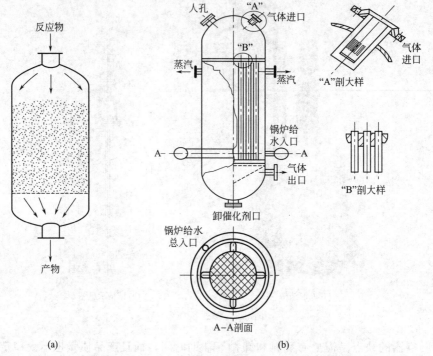

图 2-9　固定床反应器

固定床反应器的优点：返混小，流体同催化剂可有效地接触，当反应伴有串联副反应时具有较高的选择性；催化剂静止不动，机械损耗小，催化剂寿命长，结构简单。

固定床反应器的缺点：传热效果差，当反应热效应很大时，即使是有冷却介质不断换热的列管式反应器也可能出现飞温现象；在操作过程中催化剂无法在不停车的情况下补充和更换，当反应催化剂需要频繁地再生时，一般不宜选用固定床反应器，常使用流化床反应器或移动床反应器。

所以固定床反应器的催化剂的寿命一般较长，如乙烯环氧化催化剂寿命可达 12 年，甲醇合成装置催化剂寿命也高达 10 年以上。

### 4. 流化床反应器 (fluidized bed reactor)

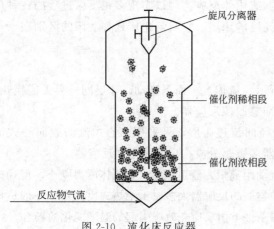

图 2-10　流化床反应器

如图 2-10 所示，是一种利用气体或液体通过颗粒状固体层时而使固体颗粒处于悬浮运动状态，并进行气固相反应过程或液固相反应过程的反应器，在用于气固相反应时又称为沸腾床反应器。

按流化床反应器的应用对象可分为两类：一类是加工对象主要是固体，如矿石的焙烧，称为固相加工过程；另一类是加工对象主要是流体，如石油的催化裂化、酶的反应过程等催化过程，称为流体相加工过程。

按流化床的反应器结构型式分为两种：一是有固体物料连续进出装置的，用于固相加工过程或催化剂迅速失活的流体加工过程，如催化裂化过程中，催化剂在几分钟内即显著地失活，需用流化带有气固旋风分离的装置不断地予以分离后，固体催化剂回收后进行再生使用，也可以根据催化剂损耗流失情况进行即时补充，又如，硫铁矿石的焙烧过程，硫铁矿石经粉碎、过筛后得一定粒径矿石连续不断地进入沸腾炉，没有燃烧完全或细小的矿尘会随着气流一起从炉顶带出，必须通过湿式或静电除尘的方法把矿尘从气流中脱除，以免堵塞管道或设备，当然这些矿尘不一定再回收利用，有可能作为"三废"排放掉；二是无固体物料连续地进出装置，用于固体颗粒性状在很长时间内不发生明显变化的反应过程。

流化床的优点是：一是可以实现物料连续地输入和输出；二是流体与颗粒催化剂的运动使其床层具有良好的传热性能，床层内部温度均匀，而且易于控制，特别适用于强放热反应，如丙烯氨氧化生产丙烯腈。

流化床的缺点是：返混严重，对反应器的效率和反应的选择性有一定的影响；再者由于气固流化床中气泡的存在使得气固接触变差，导致气体反应不完全。

所以，流化床反应器不适宜于要求单程转化率很高的反应。与固定床相比催化剂颗粒的磨损和气流中粉尘夹带，使其应用受到了限制。

### 5. 鼓泡塔式反应器（bubbling reactor）

如图 2-11 所示，气体鼓泡通过含反应物或催化剂的液层以实现气液相反应过程的反应器。该类型反应器主要有鼓泡塔和鼓泡搅拌釜。

（1）鼓泡塔　气体从塔底向上经气体分布器以气泡形式通过液层，气相中的反应物溶入液相中并进行反应，气泡搅拌的作用可使气液相充分混合。鼓泡塔结构简单，没有运动部件，适用于任何压力的反应或腐蚀性物系。如，乙醛液相催化氧化生产乙酸的反应器，乙烯与苯液相烷基化反应生产乙基苯的反应器等，都是典型的鼓泡塔式反应器。

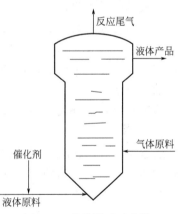

图 2-11　鼓泡塔式反应器

（2）鼓泡搅拌釜　又称通气搅拌釜，利用机械搅拌使气体分散进入液流以实现质量传递和化学反应。常用的搅拌器有涡轮搅拌器，气体分布器安装在搅拌器的下方正中处。鼓泡搅拌釜因搅拌器的形式、数量、尺寸、安装位置和转速都可进行选择和调节，故具有较强的适用能力。当反应为强放热时，上述两种反应器均可设置夹套或冷却盘管以控制反应温度，还可设置导流筒，以促进定向流动，或使气体经喷嘴注入，以提高液相的含气率，并加强传质。

鼓泡反应器的主要特点是液相体积率高，单位体积的液相的相界面小。当反应极慢，过程由液相反应控制时，提高以单位反应器体积为基准的反应速率主要靠增加液相体积分率，宜于采用鼓泡反应器。

### 6. 涓流床式反应器（trickle bed reactor）

如图 2-12 所示。又称滴流床式反应器，气体和液体并流通过颗粒状固体催化剂床层，以进行气液固相反应过程的一种反应器。涓流床式反应器中催化剂以固定床的形式存在，故这种反应器可以视为固定床反应器的一种。为了有利于气体在液体中的溶解，涓流床式反应器常在加压下操作。如石油炼制中的加氢裂化和加氢脱硫反应器就是大型涓流床式反应器的

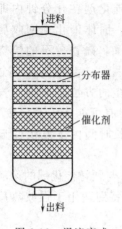

图 2-12　涓流床式
反应器

工业应用过程。但是涓流床式反应器在其他化学工业中应用较少。

涓流床式反应器内的流体流动与填充床内流体的流动略有不同，气液两相并流向下，不会发生液泛，催化剂微孔内储存一定量的静止流体。涓流床式反应器一般采用多段绝热式，段间通过换热或补充新鲜物料以调节温度，每段顶部设置分布器使液流均布，以保证催化剂颗粒的充分润湿。涓流床式反应器与气液固相反应所使用浆态反应器相比较，其优点是：返混小，便于达到较高的转化率；液固比低，液相副反应少；避免了催化剂细粉的回收问题。缺点是：温度控制不易，催化剂内表面利用率低，反应过程催化剂不能连续地排出和再生。

### 7. 浆态反应器（slurry reactor）

气体以鼓泡形式通过悬浮有固体细粒的液体（浆液）层，以实现气液固相反应过程的反应器称为浆态反应器，如图 2-13 所示。浆态反应器中的液相可以是反应物，也可以是悬浮的固体催化剂载液，例如，许多不饱和的烃及其衍生物的加氢反应属于前者；乙烯或丙烯的聚合反应采用的悬浮有催化剂的环己烷则属于后者。

浆态反应器有两种基本形式，其一是上搅拌釜式，利用机械搅拌使浆液混合，适用于固体含量高、气体流量小或气液两相均为间歇进料的场合；其二是三相流化床式，借助于气体上升时的作用使固体悬浮，并使浆液混合，避免了机械搅拌的轴封问题，尤其适用于高压反应。图 2-13 所示，属第二种基本形式，即三相流化床式浆态反应器。

浆态反应器中有两个流体相，所以操作方式比较多样，例如气液两相均为连续进出料，或气液两相均为间歇进出料，以及液相为间歇进出料而气相为连续进出料等。因此，可以适用不同的反应系统的要求。

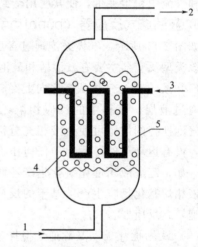

图 2-13　浆态反应器
1—原料气进口；2—产物出口；3—热介质；
4—气泡；5—催化剂+载体

与同是气液固反应器的涓流反应器相比，其优点是：在强放热的条件下，易于保持温度的均匀；采用细颗粒，使催化剂颗粒的内表面利用充分；当液相连续进出料时，催化剂排出再生比较方便。其缺点是：连续操作时返混严重，对于有串联副反应发生的反应，选择性较低；液固比通常较高，在有液相副反应时，反应的选择性低；催化剂细粒分离困难。

### 8. 板式塔、填充塔反应器（plate column or packed column reactor）

板式塔、填充塔（填料塔）反应器，如图 2-14 所示。

该两种塔式反应器适用于气液相反应或者液液相反应，当反应极快，过程由气液相际传质控制时，提高过程速率主要靠增加相界面积，常采用填充塔或板式塔。其性能和结构见《化工单元操作》（董大勤编，化学工业出版社，1997）板式塔和填料塔。

### （二）常用的化学反应器的优缺点以及适用范围

根据上面所介绍的 8 种反应器的结构特性、优缺点以及适用范围来看，目前常用的化学

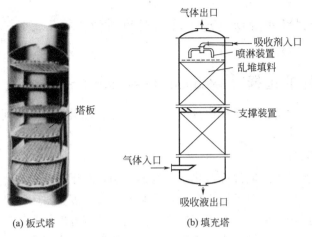

图 2-14　板式塔与填充塔反应器

反应器主要是前面 5 种，现将其优缺点和适用范围列于表 2-3。

表 2-3　常用化学反应器优缺点和适用范围

| 序号 | 反应器类型 | | 优点 | 缺点 | 适用范围 |
|---|---|---|---|---|---|
| 1 | 管式反应器 | | 具有返混小、容积率高；易于分段控制反应温度；类似于理想平推流反应器 | 为了实现高转化率，需要较长的管道，所以在工业上不易实现 | 要求转化率高而且有连串副反应发生的有催化或无催化气相反应情况 |
| 2 | 釜式反应器 | | 操作灵活，可以间歇操作、连续操作或半连续操作。可根据生产任务的大小、转化率的高低采用单釜或多釜串联与并联操作 | 间歇操作过程需要有装料和卸料等辅助时间，生产能力低，而且产品质量也不太稳定；连续操作过程虽然可避免间歇操作过程的缺点，但强烈的搅拌会导致釜内物料完全的返混，反应物浓度低，反应速率低，转化率和选择性低，反应时间长 | 单釜或多釜并联适用于液液、气液等间歇性操作；多釜串联可以适用于液液或气液相连续性操作 |
| 3 | 固定床反应器 | 列管式固定床反应器 | 返混小，流体同催化剂可有效地接触，当反应伴有串联副反应时具有较高的选择性；催化剂静止不动，机械磨耗小，催化剂寿命长，结构简单。相对于流化床温度易于控制 | 相对于流化床传热效果差，无法在停车的情况下更换固体催化剂 | 适用于有催化的气相反应，热效应相对较大，转化率和选择性较高而反应过程需要不断地进行换热的场合 |
| | | 绝热式固定床反应器 | | | 适用于热效应相对较小，反应过程无需进行热交换的有催化气相反应 |
| 4 | 流化床反应器 | | 可以实现物料连续地输入和输出；颗粒催化剂不停地运动使其床层具有良好的传热性能，床层内部温度均匀，而且易于控制，特别适用于强放热反应；可以在不停车的情况下更换催化剂 | 返混严重，对反应器的效率和反应的选择性有一定的影响；由于气固流化床中气泡的存在使得气固接触变差，导致气体反应不完全；催化剂不断地碰撞、摩擦，流失现象严重，因而催化剂寿命短 | 适用于单程转化率不高，选择性也不太高，而反应的热效应较大，催化剂强度较大的气相反应 |
| 5 | 鼓泡塔式反应器 | | 液相体积率高，相对于釜式反应器可适用于大规模连续性生产过程 | 塔体较高，一般只能靠气体本身鼓泡使气液混合均匀，而无法使用机械搅拌装置 | 适用于反应速率慢的气液相连续反应 |

你能否描绘出你所见过的反应器的结构特征、优缺点？

## 二、反应条件的选择 (Selection of Reaction Condition)

反应器的反应条件的选择包括反应温度、反应压力、原料配比、空间速度和接触时间以及原料纯度等。

### 1. 反应温度的选择

热力学的分析主要考虑反应温度对化学平衡的影响，对于某些单向不可逆反应，或者说化学平衡常数很大的反应，一般可以不进行热力学的分析，因为对于这类反应，反应温度的变化对其化学平衡的影响甚微。而对于可逆吸热反应，反应温度要高于转折温度。吸热反应的所谓转折温度，就是从热力学上讲，反应可能进行的温度。当温度低于转折温度时，反应在热力学上是不可行的，只有高于转折温度时反应才是可行的，并且随着反应温度的升高，转化率增加。热力学上不可能进行的化学反应无论使用何种催化剂都是不可能发生或加速的。对于放热反应，其反应温度要低于转折温度，随着反应温度升高，其转化率和选择均下降，当超过转折温度时，反应由可能发生到不可能发生，但是应注意：在此情况下可能存在着强烈的副反应。

动力学分析，主要是考虑在催化剂的作用下温度对化学反应速率的影响。根据阿伦尼乌斯方程，$k = Ae^{-\frac{E}{RT}}$，任何反应的反应速率常数 $k$ 都是随着反应温度的升高而增大，但体系中各反应速率常数增加的程度是不同的，温度的选择需有利于主反应速率的增加而不利于副反应速率的增加。

热力学分析和动力学分析是化学反应温度选择的理论基础，实际过程中，化学反应温度的确定通常考虑以下几个方面。

（1）理论分析（即满足反应热力学和动力分析要求）　如可逆吸热反应，温度升高对反应热力学、动力学都有利，因此，理论上越高越好；对于可逆放热反应，温度升高对热力学不利，导致平衡转化率下降，反应推动力降低，但温度升高，可使反应速率常数增大，这样相反的影响使可逆放热反应存在最适宜反应温度。所谓最适宜的反应温度，仅是对可逆反应而言，是指在给定的催化剂和一定的原料组成的情况下，达最大反应速率时所对应的温度。理论上，若可逆放热反应在最佳反应温度下进行，则可使给定的反应器达到最大的生产能力，或在生产能力一定的前提下，可使反应器体积最小、催化剂用量最少。

（2）催化剂性能要求　温度的选择，必须满足催化剂使用活性温度（催化剂能发挥最大活化效率的温度范围）。对于同一个反应，使用不同的催化剂其反应温度也是不同的，如合成甲醇，若采用高压法，反应温度为 340～420℃；若采用低压或中压法，反应温度为 230～270℃。

（3）向反应器的供热能力或从反应器中移热的能力　为了有效控制反应温度，除在反应物配比时考虑相应的比例或添加稀释剂外，还应注意与反应器相配套的换热设备的热负荷。特别对于强放热反应需保证放热速度与移热能力之间的匹配。

（4）设备材质要求　对于某些在高温下进行的反应，温度的控制还应考虑设备材质的承受能力，如合成氨生产过程中甲烷蒸汽一段转化炉，其气体出口温度需控制在 800℃以下，主要就是考虑到一段炉的材质要求。因为理论上，要将甲烷含量降低至 0.3%，相应的温度需达 1000℃。

### 2. 压力的选择

压力的选择一般要考虑四个方面的因素：一是反应压力的增加使反应在热力学上是否有利，主要是考虑反应前后有体积变化的气相或气固相反应；二是要考虑增加压力确实能够提高设备的生产能力，但是对设备的强度要求提高，设备的投资费用也相应地增加，也就是说设备生产能力的增加所创造的经济效益是否能超过设备投资费用的增加所造成生产成本的增加；三是要考虑整个系统的压力关系，需要负压操作时，就要选择机械真空装置、水流喷射装置或蒸汽喷射装置实现真空操作；需要加压操作时，对于来料系统不能满足该反应压力要求的，则需要加压设备；有关加压设备的选择，一般液相反应选用泵，气相反应采用压缩机，如乙烯环氧化生产环氧乙烷，来料乙烯的压力已满足反应对压力的要求，就不需要增压设备增压，而甲醇合成过程中的来料合成气就需要经压缩机增压才能达到反应压力的要求；四是考虑原料气压缩功的消耗，如，对于一些体积增大的反应 $CH_4 + H_2O(g) \longrightarrow CO + 3H_2$，或干气体积增大的反应 $CO + H_2O(g) \longrightarrow CO_2 + H_2$，尽管加压对平衡不利，但生产中总是采用加压操作的一个重要原因是为了减少原料气体的压缩功。

### 3. 原料配比的选择

在催化反应过程中，有氧参加的化学反应，一般原料配比首先应考虑爆炸极限，即根据爆炸极限进行原料配比，保证反应的安全性。爆炸极限就是反应物气体原料与空气或氧气混合物能引起爆炸的体积百分浓度范围，爆炸极限分上限和下限。当配比在爆炸极限上限以上时，随着反应的进行，原料浓度逐渐下降，有可能落在爆炸极限范围内，使反应发生危险。所以原料配比在爆炸极限上限以上时，原料的转化率受爆炸极限的限制，转化率低，但由于反应物浓度高，反应速率快；在爆炸极限下限以下时，随着反应的进行，原料气混合物的浓度逐渐远离爆炸极限，反应过程越来越安全，所以此类反应的转化率较高，但有时反应速率可能较慢，所以必须选择性能优良的催化剂才能实现。原料配比是在爆炸极限上限以上还是在爆炸极限下限以下，主要依据所使用的催化剂而定，催化剂活性较高，选择性较好，原料配比低于爆炸极限下限；反之，原料配比应高于爆炸极限上限。如甲醇氧化生产甲醛过程，使用铁钼系催化剂时，由于其催化活性较高，甲醇与空气的原料配比在爆炸下限以下，甲醇转化率高，所得产品纯度较高，也称为低醇浓甲醛；而使用电解银作为催化剂时，由于其催化活性低，原料配比在爆炸极限上限以上，甲醇转化率低，所得产品纯度较低，也就是甲醛浓度为 37%～40% 的福尔马林溶液。

对于无氧参加的催化反应，一般原料配比是先以化学计量比为基础，再综合考虑原料利用率、产品的纯度、设备的安全性等多方面的因素进行适当的微调。如甲醇合成过程中，化学计量氢/碳比为 2:1，而实际氢碳比为 2.05～2.15。这主要是考虑氢碳比低时易于形成羰基铁，而羰基铁覆盖在催化剂的表面上造成催化剂的失活，所以实际的加入氢气量比理论上要略微高一些，以保证催化剂的活性。

### 4. 空间速度和接触时间

（1）空速　是指单位时间内，单位体积的催化剂上所通过反应物的体积（在标准状态下）单位为标准米$^3$/（米$^3$ 催化剂·小时），简写成 [h$^{-1}$]。空间速度简称空速，常用 $S_v$ 表示，如式(2-1) 所示。同一类型反应的催化剂，空速大，说明催化剂活性高、设备生产能力大，对于 $\Delta_r H_m^{\ominus}$（标准摩尔反应焓的绝对值）大的反应，在单位时间内需要供热量或移热量大；反之，空速小，说明催化剂活性低，设备生产能力低，总的化学反应热效应低，在单位时间内需要供热量或移热量小。所以空速的大小主要取决于催化剂，不同类型反应的催化剂是无法进行其活性大小比较的。某一催化剂在不同的寿命周期内其空间速度是变化的，在催化剂使用初期，空速数值大些，说明催化剂使用初期活性高；随着催化剂使用时间延长，活性逐渐下降，空速也应随之下降。当催化剂需要更换时，为了充分发挥催化剂的功能，在短时期内采用较低的空速运行。

$$S_v = \frac{V_{反应气}}{V_{催化剂}} \tag{2-1}$$

式中　$V_{反应气}$——反应气体在标准状态下的体积流量，$m^3/h$；

　　　$V_{催化剂}$——催化剂的体积，$m^3$。

（2）接触时间　是指反应物料（蒸汽或气体）在催化剂上的停留时间，又称为停留时间。常用 $\tau$ 表示，单位 s，如式(2-2) 所示。

$$\tau = \frac{V_{催化剂}}{V_{气}} \times 3600 \text{（s）} \tag{2-2}$$

式中　$V_{催化剂}$——催化剂的体积，$m^3$；

　　　$V_{气}$——反应气体在操作条件下的体积流量，$m^3/h$。

当通过空速计算接触时间时，则应将标准状态的体积流量 $V_{反应气}$ 换算成操作状态的体积流量 $V_{气}$，如式(2-3) 所示。

$$V_{气} = V^{\ominus} \frac{T \times p^{\ominus}}{T^{\ominus} \times p} \tag{2-3}$$

式中　　　　$V_{气}$——反应气体在操作条件下的体积流量，$m^3/h$

　　　$V^{\ominus}$（即 $V_{反应气}$）——反应气体在标准状态下的体积流量，$m^3/h$。

　　　$p^{\ominus}$、$T^{\ominus}$——标准状态下的压力（0.1MPa）和温度（273.15K）；

　　　$p$、$T$——实际操作条件下的压力（MPa）和温度（K）。

接触时间与空速有着密切的关系。空速越大，接触时间越短；反之，空速越小，接触时间越长。因此，在生产中常以它们来配合温度、压力等到反应条件进行控制。

### 5. 原料纯度

原料中除了含有主要的反应物料外，还含有一些对催化剂有毒害作用的物质；还有虽然对催化剂无害但是却会恶化反应条件的有害物质；另外有些既对催化剂无毒，又对反应无害的惰性物质，它的存在会降低反应的速率。对于催化剂的毒物和容易恶化反应条件的有害物质，一定要脱除到反应要求的微量以下，惰性物质也要控制其含量。除了空气或氧气以外，其余的新鲜反应物料都是上一工段或其他厂家的化工产品，其产品质量应符合本工段的要求。空气使用前要进行净化，空气要经过吸附除尘，水洗和碱洗脱除酸性气体。对于过程中的循环物料主要是脱除惰性物质，以提高反应的速率。对于某些气固相反应，经分离产物后，有大量未反应的原料需循环使用，但不能全部循环，必须有部分气体放空、或进入火炬烧掉，或经脱除惰性气体后循环气再与新鲜原料气混合进入反应器进行反应，这样做的目的就是为了控制惰性气体含量，提高反应物的浓度，增大反应速率，以期提高设备的生产能力。

你在实验室做实验时，是如何考虑实验条件的？是指导教师指定的实验条件，还是通过自己的理论分析与探讨后确定的，如若是指导教师指定的，有没有想过为什么？

### 三、反应条件的控制 (Control of Reaction Condition)

#### 1. 反应温度的控制

影响化学反应温度的因素，如前所述，主要是催化剂。在催化剂确定的情况下，反应温度指标一定，但是反应温度能否稳定在工艺指标下操作，主要受进料的温度、流量、加热介质或移热介质的流量和温度、反应器的结构型式和使用状态的影响。

液相反应一般是在反应器内加热；而气固相反应一般是在进入反应器前进行预热，然后进入固定床或流化床反应器，此称为换热式反应；若在反应器内预热的液相反应，一定要缓慢，特别对于放热反应。在其开始升温时，反应没有发生，温升较为缓慢；但是当温度升高到反应发生的温度时，反应放出的热量加速了反应温度的升高，稍有不慎有可能造成飞温、冲料，发生危险。对于气固相换热式的反应过程，在进入反应器之前进行预热的气体混合物，所要达到的预热温度要略低于反应的温度，否则，在进入反应器之后也会造成飞温。

吸热反应，除了加热介质的温度满足要求外，其流量也应能满足热量的供给和温度的稳定性的要求。如若反应温度是由于加热介质流量的大小而引起的，就要想法调节加热介质的流量，所以工程上将反应温度的工艺参数与加热介质流量调节阀进行联锁。

放热反应，移热介质的流量应满足移热速率的要求。若移热介质不发生相变的移热，反应温度的控制与移热介质的调节阀联锁；对于发生相变的移热介质（由饱和液体变成饱和蒸汽），反应温度的控制与蒸汽调节阀联锁。

反应温度的高低除了与催化剂、加热介质和移热介质有关外，还与反应物的浓度、反应物的流量、反应器的结构型式有关。

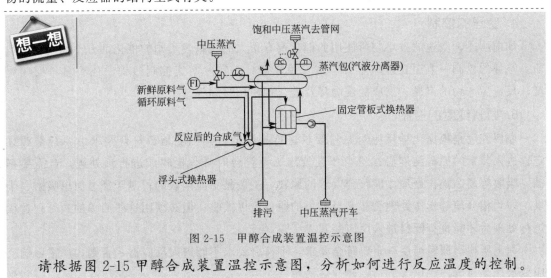

图 2-15 甲醇合成装置温控示意图

请根据图 2-15 甲醇合成装置温控示意图，分析如何进行反应温度的控制。

## 2．反应压力的控制

常压反应，在反应器或连同反应器一起的产物冷却器的最高点均设有放空阀，该放空阀在正常反应过程中是打开的，绝对不允许关闭。

负压操作下的反应，真空度的大小主要靠真空设备来控制。真空机械前有一缓冲罐，靠罐顶放空阀调节。

加压操作下的反应，压力的大小靠压缩机的回流管线上的回流阀调节或者缓冲罐顶的放空阀调节。

反应压力的控制对反应能否正常进行十分重要，超压操作是事故发生的根源，引起超压的原因是多种多样的。反应温度的异常也能引起反应超压；管道的堵塞也能引起超压；放空阀、回流阀处于不正常的操作位置也能引起超压。所以在操作过程中，要时刻关注反应压力的变化，一旦发生变化要分析原因，采取正确的措施，维持反应压力的正常。

## 3．原料配比的控制

如前所述，确定了原料配比之后，应该采用正确的控制方法。如液相物料的流量或配比的控制，一般采用离心泵、计量罐、液位计三位一体的控制；也可采用计量泵直接计量。首先用离心泵将料罐中的料液打入高位计量槽，然后通过现场液位计或远程指示液位计对其进行计量放入反应器中，这类计量只适应于间歇反应过程；对于采用计量泵计量的过程，可以适应于连续反应过程。对于气体物料的计量，一般采用气动阀或电动阀自动调节。自动阀前后均设截止阀，另外还有旁通阀。开车时，前后截止阀均打开，旁通阀关闭，并将"自动"调节打至"手动"调节，当流量指标数值接近于"设定"值时，再打"自动"。

原料配比的控制对反应的控制也十分重要，如前所述，对于有氧参加的一定要关注爆炸极限，以防发生爆炸事故。要经常对计量仪表进行校正，以保证计量的准确，不准确的计量仪表比没有仪表计量更危险。目前工业上已采用自动比例调节系统控制原料配比。

## 4．空速的控制

如前所述，空速的大小与所使用的催化剂有很大的关系，不同的催化剂有不同的空速数值。空速的控制一般用孔板流量计、文丘里流量计。实际空速控制过程中还要参考反应温度、反应后产物的组成、反应的压力降及催化剂使用时间等。

## 5．原料纯度的控制

原料纯度是根据化学反应对原料要求进行控制的，其纯度是否符合要求由原料来源确定。进入装置的原料纯度必须符合工艺要求，不符合时必须拒收或进行预处理，若需要精馏、吸收等复杂操作处理才能符合要求的原料，一般是不能接收的；对于经过简单吸附、干燥、非均相分离等操作处理后能满足要求的原料可以接收；但必须用这些简单的预处理过程进行处理后才能进行配料进入反应装置。

综上所述，原料纯度一定要符合要求，不符合要求不能进入反应器，否则，严重影响反应效果。

# 第三节 反应产物的分离与精制

## Separation and Refinement of Reaction Products

 **应用知识**

气体、液体、固体和非均相混合物的分离方法、过程和原则。

**技能目标**

1.对各种高温气体混合物能够选择正确的分离装置进行气体混合物的分离操作，能够回收高温气体的热量，根据能级要求合理利用；
2.能够根据液体混合物各物质的沸点、互溶性等选择正确分离方案；
3.能够根据固体混合物饱和溶解度，选择适当的溶剂，进行重结晶操作；
4.能够对气固、气液、液液和气液固进行非均相分离。

经过化学反应生成的产物，没有经过分离或精制，被称为粗品，有些粗品毫无工业使用价值，也无法进行商品交换，更无经济效益可言。所以反应后生成的产物，即粗品必须进行分离与精制，得到较纯的物质才具有使用价值和商品价值。

本节主要介绍各种状态产物的分离方法、分离过程和分离原则。

## 一、气体混合物的分离 (Separation of Reacted Gas Mixture)

反应后的气体产物，大部分是高温气体混合物，必须进行冷却或冷凝后才能进一步分离。高温气体混合物经冷却后有三种情况：一是经冷却到常温后，产物冷凝成液体，比产物凝点高的副产物也被冷凝成液体，而未反应的气体原料混合物仍然是气体；二是经冷却到常温仍是气体混合物，但继续冷却到低温或经适当加压后液化成液体；三是冷却到更低的温度可以液化。举例如下。

### 1. 合成甲醇后气体混合物分离过程

如图 2-16 所示，离开高温反应器的高温气体混合物大约有 270℃，首先与原料气换热，将原料气预热至 210℃进入反应器，同时本身被冷却；冷却后的气体与锅炉给水换热，将锅

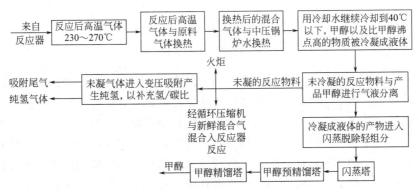

图 2-16  合成甲醇后气体混合物分离流程示意图

炉给水预热而本身被进一步冷却，最后与冷却水换热，冷却到 40℃ 以下。冷却的混合气体中，甲醇及比甲醇沸点高的物质被冷凝成液体，气液混合物进入气液分离器进行分离。未被冷凝的气体，主要是合成气、二氧化碳和惰性气体，一路经循环压缩机增压后与新鲜原料气混合入反应器反应，一路进入变压吸附系统富集氢气以调节氢碳比。被分离出来的液体混合物进入闪蒸罐闪蒸以除去溶解于甲醇中的轻组分，脱除轻组分后液体进入轻组分塔进行预精馏更进一步脱除轻组分，再进入萃取精馏塔进行精馏，塔顶得到甲醇产品，侧线得到重组分油类，底部得到的是工艺水。

### 2．以石脑油为裂解原料的烃类裂解气的分离

图 2-17 所示为以石脑油为原料的裂解气分离流程示意图。出管式裂解炉的高温裂解气经急冷器急冷，在裂解气降温阻止二次反应发生的同时产生高压蒸汽。急冷后的裂解气经油洗塔洗去焦或炭后加入液氨中和裂解气中的酸性气体，然后进入水洗塔。水洗后经机前冷却冷凝分离其中的水分后进入多级压缩。经多级压缩后进行碱吸收脱除酸性硫化物，再进行干燥脱除水分后进行压缩；压缩后的气体进入前脱乙烷塔，塔顶得到比乙烷还轻的组分，进入脱甲烷塔。脱甲烷塔顶得到甲烷和氢气，塔底得到含有乙烯、乙炔、乙烷等组分进入后加氢，经后加氢脱除乙炔，再进入乙烯精馏塔，塔顶得乙烯，塔底得乙烷；前脱乙烷塔底的物料可以经后加氢或者进入脱丙烷塔，脱丙烷塔顶的物料进行后加氢后进入丙烯精馏塔，丙烯精馏塔顶得丙烯，塔底得丙烷；脱丙烷塔底的物料进入碳四馏分塔，塔顶得到的是碳四馏分，塔釜得到的是碳五及碳五以上的馏分，而碳四馏分需经过萃取精馏才能将丁烷、丁烯和丁二烯进行分离与精制。

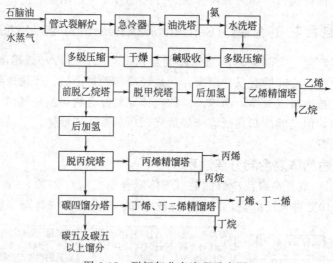

图 2-17　裂解气分离流程示意图

从以上两个例子可以看出：气体混合物的分离主要根据气体混合物的组分、物理性质和对分离后产品要求。图 2-6 中合成甲醇后气体混合物中物料组成为甲醇、醚类、醛类、酸类物质以及没有转化的合成气，经换热和冷却后的物料中甲醇、醚类、醛类、酸类物质均能液化成液体，而未转化的合成气仍然是气体，所以反应后的高温气体首先进行换热和冷却，经气液分离器使易液化的和不易液化的物质进行分离。易液化的物质利用液体混合物的分离操作进行分离，未被液化的气体混合物主要是循环反应和变压吸附回收其中的氢气，并有少量的放空用以控制原料气中惰性气体的含量。图 2-17 所示为一个无催化的热裂解反应。

气体混合物的分离过程是一个复杂的过程，除了考虑产物、副产物及杂质相对量和物理性质外，还要考虑对产物纯度的要求。反应后高温气体混合物的分离大体要分三个步骤。一是换热冷却，并充分地利用热量。如图 2-16 中利用高温的反应气体与原料气进行换热，不仅降低了反应气体的温度，而且也预热了原料气，提高了原料气的温度达到反应的要求。图 2-17 中的裂解气出裂解炉首先进行急冷，不仅阻止了二次反应的发生，而且还产生了高压蒸汽，高压蒸汽经裂解炉的烟道气过热后带动蒸汽透平产生动力，满足了裂解气分离前需要压缩、制冷时对动力的要求。二是除去杂质。杂质是指对设备有腐蚀作用，对产品使用有危害作用的物质。如粗甲醇中的酸性物质，裂解气中的酸性物质、水分等。三是气体混合物的分离与精制。是采用单纯的吸收方案，还是采用吸收、解吸、精馏联合分离与精制的方案，还是单纯的加压精馏方案，究竟采用哪一种分离方案，需要考虑产品的要求，根据产品的要求来确定精制分离方案。如甲醇氧化生产甲醛，可采用吸收方案生产福尔马林溶液；乙烯环氧化生产环氧乙烷，需要采用吸收、解吸和精馏方式联合分离与精制的方案；氯乙烯的分离，可直接采用加压精馏的方案。

上述处理高温气体混合物的三个步骤，其基本过程分别为，能量回收（大多采用列管式换热器）、分离产品或除去杂质（大多采用吸收、吸附、干燥等单元操作）和产品精制（多数采用吸收与精馏操作）。

## 二、液体混合物的分离 (Separation of Reacted Liquid Mixture)

反应后液体混合物的分离与精制方案的确定与气体混合物比较相对简单些。因为液体混合物一般温度不是太高，在进行分离之前多数是不需要进行换热和冷却。液体混合物中有害杂质均通过精馏的方法除去，关键是如何确定精馏方案，如醋酸精馏。

从鼓泡塔顶部出来的粗醋酸含有 $90\%\sim95\%$ 的醋酸，其余为水、乙醛、甲酸、甲酯、高沸点的物质和催化剂锰盐。粗醋酸进入高位槽，此处高位槽作为缓冲罐和贮罐使用。粗醋酸的精馏有三种方案。

方案一：蒸发 ⟶ 高沸塔 ⟶ 低沸塔 ⟶ 产品醋酸
方案二：蒸发 ⟶ 低沸塔 ⟶ 高沸塔 ⟶ 产品醋酸
方案三：蒸发 ⟶ 低沸塔 ⟶ 蒸发 ⟶ 产品醋酸

三个方案中哪一个方案对粗醋酸的分离与精制较好呢？液体混合物采用精馏方案分离时首先要考虑产品的质量，无论采用哪一种方案都要保证产品的质量。方案一与方案二比较，方案二的产品质量比方案一的产品质量好，因为方案二的产品醋酸是塔顶馏出物，而方案一的产品醋酸是塔釜液，釜液作为产品不如塔顶馏出物作为产品。对产品质量要求不太高的情况下方案三也是可行的。其次要考虑设备投资，方案一与方案二的设备投资相同，方案三较为节省，如果对产品质量要求不高那么优先考虑方案三，结合考虑产品质量和设备投资，方案一应该弃之。再者要考虑能量消耗。在两个不同的方案中，若都能保证产品质量，但是设备投资和操作费用不同，通过比较选用设备投资与操作费用之和最小的方案为宜。如甲醇精馏有三塔精馏和两塔精馏流程，三塔和两塔都是从塔顶得到产品甲醇，都能保证产品质量。三塔设备的投资比两塔投资要高近三分之一，但三塔的能量消耗要比两塔低得多。所以通过比较对于大规模的甲醇精馏过程采用三塔精馏，对于规模小的采用两塔精馏。

对于某些非均相的液体混合物的分离，首先要考虑冷却、静置、分层，然后再考虑采用其他单元操作，如乳液和悬浮反应过程等。

液体混合物的分离与精制过程，首先要考虑溶液的类型，如理想溶液要采用普通精馏，非理想溶液要采用特殊精馏，特殊精馏又分为恒沸精馏和萃取精馏。加入第三组分后能形成恒沸物的采用恒沸精馏，加入第三组分对原液体混合物中某一组分的溶解度较大或者说无限溶解，则可考虑萃取精馏。除此之外还要考虑闪蒸、简单蒸馏和水蒸气蒸馏等。其次要考虑设备投资和能量消耗。

## 三、固体混合物的分离 (Separation of Solid Mixture)

固体混合物的分离一般采用重结晶的方法，它包括溶解、过滤、蒸发、结晶、干燥等单元操作步骤。

**溶解（dissolution）** 就是选择适当的溶剂将粗品固体溶解其中形成稀溶液，目的是除去粗品中不溶的固体杂质，以制取纯度较高的符合产品质量要求的晶体。在一定的温度下，溶液可能是达到饱和的，则溶解过程停止；可能溶液为不饱和的，则待重结晶的固体继续溶解；可能溶液为过饱和的，溶解过程不但不能继续进行，反而结晶体出现。固体结晶体与溶液之间的这种平衡关系可用溶解度来表示。

溶解度的表示方法有多种，最普通的是质量分数表示法（$w$，%）、g/L，这些表示方法均是以溶液为基础。除此之外还有 g 溶质/100g 溶剂。对于含有结晶水的盐类，一般以无水物作为计算的基础。

有时候选择适当的化学试剂与可溶解的杂质生成不溶性的固体，以除去粗品中可溶解的杂质。

**过滤（filtration）** 就是去除在溶解过程中没有溶解的固体杂质，此时过滤过程应处于热状态过滤。根据过滤推动力不同可分为：重力过滤、加压过滤、真空过滤和离心过滤。重力过滤的推动力是靠悬浮液本身的液柱静压，一般不超过 50kPa，此法适用于杂质颗粒粒度大、含量少的滤浆；加压过滤，就是用泵或其他加压设备将滤浆加压，一般可达 500kPa，能有效地用于难以分离的滤浆；真空过滤是在过滤介质底侧抽真空，也有的采用真空砂芯棒抽滤，所产生的压力差通常不超过 85kPa，适用于处理含矿粒或晶体颗粒的滤浆，便于洗涤滤饼；离心过滤是操作压力使滤浆层产生离心力，便于洗涤滤饼，所得滤饼的含液量较少。过滤设备很多，通常将重力过滤、加压过滤和真空过滤所使用的过滤机器称作为过滤机；而将离心过滤的机器称作为离心过滤机。工业所使用的过滤机通常有：砂滤器、板框式压滤机、转鼓真空过滤机、转台真空过滤机、水平带式真空过滤机、加压叶滤机和袋滤机等。离心过滤机主要有：三足式离心机、刮刀卸料离心机和活塞推料离心机等。

**结晶（crystallization）** 有三种手段可以实现：一是冷却；二是蒸发浓缩；三是绝热蒸发，即在真空条件下使较高温度的溶液闪蒸，溶剂蒸出时也同时带出潜热，因而结晶器内的温度下降，它兼有蒸发和冷却的双重效应。

利用共同离子效应，加入具有同离子的固体盐于溶液中，溶液中相对更不易溶解的组分被析出，加入的固体盐类溶解，进入液相，取代被析出的盐类，例如联合制碱的盐析结晶。

利用冷却的方法是使初始不饱和溶液变为饱和溶液、过饱和溶液，使晶体析出来，开始是细微的晶核，逐步再与后面析出的结晶相结合逐步生长，最后达到要求的粒度。

在蒸发结晶中，是以去除溶剂的方式，使溶液由不饱和变成饱和进而变成过饱和溶液，打破了原有的溶解度平衡状态，有细微的晶核析出，然后互相结合或生长达到成品结晶的粒度。

真空结晶是依靠闪蒸使溶剂离开溶液，同时又有潜热带出，使溶液温度下降，也就是兼具蒸发与冷却的双重效应，从而达到过饱和状态，有部分晶体析出。

盐析结晶则是在初始的饱和溶液中先加入适量的另外一种固体盐，溶液中相对更不易溶解的盐被新加入的盐所取代，新固体盐被溶解，而液相中的盐被析出。这时终点溶液又达到了一个新的溶解度平衡，仍然是饱和溶液，不过此时是两种共饱和的溶液。加入原料液后对于固体的盐析盐就不饱和，当加入适量的固体盐时，才能重新达到终点的饱和溶液。很明显对于加入的固体盐来说，这也就是对于被析出固体盐的"过饱和度"，此值越大，加盐析出就越猛烈；反之，用循环泵将此"过饱和度"以终点溶液稀释，就能缓和这一"过饱和度"。盐析结晶的"过饱和度"的概念，很重要，但与冷却、蒸发结晶的过饱和度概念不同。如果固体盐加入过量，势必造成析出结晶中含有未溶解的固体盐，使产品严重不纯。从理论上应加上适当量的固体盐，但工业上即使有仪表分析和灵敏的控制手段，由于结晶装置比较大，存在全容积比较迟后的现象，难以控制。所以除配备循环泵外，往往是尽可能保持溶液在终点饱和浓度附近，加入的固体盐稍微过量些，防止过饱和度过大，成品结晶过剩的固体盐用新鲜的加料液在分级腿内或其他外设的洗涤装置中洗掉，原料液混合此洗涤液再加至盐析结晶器中。这样比较容易控制，而且总能保持终点溶液接近平衡点，过剩的固体盐又不至于影响产品质量，这也是盐析操作中控制过饱和度的关键。

**结晶器**（crystallization tank） 是为了满足结晶需要的装置。按照溶解度因温度的变化的特性不同，结晶器的基本类型有：冷却结晶器、蒸发结晶器、真空结晶器、盐析结晶器和喷雾结晶器、附有反应的结晶器、非混相的两相直接接触制冷结晶器等。根据"晶习"的要求选择不同的结晶器。所谓"晶习"就是晶体在一定的条件下形成特定的晶形。

**再过滤**（refiltration） 即得产品晶体，再过滤与过滤的不同点，是其处于在冷态过滤。初始过滤时，为了防止已经溶解的晶体由于温度的下降而重新析出，与不溶解的杂质一起被过滤掉，造成浪费，所以初始过滤必须热过滤；再过滤操作是为了得到更多的晶体，必须降低晶体的饱和溶解度，所以再过滤必须采用冷过滤。而且过滤后的母液可作为溶剂回收使用。对晶体进行再洗涤，可除去晶体中包裹的杂质，晶体中的杂质是否除去干净，常用洗涤液的 pH 值作为控制指标，当 pH 值接近于 7 时，可以认为洗涤干净。

**干燥**（chemical or physical drying） 目的是使湿滤饼除去其中的湿分，得到干燥的产品。干燥过程控制的好坏是控制产品质量的关键操作步骤。若是表面汽化控制，可以采用快速干燥；若是内部扩散控制可采用慢速干燥。快速干燥与慢速干燥的关键因素是干燥温度。干燥的目的是使产品便于储存、运输和使用，或满足一定加工的需求。干燥介质通常指热空气、烟道气以及红外线等。根据供热方式不同，可将干燥分为：对流干燥，它包括气流干燥、喷雾干燥、流化干燥等；传导干燥，它包括滚筒干燥、冷冻干燥、真空耙式干燥等；辐射干燥，如红外干燥；介电干燥。干燥操作是否成功取决于干燥方法和干燥器选择是否适当。应根据湿物料的性质、结构以及对干燥产品的质量要求，比较各种干燥方法和设备的特性，并根据相关操作经验做出正确的选择。

## 四、非均相混合物的分离（Separation of Heterogeneous Mixture）

非均相混合物的分离是指反应后产物或经换热后还未进入产物分离单元操作之前的预分离操作。该操作常见的类型有：气固相混合物分离；气液相混合物分离；液液相混合物分离等。该单元操作常用的设备有：重力除尘器、湿式除尘器、旋风分离器、电除尘器；气液分离器，包括重力除液器和离心除液器等；液相分层器。

例如，离开甲醇合成塔后高温反应混合气体，经与进料合成气换热、再与锅炉给水换热、又被水冷却，逐步降到40℃以下。过程中由高温气体混合物变成气液混合物，其中未反应的合成气仍是气体，而产物甲醇及比甲醇沸点还高的副产物，如醛、酸及各种高级烃类也随甲醇一起被冷却冷凝（高温气体先冷却，然后再冷凝冷却）成液体。根据反应要求，未转化的合成气需要进入系统循环，一部分进入富氢装置回收氢气，而被冷凝成液体的混合物需进入后面的精馏装置进行分离与精制。为了达到这一要求，必须使用一个气液分离器进行气液分离。其气液分离器就是一个底部为锥型封头、内部可设置一个中间挡板的小形圆柱形气液分离器，结构简单，操作方便。经过气液分离之后，液体混合物才能进入精馏装置，气体混合物才能进入变压吸附装置。

又如，硫铁矿石经焙烧炉焙烧后生成含二氧化硫的炉气中含有矿尘，这一气固混合物必须经除尘装置，包括干法除尘、湿法除尘和介电除尘除去矿微粒后，才能进入酸洗、水洗，否则，直接经酸洗或水洗，虽然能同时除去尘埃但堵塞了管道和设备。

所以产物在进入分离与精制之前进行必要的非均相分离，虽然设备简单、操作方便，在工艺流程方案的组织与实施过程中易于被人们忽略，但是它确实在整个工艺流程中是重要的一环。

对于气固相催化反应，离开反应器后的产物常用的非均相分离主要是气固相分离以除去在使用过程中因碰撞而造成脱落或破碎的固体催化剂微粒，以防被反应后的气体混合物带出。若不经分离而直接进入后续的吸收或精馏操作，这些微粒有的无法被除去，有的虽然被除去但污染环境。所以这种气体混合物在进入后续分离与精制装置之前必须将其固体颗粒除去。如，乙炔与氯化氢的加成生成氯乙烯，反应混合物离开固定床反应器后，首先与进料气体进行换热，然后再用盐水深冷，经气液分离器除去氯化汞催化剂微粒。

气液相混合物的分离主要是发生在气固相反应体系中，其气体混合物离开反应器后经过冷却或冷凝，其中主副产物可能被液化成液体，而未反应的气体原料和副产物二氧化碳等仍是气体；另一种情况是副产物被冷凝成液体，而主产物与未反应的原料气仍是气体。对于前一种情况产物的分离与精制可能采用精馏操作单元，在进入精馏操作单元之前必须进行气液分离，以除去未反应的气体之后再分离与精制；对于后一种情况，产物的分离与精制可能采用吸收或先吸收、解吸，后再精馏单元操作，同样在进入分离与精制单元操作之前必须进行气液分离，此处的气液分离目的是除去液体副产物。如，环氧乙烷高温混合气体首先与原料气进行换热，降温、再冷却，直到-5℃左右，进入气液分离器除去杂质后，才进入吸收、解吸、精馏单元操作。

液液相分离主要是用于主产物与副产物或主副产物与未反应的原料液相的分离，它们虽然是都是液体，但不是同一相，如醋酸乙酯和醋酸丁酯的酯化反应。这类体系一般反应后必须经冷却，以提高相分层效果，所以分层操作时的温度都不太高，大多数是常温，少数可能温度较低，所以，所用的分离设备均为高径比较大的小型的圆柱形的透明的有机玻璃的液液分层器。例如，醋酸乙酯与水的混合物进入分层器进行分层，得到酯层和水层，酯层再精馏，水层回收。

所以，非均相混合物的分离在整个系统的操作过程设备虽然简单、操作较为方便，无需控制措施，相当于系统中的一个贮罐或一段管道作用。正是由于它的简单、方便，容易被人们忽略。但是，应该认识到它在整个过程中的重要性，因为它的操作好坏直接关系到后续设备能否正常操作，而且还直接影响到产品的质量。

# 第四节 产品的包装与储运

## Packing, Storing and Transporting of Products

知识拓展 ✎

产品包装是实现产品商品化的重要一环。包装总的要求是安全、经济、环保、实用，最终将产品安全地送到用户手中。

## 一、各类材质的化工产品的包装容器

化工产品选择何种材质、何种形状的包装容器主要考虑化工产品的物理状态、挥发性、腐蚀性、易燃易爆性、毒性等物理和化学性质，其次要考虑储运的经济性。下面介绍几种主要材质和形状的包装容器，用户可以根据自己的实际情况进行选用。

### （一）袋包装

袋包装是盛装化肥、农药等粉状、粒状化工产品的理想包装容器，其盛装范围一般在 20～50kg，具有便于装卸、堆码、搬运和储存的特点。按装载质量范围均分为 A 型和 B 型，A 型为＜30kg，B 型为 30～50kg。

常见的袋包装种类如下。

（1）塑编袋 具有高强度、耐老化、防潮、无毒、无味等特性，而且成本较低，在化工产品的包装中普遍应用。

（2）纸袋 具有防漏、防潮、避光、透气性、抗静电、防滑等优点。

（3）纸塑复合袋

（4）纸布复合袋

（5）内塑外编编织袋 内塑有聚丙烯和聚乙烯两种，聚丙烯是一种热塑性树脂，它是丙烯的聚合物；聚乙烯是一种聚合的乙烯树脂，聚乙烯树脂又分为高密度聚乙烯和低密度聚乙烯两种，内塑一般采用低密度聚乙烯树脂。

（6）吨袋 是一种中型散装容器，是集合包装的一种，具有容积大、重量轻、便于装卸等特点，是一种常见的运输包装形式。它主要用于盛装粉状、粒状及块状的大宗货物，如化工产品、矿产品、农副产品及水泥、农药等货物，载重量一般为 400～3000kg。它是由编织塑料加工缝制而成的圆形（C 型）或方形（S 型）袋，结构上具有足够的强度，适合于起吊运输工具的操作，有便于装卸的装置，能进行快速装卸。它通常有进出料口。

### （二）桶包装与箱包装

（1）钢桶（铁桶） 是金属容器的一种，是用金属材料制成的容量较大的容器，一般为圆柱形。钢桶是一种重要的包装容器，由于其自身特有的性质，所以它在运输与周转过程中能够抵抗各种一般的机械、气候、生物、化学等外界环境中的危害因素，在危险货物、药品、食品、军工产品等众多商品的包装领域被广泛采用。

钢桶根据其封闭器的结构形式和封闭器直径的大小分为闭口钢桶和开口钢桶两大类。开口钢桶又分为中开口钢桶、全开口钢桶，每种型式按容量规格构成系列。根据采用不同厚度的钢板又可分为重型桶、中型桶、次中型桶与轻型桶。在货物出口中，还会使用钢塑复合桶与钢提桶，尤其是在油漆或涂料等液体货物的包装运输中。

（2）**塑料容器**　即中空吹塑容器，是以中空成型方法加工而成。有开口塑料桶、罐及闭口塑料桶、罐。开口塑料桶、罐主要用于盛装固体化工产品、食品、药品等；闭口塑料桶、罐主要用于盛装液体物质。它具有重量轻、不易碎、耐腐蚀、可再回收利用的特点，其最大容积为450L，装载货物的最大质量为400kg。

（3）**纤维板桶**　也称纸板桶，是具有用纸或纸板加黏合剂的桶身和用相同材料或其他材料制造的桶底和桶盖的刚性圆桶，在底和盖之间应具有定位性能以便形成可靠堆积的存储容器。纸桶主要适用于染料、化工、医药、食品、五金等行业的固体形状、乳状等原料和物品的包装。纸桶具有许多优于木桶、铁桶和塑料桶的独特特性，它外形美观、坚固、耐用、价格低廉，使用方便，具有防潮、防腐、密封性能好、抗压强度高等优点。

（4）**纸箱**　是一种比较理想的包装容器。具有轻便、牢固、减振及适合机械化生产的特点。多年来一直使用于运输包装和销售包装。瓦楞纸箱以其精美的外观和内在优良质量赢得了市场。它除了保护商品及便于仓储、运输之外，还起到美化商品、宣传商品的作用。尤其当今世界各个国家都非常重视环境保护的情况下，瓦楞纸箱具有回收再利用的优点，它利于环保、利于装卸运输、利于节约木材等。

（5）**木箱**　是以木质材料为主制成的有一定刚性的包装容器，通常为长方体。木包装箱是我国出口商品使用非常广泛的一种包装，在轻工，机械等包装领域起着不可替代的重要作用。

**（三）特殊的液体包装**

（1）**国际标准集装罐**　是一种安装于紧固外部框架内的不锈钢压力容器。罐体内胆大多采用316不锈钢制造。多数罐箱有蒸汽或电加热装置、惰性气体保护装置、减压装置及其他流体运输及装卸所需的可选设备。罐体四周有起保护和吊装作用的角部承力框架。罐箱的外部框架尺寸完全等同于国际标准20′集装箱的尺寸（长20ft，宽8ft，高：8ft6in，1ft＝0.3048m，1in＝0.0254m）。可用于公路、铁路及水上运输。

（2）**软性液体集装袋**　是一种由尼龙或聚酯布料再在两面涂上合成纤维胶或热塑性物料所做成的大容量液体袋。可运载散装液体容量16000～23000L（20t），可运载包括石油和化学产品、非危险性液体及液体食品产品。软性液体集装袋的优点是简易、可靠、经济、环保，排除货物受污染的危险，降低运输成本，降低货柜的停泊费，降低空置货柜的储存成本，确保货物从厂方的转送。

**（四）复合中型散装容器**

复合型中型散装容器（IBC DRUM）有很多名字：吨装方桶、吨包装集装桶、千升桶、IBC桶、IBC集装桶等，不可置疑的是，它是世界上液体包装的大趋势。

IBC DRUM特点：

① 集约性是IBC集装桶最大的一项特点，使用水为介质，每个可以灌装1t；

② 采用高分子量高密度低压聚乙烯，强度高，耐腐蚀，卫生性好，安全可靠；

③ 以最小的占用空间提供最大包装容量，将空间利用率提高25％以上（1000L集装桶与200L塑料桶相比），并且在储存过程中可以利用空间，叠层堆放，最高可以堆放四层，大大降低了储运成本；

④ 结构合理、牢固、自带铲板，可以利用铲车或手动液压搬运车进行装卸运输，大大减轻了工人的劳动强度；

⑤ 容器带有排液阀，排液方便可靠。可以利用液体的自重自然排液，不需要另行增加动力装置，排液彻底、迅速、安全；

⑥ 外形尺寸符合 ISO 容器设计标准，与国际接轨，特别适用海运集装箱运输，20ft 的集装箱可以装运 1000L 容器 18~20 只，大大降低了运输成本；

⑦ 内桶上铸有容积的刻度，用户可以利用容器的透明的特性，清楚地看到容器内的液体高度，非常容易地计算容器内的体积和重量，而不需要重复计量，缩短了管理时间；

⑧ 广泛用于Ⅱ和Ⅲ类等各类化学危险品液体的包装，灌装的液体密度最大可达 $2.1g/cm^3$，桶盖内安装高效减压阀，储运过程安全可靠；

⑨ 方便清洁的设计，便于多次反复使用，为您节省包装成本。

## 二、危险化学品的包装

### (一) 危险化学品的包装安全技术要求

① 对于危险化学品的包装要求应结构合理，具有一定强度，防护性能好。包装的材质、型式、规格、方法和单件质量（重量），应与所装危险化学品的性质和用途相适应，并便于装卸、运输和储存。

② 包装质量要好，其构造和封闭形式应能承受正常储存、运输条件下的各种作业风险，不应因温度、湿度或压力的变化而发生任何渗（洒）漏；包装表面清洁，不允许黏附有害的危险物质。

③ 包装与内装物直接接触部分，必要时应有内涂层或进行防护处理，包装材质不得与内装物发生化学反应而形成危险产物或导致削弱包装强度。

④ 内容器应予固定。如属易碎性的应使用与内装物性质相适应的衬垫材料或吸附材料衬垫密实。

⑤ 盛装液体的容器，应能经受在正常储存、运输条件下产生的内部压力。灌装时必须留有足够的膨胀余量（预留容积），一般应保证其在 55℃ 时内装液体不致完全充满容器。

⑥ 包装封口应根据内装物品性质采用严密封口、液密封口或气密封口。

⑦ 盛装需浸湿或加有稳定剂的物质时，其容器封闭形式应能有效地保证内装液体（水、溶剂和稳定剂）的百分比，在储运期间保持在规定的范围以内。

⑧ 有降压装置的包装，其排气孔设计和安装应能防止内装物泄漏和外界杂质进入，排出的气体量不得造成危险和污染环境。

⑨ 复合包装的内容器和外包装应紧密贴合，外包装不得有擦伤内容器的凸出物。

⑩ 所有包装（包括新型包装、重复使用的包装和修理过的包装）均应符合有关危险化学品包装性能试验的要求。

⑪ 包装所采用的防护材料及防护方式，应与内装物性能相容且符合运输包装件总体性能的需要，能经受运输途中的冲击与振动，保护内装物与外包装，当内容器破坏、内装物流出时也能保证外包装安全无损。

⑫ 危险化学品的包装内应附有与危险化学品完全一致的化学品安全技术说明书，并在包装（包括外包装件）上加贴或者拴挂与包装内危险化学品完全一致的化学品安全标签。

⑬ 盛装爆炸化学品的包装，除符合上述要求外，还应满足下列的附加要求：

a. 盛装液体爆炸品容器的封闭形式，应具有防止渗漏的双重保护；

b. 除内包装能充分防止爆炸品与金属物接触外，铁钉和其他没有防护涂料的金属部件不得穿透外包装；

c. 双重卷边接合的钢桶、金属桶或以金属做衬里的包装箱，应能防止爆炸物进入缝隙，钢桶或铝桶的封闭装置必须有合适的垫圈；

d. 包装内的爆炸物质和物品，包括内容器，必须衬垫密实，在运输中不得发生危险性移动；

e. 盛装有对外部电磁辐射敏感的电引发装置的爆炸物品，包装应具备防止所装物品受外部电磁辐射源影响的功能。

**（二）危险化学品包装容器的安全要求**

不同的包装容器，除应满足包装的通用技术要求外，还要根据其自身的特点，满足各自的安全要求。作为危险化学品包装容器的材质，钢、铝、塑料、玻璃、陶瓷等用得较多。容器的形状也多为桶、箱、罐、瓶、坛等。在选取危险化学品容器的材质和形状时，应充分考虑所包装的危险化学品的特性，例如腐蚀性、反应活性、毒性、氧化性和包装物要求的包装条件，例如压力、温度、湿度、光线等，同时要求选取的包装材质和所形成的容器要有足够的强度，在搬运、堆叠、振动、碰撞中不能出现破坏而造成包装物的外泄。

**（三）危险化学品包装的其他要求**

① 危险化学品包装出厂前必须通过性能试验，各项指标符合相应标准后，才能打上包装标记投入使用。如果包装设计、规格、材料、结构、工艺和盛装方式等有变化，都应分别重复做试验。试验合格的标准由相应包装产品标准规定。

② 质检部门负责对危险化学品的包装物、容器的产品质量进行定期的或者不定期的检查。

③ 对危险化学品经营者而言，重点应注意要求供货方提供的危险化学品应具有符合国家规定的包装，包装上应有国家安全监督管理局统一印制的定点标志；如果包装不符合要求，则应拒绝进货，不得经营。

## 三、包装物外观印刷要求

袋装或桶装外观印刷要求是：对于有毒物质，要有骷髅人头标志，在人头标志下方标明毒物或剧毒物；商标，商品名、化学名称；纯物质要有化学分子式或结构式，分子量；混合物要注明主要物质和主要添加物的名称及其含量；产品的主要性能、适用范围，有的要注明用法与用量；袋或桶毛重、净重以及误差；厂址，联系方式，生产日期等。

对于某些新产品，包装物的外观印刷要求要低得多，主要是技术保密要求。这类产品，可能只有商品名、注册商标、适用范围、注意事项、生产厂家和生产日期。

利用槽车装时，一般注明品名、爆或燃的等级，毒物等级等。

包装好的产品要根据不同的类别按照化工产品储存要求分门别类进行储存。固体产品的袋装，一般要求室内储存，要注意防火、防潮；不同的化工产品室内储存时要分开堆放、注意标识，要符合产品堆放的安全距离的要求；液体产品的桶装，一般是露天放置。袋装的产品装车时一般用皮带输送机输送，有的甚至是人扛装车；桶装一般是用手推车一桶一桶装车。用火车的槽罐车、汽车的槽罐车装车时，一般是压送或泵送装车，要求装好以后即刻运走，火车槽罐车装好以后等待发车，以免影响下一车的装车。

若本装置的化工产品即是用户的化工原料，其储存方式与化工原料基本相同。化工产品包装的好坏直接关系生产企业的经济效益、社会效益和环境效益。对于袋装物质，若需要封口的而封口不严，会造成产品的挥发和损耗，甚至受潮发生变质；对于桶装的产品，料口拧得不紧，可能造成产品在运输或储存过程中泄漏，直接造成安全隐患、环境污染和经济损失。

# 本章小结

本章主要介绍了：原料选用与储存的原则、原料的预处理方法和过程、原料的输送原则，反应器的选型、反应条件的选择、反应器的操控过程，反应产物的分离精制及产品的包装与储运。

1. 化工原料有气、液、固三种不同的状态。当选用的是化工起始原料时，不同的原料状态可用不同的处理方法。

2. 化学反应器的结构型式、适用范围、选用方法，重点要掌握使用方法。

3. 反应温度、反应压力、空间速度、原料配比和原料纯度等工艺条件的选控原则和方法。

4. 根据不同的产物的状态和物理性质确定其分离方法。

5. 非均相混合物的分离是由反应过程向产物分离过程过渡的中间阶段，它主要包括气固分离、气液分离和液液分离过程。

6. 产品的包装与储运是知识拓展部分。熟悉包装材质、包装规格、包装要求，尤其是包装要求，要达到安全、经济、环保、实用，不至于因过度的包装而增加用户过多的支出，同时还要有防伪标志，不仅保护厂家的利益，而且更重要的是保护消费者的合法权益。

## 综合练习

1. 在制备脲醛树脂过程中，所用原料为尿素和甲醛，所使用的催化剂为固碱，请问对原料和催化剂有什么要求，在投入反应器前要进行何种处理，选择何种反应器，如何控制反应条件，产物应该如何处理才能达到产品的要求？通过分析，写出实验方案。

2. 合成氨原料气净化过程阅读资料：通过合成氨原料气的净化过程的资料阅读，明确对原料为什么须进行预处理。

合成氨用的氮氢混合气中的氢气主要由天然气、石脑油、重质油、煤、焦炭、焦炉气等原料制取，工业上通常先在高温下将这些原料与水蒸气作用制得含氢、一氧化碳等组分的合成气。这个过程称为造气。合成气中除了含有氢气外，还含有硫化物、碳的氧化物及水蒸气等，对生产过程中所用的催化剂有毒害作用，需在氨合成前除去。变换可以将一氧化碳转化成二氧化碳，脱硫可以把硫化合物转化成硫黄，脱碳可以脱除二氧化碳。残余的微量一氧化碳、二氧化碳和水蒸气则在最后除去，工艺上叫精制。氨合成用氮的来源，是在制取原料气时直接加入空气，或在合成前补加纯氮气。制取纯净的氮氢混合气时，原料不同，原料气净化方法也不同。

一、造气

各种制氢原料主要成分可由不同氢碳比的 H/C 或元素碳 C 代表，它们在高温条件下分别与水蒸气作用生成氢和一氧化碳。这些反应都是吸热反应，工业上要维持反应的正常进行，必须提供热量维持高温。根据不同热源分为三种供热方式。

（1）蒸汽转化（或称外部供热转化）　适用于以轻质烃（天然气、石脑油）为原料的合成氨厂。在镍催化剂存在下，含轻质烃气体于耐高温的合金反应管内与水蒸气在催化剂的作用下进行吸热的转化反应，管外用燃料气燃烧加热（通过管壁传热）。

（2）部分氧化　在高温下利用氧气或富氧空气与燃料进行燃烧反应，一部分燃料与氧气完全燃烧，生成二氧化碳，同时放出大量热；另一部分燃料与二氧化碳、水蒸气作用生成一氧化碳和氢气，其反应是吸热的，但总的反应效果是放热的。

（3）内部蓄热　生产过程分为吹风阶段和制气阶段，两者形成一个循环，即先把空气送入煤气发生炉使固体燃料（焦炭或无烟煤）燃烧，制备空气煤气，放出的热积蓄在燃料床层中；接着停送空气而通入水蒸气和空气进行总体是吸热的气化反应，制备半水煤气。吹风与制气交替进行构成一个工作循环。

## 二、变换

无论采用何种原料、何种制气方式所得的原料气中，都含有一定数量的 $CO$，$CO$ 对氨合成催化剂有毒害作用，通常采用水蒸气与其反应生成 $CO_2$ 和 $H_2$ 的方法将其除去，此法称变换。

一氧化碳与水蒸气作用是放热反应，降低温度、增加水蒸气或减少二氧化碳的含量，都能使一氧化碳的平衡浓度降低。工业上采用催化剂加快反应速率，一氧化碳变换催化剂视活性温度和抗硫性能的不同分为铁铬系、铜锌系和钴钼系三种。

（1）铁铬系催化剂　由氧化铁、氧化铬的混合物组成，又称高（中）温变换催化剂。活性组分为四氧化三铁，催化剂使用前必须用合成气还原，使不具备活性的氧化铁还原成具有活性的四氧化三铁。在此催化剂作用下气体中一氧化碳浓度可降到百分之几，如要进一步降低，需在更低温度下完成。

（2）铜锌系催化剂　由铜、锌、铝（或铬）的氧化物组成，又称低温变换催化剂。其活性组分为单质铜，同样开工时先用氢气将氧化铜还原，还原时放出大量反应热，操作时必须严格控制氢气浓度，以防催化剂烧结，采用此催化剂可把气体中一氧化碳浓度降到 0.3%（体积分数）以下。低温变换催化剂耐硫性能差，所以，在一氧化碳低温变换前，原料气必须经过精细脱硫，使总硫含量脱除到 1ppm（$1\times10^{-6}$）以下。

（3）钴钼系催化剂　是 20 世纪 50 年代后期开发的一种耐硫宽温变换催化剂，主要成分为钴、钼氧化物。可适用于高、低温变换。因活性组分为钼的硫化物，故开工时需先进行硫化处理。

工业上，为了提高一氧化碳变换率，采用过量水蒸气，并根据原料气硫含量的多少选用适宜的变换催化剂。含硫量低时可选择中、低温变换催化剂；含硫高时可选钴钼催化剂；在选定催化剂之后，根据含硫量的高低确定脱硫工序是放在变换之前或在其后；温度是控制一氧化碳变换过程最重要的工艺条件。随着变换反应的进行，会有大量反应热放出，使催化剂床层出口温度上升。对一氧化碳浓度高的原料气，通常采用两段变换流程，以尽可能降低变换气中的一氧化碳浓度。两段变换时，段间进行冷却，使大量一氧化碳在第一段较高温度下与水蒸气反应以提高变换反应的速率；第二段则在较低温度下进行变换以提高一氧化碳变化率。

## 三、脱硫

原料气中的硫化物主要是硫化氢，此外还有 $CS_2$、$COS$、$RSH$、$RSR$ 和噻吩等有机硫。其含量因原料及其产地不同，差异很大。脱硫方法根据脱硫剂的物理形态分为干法和湿法两大类。干法净化度高，脱硫剂有：①活性炭，可脱除硫醇等有机硫化物及少量的硫化氢；②钴钼或镍钼加氢催化剂，可将有机硫化物全部转化成硫化氢，然后再用其他脱硫剂（如氧化锌），将生成的硫化氢脱除，能将总硫含量脱除到 0.5ppm 以下，此法广泛用于烃类蒸汽转化法生产的合成氨原料气的脱硫；③氧化锌，除噻吩外，能脱除硫化氢及各种有机硫化物。湿法脱硫根据吸收原理的不同可分为物理法（低温甲醇洗）、化学法（包括湿式氧化法和化学吸收法）及物理化学法（环丁砜烷基醇胺法）。

## 四、脱碳

脱除原料气中二氧化碳方法很多，分为三类。

（1）物理吸收法　最早采用加压水脱除二氧化碳，经过减压将水再生。此法设备简单，但脱除二氧化碳净化度差，出口二氧化碳一般在 2%（体积分数）以下，氢气损失较多，动力消耗也高，新建氨厂已不再用此法。近 20 年来开发有甲醇洗涤法、碳酸丙烯酯法、聚乙二醇二甲醚法等。与加压水脱碳法相比，它们具有净化度高、能耗低、回收二氧化碳纯度高等优点，而且还可选择性地脱除硫化氢，是工业上广泛采用的脱碳方法。

（2）化学吸收法　具有吸收效果好、再生容易，同时还能脱硫化氢等优点，主要方法有乙醇胺法和催化热钾碱法，工业上广泛应用的方法还有氨水吸收法。我国自主开发的碳化法合成氨流程，采用氨水脱除变换气中的二氧化碳，同时生产碳酸氢铵，20 世纪 70 年代此生产流程在全国小型氨厂普遍采用。

（3）物理-化学吸收法　以乙醇胺和环丁砜的混合溶液作吸收剂，称环丁砜法，因乙醇胺是化学吸收剂，环丁砜是物理吸收剂，故此法为物理与化学效果相结合的脱碳方法。

五、精制

原料气经一氧化碳变换和二氧化碳脱除后，尚含有少量一氧化碳和二氧化碳，所以在送往氨合成系统前，为使它们总的含量少于 10ppm，必须进一步加以脱除。脱除少量一氧化碳和二氧化碳有三种方法。

（1）铜氨液吸收法　是最早采用的方法，在高压、低温下用铜盐的氨溶液吸收一氧化碳并生成配合物，然后将溶液在减压和加热条件下再生。由于吸收溶液中有游离氨，故可同时将气体中的二氧化碳脱除。该方法能耗高，净化度低，已逐步被淘汰。

（2）液氮洗涤法　利用液态氮在深度冷冻的温度条件下能溶解一氧化碳、甲烷等物理特性，把原料气中残留的少量一氧化碳和甲烷等彻底除去，该法适用于设有空气分离装置的重质油、煤加压部分氧化法制原料气的净化流程，也可用于焦炉气分离制氢的流程。

（3）甲烷化法　是 20 世纪 60 年代开发的方法，在镍催化剂存在下使一氧化碳和二氧化碳加氢生成甲烷；由于甲烷化反应为强放热反应，而镍催化剂不能承受很大的温升，因此，对气体中一氧化碳和二氧化碳含量有限制。该法流程简单，可将原料气中碳的氧化物脱除到 10ppm 以下，以天然气为原料的新建氨厂，大多采用此法。甲烷化反应不仅需消耗氢气，而且还生成对合成氨无用的惰性组分——甲烷，降低合成气的浓度。

上述为合成氨原料气的净化过程，从中可以看出：原料气中有哪些杂质、毒物，主要是以满足合成反应铁催化剂（铁触媒）要求为依据。对合成氨催化剂有毒化作用的有一氧化碳、二氧化碳、硫化物、水分。采用何种方法脱除这些杂质和毒物，应根据来料的组成和进入合成系统对毒物和杂质的要求，进行反复分析和比较，确定适合的方法，做到既满足工艺的要求，又经济合理。

根据以上阅读资料，请同学们完成"天然气水蒸气转化生产合成气"的原料净化过程。

## 自测题

### 一、填空题

1. 以煤为原料生产化工产品称为_____化工。以石油或天然气为原料生产化工产品称为_____或_____化工。

2. 选择生产路线时，主要考虑原料来源是否可靠、_____、经济是否合理、工艺是否安全以及_____。

3. 液体原料的输送方法主要有泵送、压送和_____，但工厂里最常用的方法是_____。

4. 原料储存时主要考虑适量、_____、____。

5. 原料预处理主要是根据_____进行的。

6. 常见液相反应器是_____或_____两种。

7. 目前合成气合成甲醇的反应器常用的是_____或_____。

8. 乙苯脱氢制苯乙烯的反应器常用的是_____。

9. 转折温度是_____温度；活性温度是指_____的温度范围。

10. 合成甲醇的压力是通过_____增压来实现的。

## 二、判断题

1. 合成气合成甲醇的反应器能否选用绝热床反应器。(能，不能)

2. 乙苯脱氢反应器能否选用列管式固定床反应器。(能，不能)

3. 醋酸水溶液是理想溶液，所以含20％的醋酸水溶液采普通精馏的方法进行分离是较为合理的（对，错）。

4. 利用重结晶的方法是提纯可溶性固体的一个有效的方法。(是，不是)

## 三、简答题

1. 乙烯环氧化生产环氧乙烷是选择固定床反应器还是选择流化床反应器较适宜？

2. 合成甲醇的反应温度主要考虑了哪些因素？

3. 对于吸热反应为什么要考虑转折温度？

4. 产物分离与精制时为什么要首先考虑物质的状态？

5. 对于液体混合物的分离为什么要考虑物质的互溶性？

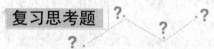

复习思考题

1. 化工原料有哪三种状态，每种状态的净化方法有哪些？请用列表方法回答。

2. 化工原料输送机械有哪些，请列出液体原料的输送机械。

3. 固定床反应器与流化床反应器各有什么优缺点？

4. 塔式反应器适用于何种类型反应？

5. 影响反应温度的因素有哪些？

6. 反应压力的确定主要考虑哪些因素？

7. 当合成甲醇的温度上升时，请分析影响因素和确定调节方案。

8. 液体混合物的分离方案如何确定，其分离依据是什么？

9. 气体混合物的分离方案如何确定，其分离依据是什么？

10. 固体混合物的分离方案如何确定，其分离依据是什么？

11. 非均相混合物的分离方案如何确定，其分离依据是什么？

12. 请在教师指导下完成某一混合物分离方案的确定，并说明理由。

13. 请在教师指导下完成某一气液反应体系的反应器的选用。

# 第三章 化工生产基础理论
## Basic Theory of Chemical Production

 **知识目标**

1. 了解催化剂在工业生产中的应用、组成与性能；
2. 了解化工生产过程中常用的经济评价指标；
3. 理解催化剂的基本特征。

**能力目标**

1. 能进行物料衡算和能量衡算；
2. 能进行经济评价指标的计算；
3. 能对化工产品生产过程的工艺因素等进行分析。

**素质目标**

能分析解释社会生活中与化工生产相关的有关事件、现象，具备辩证唯物的思考能力。

化工产品种类繁多，性质各异。化工产品通过化学反应转化而来，由于化学反应的多样性和复杂性，决定了化工产品的多样性。虽然每种化工产品的生产过程都有各自的特点，但所包括的化工单元操作归纳起来不过一二十种，相同的单元操作遵循相同的操作原理和理论基础。

 结合合成氨的生产、苯乙烯的生产看一看有哪些常见的单元操作？

# 第一节 化工生产过程常用经济评价指标
## General Economic Evaluating Indicators in the Chemical Production Process

 **应用知识**

1. 转化率、选择性和收率；
2. 生产强度、生产能力等；
3. 消耗定额等。

## 技能目标

1. 能进行转化率、选择性和收率等的计算；
2. 能进行生产强度、生产能力等的计算；
3. 能运用经济评价指标对生产过程进行评价。

在化工生产过程中，要想获得理想的生产效果，总是希望在提高产量和质量的同时，要提高原料的利用率和降低生产过程的能量消耗。能量消耗对现代化大生产的规模效益更是具有特殊意义，因此如何采取措施降低公用工程的消耗，综合利用能量（包括化学能），也是评价化工生产效果的一个重要方面。化学反应是化工生产过程中的核心，化学反应效果的好坏不仅直接关系到产量的高低，也影响到原料的利用率。本节重点讨论化工生产过程中常用的经济评价指标。

## 一、转化率、选择性和收率 (Conversion Rate, Selectivity and Yield)

### 1. 转化率

转化率是指在化学反应体系中，参加化学反应的某种原料量占通入反应体系的该种原料总量的百分率。转化率数值的大小说明该种原料在反应过程中转化的程度，转化率越大，说明参加反应的原料量越多。一般情况下，通入反应系统中的每一种原料都难以全部参加化学反应，所以转化率总是小于100%。

有的反应，原料的转化率很高，通入反应器的原料几乎都能参加化学反应。如萘氧化制取苯酐的过程，萘的转化率在99%以上。但是很多反应过程由于受反应条件或催化剂性能等限制，原料通过反应器时的转化率不可能很高，于是就往往把未反应的原料从反应后的混合物中分离出来进行循环使用，来提高原料的利用程度。因此，即使是同一种原料，如果选择不同的"反应体系范围"，就将对应于不同的"通入反应体系的原料总量"，所以转化率也就相应地有单程转化率和总转化率的区别。

（1）**单程转化率**　以反应器为研究对象，参加反应的原料量占通入反应器原料总量的百分数就称为单程转化率。

（2）**总转化率**　以包括循环系统在内的反应器和分离器的反应体系为研究对象，参加反应的原料量占通入反应体系原料总量的百分数就称为总转化率。

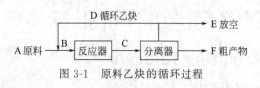

图 3-1　原料乙炔的循环过程

以乙炔与醋酸反应合成醋酸乙烯酯过程为例，原料乙炔的循环过程如图 3-1 所示。

在乙炔与醋酸反应合成醋酸乙烯酯的连续生产过程中，假设流经各物料线中所含乙炔的量为：$m_A = 600\text{kg/h}$，$m_B = 5000\text{kg/h}$，$m_C = 4450\text{kg/h}$，$m_D = 4400\text{kg/h}$，$m_E = 50\text{kg/h}$。则在反应器内每小时参加反应的乙炔量为 $5000 - 4450 = 550(\text{kg})$，过程的单程转化率为 $\frac{550}{5000} \times 100\% = 11\%$，总转化率为 $\frac{600-50}{600} \times 100\% = 91.67\%$。虽然通入反应器中的乙炔单程转化率只有11%，但经分离循环使用后，乙炔的利用率从11%提高到91.67%。但是循环过程的物料量越大，分离系统的负担和动力消耗也越大。因此，从经济观点看，还是通过提高单程转化率最为有利。但是单程转化率提高后，很多不利因素就会增加，如副反应增多，或停留时间过长而使生产能力下降等。总之，在实际生产中控制多高的单程转化率最为适宜，要根据不同反应的特点，经实际生产经验总结得到。

单程转化率和总转化率都是生产过程中的实际转化率，反映实际生产过程的效果。在实际生产中，要采取各种措施来提高原料的总转化率，总转化率越高，原料的利用程度就越高。

 用苯氯化制备氯苯时，为减少副产物二氯苯的生成量，应控制氯的消耗量。已知每100mol苯与40mol的氯发生反应，反应产物中含38mol氯苯、1mol二氯苯以及61mol未反应的苯。反应产物经分离后可回收60mol的苯，损失1mol苯。试计算苯的单程转化率和总转化率。

（3）平衡转化率　指某一化学反应达到平衡状态时，转化为目的产物的原料占该种原料量的百分数。平衡转化率数值大小与压力、温度和反应物组成等条件有关，它是特定的条件下，某种原料参加化学反应的最高转化率，任何反应的转化率都不可能超过平衡转化率。

在反应条件不变的情况下，平衡转化率和实际转化率之间的差距表示理想状态与实际操作水平的差距，此差值越大，表示操作水平越低，可挖掘的增产潜力就越大。但由于一般的化学反应要达到平衡状态都需要相当长的时间，因此，在实际生产过程中不能单纯追求最高的转化率。

 单程转化率、总转化率与平衡转化率有什么不同？

## 2. 选择性

选择性是指化学反应过程中生成的目的产物所消耗的某原料量占该原料反应总量的百分数。对于催化反应系统，选择性的高低反映了催化剂性能的好坏，即催化剂对所希望的反应起加速作用，对不希望发生的反应起抑制作用的能力；对于非催化反应系统，反映了反应工艺条件的控制好坏。定义式为：

$$选择性 = \frac{实际所得的目的产物量}{以某种反应原料的转化总量计算得到的目的产物理论量} \times 100\%$$

$$= \frac{生成目的产物的某反应物的量}{该反应物的总转化量} \times 100\%$$

由选择性可以看出原料的利用情况，选择性愈高，原料的利用率也就愈高，表示反应愈有成效。

大量的科学实验证明，转化率和选择性之间往往存在一定矛盾，即若追求高转化率，得到的选择性往往是低的；在低转化率时，得到的选择性往往是高的。选用的转化率和选择性综合效果如何，可用收率来衡量。

 甲苯用浓硫酸磺化制备对甲苯磺酸，已知甲苯的投料量为1000kg，反应产物中含对甲苯磺酸1460kg，未反应的甲苯20kg。试计算对甲苯磺酸反应选择性。

## 3. 收率

（1）单程收率　以反应器为体系，生成目的产物的量占通入反应器的某种原料为基础来计算的目的产物的理论量的百分数，称单程收数。或生成目的产物所耗的某原料量占输入到反应器的该原料量的百分数。

$$单程收率 = \frac{生成目的产物所耗的某种反应物的量}{输入到反应器的某反应物的量} \times 100\%$$

(2) 单程质量收率　在实际生产中，当反应原料或反应产物是难以确定的混合物，而反应过程又极为复杂，各种组分难以通过分析手段来确定时，可以直接采用以混合原料中某种原料的质量为基准的收率来表示反应效果。这种以原料质量为基准的收率为质量收率。

$$单程质量收率 = \frac{生成目的产物的质量}{投入反应器的某种原料的质量} \times 100\%$$

对于分子量增大的反应，质量收率的数值有可能大于 100%，是由于计算式的分母只计算了混合原料中某种原料的质量而未计全部原料的质量。如空气催化氧化反应中，通常不计原料空气的质量。

 某一反应的转化率高是不是收率一定就高？质量收率是不是一定小于100%？

### 4. 转化率、选择性和单程收率间的关系

当转化率、选择性和单程收率都用摩尔单位时，其相互间的关系可用下式来表示：

$$单程转化率 \times 选择性 = 单程收率$$

单程转化率和选择性都只是从某一个方面说明化学反应进行的程度。转化率越高，说明反应进行得越彻底，未反应原料量越少就越可以减轻原料循环的负担。但随着单程转化率的提高，反应的推动力就下降，反应速率变小，若再提高反应的转化率，所需要的反应时间就会过长，同时副反应也会增多，导致反应的选择性下降，增大了产物分离、精制的负荷。所以必须综合考虑单程转化率和选择性，只有当两个指标值都比较适宜时，才能得到较好的反应效果。

 纯的苯和乙烯发生烷基化反应生成乙苯，每小时得到质量组成为苯45%，乙苯40%，二乙苯15%的烷基化液500kg，控制苯和乙烯在反应器进口的摩尔比为1:0.6，求(1)进料和出料各组的量；(2)假定离开反应器的苯有90%可以循环使用，求乙苯的总收率。

## 二、生产能力与生产强度 (Production Capacity & Production Intensity)

### 1. 生产能力

指一定时间内直接参与企业生产过程的固定资产，在一定的工艺组织管理及技术条件下，所能生产规定等级的产品或加工处理一定数量原材料的能力。生产能力一般有两种表示方法，对于以化学反应过程为主的通常用产品产量来表示，即在单位时间（年、日、小时、分等）内生产的产品数量，用单位 kg/h、t/d 或 kt/a 来表示；而对于非化学反应为主的过程通常是以加工原料的处理量来表示，此种表示方法也称为"加工能力"。

对某一台设备或某一套装置（某一生产系统）其生产能力是指该设备或该系统在单位时间内生产的产品或处理的原料数量；工业企业的生产能力则是指企业内部各个生产环节以及全部生产性固定资产（包括生产设备和厂房面积），在保持一定比例关系条件下所具有的综合生产能力。

生产能力又可以分为设计能力、查定能力和现有能力。设计能力是指在设计任务书和技

术文件中所规定的生产能力，根据工厂设计中规定的产品方案和各种设计数据来确定。新建化工企业基建竣工投产后，通常要经过一段时间的试运转，充分熟悉和掌握生产技术后才能达到规定的设计能力。查定能力一般是指老企业在没有设计能力数据，或由于企业的产品方案和组织管理、技术条件等发生变化，致使原设计能力已不能正确反映企业实际生产能力可达到的水平，此时重新调整和核定的生产能力。它是根据企业现有条件，并考虑到查定期内可能实现的各种技术组织措施而确定的。现有能力也称为计划能力，指在计划年度内，依据现有的生产技术条件和组织管理水平在计划年度内能够实现的实际生产能力。这三种生产能力在实际生产中各有不同的用途，设计能力和查定能力是用作编制企业长远规划的依据，现有能力是编制年度生产计划的重要依据。

随着企业技术改造和生产组织条件的完善以及化学反应效果的优化，都有可能促进产量的提高，同时也就使企业实际生产能力得到不断提高。

### 2. 生产强度

指设备的单位容积或单位面积（或底面积）在单位时间内得到产物的数量，单位为 kg/(h·m³)，t/(d·m³) 或 kg/(h·m²)，t/(d·m²)。它主要用于比较那些相同反应过程或物理加工过程的设备或装置的优劣。设备内进行的过程速率越快，该设备的生产强度就越高，设备的生产能力也就越大。提高设备的生产强度，就可以用同一台设备生产出更多的产品，进而提高设备的生产能力。

## 三、工艺技术经济评价指标 (Technical and Economic Evaluating Indicators)

工艺技术管理工作的目标除了确保完成产品的产量和质量，还要努力降低物料消耗、能量消耗，以求得最佳的经济效益，因此各化工企业都根据产品的设计数据和企业的实际情况在工艺技术规程中规定各种原材料的消耗定额，作为本企业的技术经济指标。如果超过了规定指标，必须查找原因，寻求解决的办法，达到增效降耗的目的。

消耗定额是指生产单位产品所消耗的各种原料及辅助材料——水、电、蒸汽等的数量。消耗定额越低，生产过程的经济效益就越好。但是当消耗定额降低到某一水平后，再继续降耗就很困难，此时的标准就是最佳状态。

在消耗定额的各项指标中，包括公用工程水、电、气和各种原辅材料等，虽然水、电、燃料和蒸汽等对生产成本影响很大，但是影响最大的还是原料的消耗定额，因为大部分化学过程中原料成本占产品成本的 60%～70%。因此，要降低生产成本，其中最关键的就是要降低原料消耗。

### 1. 原料消耗定额

将初始物料转化为具有一定纯度要求的最终产品，按化学反应方程式的化学计量为基础计算的消耗定额，称为理论消耗定额，用"$A_{理}$"表示。理论消耗定额是生产单位目的产品时，必须消耗原料量的理论值。

按实际生产中所消耗的原料量为基础计算的消耗定额，称为实际消耗定额，用"$A_{实}$"表示。在实际生产过程中，由于有副反应的发生，会多消耗一部分原料；另外在各加工环节中总会损失一些物料，如随"三废"排放，设备、管道和阀门等的跑、冒、滴、漏。因此，在实际生产过程中的原料消耗量总是高于理论消耗定额。理论消耗定额与实际消耗定额间的关系为：

$$(A_{理}/A_{实}) \times 100\% = 原料利用率 = 1 - 原料损失率$$

生产一种产品,可能同时需要两种或两种以上的原料,则每一种原料都有各自的消耗定额。对于同一种原料,有时由于初始原料的组成情况不同,其消耗定额也不等,甚至差别还可能较大。因此,化工工艺管理的首要目标就是提高原料利用率,降低生产成本,并创造较好的环境效益。

### 2. 公用工程的消耗定额

公用工程是指化工生产必不可少的供水、供热、冷冻、供电和供气等。

除了生活用水外,化工生产中所用的主要是工业用水,工业用水又分为工艺用水和非工艺用水。工艺用水直接与物料接触,由于杂质带入生产物料系统会影响产品质量,因此工艺用水对水质要求较高,工艺用水一般要经过过滤、软化、脱盐等工序处理,并符合明确的指标规定。非工艺用水主要指冷却用水,在化工生产中的非工艺用水对水质也有一定的要求,如硬度、酸度、悬浮物的含量等,以防止产生水垢、泥渣沉积或腐蚀管道等。此外,为了节约用水,应尽可能将冷却水循环使用。

换热操作是化工生产中最为常见的操作之一。对反应原料进行预热、维持化学反应温度、进行蒸发、蒸馏、干燥等单元操作均需要供热条件。根据各种操作对温度要求和加热方式的不同,正确选择热源,充分利用热能,对生产过程的技术经济指标影响很大。水蒸气是化工厂使用最多的热载体,它具使用方便、加热迅速、均匀、容易控制、安全、无毒等优点,缺点是加热温度不宜超过 200℃。当加热温度超过 200℃时,可以选用导热油作为热载体;温度在 350~500℃范围内可用熔盐混合物作为热载体;更高温度可采用烟道气加热或电加热方式。

当化工生产中需要温度降低到比周围环境温度更低时,这就需要提供低温的冷却介质。常用的冷却介质有四种:低温水(使用温度$\geqslant$5℃);盐水(0~15℃ NaCl 水溶液;0~45℃ $CaCl_2$ 水溶液);有机物(乙醇、乙二醇、丙醇、乙烯、丙烯等);氨等。其中冷冻盐水是化工生产中最常用的冷却介质。低温水作为冷却介质则使用较少,因为它的冰点较高,操作较为困难。

综上所述,降低消耗可通过选择性能优良的催化剂,将工艺参数控制在适宜的范围内,提高生产管理水平,加强设备维护的保养,减少物料损失,提高操作人员的责任心,从而实现安全生产和清洁生产。

 结合苯乙烯的生产,分析可通过哪些途径来降低消耗?

# 第二节 工业催化剂及使用

## The Industrial Catalysts and Application

 应用知识

1. 催化剂的基本特征;
2. 催化剂的种类、组成、使用及发展;
3. 催化剂的制备方法。

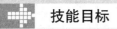
1. 能对催化剂进行装填、更换、活化等操作；
2. 能根据反应特点进行催化剂的选择。

在化学反应体系中，因加入了某种物质而使化学反应速率发生改变，但该物质的数量和化学性质在反应前后不发生变化，该物质称为催化剂，这种作用称为催化作用。更简单地说，催化剂是一种改变热力学上允许的化学反应达到平衡的速率，而在反应过程中自身不被明显消耗的物质。其中能明显降低反应速率的物质称为负催化剂或抑制剂，而工业上用得最多的则是加快反应速率的催化剂。

 化学工业中什么情况下需要用到负催化剂？

化工生产技术的变革和发展，催化剂的研究与进展起着决定性的作用。纵观化工生产技术发展的历史，可以清楚地看到这一点。由于工业催化剂的经济重要性，一种成功的工业催化剂所显示的巨大经济效益，导致各工业发达国家、各大石油化工公司，投入大量的研究力量于工业催化剂的开发。在这种强大经济效益的推动下，催化技术得到了迅速的发展，催化科学正在迅速地进步，催化剂设计的新时代正在到来，这种趋势对工业催化技术进一步发展，对促进世界经济的繁荣，必将做出更大的贡献。

许多类型的材料，包括金属、化合物（如金属氧化物、硫化物、氮化物、沸石分子筛等）、有机金属配合物和酶等，都可以作为催化剂。工业上使用的催化剂的总量与催化剂在寿命期间所处理的反应物和所制得的产物的数量相比是很小的，而且催化剂并非所有部分都参与反应物到产物间的转化，那些参与的部分称为活性中心（活性位）。因此也可以说，催化作用是催化剂活性中心对反应物分子的激发与活化，使反应物分子反应性能大大增加，从而加快反应速率。

## 一、催化剂的基本特征 (Basic Features of Catalyst)

催化剂之所以能改变化学反应速率，是因为它能与反应物生成不稳定的中间化合物，活化能得以改变，从而改变了反应途径。

如碘化氢分解反应：

$$2HI \rightleftharpoons H_2 + I_2$$

该反应当没有催化剂催化时为双分子反应，活化能为 184.23kJ/mol。在同样的 573K 的反应温度下，使用 Au 作催化剂后，活化能则降低到 104.68kJ/mol，反应速率常数较不使用催化剂增加了 $1.78 \times 10^7$ 倍，使反应速率明显加快。

催化剂在化学反应中的催化作用具有以下几个基本特征。

① 催化剂只能改变化学反应的速率，缩短到达平衡的时间，却不能改变化学平衡的状态，即不能改变平衡常数。

在特定的外界条件下，化学反应产物的最高平衡浓度是受热力学变量所控制的，也就是说，当反应的始末状态相同时，不论有无催化剂的存在，该反应的标准吉氏函数变化值

$\Delta G^{\ominus}$、平衡常数 $K_p$、平衡转化率均相同，催化剂只能改变达到这一极限值所需的时间，而不能改变这一极限值的大小。

② 催化剂只能加速热力学上可能进行的化学反应，而不能加速热力学上不能进行的反应。

对于任何可逆反应，催化剂既能提高正反应速率，也能同样程度地加速逆反应，但它不能使热力学上不能进行的反应发生。因此，在判定某个反应是否需要采用催化剂时，要了解这个反应在热力学上是否允许，如果是可逆反应，就要解决反应进行的方向和深度，确定反应平衡常数的数值以及它与外界条件的关系。只要热力学允许，平衡常数较大的反应加入适当催化剂才是有意义的。例如，在常温、常压、无外界因素影响的条件下，水不能分解成氢和氧，因而也不存在任何能加快这一反应的催化剂。

对于受平衡限制的体系，必须在有利于平衡向产物方向移动的条件下来选择催化剂。如果一种催化剂对于加氢反应有良好效果，可以推断其对脱氢反应也有效。例如，以 CO 和 $H_2$ 为原料合成甲醇的反应是在加压下进行的，反应式为 $CO+2H_2 \longrightarrow CH_3OH$，要找到合适催化剂进行的直接实验是比较困难的。然而，上述反应的逆反应即甲醇的分解反应却是在常压下进行的，因而可以很方便地在常压下试验一些物质对甲醇分解反应的催化作用。而对甲醇分解是优良的催化剂，也往往就是合成甲醇的优良的催化剂。

值得注意的是，并不意味着用于正反应的催化剂都能直接用于逆向反应，催化剂要能用于逆向反应还必须考虑其他因素。例如，金属（如镍）常用作加氢反应催化剂，而脱氢反应则常采用金属氧化物作催化剂，这是因为脱氢反应通常在高温下进行，而在高温下一方面重金属催化剂容易烧结，另一方面有机化合物易分解析炭，从而覆盖在金属表面使其失活。

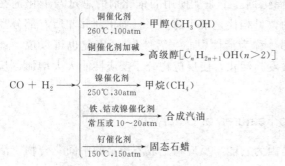

图 3-2　合成气在不同催化条件下反应
得到不同的产物
1atm＝101325Pa

③ 催化剂具有较强的选择性。

催化剂具有选择性是指对于不同的化学反应，应该选择不同的催化剂；同样的反应选择不同的催化剂，可获得不同的产物。例如，以合成气（$CO+H_2$）为原料在热力学上可以沿着不同的途径进行反应，使用不同催化剂就能反应得到不同的产物（图 3-2）。

催化剂还具有加速某一特定反应的能力。例如，乙烯环氧化生产环氧乙烷，只有 Ag 催化剂具有加速乙烯环氧化反应的作用，而其他金属催化剂不具备促进功能；另一方面 Ag 催化剂除能促进乙烯环氧化外，不能促进丙烯及其他高级烯烃的环氧化反应。

④ 催化剂具有一定的使用寿命。

催化反应其实是一个循环的过程，在这一过程中，催化剂的表面部位可与反应物形成一个中间物或配合物，由这个物种或配合物再进一步转化，脱附出产物，并使催化剂的表面部位复原。催化剂是一种物质，它通过基元步骤的不间断的重复循环，将反应物转化为产物，在循环的最终步骤催化剂又恢复到原始状态，而且它不出现在反应的化学计量方程式中。所以仅用少量的催化剂就可以促进大量反应物起反应，生成大量的产物。例如合成氨用熔铁催化剂，1t催化剂能催化合成约3万吨氨。但是因为催化剂在使用过程中的各种物理因素和化学因素，造成催化剂中毒、流失等，所以催化剂不能无限期地具备所希望的性能，其使用周期是有一定的限度的。

 如何提高催化剂的使用寿命？

## 二、催化剂的组成与性能 (Formulation & Performance of Catalyst)

催化剂按来源可分为生物催化剂和非生物催化剂。生物催化剂即酶催化剂，是活性细胞和游离酶或固定化酶的总称。它包括从生物体，主要是微生物细胞中提取的具有高效和专一催化功能的蛋白质。与非生物催化剂相比，生物催化剂具有能在常温常压下反应、反应速率快、催化作用专一、选择性高等优点，缺点是不耐热，易受某些化学物质及杂菌的破坏而失活，稳定性差，寿命短，对温度及pH值范围要求较高。

非生物催化剂大多数为工业催化剂，它们都是由人工合成，具有特殊的组成和结构。工业催化剂可按材质不同分为金属催化剂、金属氧化物催化剂、硫化物催化剂、酸碱催化剂和配合物催化剂，按功能不同，可分为脱氢反应催化剂、加氢反应催化剂、还原反应催化剂、氧化反应催化剂等。

催化反应通常可分为均相和非均相两种。均相催化作用又可分为气相催化和液相催化，最常见的是液相均相催化作用。非均相催化反应可分为气-固相催化反应和液-固相催化反应，其中气-固相催化反应最为常见。

### 1. 催化剂的组成

（1）液体催化剂的组成  液体催化剂分为酸碱型催化剂和金属配合物催化剂。酸催化剂包括 $HCl$、$H_2SO_4$、有机酸等；碱催化剂主要包括有机胺等。金属配合物催化剂包括过渡金属配合物、电子受体配合物、过渡金属及典型金属的配合物等。金属配合物在起催化作用时，活性中心都是以配位结构出现，通过改变金属配位数或配位体，反应物分子进入配位状态而被活化，从而促进反应的进行。

液体催化剂一般需配制成浓度较高的催化剂溶液，使用时根据反应需要按一定的配比加到反应体系中。如乙醛氧化生产醋酸所用的醋酸锰溶液催化剂，就是用60%的醋酸水溶液与固体粉末碳酸锰按10∶1（质量比）配制而成的含醋酸锰8%～12%，醋酸45%～55%的高浓度水溶液，然后按反应要求控制醋酸锰的含量在0.08%～0.12%之间。

（2）固体催化剂  为了满足工业生产对催化剂的种种要求，往往通过化学组分和含量的调变来改善催化剂的性能。目前化学工业中使用的固体催化剂，除少数催化剂是由单一物质组成（如金属 Ni、Pt，金属盐 $ZnCl_2$、$CuCl$，金属氧化物 $Al_2O_3$ 等）外，大多数催化剂是由多种成分组合而成的混合体。按各种成分所起的作用，大致可将其分为三类，即主活性物、助催化剂和载体。

① 活性组分  催化剂的化学组分虽然是复杂、多变的，但其中必定有起主要作用的成分，把对加速化学反应起主要作用的成分称为主催化剂，添加在主催化剂中的其他成分总称为添加剂。活性组分是催化剂的主要成分，这是起催化作用的根本性物质。催化剂中如果没有活性组分的存在，就不可能起催化作用。例如，在合成氨催化剂中，无论有无 $Al_2O_3$ 或

$K_2O$，金属 Fe 总是有催化活性的，只是活性较低、寿命较短；相反，如果催化剂中缺少了金属铁，催化剂就完全没有活性。

② 助催化剂　助催化剂是催化剂的辅助成分，它本身一般没有活性，但是能够提高活性组分的活性和选择性，改善催化剂的耐热、抗毒、机械强度和寿命等性能。如氨合成催化剂，如果没有 $Al_2O_3$ 或 $K_2O$ 而只有 Fe，则催化剂寿命短，活性低。但在铁中加入少量 $Al_2O_3$ 或 $K_2O$ 后，催化剂的性能就大大提高了。

助催化剂的加入可以从以下几个方面来提高催化剂的活性。一是可提高催化能力，使整个催化反应的活化能下降。电子助催化剂等调变性助催化剂属于这一类。二是加入助催化剂虽不改变催化反应的活化能，但能使催化剂的固有活性持久、稳定，以增加对毒物的抵抗能力。三是加入某些助催化剂不仅可提高催化剂的活性，而且可提高催化剂的稳定性，提高催化剂的选择性。助催化剂通常可分为以下几种。

a. 结构助催化剂　能使催化活性物质粒度变小、比表面积增大，防止或延续因烧结而降低活性等。因这类助催化剂可在温度升高时防止和减慢微晶体的生长，增加催化剂的稳定性，所以也被称作稳定剂。能起结构稳定作用的助催化剂，大多数都是熔点较高、难还原的金属氧化物。例如，CO 高温（中温）变换铁铬系催化剂中的 $Cr_2O_3$。

b. 电子助催化剂　其作用是改变主催化剂的电子状态，使反应分子的化学吸附能力及反应的总活化能都发生改变，从而提高催化性能。合成氨铁催化剂中 $K_2O$ 就是一种电子助催化剂。人们发现在 $Fe\text{-}Al_2O_3$ 氨催化剂基础上，再加入第二种助催化剂 $K_2O$，活性更加提高。这是因为 $K_2O$ 起着电子给予体的作用，而 Fe 起电子接受体作用。$K_2O$ 把电子转给 Fe后，增加了 Fe 的电子密度，降低铁表面的电子选出功，加速了 N 在 Fe 上的活性吸附，因而提高了催化剂的活性。

c. 晶格缺陷助催化剂　如果某种助催化剂的加入使活性物质晶面的原子排列无序化。晶格缺陷浓度提高，从而提高催化剂的催化活性，则这种助催化剂便是晶格缺陷助催化剂。助催化剂实际上可看成是加入催化剂中的杂质或附加物。

d. 选择性助催化剂　其作用是对有害的副反应加以破坏，提高目标反应的选择性。例如，轻油蒸汽转化镍基催化剂以铝酸钙水泥为载体时，由于水泥中含有酸性氧化物的酸性中心，催化轻油裂化时会导致结炭，因此需要添加少量碱性物如 $K_2O$，以中和酸性中心，防止裂化结炭，还可使反应沿着汽化方向进行。

③ 载体　载体是固体催化剂组成中含量最多的成分。作为催化剂的骨架，可以把催化剂的活性组分、助催化剂或者抑制剂载于其上。载体的主要功能是：有利于催化剂的成型制作；增大活性表面和提供适宜的孔结构，可使催化剂分散性增大，提高催化剂的活性、选择性和稳定性；改善催化剂的机械强度；改善催化剂的导热性和热稳定性，避免局部过热引起的催化剂烧结、失活和副反应，延长催化剂使用寿命；与催化剂活性组分间发生化学作用，从而改善催化剂性能，选用适合的载体会起到类似助催化剂的效果。

作为催化剂的载体可以是天然物质（如浮石、硅藻土、白土等）也可以是人工合成物质（如硅胶、活性氧化铝等）。天然物质的载体常因来源不同而其性质有较大的差异，例如，不同来源的白土，其成分的差别就很大。而且，由于天然物质的比表面积及细孔结构是有限的，所以，目前工业上所用载体大都采用人工制备的物质，或在人工制备的物质中混入一定量的天然物质后制得。

工业顺酐生产中用的催化剂是什么？各个组成部分的化学成分是什么？

## 2. 工业催化剂的性能指标

工业催化剂的性能指标包括很多方面，在选择和制造催化剂过程中需要进行重点考虑。下面介绍几个表示催化剂性能的常用概念和指标。

（1）催化剂的活性　催化剂的活性是指催化剂改变化学反应速率的能力，它是工业催化剂的一项重要指标。催化剂的活性取决于催化剂本身的化学特性，同时也与催化剂的微孔结构有关。

提高催化剂的活性是开发新型催化剂和改进催化剂性能的主要目标之一。工业催化剂应有足够的活性，活性越高则原料的利用率越高，或者在转化率及其他条件相同时，催化剂活性越高则需要的反应温度越低。提高催化剂的活性，可以有效地加快主反应的反应速率，提高设备的生产能力和生产强度，创造较高的经济效益。

 有哪些因素会导致催化剂的活性下降？

（2）催化剂的选择性　催化剂的选择性，是指在催化反应过程中反应所消耗的原料转化为目的产物的能力。选择性是催化剂的重要特性之一，它反映了催化剂加速主反应速率的能力。催化剂选择性越高说明得到目的产物的比率就越高，抑制副反应的能力就越强。

对于一个催化反应来说，催化剂的活性和选择性是两个最基本的性能，催化剂的选择性往往比催化剂的活性更重要，也更难控制。因为一个催化剂尽管活性很高，若选择性不好，也会生成多种副产物，这样给产品的分离带来很多麻烦，大大地降低催化过程的效率和经济效益。反之，一个催化剂尽管活性不是很高，但若选择性非常高，仍然可以用于工业生产中。

（3）比表面积　通常把1g催化剂所具有的表面积称为该催化剂的比表面积，单位 $m^2/g$。由于催化反应是在催化剂表面上进行的，因此催化剂的比表面积的大小直接影响到催化剂的活性，进而影响催化反应的速率。

性能优良的催化剂应有较大的比表面积，以提供更多的活性中心。工业催化剂常加工成一定粒度的、多孔性物质，并使用载体使活性组分高度分散，其目的就是为了增加催化剂与反应物的接触表面。各种催化剂或载体的比表面积大小不同，有的催化剂的比表面积为 $300m^2/g$ 甚至高达 $500\sim1500m^2/g$，而有的比表面积低于 $1m^2/g$。如一般的活性炭载体，细孔结构非常发达，比表面积达 $700m^2/g$。孔径的大小对催化剂表面利用率、反应的速率以及反应的选择性均有一定的影响，故对不同的催化反应，不能片面追求较大的比表面积，要选择与化学反应相适应的孔隙结构。

 可用什么方法来测定催化剂的比表面积？

（4）催化剂的稳定性　催化剂的稳定性（寿命）是指催化剂在反应条件下维持一定活性和选择性水平的时间（单程寿命），或者加上每次下降后经再生而又恢复到许可水平的累计时间（总寿命），是衡量催化剂的活性和选择性随时间变化情况的指标。

催化剂的寿命越长，催化剂正常发挥催化能力的使用时间就越长，其总收率就越高。这样不仅可以减少因为更换催化剂而带来的开停车次数及造成物料损失，也可以减少催化剂消耗量，从而降低产品成本，特别对于贵重金属催化剂，对于提高其催化性能，保持催化剂性能的正常发挥，延长寿命更具有重要的意义。

a. 热稳定性　是指催化剂在反应条件下对热破坏的耐受力。衡量催化剂的热稳定性，是从使用温度开始逐渐升温，看它能够忍受多高的温度和维持多长的时间而活性不变。耐热温度越高，时间越长，则催化剂的寿命越长。在长期高温作用或温度突变情况下，催化剂的某些物质的晶形可能发生转变，微晶可能烧结，配合物会分解，生物菌种和酶会死亡，这都会导致催化剂性能的衰退。

b. 化学稳定性　是指催化剂的化学组成和化合状态在使用条件下发生变化的难易程度。在一定的反应条件下长期使用时，有些催化剂的化学组成可能发生流失；有的化合状态可能发生变化，从而使催化剂的活性和选择性下降，导致催化剂的寿命缩短。

c. 机械稳定性　固体催化剂颗粒有抵抗摩擦、冲击、重力的作用以及耐受温度、相变应力的能力，统称为机械稳定性或机械强度。在使用过程中，若固体催化剂易破裂或粉化，就会造成反应器内流体流动状况的恶化，甚至发生堵塞，迫使停产。也才能减少催化剂的损耗量，保证催化剂应有的使用寿命。例如，在固定床反应器中，就要求催化剂颗粒有较好的抗压碎强度；而在流化床和移动床反应器中，则要求催化剂有较强的抗磨损强度。

d. 耐毒性　即催化剂对有毒物质的抵抗力。由于有害杂质（毒物）的存在，使催化剂的活性、选择性或稳定性降低、寿命缩短的现象，称为催化剂中毒。多数催化剂易受到一些物质的毒害，这些毒物包括含硫、氧、磷、砷的化合物，卤素化合物，重金属化合物以及金属有机化合物等，它们可能是原料或原料中的杂质，也可能是反应中产生的副产物。催化剂中毒有暂时性（可逆中毒）和永久性（不可逆中毒）之分，其中可逆中毒可以通过再生而恢复活性。

催化剂的中毒现象可粗略地解释为：催化剂的表面活性中心吸附毒物后，或进一步转化为较稳定的表面化合物，从而钝化催化剂的活性位，降低其活性；或加快副反应的速率，降低催化剂的选择性；或降低催化剂的烧结稳定性，使晶体结构受到破坏等。

## 三、催化剂制备方法简介 (Preparation Methods of Catalyst)

催化剂的性能主要决定于它的化学组成，但是对相同的化学组分，催化剂的催化特性则在很大程度上取决于催化剂的制备方法和制备条件。这是因为制备方法和条件会改变催化剂的化学结构和物理结构，从而使其催化特性显著不同。化学结构包括元素种类、组成、化合状态、化合物间的反应程度等。物理结构包括结晶构造，如晶粒大小、晶形、晶格缺陷、孔结构、表面构造及形状构造等。

目前催化剂的制备方法包括溶解、沉淀、浸渍、洗涤、过滤、干燥、混合、熔融、成型、燃烧、研磨、分离、还原、离子交换等单元操作中的一种或几种。其中最常见的制备方法有沉淀法、浸渍法和混合法，这三种方法的共同点就是在工艺上都包括：原料预处理、活性组分制备、热处理及成型等主要过程。

### 1. 沉淀法

沉淀法是最常用的催化剂制备方法，广泛应用于制备多组分催化剂。用这种方法可以生成凝胶或共沉淀，也可以与其他方法结合使用制造多组分催化剂。沉淀法是通过在配制的金属盐水溶液中加入沉淀剂，生成固体沉淀，生成的沉淀再经过滤、洗涤、干燥、焙烧、粉碎等工序后制成催化剂。

沉淀法常用金属的硝酸盐及铵盐作为原料，用碱（氢氧化钠、氢氧化钾等）、铵盐（碳酸氢铵、碳酸铵、硫酸铵、草酸铵等）、碳酸盐（碳酸钠、碳酸钾、碳酸氢钠等）、氨水等作为沉淀剂。在工业生产条件下，由于经济上的原因若需用氯化物或硫酸盐为原料时，则需要将在沉淀时带入的有害杂质用洗涤法充分洗去。

用沉淀法制备多组分催化剂时，需要控制适宜的操作条件，尽可能获得最大的均匀度。金属盐水溶液的浓度、温度、加料方式、搅拌强度及沉淀的老化条件等，对于制得的催化剂活性都有明显的影响。

### 2. 浸渍法

浸渍法是将一种或几种活性组分载于载体上的技术。它是生产负载型催化剂的常用方法。该法通常是将载体浸泡于含有活性组分的溶液中，使金属盐类溶液吸附或储存在载体毛细管中，除去过剩的溶液，再经干燥、燃烧和活化，即可制得最终的催化剂产品。

在大多数情况下，浸渍并不是直接用含活性组分的溶液来浸渍于载体上，而是使用这种活性组分的易溶于溶解的盐类或其他化合物溶液，这些盐类或化合物负载于催化剂的表面以后，通过加热分解才能得到所需要的活性组分。

浸渍催化剂的物理性能很大程度上取决于载体的物理性质，载体甚至还影响到催化剂的化学活性。因此正确地选择载体和对载体进行必要的预处理也是制备催化剂的重要步骤。

### 3. 混合法

混合法是制造多组分工业催化剂最简便的方法，是将两种或两种以上的催化剂组分，以粉末细粒形式，在球磨机或碾子上经机械混合后，再经干燥、焙烧和还原等操作制得的产品。传统的氨合成和二氧化硫转化的催化剂都是用这种方法生产的典型例子。由于混合法是物理混合过程，因此催化剂组分间的分散不如前两种方法。常用的混合法可分为干混法、湿混法、熔融法等。

 还有哪些制备催化剂的方法？

## 四、工业生产对催化剂的一般要求 (General Requirements of Catalyst in the Industrial Production)

所谓工业催化剂是特指具有工业生产实际意义的催化剂，它们必须能适用于大规模的工业化生产过程，可在工厂生产所控制的压力、温度、反应物流体速度、接触时间和原料中有一定杂质的实际操作条件下长期运转。工业催化剂强调具有工业生产实际意义，可以用于大规模生产过程，有别于一般基础研究用的催化剂。一种好的工业催化剂，除应该具有三个方面的基本要求，即要求催化剂具有较高活性、较好的选择性和稳定性外，也要考虑应用于工业生产的其他要求。

### 1. 催化剂的形貌与大小，必须与相应的反应过程相适应

对于移动床或者沸腾床反应器，为了减少摩擦和磨损，球形的催化剂较适宜。对于流化床反应器，除要求微型球状外，还要求达到良好的流化粒度分布。对于固定床反应器，球状、环状、柱状、粒状、碎片状等都可以用。但是，它们的形状和尺寸大小对于床层的压力降影响不同。因此，对于给定的同一当量直径各种形状的催化剂，按其对床层产生的相对压力降不同，可排列成以下顺序：

环状＞小球状＞粒状＞条状＞压碎片状

### 2. 机械强度要高

在催化剂的开发中，其机械强度是重要的性能指标。根据催化剂的颗粒外形与尺寸，其机械强度可分成四种：①抗磨强度，阻抗催化剂在搬运、装填、翻滚过程中的磨损；②抗冲击强度，阻抗催化剂受负荷的冲撞，因为催化剂在更换时常从几米高处落入反应器中；（3）抗内聚应力强度变化，催化剂使用过程中，由于某些组分的氧化、还原变化，可能使之膨胀或收缩，产生很强的内聚应力，导致强度下降；④抗床层气压降导致的冲击强度。在实际应用过程中，不同的反应器应根据其具体要求选择适宜的催化剂颗粒外形和尺寸。

### 3. 抗毒性能好

当催化剂受到毒物损害后，活性下降较少。

### 4. 耐热性好

在受到较高的温度冲击或较大的温度波动后，活性下降少。

### 5. 使用寿命长

工业催化剂要求催化剂的使用寿命要长。当催化剂的活性和选择性逐渐消失，不能继续使用时，就需要进行再生，即通过适当的方法进行处理，使催化剂全部或者大部分回复到它原有的催化性能。最常用的处理方法是燃烧除积炭，对于某些可逆性吸附毒物可采用适宜的气体吹扫脱除，某些沉积在失活催化剂表面上的烃类物也可采用氢解的办法除去。在催化剂可以承受的前提下还可以注入某些化合物再生。多次再生处理时，连续两次之间的间隔越短，再生越重要。再生时除注意到活性、选择性外，还应注意保持其机械强度的完好。

 **查一查** 什么是催化剂的活化？工业上催化剂的活化方法有哪些？

## 五、工业催化剂的使用 (The Usage of Industrial Catalyst)

催化剂是否具备其他优良的性能，催化活性和选择性能否达到工业生产的要求，不仅与催化剂本身的性能与制备方法有关，还与催化剂的使用是否合理、操作是否适当密切相关。工业生产中催化剂使用不当，不仅不能发挥应有的催化作用，达不到生产装置的设计能力，还会影响催化剂的使用寿命，导致催化剂失效，甚至被迫停车，造成重大经济损失。因此，优良的催化剂必须经过合理的使用过程才能发挥其优异性能。

### 1. 活化

固体催化剂产品出厂时一般处于稳定状态，并不具备催化作用。在使用前必须进行活化，以转化成具有活性的状态。不同的催化剂的活化方法各异，有氧化、还原、酸化及热处理等。不同的活化方法都有各自具体的活化条件和要求，应严格执行催化剂活化方案，遵守操作规程，才能保证催化剂性能的正常发挥。催化剂的活化过程中温度控制非常关键，必须严格控制升温速率、活化温度、活化时间及降温速率等。

### 2. 催化剂的失活

催化剂在使用过程中活性会逐渐下降，其中有化学因素也有物理因素，具体包括反应的抑制作用、表面结焦、中毒、过热引起晶相转变或烧结、磨损、脱落和破碎等。

催化剂表面结焦是最常见的失活原因，特别是当反应温度比较高时更容易产生。不过，由结焦而引起的失活一般是暂时的，经烧焦后可以恢复活性。

由毒物造成的催化剂的中毒往往是不可逆的，会使催化剂永久地失去活性。催化剂中毒的一种形式是毒物使催化剂活性物质转变成钝性的表面化合物，使其活性迅速下降。另一种情况是一些重金属（Ni、Cu、Fe等）化合物沉积在催化剂上，使选择性下降。毒物的存在还可能降低催化剂结构的稳定性。

### 3. 催化剂的再生

在使用过程中失活或部分失活的催化剂是否可以再生，取决于失活产生的原因。由于受热引起的相变、固相反应或烧结等现象导致的活性降低，很难通过再生使催化剂恢复活性，一般只能采用逐渐提高温度的办法维持反应，直到催化剂的活性和选择性低于允许范围后更换新的催化剂。对于某些氧化-还原类型的催化剂，如果由于反应气氛失调引起深度还原而造成的失活，则可以在适当的温度和氧化气氛下使之再氧化来恢复活性。

### 4. 工业固体催化剂的使用

（1）固体催化剂的装填　固体催化剂装填是一项技术性很强的重要工作，如果装填不好，将影响整个操作期间催化剂的使用活性和寿命。新催化剂虽然都是经过筛后包装，但运输过程中，催化剂的包装桶都不免经受撞击和振动，可能会产生少量粉末，所以在装填之前，应重新过筛。在操作中装填人员身上不能带其他物品，以防落入催化剂中。同时要注意劳动保护和使用安全用具。现场饮水和食品严防受催化剂粉尘的污染。饮食前，必须要洗手、洗脸和漱口。

装填催化剂总的要求，一是尽量保持催化剂的原有机械强度，避免催化剂从0.5m以上高度自由落下；二是要装填紧密和均匀，避免采用在一个部位堆积后再耙平的做法。对于预还原型催化剂或条形、球形催化剂，在装填时应使用专用工具，以保证安全和催化剂的强度。在大修后重新装填已使用过的催化剂时，一是需经过筛，除去粉尘；二是要严格注意不将在较高温处使用过的催化剂，回装到较低的温度区域使用。因为在较高温处使用过的催化剂，比表面积已经减小，活化能也有所提高，如放在较低温度下使用，活性会有所降低。

一般情况下，在装填催化剂之前要清洗反应器，将管线中存在的污泥、铁锈和焊屑等除去。所有这些如不在装填催化剂之初加以清除，运转过程中它们不仅会降低催化剂活性，也会使床层压降增加，堵塞催化剂床层，使油、气分布不均，影响装置的正常运转。在某些情况下，还需要对反应系统进行干燥处理。上述工作完成之后，便可向反应器中装填催化剂，催化剂的装填方法和程序，根据反应器的结构和型式的不同而有所差异。

（2）使用注意事项　首先要防止已还原或活化好的催化剂与空气接触；其次反应的原料必须经过纯化处理；要严格控制操作温度，使其在催化剂活性范围内使用，防止催化剂床层温度的局部过热。催化剂在使用初期活性较高，操作温度应尽量低一些，随着催化活性的下降，可以逐步提高操作温度，以维持稳定的活性。要维持操作温度、压力、反应物配比及流量等工艺参数的稳定，尽量减少波动。此外，开车时要保持缓慢的升温、升压速率，尽可能地减少开、停车的次数。

（3）催化剂的卸出　当催化剂的性能已达不到要求，准备卸出时应做好充分的准备工作。一是要制订出详细的停车、卸出方案。除了包括正常的降温、钝化外，还要考虑废催化剂的取样工作，以便帮助分析问题和积累资料。二是要做好物质准备，如运输车辆、堆放容器、消防器材等。

在卸出废弃的催化剂时，一般采用蒸汽或惰性气将催化剂冷却到常温，然后卸入铁桶或堆放地上。有时为加快卸下速度，减少粉尘，缩短降温时间，也可以采用喷水降温法卸出。但是采用该法时，会给周围环境造成污染，应注意做好现场的清洁工作。如果有好几种催化剂同时卸出时，一定要注意分别堆放，切忌掺混，否则对废催化剂的回收工作会带来困难。

 为什么不同反应器型式要采用不同的催化剂装填方式。

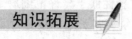

## 无毒无害的绿色催化剂

催化反应在工业上具有重要的意义，催化剂的作用主要有加快反应速率、降低反应的温度和压力、提高选择性等。在工业生产中，催化剂就像点石成金的魔术棒，能够极大地改变人类的工作与生活。

一、分子筛催化剂

分子筛是一种多功能的催化剂，它可作为酸性催化剂，对反应原料和产物也有筛分作用。最初的分子筛是天然沸石，即 Si 和 Al 组成的晶体化合物；目前，分子筛还可以是杂原子分子筛，可以由 P，B，Ti 等和 Si 或 Al 组成，已广泛用于石油化工和精细化工生产中。

1. 在萘的烷基化反应中以丝光沸石为催化剂，不但可以取代传统催化剂磷酸或 $AlCl_3$，避免了对环境造成的污染，而且还使 2,6 和 2,7-二羧基萘异构体的比例从 1:1 提高到 2.9:1。

2. H-ZSM-5 分子筛可以直接催化氧化苯气相生成苯酚。产率可达 99%，副产物是无毒害的氮气。旧工艺以异丙苯氧化成过氧化异丙苯，再经过酸水解成苯酚和丙酮，不但原子利用率低，而且产生大量含酚和含盐的废水。

3. 钛硅分子筛催化剂以及化学修饰的无机介孔材料，由于具有良好的热稳定性而成为新研究热点。如环氧丙烷的生产，传统工艺不仅以有毒的氯气为原料，而且还伴生大量的氯化钙废水。

$$CH_3CH{=}CH_2 \xrightarrow[\text{(2)Ca(OH)}_2]{\text{(1)Cl}_2} CH_3CH{-}CH_2 + CaCl_2 + H_2O$$

以钛硅分子筛（TS-1）为催化剂，丙烯与 $H_2O_2$ 可经一步反应生成环氧丙烷，而且生成的副产物是水，不会污染环境。

$$CH_3CH{=}CH_2 + H_2O_2 \xrightarrow{\text{TS-1}} CH_3CH{-}CH_2 + H_2O$$

二、石墨催化剂

由于石墨具有良好的热稳定性、膨胀性、层状结构及允许外来分子嵌入，已成功地用作取代、加成、重排和氧化还原等的催化剂。

**1.** 用作烷基化反应的催化剂。

$$RCH_2CN \xrightarrow{C_8K} [RCHCN]^- \xrightarrow{R'X} RCHR'CN$$
$$R = H, C_2H_5, C_6H_5$$

$$C_6H_5CH_2CO_2C_2H_5 \xrightarrow{C_8K} [C_6H_5CHCO_2C_2H_5]^- \xrightarrow{R'X} C_6H_5CHR'CO_2C_2H_5$$

**2.** 以石墨为支持剂，在微波（MW）作用下，Diels-Alder 反应比传统反应条件温和、速度快，产率和立体选择性高。

**3.** 还原反应。芳香族、脂肪族硝基化合物，在石墨催化下，用水合肼作还原剂，几乎定量生成相应的胺。

$$RNO_2 \xrightarrow{H_2NNH_2 \cdot H_2O} RNH_2$$

**三、超强酸催化剂**

以金属化合物 $Fe_2O_3$，$MgO$，$TiO_2$ 作助催化剂，强化 $SO_4^{2-}$ 阴离子，产生高于 $100\%$ $H_2SO_4$（$H_0 = -11.94$）酸强度的固体超强酸。

**四、电催化**

电催化的有机合成由于不使用化学试剂作催化剂、不需要在高温高压下进行反应，所以不存在催化剂对环境的污染，生产过程也相对比较安全。

自由基环化的传统方法是使用三丁基锡烷作催化剂，有机锡是有毒的试剂，而且反应过程原子利用率低。采用维生素 $B_{12}$ 催化的电还原法则可在温和、中性的条件下实现自由基环化。

环氧丙烷的生产通常使用氯醇法，使用有毒气体氯气和腐蚀性原料，并生成大量废水废渣。使用电催化法，利用水在阳极产生活性氧直接使丙烯环氧化，可在常温常压下进行，不产生废弃物，实现零排放，是清洁生产过程。

**五、手性催化**

在医药工业生产中，合成旋光纯的产品是化学家们苦苦追求的目标。手性催化剂的作用是使反应朝目标产物转化，直接合成旋光纯的化合物，或目标产物占绝对优势。如布洛芬的生产：

传统工艺得到的是混合物，而以 S-锗作催化剂，可得 $96\%$ 旋光纯 S-布洛芬。Monsate 公司合成手性萘普生，第一步为电催化氧化，第二步为酸催化脱水，第三步手性催化得 $98.5\%$ 旋光纯度的 S-萘普生。

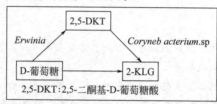

六、酶催化和仿酶催化

1. 酶催化　酶催化是最古老的催化方法也是最先进的催化方法。古时候，人类就懂得用发酵的方法制酒（淀粉→葡萄糖→酒）。酶催化反应一向以高效、高专一性、条件温和、环境友好而获得世人瞩目。

1996 年美国总统绿色化学挑战奖把学术奖授予 A&M 大学的 Holtzapple 教授，奖励他发明了一套用石灰处理和细菌发酵等简单技术，把废生物质转化成动物饲料、工业试剂和燃料。最近，美国能源部组织的新原料计划发展了一个有效地把木质纤维素的三个组分分离开的方法，得到的纯净纤维素能够十分有效地转化成葡萄糖，再用细菌或酶把葡萄糖催化转化成酒精和其他化学品。维生素 C 是人体必需的一种维生素和抗氧剂，在医药工业和食品工业有很大的市场，它的前体 2-酮基-L-古龙酸（2-KLG）也是从葡萄糖发酵制得的。2-KLG 原来采用"莱氏法"或改良的二步发酵法生产。近年来，各国生物学家不断探索和研究，构建基因工程菌，实现葡萄糖一步发酵直接生产 2-KLG。

2. 仿酶催化　由于天然酶来源有限、难以提纯、敏感易变，实际应用尚有不少困难。开发具有与天然酶功能相似甚至更优越的人工酶已成为当代化学与仿生科技领域的重要课题之一。

模拟酶，就是从天然酶中挑选出起主导作用的一些因素，如：活性中心结构、疏水微环境、与底物的多种非共价键相互作用及其协同效应等，用以设计合成既能表现酶的优异功能又比酶简单、稳定得多的非蛋白质分子或分子集合体，模拟酶对底物的识别、结合及催化作用，开发具有绿色化学特点的新合成反应或方法。

# 第三节　化工生产过程物料衡算和能量衡算
## Mass Balance and Heat Balance of Chemical Process

### 应用知识

1. 物料衡算、能量衡算的概念及作用；
2. 物料衡算、能量衡算的分类方法；
3. 质量守恒定律原理；
4. 能量守恒定律原理。

### 技能目标

1. 能够熟练进行化工生产过程的物料衡算；
2. 能够熟练进行化工生产过程的能量衡算。

为了计算化工生产过程中的原料消耗指标、热负荷和产品产率等，为设计和选择反应器与其他设备的尺寸、类型、数量提供定量依据；核查生产过程中各物料量及有关数据是否正确，有无泄漏，能量回收利用是否合理，从而查出生产上的薄弱环节，为改善操作和进行系统最优化提供依据，必须进行物料衡算和能量衡算。作为将来从事生产一线工作的应用型人才，必须能进行最基本的物料衡算和热量衡算，从而确定生产过程中的原材料消耗、能量消耗和经济核算，这也是企业对车间、车间对班组、班组对个人日常考核的基础。操作人员经过长期的操作，积累了丰富的操作经验，建立了感性认识，发现生产中某些不合理的地方，掌握了物料衡算和热量衡算技术，就可以通过革新或采取改进措施，实现进一步的节能降耗、优质高效的生产。

## 一、物料衡算 （Mass Balance）

物料衡算就是物料的平衡计算，是以质量守恒定律和化学计算关系为基础，通过对化工过程中的各股物料进行分析和定量计算，来确定不同物料间的数量、组成和相互比例关系，并确定它们在物理变化或化学变化过程中相互转移或转化的定量关系的过程。

通过物料衡算可以计算转化率、选择性，筛选催化剂，确定最佳工艺条件，对装置的生产情况作出分析和判断，确定装置的最佳运转状态，为强化生产过程提供直接依据和途径。因此，物料衡算是化工科研、设计、生产及其他工艺计算、设备计算的基础。

物料衡算按其范围，有单元操作或单个设备的物料衡算与全流程的物料衡算。按操作方式有连续操作的物料衡算与间歇操作的物料衡算。按有无化学反应过程，有物理过程的物料衡算与化学反应过程的物料衡算。此外，还有带循环的过程的物料衡算。

物料衡算的计算一般分为两种情况，一种是在已有的装置上，对一个车间、一个工段、一个或若干个设备，利用实际测定的数据，算出另外一些不能直接测定的物料量，由此，对这个装置的生产情况做出分析，找出问题，为改进生产提出建议意见。另一种是对新车间、新工段、新设备做出设计，即利用本厂或别厂已有的生产实际数据（或理论计算数据），在已知生产任务下算出需要的原料量、副产品生成量和三废的产生量，或在已知原料量的情况下算出产品、副产品和三废的量。

### 1. 物料衡算的理论基础

物料衡算的理论基础是质量守恒定律，即在一个孤立的系统中，不论物质发生任何变化，其质量始终不变。

质量守恒定律总是对总质量而言的，它既不是一种组分的质量，也不是指体系的总物质的量或某一组分的物质的量。在化学反应过程中，体系中组分的质量和物质的量发生变化，而且在很多情况下总物质的量也发生变化，只有总质量是不变的，而对于化工生产中的物理过程，总质量、总物质的量、组分质量和组分的物质的量都是守恒的。

### 2. 物料衡算的范围

物料衡算总是针对特定的衡算体系的，而体系是有边界的，在边界之外的空间和物质称为环境。体系和环境间可能发生质量和能量交换。凡是与环境间没有能量和质量交换的体系称为封闭体系，而与环境有能量和质量交换的体系称为敞开体系。物料衡算针对的体系可以人为选定，即可以是一个设备或几个设备，也可以是一个单元操作过程或整个生产过程。

### 3. 物料衡算基本方程式

对于任何一个体系，进入系统的物料的总质量等于离开系统的物料质量与系统积累的物料质量及损耗的物料质量之和，即：

输入物料的总质量＝输出物料的质量＋系统内积累的物料质量＋系统损耗的物料质量

或
$$\sum(m_i)_入 = \sum(m_i)_出 + \sum(m_i)_{积累} + \sum(m_i)_{损耗} \tag{3-1}$$

（1）连续操作过程的物料衡算  对于连续稳定的操作过程，由于系统内没有物的积累，式（3-1）可简化为：
$$\sum(m_i)_入 = \sum(m_i)_出 + \sum(m_i)_{损耗} \tag{3-2}$$

若系统内没有物料损耗，则式（3-2）可进一步简化为：
$$\sum(m_i)_入 = \sum(m_i)_出 \tag{3-3}$$

（2）间歇操作过程的物料衡算  对于间歇操作过程，一般按式（3-3）计算每一批物料的进入与排出量。

### 4. 物料衡算的基本步骤

（1）画出物料衡算示意图，确定衡算范围  根据衡算对象的情况，用框图形式画出物料流程简图，标明各种物料进出的方向、数量、组成以及温度、压力等操作条件，待求的未知数可用适当的符号进行表示。必要时可在流程图中用虚线表示体系的边界，从虚线与物料流的交点可以很方便地知道进出体系的物料流股有多少。

（2）写出化学反应式  写出主、副反应方程式，标出有用的相对分子质量。当副反应很多时，可以只写出主要的、或者以某一个副反应为代表。但是对于某些作为分离精制设备设计和三废治理设施的设计重要依据的反应则不能省略。

（3）确定物料衡算任务  根据反应方程式和物料衡算示意图，分析物料变化情况，明确物料衡算中的已知量和未知量。

（4）收集、整理计算数据  收集的各种计算数据包括生产规模、生产时间及消耗定额、收率、转化率等技术经济指标和设计计算数据；原材料及产品、中间体的组成、规格及密度、浓度、化学反应平衡常数、相平衡常数等物性常数；温度、压力、流量、原料配比、停留时间等工艺参数。

（5）确定合适的计算基准  计算基准的选择直接影响到计算的繁简。因此，在物料衡算中，对计算基准的选择非常重要。如在有化学反应过程的物料衡算过程中，一般是选用1mol某反应物或产物作为衡算基准。选择基准的原则是尽量使计算简化，可以以一段时间的投料量或产品产量作为计算基准；当系统物料为固、液相时，通常选取原料或产品的质量作为计算基准；对于气体物料，也可以以物料体系作为计算基准。

（6）列出方程组，求解  针对物料变化情况，列出独立的物料衡算式，有几个未知数就要列出几个方程。假如已知原料量，要求可得到多少产品时，可以顺着流程从前往后进行计算。反之，则逆着流程从后向前计算。

（7）整理、核对计算结果  将物料衡算的结果进行整理、校核，以表格或图的形式将物料衡算的结果表示出来，全面反映输入和输出的各种组分的绝对量和相对含量。

### 5. 物料衡算方法

明确了物料衡算的任务，掌握了物料衡算的步骤，就可以对各个系统进行物料衡算。

（1）物理过程  对于只有物理变化的过程，如蒸发、蒸馏、吸收、干燥等单元过程，除了建立总物料衡算式外，还可以对每一种组分分别建立物料衡算式。

图 3-3 所示为双组分精馏过程，可以建立三个物料衡算式：

总物料衡算式 $\quad\quad\quad F=D+W$

A 组分物料衡算式 $\quad Fx_{FA}=Dx_{DA}+Wx_{WA}$

B 组分物料衡算式 $\quad Fx_{FB}=Dx_{DB}+Wx_{WB}$

上面三个式子中，其中的一个物料衡算式可由另外两个式子组合得到，因此物料衡算式虽然有三个，但是独立的衡算式只有两个。

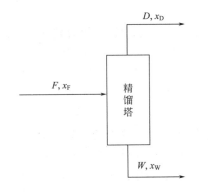

图 3-3 双组分精馏过程示意图　　　　　图 3-4 碳燃烧过程示意图

（2）化学反应过程　对于发生化学反应的过程，建立物料衡算式的方法就不能简单地按发生物理变化过程的方法计算，必须考虑化学反应中生成和消耗的物料量。

① 直接计算法　当反应过程中有明确的化学反应方程式，而且已知的条件比较充分时，可以根据反应的方程式，通过化学计算关系、转化率和收率等直接计算。

图 3-4 是碳的燃烧过程示意图，碳在燃烧炉中发生了如下反应：

$$C + O_2 = CO_2$$
$$C + 1/2O_2 = CO$$

进入燃烧炉的物料有碳和氧气，而离开设备的物料有碳、氧、一氧化碳和二氧化碳，由于在反应的前后同一种元素的物质的量不变，即 $\sum(n_i)_{入}=\sum(n_i)_{出}$。因此，可以按照元素的物质的量进行物量衡算，各种元素的物料衡算式如下：

氧元素 $\quad\quad\quad\quad\quad 2n_{O_2}=n_{CO}+2n_{CO_2}$

碳元素 $\quad\quad\quad\quad\quad n_C=n_{CO}+n_{CO_2}$

总物料衡算式 $\quad\quad 2n_{O_2}+n_C=2n_{CO}+3n_{CO_2}$

② 利用衡算联系物法　在生产过程中常有不参加化学反应的惰性物料存在，由于惰性物料的数量在反应器的进出物料中不发生变化，因此可以用它和另外一些物料在组成中的比例关系来计算另外一些物料的数量。这种不参加化学反应而能起物料量联系的惰性物料称为衡算联系物。例如，化工生产中最常见的惰性物料氮气可作为衡算联系物。

采用衡算联系物法可以简化计算，尤其是同一系统中有数个惰性物料存在时，可联合采有，减少误差。但是当某惰性物料的数量很少，而且该组分分析相对误差较大时，则不宜选择用该惰性物作联系物。

③ 结点衡算法　在化工生产中有时需要采用旁路调节，在这种情况下，以旁路联结点作物料衡算就比较方便。两股物料汇合称为并流，一股物料成为两股物料称为分流。分流的联结点与并流的联结点均称为结点。由于旁路分流和混合并流都是物理过程，因此可以对总物料及其中的组分进行衡算。

 如何对化工生产中有循环的化学反应过程进行物料衡算？

**【示例1】** 甲烷气蒸汽转化过程的物料衡算

某石化企业甲烷蒸汽转化车间，在装有催化剂的管式转化器中进行甲烷转化反应。甲烷蒸汽转化的反应式为：

$$CH_4 + H_2O \Longrightarrow CO + 3H_2 \tag{3-4}$$

$$CH_4 + CO_2 \Longrightarrow 2CO + 2H_2 \tag{3-5}$$

$$CO + H_2O \Longrightarrow CO_2 + H_2 \tag{3-6}$$

水蒸气与甲烷的物质的量比为 2.5，甲烷的转化率为 75%，蒸汽转化温度为 500℃，离开转化器的混合气体中 CO 和 $CO_2$ 之比以反应 [式(3-6)] 达到化学平衡时的比率确定。已知 500℃时，式(3-6) 的平衡常数为 0.8333。若每小时通入的甲烷为 1kmol，求反应后气体混合物的组成。

1. 画出物料衡算流程图

$CH_4$, 1kmol/h
$H_2O(g)$, 2.5kmol/h
管式反应器
$CH_4$,0.25kmol/h
$H_2O(g)$,$n_{H_2O出}$kmol/h
CO,$n_{CO}$ kmol/h
$CO_2$,$n_{CO_2}$kmol/h
$H_2$,$n_{H_2}$kmol/h

2. 确定计算基准　以通入管式反应器的甲烷为 1kmol/h 作计算基准，则：

进入转化器的 $H_2O(g)$ 量 $=1×2.5=2.5$kmol/h

离开转化器的甲烷量 $=1×(1-0.75)=0.25$kmol/h

3. 物料衡算

(1) 碳元素平衡　　　　$n_{CH_4入}=n_{CO}+n_{CO_2}+n_{CH_4出}$

即　　　　　　　　　　$1=n_{CO}+n_{CO_2}+0.25$

$$n_{CO}+n_{CO_2}=0.75 \tag{1}$$

(2) 氧元素平衡　　$n_{H_2O入}=n_{CO}+2n_{CO_2}+n_{H_2O出}$

$$2.5=n_{CO}+2n_{CO_2}+n_{H_2O出} \tag{2}$$

(3) 氢元素平衡　$4n_{CH_4入}+2n_{H_2O入}=4n_{CH_4出}+2n_{H_2O出}+2n_{H_2}$

$$1×4+2.5×2=0.25×4+2n_{H_2O出}+2n_{H_2}$$

$$4=n_{H_2O出}+n_{H_2} \tag{3}$$

由题意可知：

$$\frac{n_{CO_2}n_{H_2}}{n_{CO}n_{H_2O出}}=0.8333 \tag{4}$$

由式(1)、式(2) 得 $\qquad n_{CO_2}=1.75-n_{H_2O出}$ $\qquad\qquad$ (5)

将式(5) 代入式(1) 得 $\qquad n_{CO}=n_{H_2O出}-1$ $\qquad\qquad$ (6)

将式(3)、式(5)、式(6) 代入式(4) 中，求解得：

$$n_{H_2O出}=1.5 kmol/h$$

$$n_{CO}=0.5 kmol/h$$

$$n_{CO_2}=0.25 kmol/h$$

$$n_{H_2}=2.5 kmol/h$$

**4. 列出物料衡算表**

| 组 分 | 输 入 物 料 | | 输 出 物 料 | |
| --- | --- | --- | --- | --- |
| | /(kmol/h) | /(kg/h) | /(kmol/h) | /(kg/h) |
| $CH_4$ | 1 | 16 | 0.25 | 4 |
| $H_2O(g)$ | 2.5 | 45 | 1.5 | 27 |
| CO | | | 0.5 | 14 |
| $CO_2$ | | | 0.25 | 11 |
| $H_2$ | | | 2.5 | 5 |
| 合计 | 3.5 | 61 | 5 | 61 |

从表中的数据可以看出：物料衡算过程中输入物料和输出物料的质量是守恒的，符合质量守恒定律，但进入物料和流出物料的摩尔流率是不相等的。

**【示例2】** 粗甲醇预精馏塔的物料衡算

某石化企业年产50万吨精甲醇，已知从合成单元来的粗甲醇中：甲醇86.3%，低沸点杂质3.6%，杂醇烷烃1.1%，高碳烷烃0.31%，水分8.68%，试计算每年需要的粗甲醇量。

**1. 画出物料衡算流程图**

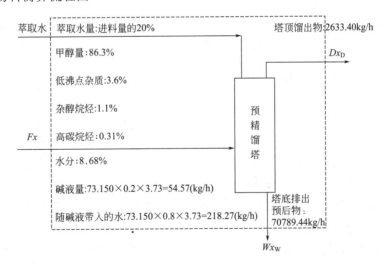

**2. 选定计算基准** 以1h处理的粗甲醇量为计算基准

**3. 物料衡算**

（1）进入体系物料量

a. 粗甲醇量 以一年生产330天计算，生产过程中无泄漏，则1h处理粗甲醇的量为：

$$\frac{5\times10^5}{330\times24\times0.863}=73.15(t/h)=7.315\times10^4 kg/h$$

其中：

| | |
|---|---|
| 甲醇 | $73150 \times 0.863 = 63128.45$（kg/h） |
| 杂醇烷烃 | $73150 \times 0.011 = 804.65$（kg/h） |
| 高碳烷烃 | $73150 \times 0.0031 = 226.765$（kg/h） |
| 低沸点杂质 | $73150 \times 0.036 = 2633.40$（kg/h） |
| 水 | $73150 \times 0.0868 = 6349.42$（kg/h） |

b. 碱液量 每吨粗甲醇消耗 20% 的碱液大约为 3.73kg，则每小时带入烧碱量

$$73.150 \times 3.73 \times 0.2 = 54.57 \text{（kg/h）}$$

同时随碱液带入的水量

$$73.150 \times 3.73 \times 0.8 = 218.27 \text{（kg/h）}$$

c. 萃取水量 在实际生产中，当萃取水量超过 20% 并继续增加时，萃取效果并没有发生明显改善，因此萃取水量按进料量的 20% 计算：

$$73150 \times 20\% = 14630 \text{（kg/h）}$$

（2）离开体系的物料量

a. 塔顶馏出物（此处认为低沸点杂质全部从塔顶排出） 2633.40kg/h

b. 塔底排出预后物（除低沸点杂质以外，其余全部从塔底排出送往主精馏塔）

$$73150 - 2633.40 + 54.57 + 218.27 = 70789.44 \text{（kg/h）}$$

其中：

| | |
|---|---|
| 甲醇 | 63128.45kg/h |
| 高碳烷烃 | 226.765kg/h |
| 杂醇烷烃 | 804.65kg/h |
| 总水 | $6349.42 + 218.27 + 14630 = 21197.69$（kg/h） |

4. 物料衡算平衡表

| 组　分 ＼ 系　统 | 进入系统的物料 | 离　开　系　统　的　物　料 | |
|---|---|---|---|
| | 进料/(kg/h) | 塔顶馏出物/(kg/h) | 塔底排出物/(kg/h) |
| 甲醇 | 63128.45 | | 63128.45 |
| 低沸点杂质 | 2633.40 | 2633.40 | |
| 杂醇烷烃 | 804.65 | | 804.65 |
| 高碳烷烃 | 226.765 | | 226.765 |
| 碱 | 54.57 | | 54.57 |
| 水 | 21197.69 | | 21197.69 |
| 合　计 | 87987.00 | 87987.00 | |

在上面的物料衡算中，为了方便计算假设精馏过程是清晰分割，如假设低沸点的杂质全部从塔顶排出，其他物质全部从塔底排出。实际过程是在塔顶馏出物中除了低沸点杂质外还有一些高沸点的物质，同样在塔底除了高沸点物质外也还有一低沸点的物质，但由于含量较少，因此在计算中没有加以考虑。

【示例3】 乙苯硝化过程的物料衡算

某一化工企业年产 300t 对硝基乙苯，采用间歇法生产，原料乙苯纯度为 95%，混酸组成为：$HNO_3$ 32%，$H_2SO_4$ 56%，$H_2O$ 12%。粗乙苯与混酸质量比 1:1.885。对硝基乙苯收率为 50%，硝化产物为硝基乙苯的混合物，对位：邻位：间位产物的比例为 0.5:0.44:0.06。配制混酸所用的原料 $H_2SO_4$ 93%，$HNO_3$ 96% 及 $H_2O$，假设转化率为

100%。试计算消耗的各种原料量。

1. 画出物料衡算流程图

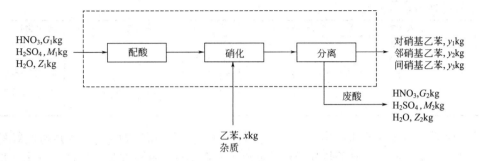

2. 确定计算基准 以每天生产对硝基甲苯的质量为计算基准。

3. 物料衡算

（1）进入体系物料量

a. 原料乙苯

每天生产的对硝基乙苯
$$\frac{300 \times 1000}{300} = 1000 \text{（kg）}$$

纯乙苯
$$\frac{106.17 \times 1000}{151.17 \times 0.5} = 1404.6 \text{（kg）}$$

原料乙苯
$$\frac{1404.6}{0.95} = 1478.6 \text{（kg）}$$

带入反应器的杂质　　　$1478.6 - 1404.6 = 74$（kg）

b. 混酸

混酸　　　　　　　　$1478.6 \times 1.885 = 2787.2$（kg）

纯硝酸　　　　　　　$32\% \times 2787.2 = 891.9$（kg）

96%的硝酸　　　　　$891.9 / 0.96 = 929.1$（kg）

纯硫酸　　　　　　　$56\% \times 2787.2 = 1560.8$（kg）

93%硫酸　　　　　　$1560.8 / 0.93 = 1678.3$（kg）

加入纯水　　　$2787.2 - 929.1 - 1678.3 = 179.8$（kg）

进入体系物料中的水　$2787.2 - 891.9 - 1560.8 = 334.5$（kg）

（2）出反应体系的物料量

硝化产物
$$\frac{1404.6 \times 151.17}{106.17} = 1999.9 \text{（kg）}$$

其中：对硝基乙苯　　$1999.9 \times 0.5 = 1000$（kg）

邻硝基乙苯　　$1999.9 \times 0.44 = 880$（kg）

间硝基乙苯　　$1999.9 \times 0.06 = 120$（kg）

废酸量

其中：

已反应硝酸
$$\frac{1404.6}{106.17} \times 63 = 833.5 \text{（kg）}$$

生成水
$$\frac{1404.6}{106.17} \times 18 = 238.1 \text{（kg）}$$

剩余硝酸　　　　　$891.9 - 833.5 = 58.4$（kg）

硫酸　　　　　　　　$1560.8$kg

| | | | | | |
|---|---|---|---|---|---|
| 水 | | | | 334.5＋238.1＝572.6（kg） | |
| 废酸总量 | | | | 58.4＋1560.8＋572.6＝2191.8（kg） | |

4. 列出物料衡算表

| 组　分 | 输入物料/(kg/d) | 输出物料/(kg/d) | 组　分 | 输入物料/(kg/d) | 输出物料/(kg/d) |
|---|---|---|---|---|---|
| $HNO_3$ | 891.9 | 58.4 | 对硝基乙苯 | | 1000 |
| $H_2SO_4$ | 1560.8 | 1560.8 | 邻硝基乙苯 | | 880 |
| $H_2O$ | 334.5 | 572.6 | 间硝基乙苯 | | 120 |
| 乙苯 | 1404.6 | | 合计 | 4265.8 | 4265.8 |
| 杂质 | 74 | 74 | | | |

从上面的计算过程可知，化学反应过程物料衡算与物理过程的物料衡算相比要复杂得多。这是由于化学反应中原子与分子重新形成了完全不同的新的物质，因此每一化学物质的输入与输出的摩尔或质量流率是不相等的。此外，在化学反应中，还涉及化学反应速率、转化率、产物的收率等因素。为了有利于反应的进行，往往某一反应物需要过量，因此在进行反应过程的物料衡算时，应考虑以上这些因素。

## 二、能量衡算（Energy Accounting or Energy Balance）

化工生产过程都与能量的传递或能量形式的变化密切相关。能量消耗是化工生产中的一项重要经济指标，它是衡算工艺过程、设备设计、操作水平是否合理的主要指标之一。能量衡算就是利用能量守恒的原理，通过计算知道设备的热负荷，确定设备的传热面积以及加热剂或冷却剂的用量等，从而为工程设计、设备设计提供设计依据，保证能量利用方案的合理性，提高能量的综合利用效果。由于化工生产中热量的消耗是能量消耗的主要部分，因此化工生产中的能量衡算主要是热量衡算。

### 1. 能量衡算的依据

能量衡算的依据就是能量守恒定律，即输入体系的能量等于输出体系的能量，加上体系内积累或损失的能量。对于稳流体系，以 1kg 流体为计算基准时，稳流体系的能量平衡方程可用下式表示：

$$\Delta H + g\Delta z + 1/2\Delta u^2 = Q + W_S$$

若体系与环境之间无轴功交换，体系的动能与位能变化可以忽略不计，上式可以变成：

$$\Delta H = Q$$

### 2. 能量衡算的方法和步骤

（1）确定衡算体系　画出流程示意图，明确物料和能量的输入项和输出项。在流程图上用带箭头的实线表示所有的物流、能流及其流向。用符号表示各物流变量和能流变量，并标出其已知值，必要时还应注明相态。然后用闭合虚线框出所确定体系的边界。

（2）选定能量衡算计算基准　在进行能量衡算前，一般先要进行物料衡算求出各物料的量，有时物料和能量衡算方程式要联立求解，均应有同一物料衡算基准。由于焓值与状态有关，多数反应过程在恒压下进行，温度对焓值影响很大，许多文献资料、手册的图表和公式中给出的各种焓值和其他热力学数据均有温度基准，一般多以 298.15K 为基准温度。

（3）收集、整理有关数据　能量衡算所需的数据通常包括物料的组成、温度、压力、流量、物性和相平衡数据，反应计量关系及物质的热力学数据等。通过设计要求、现场测定等手段可获取计算主要数据，也有一些数据可通过文献和手册查得。

（4）列出物料平衡方程和能量平衡方程并计算求解　根据质量守恒定律列出物料平衡方程；根据能量守恒定律列出能量平衡方程。求解过程一般是先进行物料衡算，然后在此基础上进行能量计算，若过程较复杂，则可能要对物料平衡和能量平衡进行联解，才能求出结果。

（5）结果校验　将计算结果列成物料及能量平衡表，进行校核和审核。根据质量守恒定律和能量守恒定律，进入体系的物料总质量和总能量，应分别等于离开体系的物料总质量和总能量。

**【示例 4】**　甲烷气蒸汽转化过程的能量衡算

以〔示例 1〕甲烷气蒸汽转化为例。

1. 画出物料流向及变化示意图

2. 确定基准　以 25℃ 为基准温度。

3. 列出能量衡算方程　假设系统保温良好，$Q_{损}=0$，根据题意，转化过程中需向转化器提供的热量为：

$$Q = \Delta H$$

其中

$$\Delta H = \sum H_{i出} - \sum H_{i入}$$

$$H_i = n_i \Delta H_{Fi}^{\ominus} + n_i c_{p25\sim500} \Delta t = n_i (\Delta H_{Fi}^{\ominus} + c_{p25\sim500} \Delta t)$$

4. 查取手册得到有关热力学数据　各组分的标准生成焓 $\Delta H_{Fi}^{\ominus}$ 和 25~500℃ 间的平均摩尔定压热容 $c_{p25\sim500}$ 如下：

| 组分 | $\Delta H_F^{\ominus}/(kJ \cdot kmol)$ | $c_{p25\sim500}/(kJ \cdot kmol \cdot ℃^{-1})$ | $\Delta t/℃$ | $\Delta H_{Fi}^{\ominus} + c_{p25\sim500}\Delta t/(kJ \cdot kmol)$ |
|---|---|---|---|---|
| $CH_4$ | $-74.85 \times 10^3$ | 48.76 | 475 | $-51689$ |
| $H_2O(g)$ | $-242.2 \times 10^3$ | 35.76 | 475 | $-225214$ |
| $CO$ | $-110.6 \times 10^3$ | 30.19 | 475 | $-96260$ |
| $CO_2$ | $-393.7 \times 10^3$ | 45.11 | 475 | $-372273$ |
| $H_2$ | 0 | 29.29 | 475 | 13913 |

5. 计算

$$\sum H_{i入} = -51689 - 2.5 \times 225214 = -614724 \ (kJ/h)$$

$$\sum H_{i出} = -0.25 \times 51689 - 1.5 \times 225214 - 0.5 \times 96260$$

$$-0.25 \times 372273 + 2.5 \times 13913 = -457159 \ (kJ/h)$$

$$\Delta H = -457159 + 614724 = 157565 \ (kJ/h)$$

因此

$$Q = 157565 kJ/h$$

由计算结果可知，每小时需要向系统供热 157565kJ 才能满足流量为 1kmol/h 甲烷气、转化率为 75% 时转化制合成气所需的热量。此数值是在没有考虑热量损失的情况下得出的，实际情况是保温良好的设备也有热量损失，根据经验热量损失的数值按进入体系热量的百分比计算，如 5%~10% 之间。如按 5% 计算，每小时提供的热量是：

$$Q = 157565 \times (1 + 0.05) = 165443 \ (kJ/h)$$

含有30%(摩尔分数)的己烷和70%(摩尔分数)辛院的蒸气以100mol/h的流量进入三段逆流格板塔,进行连续蒸馏,流程如图所示。假定每层塔板上升蒸气和回流液体为恒摩尔流,即 $V_1=V_2=V_3$ 和 $L_1=L_2=L_3$,当体系的相对挥发度为6,回流比为2时,试计算该蒸馏塔塔顶每小时蒸出的馏出液〔含80%(摩尔分数)己烷〕的物质的量和塔底产物的物质的量及组成。

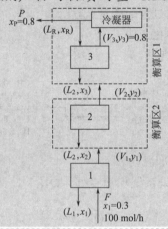

## 三、利用 ChemCAD 解决化工生产过程的计算问题

20 世纪 90 年代后期,尤其是本世纪初,化工模拟、分析、设计与优化的理论和方法得到迅速发展,ASPENPLUS、ChemCAD、PROⅡ、HYSIS、DESIGNⅡ、FLUENT 等化工软件在教学、科研、设计及工业生产中发挥着日益重要的作用。模拟软件一经出现就得到了高等院校、科研院所以及工业界的广泛认可。据美国 Chemstation 公司 2003 年给出的统计,至 2003 年初,全球超过 300 所大学、800 余个科研院所及工业部门使用 CHEM-CAD 软件。

根据 AIChE 2001 年统计,美国化工专业毕业生在传统的化工、石化以及设计、建造等行业就业的比例只占 28.19%,而在高科技与新兴工业,如电子、能源、生物等行业占40.19%。因此,化工专业逐渐成为通用的过程工程专业,甚至成为与生物、制药、材料、电子等高新科技最密切相关的工程专业,化工专业的界限正在淡化、范围正在拓宽。

### 1. ChemCAD 的功能

ChemCAD 是美国 Chemstation 公司推出的一个可用于稳态和非稳态过程的化工过程模拟软件包。利用 ChemCAD,化学工程师可以进行工程设计、操作优化、技术改造和新工艺的开发,还可通过过程模拟与分析消除工艺和设备中的瓶颈,降低成本。

(1) 工程设计 在工程设计中,无论是建设新厂还是对老厂进行改造,ChemCAD 都可以用来选择方案,研究非设计工况的操作及工厂原料处理的灵活性。通过一系列的工况模拟,可以优化工艺设计、避免错误、估计工艺条件变化对整个装置性能的影响,以确保工厂能在较大范围的操作条件内良好运行。

(2) ChemCAD 可以对板式塔(包含筛板、泡罩、浮阀)、填料塔、管线、换热器、压力容器、孔板、调节阀和安全阀(DIERS)进行设计和核算。这些模块共享流程模拟中的数据，用户完成工艺计算后，可以方便地进行各种主要设备的核算和设计。ChemCAD还提供了设备价格估算功能，用户可以对设备的价格进行初步估算。

（3）优化操作 对于老厂，由ChemCAD建立的模型可作为工程技术人员改进工厂操作、提高产品产率以及减少能量消耗的有力工具，可以用来确定在原料、产品要求和环境条件发生变化时操作条件应该发生的变化。

（4）技术改造 ChemCAD也可模拟研究工厂合理化方案，以消除"瓶颈"问题；或模拟研究采用先进技术改善工厂状况的可行性，如采用改进的催化剂、新溶剂或新的工艺过程操作单元。

### 2．利用ChemCAD进行一个简单蒸馏分离的模拟

蒸馏分离塔进料为含苯的质量分数38％和甲苯质量分数为62％的混合溶液，要求馏出液中能回收原料中97％的苯，釜残液中苯不高于2％，进料流量为24000kg/h，求馏出液与釜残液的流量和组成？

步骤1：绘制工艺流程图3-5所示。

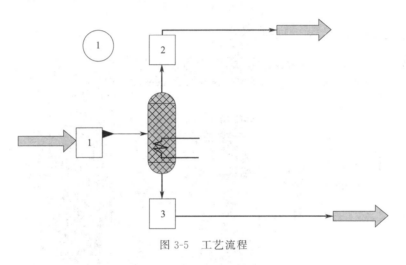

图3-5 工艺流程

步骤2：确定单位制（见图3-6）。

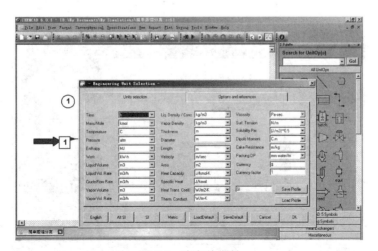

图3-6 确定单位制

步骤 3：选择分离组分（见图 3-7）。

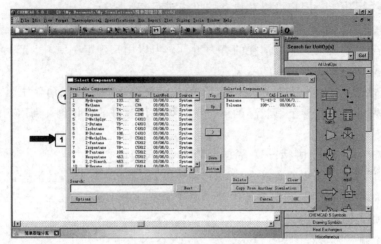

图 3-7　选择分离组分

步骤 4：选择热力学方程（见图 3-8）。

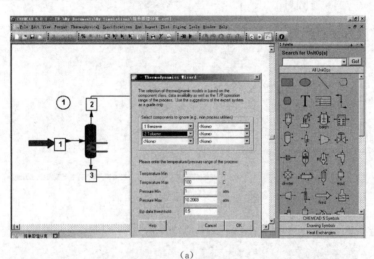

（a）

（b）

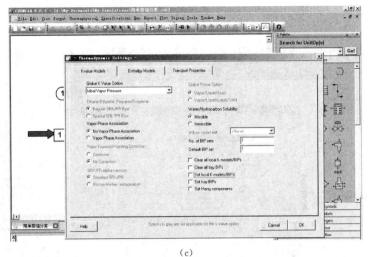

(c)

(d)

图 3-8　选择热力学方程

步骤 5：定义流股 1 的具体数值（见图 3-9）。

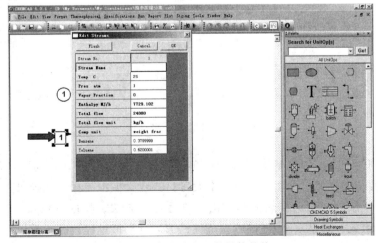

图 3-9　定义流股 1 的具体数值

步骤6：定义闪蒸模式（见图3-10）。

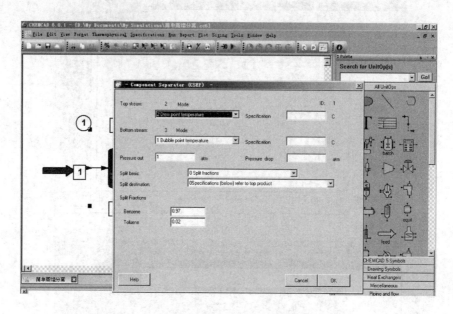

图3-10　定义闪蒸模式

步骤7：运行及结果查看（见图3-11）。

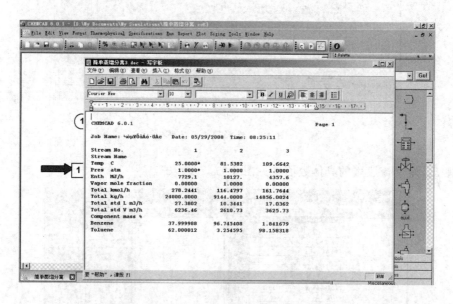

图3-11　运行及结果查看

上述就是利用ChemCAD解决了一个简单的化工工艺过程的计算问题，其步骤也与其他流程模拟软件步骤类似。①模拟环境基本设置；②定义模拟流程（选择单元模块、连接流股）；③定义化学组分；④选择热力学方法（物性计算方法、物性参数）；⑤定义流股信息（温度、压力、组成、流率）；⑥提供过程条件；⑦运行模拟过程；⑧查看模拟结果（表格或图形）。

# 第四节　影响化学反应过程的因素

## Influencing Factors in the Chemical Reaction Process

**应用知识**

1. 物理因素对化学反应的影响；
2. 各种工艺因素对化学反应的影响。

**技能目标**

1. 能对化学过程进行热力学分析；
2. 能对化学反应进行动力学分析；
3. 能运用所学知识对生产过程进行工艺分析。

在化工生产中，化学反应是化工生产过程的核心，只有通过化学反应，原料才能变成所需要的产品。化学反应进行的速率有快有慢，有的化学反应瞬间就可以完成，如酸碱中和反应、炸药的爆炸等；但也有的反应在自然状况下需要很长的时间才可以完成，如铁的生锈、塑料的老化等。对于同一反应在不同的反应条件下，其反应速率的快慢也有不同。因此使化学反应向着所期望的方向进行，必然要涉及两个方面的问题：第一，在一定的条件下反应能否发生，即反应的方向和限度问题（化学平衡问题）；第二，反应进行的快慢，即反应速率问题，影响化学反应平衡和反应速率的主要因素有反应温度、压力、空速、反应时间与操作周期、原料纯度与配比等。前者属于热力学研究范围，后者则属于动力学研究范畴。

对于一个化学反应过程而言，往往除了生成目的产物的主反应以外，也还有多种副反应（平行反应和连串反应）。原料不可能全部都参加化学反应，生产上经常将反应物的转化控制在一定的限度之内，再把未转化的反应物分离出来回收利用。如果要实现消耗最少的原料来得到最多的目的产品，就必须要了解通过哪些基本因素的控制可以保证实现化工产品工业化的最佳效果，明确这些外界条件对化学反应过程的影响规律，从而找出最佳工艺条件范围并实现最佳控制。

## 一、物理因素分析

### 1. 原料的影响

（1）原料性质与纯度　原料的纯度、杂质的含量与种类、原料的稳定性对产品质量体系是一个重要的环节，它不仅影响到产品的质量，而且还影响消耗定额。某些化工产品的生产不仅对原料的杂质有最低含量的要求，而且对杂质的种类也有特殊要求，如在合成四氟乙烯单体时，要求原料氯仿纯度达 $99.9\%$，含水量小于 $2.5\times10^{-5}$。烃类热裂解反应中，原料中含氢量愈大，产气率和乙烯收率就越高。

使用不同原料或同种原料的不同等级，对于反应中副产物的生产影响很大，如用甲烷氯化法制取一氯甲烷，反应中虽然可以采用氯过量来提高一氯甲烷的含量，但产物中依然含有少量的二氯甲烷、三氯甲烷、四氯甲烷、氯代烯烃、氯的高级烷烃等；如果将原料改为甲醇和氯化氢，则生成物主要为一氯甲烷，几乎没有副产物。

有时原料的种类对产物的分布产生很大的影响。烃类热裂解反应中，裂解产物的分布在很大程度上取决于裂解原料的组成。如生产乙烯、丙烯为主产品时，采用烷烃为裂解原料较好。

（2）原料的配比　在化工生产过程中，某一时间、某一条件下，参与反应的各种原料的瞬时流量的比例，就是原料配比。为了控制原料的配比使反应达到最佳的反应温度、反应压力以及反应时间，从而得到理想的转化率、选择性和单程收率，确保产品的质量和生产安全，求得最低消耗定额，实际生产中的原料配比往往与理论上的原料配比相差较大。

例如，在乙烯直接氧化生产乙醛过程中，原料乙烯和氧气的理论配比为 2：1（摩尔比），但在一段法反应中，乙烯和氧气同时进入反应器中，2：1 的配比恰好处于爆炸范围内，会造成生产上的不安全。因此，在实际生产中为了使原料气组成处于爆炸范围之外，常采用乙烯大大过量的操作方式。特别是当进料乙烯：氧：惰性气体摩尔组成为 65：17：18 时，乙烯转化率可控制在 35% 左右，循环中氧含量和乙烯的浓度两者可满足安全要求，且较为经济合理。

### 2. 反应时间的影响

对于具体的化学反应而言，反应完成后就必须停止反应，并将反应产物从反应体系中分离出来。否则就可能使反应产物分解，副产物增多，从而降低产品收率，或使产品的质量下降。另一方面，如果反应时间过短，未达终点而停止反应，也会导致反应不完全，收率下降。因此，对于有副反应发生的化工生产过程，反应时间的控制也非常重要。对于每一个化学反应而言，都有一个最适宜的反应时间。所谓适宜的反应时间，主要取决于反应过程的化学变化情况，即反应是否已经达到终点。例如在烃类热裂解生产乙烯过程中，从热力学上分析，由于烷烃完全分解为碳和氢的副反应的平衡常数比生成乙烯的一次反应的平衡常数更大，在高温下烷烃裂解的一次反应并不占优势，所以如果反应时间过长，对生成乙烯是不利的；从动力学上分析，在高温下烃类裂解生成乙烯的反应速率远比分解为碳和氢气的副反应速率要快，而且生成乙烯反应发生在先，所以用较短的反应时间，就可充分发挥一次反应速率快的优势，从而有效地控制反应向有利于生成乙烯的方向进行。

### 3. 空间速度与接触时间的影响

空间速度简称空速，是指在标准状态下单位时间通过单位体积催化剂的反应混合气的体积；或者是通过单位体积催化剂的反应混合气体标准状态下的体积流量。常用 $S_v$ 表示，单位 $h^{-1}$。

接触时间是指反应混合气体在反应状态时与催化剂的接触时间，用 $\tau$ 表示，单位为 s。由于催化剂结构复杂，反应混合气通过催化剂时一般较难达到理想置换状态，所以准确的接触时间用常规方法比较难以计算，常用反应混合气以理想置换方式通过催化剂床层堆体积所需要的时间表示。

空间速度、接触时间与反应的转化率、产率、收率以及生产能力密切相关，其一般规律是：①空间速度增大，接触时间缩短，反应物的转化率降低；②空间速度增大，接触时间缩短，副反应减少，产率相对增加；③空间速度增大，主产物收率和主产物生产能力呈峰形变化（由低到高，再转低）。一般主收率峰值所对应的空速值为适宜空速。

### 4. 反应物浓度的影响

根据反应平衡移动原理，反应物浓度越高，越有利于平衡向产物方向移动。当有多种反应物参加反应时，往往使价廉易得的反应物过量，从而可以使价格高或难以得到的反应物更多地转化为产物，以提高其利用率。

反应物浓度越高，反应速率越快。一般在反应初期，反应物浓度高，反应速率快，随着反应的进行，反应物逐渐消耗，反应速率逐渐下降。

对于不同的反应，提高浓度的方法也不同。对于液相反应，通常采用能够提高反应物溶解度的溶剂，或在反应中蒸发或冷冻部分溶剂等方法；对于气相反应，可以适当压缩或降低惰性组分的含量等；对于可逆反应，反应物浓度与其平衡浓度之差是反应的推动力，此推动力越大则反应速率越快。所以，在反应过程中不断从反应体系取出生成物，使反应远离平衡，既保持了高速率，又使平衡向产物方向移动，这对于受平衡限制的反应，是提高产率的有效方法之一。

### 5. 压力的影响

一般说来，压力对液相和固相反应的平衡影响较小，所以压力对液相和固相反应的影响不大。气体的体积受压力影响大，故压力对有气相物质参加的反应平衡影响很大。压力对反应速率的影响是通过压力改变反应物的浓度而形成的。从反应动力学可知，除零级反应的反应速率与反应物浓度无关外，各级反应的速率都随反应物浓度增大而加快。因此，对于气相反应而言，也可以通过提高反应压力使气体的浓度增加，达到提高反应速率的目的。

需要指出的是，在一定压力范围内，加压可减小气体反应体积，且对加快反应速率有一定好处，但效果有限，压力过高，能耗增大，对设备要求高，反而不经济。

惰性气体的存在，可降低反应物的分压，对反应速率不利，但分子数的增加有利于反应平衡。

以上涉及的反应主要是单相反应。对于多相反应来说，由于反应总是在相和相的界面上进行，因此多相反应的反应速率除了与上述几个因素有关外，还和彼此的相之间的接触面的大小有关。例如，在生产上常把固态物质破碎成小颗粒或磨成粉末，将液态系统淋洒成线流、滴流或喷成雾状的微小液滴，以增大相间的接触面，提高反应速率。此外，多相反应还受到扩散作用的影响，因为加强扩散可以使反应物不断地进入界面，并使已经产生的生成物不断地离开界面。例如煤燃烧时，鼓风比不鼓风烧得旺，加强搅拌可以加快反应速率。这都是由于扩散作用加强的结果。

## 二、热力学分析 (Thermodynamic Analysis)

借助于热力学分析可以判断化学反应进行的可能性，比较同一反应系统中同时发生的几个反应的难易程度，进而从热力学角度寻找有利于主反应进行或尽可能减少副反应发生的工艺条件。通过化学平衡计算，还可以了解反应进行的最大限度，以及能否通过改变操作条件来提高原料转化率和产物的收率，减少分离系统的负荷和循环量，达到进一步提高装置生产能力和经济效益的目的。

### 1. 化学反应可行性分析

对制备某一化工产品所提出的工艺路线，首先应确定其在热力学上是否合理，即对反应的可能性进行判断，以免造成人力、物力的浪费。若反应可以进行，则可进一步根据热力学分析方法计算出反应能进行到什么程度，最后结合热力学和动力学因素的综合分析确定适宜的工艺条件，从而使理论上可行的化学过程变成有现实意义的工业化生产方法。

对于一个反应体系，其热力学分析的依据是热力学第二定律。可以用反应状态下的吉氏

函数变化值 $(\Delta G)_{T,p}$ 来判断反应进行的可能性。若 $(\Delta G)_{T,p}<0$，反应能自发进行；若 $(\Delta G)_{T,p}>0$，反应不能自发进行；若 $(\Delta G)_{T,p}=0$，反应处于平衡状态。

### 2. 化学反应平衡移动分析

任何化学反应几乎都不能进行到底而存在着平衡关系，平衡状态的组成说明了反应进行的限度。化学平衡和一切平衡一样，都只是相对的和暂时的，是有条件的。构成化学平衡的外界条件有温度、压力、系统组成等。当外界条件发生变化时，平衡就被破坏，建立起新的平衡，这个过程称为平衡移动。在化工生产中，人们总是期望知道在一定条件下某反应进行的限度，即平衡时各物质之间的组成关系。研究平衡移动的意义在于可选择适宜的操作条件，使化学反应尽可能向生成物方向移动。

按照平衡移动的原理，任何稳定平衡系统所处的条件如温度、压力、组成有所变化时，则平衡向着削弱或解除这种变化的方向移动。现具体归纳如下。

（1）温度　温度对反应平衡的影响可通过 Van't Hoff 等压方程进行分析，公式如下：

$$\mathrm{d}\ln K / \mathrm{d}T = \frac{\Delta H^{\ominus}}{RT^2}$$

由上式可以看出，对于吸热反应，$\Delta H^{\ominus}>0$，$\mathrm{d}\ln K / \mathrm{d}T>0$，则平衡常数 $K$ 值随温度的升高而增大，即温度升高，反应向生成物方向移动，这是由于吸热反应将导致温度升高时的热量吸收，从而削弱了外界作用的影响。反之，对于放热反应，$\Delta H^{\ominus}<0$，$\mathrm{d}\ln K / \mathrm{d}T<0$，则平衡常数 $K$ 值随温度的升高而减小，温度下降，平衡向反应物方向移动，这是因为放热反应将放出的热量补偿了温度的下降。所以，从化学平衡的角度看，升温有利于提高吸热反应的平衡产率，降温则有利于提高放热反应的平衡产率。

（2）压力　由于压力对气相反应的影响较大，这里仅讨论其对气相反应的影响。压力升高，反应平衡向分子数减少的方向移动，即向 $\Delta n<0$ 的方向移动，这样使总压下降便削弱了压力的升高对平衡造成的影响。压力下降，反应平衡向分子数增加的方向移动，即向 $\Delta n>0$ 的方向移动，由于 $\Delta n>0$ 使体系总压升高，削弱了压力下降的影响。从热力学分析可知，常压下的气体反应 $K_p$ 值只与温度有关，与压力无关。当反应温度一定时，$K_p$ 值为常数，对 $\Delta n>0$（即分子数增大）的反应，当总压下降时，$(p/p^{\ominus})^{\Delta n}$ 也下降。为维持 $K_p$ 值不变，则 $K_y$（是以平衡时各物质的摩尔分数表示的平衡常数）要增大，其结果是化学平衡向产物生成的方向移动。而对 $\Delta n<0$（即分子数减小）的反应，当总压下降时，$(p/p^{\ominus})^{\Delta n}$ 增大。要维持 $K_p$ 值不变，则 $K_y$ 必然要下降，结果是化学平衡向化学反应的逆方向即向反应物的方向移动。因此，对分子数增加的反应，降低压力可以提高平衡产率，对分子数减少的反应，升高压力，产物的平衡产率增大；对分子数不变的反应，压力对平衡产率没有影响。

（3）反应物组成　反应物浓度升高，反应平衡向生成物方向移动，由于产物的增加而减少反应物的浓度；随着产物浓度的升高，反应向生成反应物的方向移动，由于逆反应的发生，从而降低了产物浓度。需要指出，以上仅是定性的热力学条件分析，具体到某一个反应时，采用多高的反应温度、多大的体系压力和反应物浓度才能获得理想的平衡产率，可通过热力学的定量计算来寻求适宜的条件。由于热力学没有时间概念，只考虑了反应到达平衡的理想状况，没有考虑反应速率，因此，只有当几个反应在热力学上都有可能同时发生，且完成反应所需的时间很短时，热力学因素对于这几个反应的相对优势才起决定性作用。而切实可行的工艺条件还要结合动力学分析才有可能进一步确定。

### 三、动力学分析 (Kinetic Analysis)

不同的化学反应，反应速率不相同，同一化学反应的速率也会因操作条件的不同差异很大。例如氢和氧化合成水，热力学分析该反应是可行的，但在常温下，却没有反应产物的出现，是因为反应速率太慢。而二氧化氮聚合成四氧化二氮的反应，虽然从热力学分析该反应的可能性很小，但实际反应速率却大到无法测定的程度。又如碳氧化为二氧化碳的反应：

$$C + O_2 \longrightarrow CO_2 \qquad \Delta G^\ominus = -394.67 \text{kJ/mol}$$

经热力学分析该反应的可能性和程度都相当大，但在常温下，该反应的速率极慢，因此如何改变化学反应的条件使反应速率加快，以满足工业生产的要求，是人们关心的问题。而动力学分析任务就是在热力学分析的基础上来探索如何改变化学反应速率，使化工产品的工业生产具有现实意义。

化学反应的速率通常以单位时间内某一种反应物或生成物浓度的改变量来表示。对于基元反应

$$b\text{B} + d\text{D} \longrightarrow g\text{G} + h\text{H}$$

其化学反应速率方程为

$$r = -\mathrm{d}c_\text{B}/\mathrm{d}t = kc_\text{B}^b \times c_\text{D}^d$$

式中，$k$ 是反应速率常数，其大小反映了反应速率的快慢。影响反应速率的因素复杂，其中有一些因素在生产过程中已经确定，在已有的生产装置中不便调节，除非集生产、科研的经验和成果，在重新设计制造设备时进行改进，以有利于化学反应的进行，如反应器的结构、形状、材质，一些意外的杂质等。在生产过程中，可通过对另外一些因素（如温度与压力、原料组成和停留时间等）的调节来改变化学反应速率。

#### 1. 温度对化学反应速率的影响

温度是影响化学反应速率的重要因素之一。化学反应的速率和温度的关系比较复杂，温度升高往往会加速反应。一般，化学反应速率常数（$k$）与温度（$T$）之间的关系可由阿伦尼乌斯经验方程式表达：

$$k = A\exp(-E/RT)$$

该式对阐述反应速率的内在规律具有极其重要的意义。它表明，反应速率总是随温度的升高而增加（例外的情况很少），在反应物浓度相同的情况下，温度每升高 10℃，反应速率约增加 2～4 倍，在低温范围增加的倍数比高温范围更大些，活化能大的反应，其速率随温度升高而增长更快些，这是由于 $k$ 值与 $T$ 是指数关系，即使温度 $T$ 的一个微小变化也会使速率常数发生较大的改变，体现了温度对反应速率的显著影响。由于化学反应种类繁多，因此温度对化学反应速率的影响也是很复杂的，反应速率随温度的升高而加快只是一般规律，而且有一定的范围限制。对于不可逆反应，产物生成速率总是随温度的升高而加快；对于可逆反应来说，正、逆反应速率常数都增大，因此反应的净速率变化就比较复杂。

图 3-12 列出了常见的五类反应的反应速率随温度变化的情况。

第 I 种类型　反应速率随温度的升高而逐渐加快，反应速率和温度之间呈指数关系，符合阿伦尼乌斯公式，这种类型的化学反应是最常见的。

第 II 种类型　反应开始时，反应速率随温度的升高而加快，但影响不显著，当温度升高到某一温度后，反应速率却突然加快，以"爆炸"速率进行。这类反应属于有爆炸极限的化学反应。

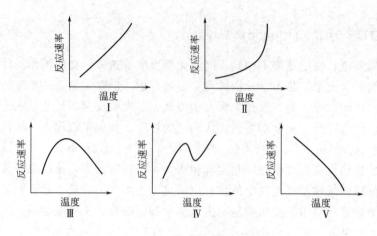

图 3-12　反应速率与温度的关系

第Ⅲ种类型　温度比较低时,反应速率随温度的升高而逐渐加快,当温度超过某一值后,反应速率却随着温度的升高而下降。酶催化反应就属于这种类型,因为温度太高和太低都不利于生物酶的活化。还有一些受吸附速率控制的多相催化反应过程,其反应速率随温度的变化而变化的规律也是如此。

第Ⅳ种类型　这种反应比较特殊,在温度比较低时,反应速率随温度的升高而加快,符合一般规律。当温度高达一定值时,反应速率随温度的升高反而下降,但温度继续升高到一定程度,反应速率却又会随温度的升高而迅速加快,甚至以燃烧速度进行。某些碳氢化合物的氧化过程便属于此类反应,如煤的燃烧,由于副反应多,使反应复杂化。

第Ⅴ种类型　反应速率随温度的升高而下降,这是一种比较少有的现象,如一氧化氮氧化为二氧化氮的反应便是一例。

### 2. 催化剂对反应速率的影响

前已述及,要使反应速率加快,可以提高温度。但对某些反应来说,升高温度常会引起一些副反应发生或者使副反应也加快,甚至会使主反应的反应进程减慢。此外,有些反应即使在高温下反应速率也较慢。因此,在这些情况下使用升高温度的方法来提高反应速率,就受到了一定的限制。而催化剂则是提高反应速率的一种最常用、也是很有效的办法。例如在常温下氢和氧化合成水的反应速率是非常小的,但当有钯粉或 105 催化剂(是以分子筛为载体的钯催化剂)存在时,常温常压下氢气和氧气就可以迅速化合成水。又如在硫酸生产中由 $SO_2$ 氧化转化为 $SO_3$ 的反应:

$$SO_2 + 1/2O_2 \Longrightarrow SO_3$$

只要加入少量的 $V_2O_5$ 作催化剂,就可以使反应速率提高数万倍。

在化工生产中,使用催化剂的目的就是加快主反应的速率,减少副反应的发生,从而使反应能定向进行,缓和反应条件,降低对设备的要求,提高设备的生产能力和降低产品的生产成本。而某些在理论上可以合成得到的化工产品,由于没有开发出有效的催化剂,以致长期以来不能实现工业化的生产。此时,只要研究出该化学反应适宜的催化剂,就能有效地加速化学反应速率,使该产品的工业化生产得以实现。

 反应的动力学和热力学研究的侧重点各有什么不同?

## 四、工艺参数的确定 (Selection of Technological Conditions)

工艺条件的选择实际上是化工生产过程优化控制的基础。影响反应达到工艺上最佳点的因素很多，如温度、压力、浓度、进料组成、空速（流量）、循环（返回）比、放空（排放）量与组成等。本节主要讨论一些基本工艺条件的一般选择方法。

### 1. 温度

反应温度是反应工艺的十分重要的参数。温度的选择要根据催化剂的使用条件，在其催化活性温度范围内，结合操作压力、空间速度、原料配比和安全生产的要求及反应的效果等，综合考虑后经实验和生产实际的验证后方能确定。

提高反应温度可以加快化学反应的速率，且温度升高会更有利于活化能较高的反应。由于催化剂的存在，主反应一定是活化能最低的。因此，温度越高，从相对速率看，越有利于副反应的进行。由于受到设备材质的限制，所以在实际生产上，用升温的方法来提高化学反应的速率应有一定的限度，只能在有限的适宜范围内使用。

从温度变化对催化剂性能和使用的影响来看，对某一特定产品的生产过程，只有在催化剂能正常发挥活性的起始温度以上，使用催化剂才是有效的。因此，适宜的反应温度必须高于催化剂活性的起始温度。此时，若温度升高，催化剂活性也上升，但催化剂的中毒系数也增大，会导致催化剂活性急剧衰退，使催化剂的生产能力即空时收率快速下降。当温度继续上升，达到催化剂使用的终极温度时，催化剂会完全失去活性，主反应难以进行，反应便会失去控制，有时甚至出现爆炸现象，因而操作温度不仅不能超过终极温度，而且应在催化剂的活性起始温度和终极温度间的安全范围内进行操作。

从温度对反应效果的影响来看，在催化剂适宜的温度范围内，当温度较低时，由于反应速率慢，原料转化率低，但选择性比较高；随着温度的升高，反应速率加快，可以提高原料的转化率。然而由于副反应速率也随温度的升高而加快，致使选择性下降，且温度越高选择性下降得越快。一般，在温度较低时，随温度的升高，转化率上升，单程收率也呈现上升趋势，若温度过高，会因为选择性下降导致单程收率也下降。因此，升温对提高反应效果有好处，但不宜升得太高，否则反应效果反而变差，而且选择性的下降还会使原料消耗量增加。实际生产中，在催化剂使用初期活性比较高，在保证转化率的前提下，温度可以控制在起活温度下限，以延长催化剂使用寿命。

此外，适宜温度的选择还必须考虑设备材质等因素的约束。如果反应吸热，提高温度对热力学和动力学都是有利的。出于工艺上的要求，有的为了防止或减缓副反应，有的为了提高设备生产强度，希望反应在高温下进行，此时，必须考虑材质承受能力，在材质的约束下选择。

### 2. 压力

压力的选择应根据催化剂的性能要求，以及化学平衡和化学反应速率随压力变化的规律来确定。在选择系统压力时，要立足于系统，考虑全部反应过程；也要考虑净化、分离过程，当两者发生矛盾时，应以系统最优（投资、成本、单耗、效益等）决定弃取；还要考虑物料体系有无爆炸危险，确保生产安全进行。

对于气相反应，增加压力可以缩小气体混合物的体积，从化学平衡角度看，对分子数减少的反应是有利的。对于一定的原料处理量，意味着反应设备和管道的容积都可以缩小；对于确定的生产装置，则意味着可以加大处理量，即提高设备的生产能力，这对于强化生产是有利的。但随着反应压力的提高，一是对设备的材质和耐压强度要求高，设备造价和投资要增加；二是需要设置压缩机对反应气体加压，能量消耗增加。此外，压力提高后，对有爆炸危险的原料气体，其爆炸极限范围将会扩大。因此，安全条件要求就更高。

### 3. 原料配比

原料配比是指化学反应有两种以上的原料时，原料的物质的量（或质量）之比，一般多用原料摩尔配比表示。原料配比应根据反应物的性能、反应的热力学和动力学特征、催化剂性能、反应效果及经济核算等综合分析后予以确定。

原料配比对反应的影响与反应本身的特点有关。如果按化学反应方程式的化学计量关系进行配比，在反应过程中原料的比例基本保持不变，是比较理想的。但根据反应的具体要求，还应结合下述情况分析确定。

从化学平衡的角度看，两种以上的原料中，任意提高任一种反应物的浓度（比例），均可达到提高另一种反应物转化率的目的。从反应速率的角度分析，若其中一种反应物的浓度的指数为 0，则反应速率与该反应物的浓度无关，不必采用过量的配比；若某反应物浓度的指数大于 0，则说明反应速率随该反应物的浓度的增加而加快，可以考虑过量操作。

在提高某种原料配比时，还应注意到该种原料的转化率会下降。由于化学反应严格按反应式的化学计量比例进行，因而该种过量的物料随反应进行程度的加深，其过量的倍数就越大。这就要求在分离反应物后，实现该种物料的循环使用，以提高其总转化率与生产的经济性，即须经过对比试验，从反应效果和经济效果综合权衡来确定。

如果两种以上的原料混合物属爆炸性混合物，则首要考虑的问题是其配比应在爆炸范围之外，以保证生产的安全进行。

### 4. 停留时间

对于一个具体的化学反应，适宜的停留时间应根据达到适当的转化率（或选择性等）所需的时间以及催化剂的性能来确定。

停留时间也称接触时间，是指原料在反应区或在催化剂层的停留时间。对于气-固相催化反应过程，停留时间与空速有密切的关系，空速越大，停留时间越短；空速越小，停留时间越长，但不是简单的反比关系。

从化学平衡看，停留时间越长（空速越小），反应越接近于平衡，单程转化率越高，循环原料量可减少，能量消耗也降低。但停留时间过长，副反应发生的可能性就增大，催化剂的中毒系数增大，催化剂的寿命缩短，反应选择性也随之下降；同时，单位时间内通过的原料气量减少，便会大大降低设备的生产能力。故生产中应根据实际情况选择适当的停留时间。

【案例1】 吸热反应过程影响因素分析

苯乙烯工业化的生产方法主要是乙苯直接催化脱氢法。乙苯脱氢是一强吸热反应，需要较高的温度供热。根据供热方式的不同，目前主要有两种不同的苯乙烯生产工艺：一是用可燃气体对反应器间接供热的巴斯夫法；一是将过热蒸汽直接加入反应混合物中直接供热的陶氏法。

### 一、基本原理

乙苯脱氢生成苯乙烯的反应如下：

$$\text{C}_6\text{H}_5-\text{C}_2\text{H}_5 \longrightarrow \text{C}_6\text{H}_5-\text{CH}=\text{CH}_2 + \text{H}_2 \qquad \Delta H^{\ominus} = 117.8\text{kJ/mol}$$

在生成苯乙烯的同时可能发生的副反应主要是裂解反应和加氢裂解反应，由于苯环比较稳定，因此裂解反应都发生在侧链上。

$$\text{C}_6\text{H}_5\text{-C}_2\text{H}_5 \longrightarrow \text{C}_6\text{H}_6 + \text{C}_2\text{H}_4 \qquad \Delta H^{\ominus} = 105\text{kJ/mol}$$

$$\text{C}_6\text{H}_5\text{-C}_2\text{H}_5 + \text{H}_2 \longrightarrow \text{C}_6\text{H}_5\text{CH}_3 + \text{CH}_4 \qquad \Delta H^{\ominus} = -54.4\text{kJ/mol}$$

$$\text{C}_6\text{H}_5\text{-C}_2\text{H}_5 + \text{H}_2 \longrightarrow \text{C}_6\text{H}_6 + \text{C}_2\text{H}_6 \qquad \Delta H^{\ominus} = -31.5\text{kJ/mol}$$

在水蒸气存在下，还可能发生如下反应：

$$\text{C}_6\text{H}_5\text{-C}_2\text{H}_5 + 2\text{H}_2\text{O} \longrightarrow \text{C}_6\text{H}_5\text{CH}_3 + \text{CO}_2 + 3\text{H}_2$$

与此同时，还可能发生苯乙烯的聚合、脱氢及加氢裂解等副反应。聚合等副反应的发生，不但会使苯乙烯的选择性下降，消耗原料量增加，而且还会使催化剂因表面覆盖聚合物而活性下降。

乙苯脱氢反应是一个可逆吸热反应。由表 3-1 可见，乙苯脱氢反应的平衡常数在温度较低时很小，且它们随温度的升高而增大。

表 3-1　不同温度下乙苯脱氢反应的平衡常数

| $T/K$ | 700 | 800 | 900 | 1000 | 1100 |
|---|---|---|---|---|---|
| $K_p$ | $3.30\times10^{-2}$ | $4.71\times10^{-2}$ | $3.75\times10^{-1}$ | 2.00 | 7.87 |

从热力学分析可知（图 3-13），乙苯脱氢反应要达到较高的平衡转化率，必须在高温下进行，但同时催化剂的选择、供热及设备材质的选择等带来许多困难，因此必须同时改变其他因素，使脱氢反应能在不太高的温度下达到较高的平衡转化率。

此外，由于乙苯脱氢是分子数增加的反应，即 $\Delta n > 0$，所以通过降低反应的压力，可以使反应的平衡转化率提高，如表 3-2 所示。

由表 3-2 可以看到，当压力从 101.3kPa 降低到 10.1kPa，达到相同的平衡转化率，所需的脱氢温度可降低 100℃ 左右；而在相同的温度条件下，由于压力从 101.3kPa 降低到 10.1kPa，平衡转化率则可提高 20%～40%。

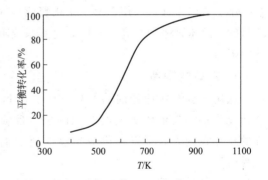

图 3-13　乙苯脱氢反应平衡
转化率与温度的关系

脱氢反应虽然可以在减压条件下、较低的温度下获得较高的平衡转化率，但由于工业上在高温下进行减压操作是不安全的，因此必须采取其他安全措施，通常是用惰性气体作稀释剂以降低乙苯的分压。

表 3-2　压力对乙苯脱氢反应平衡转化率的影响

| $p = 101.3\text{kPa}$ | $T/K$ | 465 | 565 | 620 | 675 | 780 |
|---|---|---|---|---|---|---|
| | 平衡转化率/% | 10 | 30 | 50 | 70 | 90 |
| $p = 10.1\text{kPa}$ | $T/K$ | 390 | 455 | 505 | 565 | 630 |
| | 平衡转化率/% | 10 | 30 | 50 | 70 | 90 |

从热力学分析可知，高温对裂解反应比脱氢反应更有利，因此，乙苯在高温下进行脱氢时，主要产物为苯，要使脱氢反应顺利进行，必须采用高活性、高选择性的催化剂。在工业

生产上，常用的脱氢催化剂主要有两类：一类是以氧化铁为主体的催化剂，如 $Fe_2O_3$—$Cr_2O_3$—$KOH$ 或 $Fe_2O_3$—$Cr_2O_3$—$K_2CO_3$ 等；另一类是以氧化锌为主体的催化剂，如 $ZnO$—$Al_2O_3$—$CaO$，$ZnO$-$Al_2O_3$—$CaO$-$KOH$—$Cr_2O_3$ 或 $ZnO$-$Al_2O_3$—$CaO$-$K_2SO_4$ 等。这两类催化剂均为多组分固体催化剂，能自行再生，从而有效地延长催化剂的使用周期。目前，各国采用氧化铁系催化剂最多。我国采用的氧化铁系催化剂组成为：$Fe_2O_3$ 8%，$K_2Cr_2O_7$ 11.4%，$K_2CO_3$ 6.2%，$CaO$ 2.4%。若控制温度在 550～580℃时，转化率为 38%～40%，收率可达 90%～92%，催化剂寿命可达 2 年以上。

## 二、工艺条件的确定

### 1. 反应温度

由于乙苯脱氢是体积增加的可逆吸热反应，温度升高有利于提高平衡转化率和加快反应速率，但也有利于活化能更高的裂解和加氢等副反应。虽然转化率提高，但反应的选择性却会随之下降。另外，温度过高，不仅苯和甲苯等副产物增加，而且随生焦反应的增加，催化剂活性下降，再生周期缩短。工业生产上，一般适宜的温度为 600℃左右。

### 2. 反应压力

由于脱氢反应是分子数增加的反应，因此降低压力有利于脱氢反应的平衡，但反应速率会减小。所以工业上采用水蒸气来稀释原料气以降低原料乙苯的分压，达到与减压操作相同的目的。总压则采用略高于常压以克服系统阻力，同时为了维持低压操作，应尽可能减小系统的阻力。

### 3. 水蒸气用量

选用水蒸气作稀释剂的好处在于：①可以降低乙苯的分压，改善化学平衡，提高平衡转化率；②与催化剂表面沉积的焦炭反应，使之汽化，起到清除焦炭的作用；③水蒸气的比热容量大，可以提供吸热反应所需的热量，使温度稳定控制；④水蒸气与反应物容易分离。

在一定温度下，随着水蒸气用量的增加，乙苯的转化率也随之提高。但增加到一定值之后，乙苯转化率的提高就不太明显，而且水蒸气用量过大，能量消耗也相应增加，产物分离时用来使水蒸气冷凝的冷却水耗量也很大，因此水蒸气与乙苯的比例应适当。用量比也与反应器的形式有关，一般绝热式反应器脱氢所需水蒸气量约比等温列管式反应器脱氢大 1 倍左右。

### 4. 原料纯度

若原料气中有二乙苯，则会脱氢生成二乙烯基苯，在精制产品时容易聚合而堵塔。所以要求原料乙苯沸程应在 135～136.5℃之间，二乙苯含量应小于 0.04%。

### 5. 空间速度

空间速度小，停留时间长，原料乙苯转化率可以提高，但同时因为连串副反应的增加，会使选择性下降，而且催化剂表面结焦的量也会增加，致使催化剂运转周期缩短；但若空速过大，又会降低转化率，导致产物收率太低，未转化原料的循环量大，分离、回收的能耗也上升。所以最佳空速范围应综合原料单耗、能量消耗及催化剂再生周期等因素选择确定。

### 三、工艺控制方案

乙苯脱氢的化学反应是强吸热反应，因此要向反应系统连续供给大量热量，以保证脱氢反应在高温条件下进行。可根据工艺需要选用列管式等温反应器或绝热式反应器。由于绝热式反应器具有结构简单，制造费用低，生产能力大等优点，因此大规模的生产装置可选用绝热式反应器。从工艺条件分析可知，影响脱氢反应的主要因素是脱氢反应温度、压力、水蒸气用量及空间速度。其中影响反应温度的主要因素又是原料，原料的组成及流速不仅影响到反应的温度，而且影响到反应体系的压力，因此，要达到绝热式脱氢反应的最佳工艺参数，就必须稳定设置乙苯流量、稀释水蒸气流量和原料气及脱氢产物进出口温度四个基本调节回路。

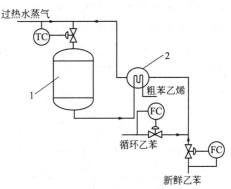

图 3-14  乙苯脱氢的工艺控制方案
1—反应器；2—换热器

由于脱氢反应是强吸热反应，因此，在绝热反应釜中反应温度是逐渐下降的。乙苯与水蒸气的比例及流速会给反应带来双重影响，所以对乙苯流量和水蒸气流量采用定值调节是必要的。这两个流量调节回路的稳定控制可以排除脱氢反应过程中的两个主要干扰因素。此时对脱氢反应的影响则主要取决于反应区的温度，乙苯脱氢的工艺控制方案如图 3-14 所示。

 用自己的话描述一下乙苯脱氢反应的工艺控制方案。

【案例2】 放热反应过程影响因素分析

硫酸是产量最大，用途最广的重要化工原料之一。它不仅用于某些磷肥、氮肥和其他多元复合肥的制造，而且在冶金工业、基本有机化工、国防、农药、制药、石油炼制等行业中均有广泛的应用。接触法生产硫酸是目前工业上最常用的方法。而二氧化硫催化氧化转化成三氧化硫则是接触法生产硫酸中的一个重要工序，也称为二氧化硫的转化。

### 一、二氧化硫催化氧化的基本原理

二氧化硫的氧化反应是在催化剂的存在下进行的，是一个可逆、放热及体积缩小的反应：

$$SO_2 + \frac{1}{2}O_2 \rule[0.5ex]{1.5em}{0.4pt} SO_3 \qquad \Delta H^{\ominus}_{298} = -96.25 \text{kJ/mol}$$

其平衡常数可表示为：

$$K_p = \frac{p^*(SO_3)}{P^*(SO_2)[P^*(O_2)]^{0.5}}$$

在 400~700℃范围内，平衡常数与温度的关系可用下式来表示：

$$\lg K_p = \frac{4905.5}{T} - 4.6455$$

## 二、反应热力学分析

由于氧化反应的反应活化能数值很大，二氧化硫与氧气生成三氧化硫的反应在常温条件下不能进行。因此必须采用催化剂来加快反应速率。金属钒和一些金属氧化物均能用作二氧化硫氧化反应的催化剂，其中，以钒催化剂在工业上的应用最为广泛。钒催化剂是以五氧化二钒为主活性组分，以碱金属的硫酸盐作助催化剂，以硅胶、硅藻土、硫酸铝等作载体的多组分催化剂。为了获得尽可能高的转化率（亦即使尽可能多的二氧化硫变为三氧化硫），反应温度应该越低越好。从表3-3可见，平衡常数 $K_p$ 随温度的升高而减小，平衡常数越大，二氧化硫的平衡转化率越高。因此，为保持较高的平衡常数，可采用较低的反应温度。

表 3-3　二氧化硫转化反应的平衡常数

| $t/℃$ | $K_p$ | $t/℃$ | $K_p$ | $t/℃$ | $K_p$ |
|---|---|---|---|---|---|
| 400 | 442.9 | 475 | 81.25 | 575 | 13.70 |
| 410 | 345.5 | 500 | 49.78 | 600 | 9.375 |
| 425 | 214.4 | 525 | 61.48 | 625 | 6.57 |
| 450 | 137.4 | 550 | 20.49 | 650 | 4.68 |

由于二氧化硫的氧化反应是体积缩小的反应，因此，增高系统的压力可以提高平衡转化率（表3-4）。

表 3-4　平衡转化率与压力、温度的关系

| 温度/℃ ＼ 压力/MPa ＼ 转化率/% | 0.1 | 0.5 | 1.0 | 5.0 |
|---|---|---|---|---|
| 450 | 97.5 | 98.9 | 99.2 | 99.6 |
| 500 | 93.5 | 96.9 | 97.8 | 99.0 |
| 550 | 85.6 | 92.9 | 94.9 | 97.7 |

## 三、动力学分析

二氧化硫催化氧化反应是由以下几步组成的：①氧分子从气相中扩散到催化剂表面；②氧气分子被吸附在催化剂表面；③氧分子断键，形成活化氧原子；④二氧化硫吸附在催化剂表面；⑤吸附在催化剂表面的二氧化硫分子与氧原子进行电子重排，形成三氧化硫；⑥三氧化硫分子从催化剂表面脱附，扩散进入气体主体。在上述步骤中，氧的吸附速率最慢，是整个催化氧化过程的控制步骤。

关于二氧化硫在钒催化剂作用下氧化反应的动力学，其中最具代表性的是波列斯科夫方程：

$$v = ky(O_2)\left[\frac{y(SO_2) - y^*(SO_2)}{y(SO_3)}\right]^{0.8}$$

式中　　　　　　　　$v$——化学反应速率，$kmol/[m^3(cat)\cdot s]$；

　　　　　　　　　　$k$——反应速率常数；

$y(SO_2)$、$y(SO_3)$、$y(O_2)$——气体混合物中 $SO_2$、$SO_3$、$O_2$ 的浓度，$kmol/m^3$；

　　　　　　$y^*(SO_2)$——在反应温度下，混合气中 $SO_2$ 平衡浓度，$kmol/m^3$。

反应速率常数提高，则反应时间缩短；二氧化硫浓度增加，混合气中氧气的含量相应降低，需要更多的催化剂进行催化。

## 四、工艺条件的确定

### 1. 原料气组成

二氧化硫转化器入口原料气中 $SO_2$ 含量指标，是制酸过程中一个非常重要的技术、经济及环保指标，它对转化工序设备的生产能力、催化剂的用量和制酸矿耗都有影响。实验测得，平衡转化率与原料气的组成的关系如表 3-5 所示。

表 3-5　二氧化硫平衡转化率与原料气组成（体积分数）的关系

（475℃和 $1.013×10^5$ Pa）

| 组成及转化率　　 $SO_2$/% | 2 | 3 | 4 | 5 | 6 | 7 | 8 | 9 | 10 |
|---|---|---|---|---|---|---|---|---|---|
| $O_2$/% | 18.14 | 16.72 | 15.28 | 13.86 | 12.43 | 11.00 | 9.58 | 8.15 | 6.72 |
| $SO_2$ 平衡转化率/% | 97.1 | 97.0 | 96.8 | 96.5 | 96.2 | 95.8 | 95.2 | 94.3 | 92.3 |

从表 3-5 中可见，原料气中 $SO_2$ 含量越低，$O_2$ 含量相应增加时，$SO_2$ 平衡转化率越高。但原料气中的 $SO_2$ 含量过低时，设备的生产能力将下降；较高时，容易造成催化剂层超温而失活。因此，应在转化器截面上流体阻力一定、最终转化率较高的前提下，用寻求达到最大生产能力的方法来确定 $SO_2$ 的用量。工业生产上最常用的原料气组成为：$SO_2$ 7%～8%，$O_2$ 10.5%～11%，$N_2$ 82%。

### 2. 反应温度

由于二氧化硫的催化氧化是可逆放热反应，从热力学角度看，平衡转化率随温度的升高而降低，但从动力学观点看，反应速率常数随温度的升高而增大。对于二氧化硫转化反应而言，当气体的初始组成、压力、催化剂一定时，在任何一个转化率下，瞬时反应速率随温度的升高首先是增大，达到一极大值后，随温度继续升高而逐渐降低（图 3-15）。反应速率达到最大值时的温度，称为最佳转化温度，也称最适宜的温度。

当进气成分不变时，在操作温度范围内，取一组温度值，由宏观动力学方程求一定转化率下的相应反应速率，便可得到一组反应速率值，将结果标绘在图上，可得到一条等转化率曲线，与曲线最高点相对应的温度便是该转化率下的最佳温度 $T_{op}$。用此方法可以得到各转化率下的最

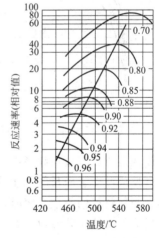

图 3-15　反应速率<br>与温度的关系

佳温度，将 $T_{op}$ 与其相对应的转化率标绘在图上，即得到最适温度曲线，如图 3-16 所示，图中 $AB$ 是平衡温度曲线，$CD$ 是最适温度曲线。最适宜温度可根据混合气的组成通过查相应的温度与转化率关系图得到。

### 3. 反应压力

二氧化硫平衡转化率与压力的关系如表 3-4 所示。

从表 3-4 可以看出，在高温条件下压力对反应的影响显著，低温时则压力对反应的影

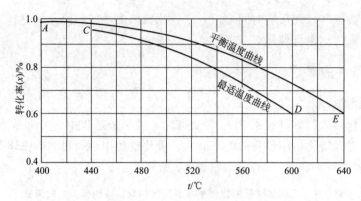

图 3-16　温度与转化率的关系

响不大。由于加压操作会带来一系列的问题，如需要设计特殊的反应设备和附属设备，从而增加投资和操作费用。实际生产中若采用活性较高的钒催化剂，反应温度接近 475℃ 时，二氧化硫的转化已相当完全。因此，转化反应通常在常压下进行。

### 4. 接触时间

在较低的温度下进行氧化反应时，转化率随接触时间的增加而不断提高。高温时则影响较小。接触时间过短不利于提高氧化反应的转化率，过长则降低设备的生产能力。通常接触

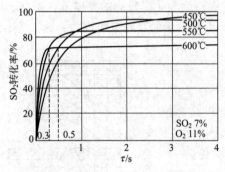

图 3-17　接触时间与 $SO_2$ 转化率的关系

时间为 3～5s，最终转化率可达到 97％～98％。图 3-17 表示了接触时间与 $SO_2$ 转化率的关系。

### 五、工艺控制方案

由于二氧化硫的氧化反应是强放热反应，因此，在转化器内反应温度是逐渐上升的。为了使二氧化硫的转化能在接近于最佳温度条件下进行，对工艺过程的基本要求是要连续地从反应系统中除去反应热，即对混合反应气分段进行冷却。可采用多段间接换热式和多段冷激式转化器，采用

多段换热使反应过程和降温过程分开进行。从前面的分析可知，影响二氧化硫氧化反应的因素有反应温度、原料气的组成和接触时间等。原料气的组成不同，最适宜的转化温度就不同。当原料气的组成一定时，温度则是影响二氧化硫转化反应的主要因素。因此，要达到转化反应的最佳工艺参数，必须对混合气体进行定值调节。如图 3-18 所示。

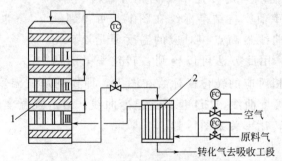

图 3-18　二氧化硫转化控制方案示意图

1—转化器；2—外部换热器；Ⅰ—第一段换热器；Ⅱ—第二段换热器；Ⅲ—第三段换热器

用自己的话描述一下二氧化硫催化氧化的工艺控制方案。

# 本章小结

本章主要介绍了：工业催化剂及应用、化工生产过程常用经济评价指标、化工生产过程物料衡算和能量衡算以及影响化学反应过程的因素。

1. 在化学反应体系中，因加入了某种物质而使化学反应速率发生改变，但该物质的数量和化学性质在反应前后不发生变化，该物质称为催化剂，这种作用称为催化作用。

2. 催化剂的基本特征：（1）催化剂只能改变化学反应的速率，却不能改变化学平衡的状态；（2）催化剂只能加速热力学上可能进行的化学反应，而不能加速热力学上不能进行的反应；（3）催化剂既能提高正反应速率，也能同样程度地加速逆反应；（4）催化剂具有较强的选择性；（5）催化剂具有一定的使用寿命。

3. 催化反应通常可分为均相和非均相两种。均相催化又可分为气相催化和液相催化，其中最常见的是液相均相催化反应。非均相催化反应可分为气-固相催化反应和液-固相催化反应，其中气-固相催化反应最为常见。

4. 固体催化剂主要由主活性物质、助催化剂和载体三部分组成。

5. 催化剂的选择性是指反应所消耗的原料中有多少转化为目的产物。通常把1g催化剂所具有的表面积称为该催化剂的比表面积，单位 $m^2/g$。

6. 工业催化剂稳定性主要包括化学稳定性、热稳定性、抗毒稳定性和机械稳定性四个方面。

7. 工业催化剂常用的制备方法有沉淀法、浸渍法、混合法等。

8. 转化率是指在化学反应体系中，参加化学反应的某种原料量占通入反应体系的该种原料总量的百分率；以包括循环系统在内的反应器和分离器的反应体系为研究对象，参加反应的原料量占通入反应体系原料总量的百分数就称为总转化率；平衡转化率是指某一化学反应达到平衡状态时，转化为目的产物的原料占该种原料量的百分比。

9. 选择性是指化学反应过程中生成的目的产物所耗的某原料量与该原料总反应量的百分率。

10. 当转化率、选择性和单程收率都用摩尔单位时，其相互间的关系可用下式来表示：

$$转化率 \times 选择性 = 单程收率$$

11. 生产能力是指一定时间内直接参与企业生产过程的固定资产，在一定的工艺组织管理及技术条件下，所能生产规定等级的产品或加工处理一定数量原材料的能力。生产能力又可以分为设计能力、查定能力和现有能力。

12. 理论消耗定额：将初始物料转化为具有一定纯度要求的最终产品，按化学反应方程式的化学计量为基础计算的消耗定额。

13. 通过物料衡算可以计算转化率、选择性，筛选催化剂，确定最佳工艺条件，对装置的生产情况作出分析和判断，确定装置的最佳运转状态，为强化生产过程提供直接依据和途径。

14. 物料衡算基本方程式

输入物料的总质量＝输出物料的质量＋系统内积累的物料质量＋系统损耗的物料质量

或 $$\sum (m_i)_{\text{入}} = \sum (m_i)_{\text{出}} + \sum (m_i)_{\text{积累}} + \sum (m_i)_{\text{损耗}}$$

15. 能量衡算的依据，以 1kg 为计算基准时，稳流体系能量平衡方程：

$$\Delta H + g\Delta z + 1/2 \Delta u^2 = Q + W_S$$

**综合练习**

根据阅读材料，选择材料中你感兴趣的部分，结合一个化工企业，完成一篇有关节能降耗的技术现状及新技术发展方向的调研报告。

节能降耗是石油化工行业技术进步的重要目标。在确保安全的前提下，追求清洁、高效的生产过程是科学家、工程师和管理人员的共同目标。强化炼油和化工生产过程是实现这一目标的重要途径，其中化工过程强化技术是节能降耗的有效手段。化工过程强化技术是指能显著减小工厂和设备体积、高效节能、清洁和可持续发展的化工新技术。化工过程强化包括设备强化和过程集成两个方面。

一、过程设备强化

过程设备强化包括反应器及非反应的操作设备强化，如撞击流式反应器、超重力吸收反应器、微反应器、静态混合反应器、超声波分离及混合设备等。虽然过程设备强化的手段方法各异，但都是围绕混合、反应、分离及传递的理想化进行。

撞击流反应器的基本原理是两股物流相向流动撞击，在两股物流之间造成一个高度湍动的撞击区。物流在撞击面上轴向速度趋于零并转为径向流动。物流微粒可借惯性渗入反向流并在开始渗入的瞬间相间内相对速度达到极大值，随后在摩擦阻力作用下减速直到轴向速度衰减为零，随后又被反向加速向撞击面运动，并可能再次渗入原来物流。由于结构采用了循环流动的结构，物料的停留时间可以任意设置。它除了具备搅拌槽反应器具备的所有功能外，还具有一些突出的优点，如在相同的输入比有效功率下，制得的产品粒径更细、粒径分布更窄，反应所需时间可以更短等。已经证明，撞击流是强化相间传递尤其是外扩散控制的传递过程最有效的方法之一，传递系数可比一般方法提高数倍到十几倍。撞击造成的另一结果是极大地促进混合，尤其是微观混合。

静态混合器是一类可以实现不同流体混合的静态设备。这类混合器在管内放置一些特殊结构的静止元件，当两种或两种以上的流体通过这些元件时，流体被不断地分割和转向，从而使流体达到充分混合，促进了两相之间的传热及传质。静态混合器可以大大提高单位能耗下的气-液接触面积，成倍地提高传质速率。与传统的搅拌反应器相比，静态混合反应器可以显著地提高混合效率，强化传热和传质。

超声波由一系列疏密相间的纵波构成，并通过液体介质向四周传播。在超声作用下，液体会发生空化，每个空化气泡都是一个"热点"，其寿命约为 $<10\mu s$，它在爆炸时可产生大约 4000K 和 100MPa 的局部高温高压环境，从而产生出非同寻常的能量效应，并产生速度约 $110m/\mu s$ 的微射流。微射流作用会在界面之间形成强烈的机械搅拌效应，而且这种效应可以突破层流边界层的限制，从而强化界面间的化学反应过程和传递过程。超声波在化学和化工过程中的应用，主要利用了超声空化时产生的机械效应和化学效应，但前者主要表现在非均相反应界面的增大，反应界面的更新以及涡流效应产生的传质和传热过程强化，后者主要是由于在空化气泡内的高温分解、化学键断裂、自由基的产生及相关反应。利用机械效应的过程包括萃取、吸附、结晶、乳化与破乳、膜过程、超声阻垢、电化学、非均相化学反应、过滤、悬浮分离、传热以及超声清洗等。利用化学效应的过程主要包括有机物降解、高分子化学反应以及其他自由基反应。实际上，在一个具体过程中往往是两种效应都起作用。

超重力技术的理论根据是：在重力加速度 $g \approx 0$ 时，两相间不会因密度差而产生相间流动，此时分子间力（如表面张力）将会起主要作用，液体团聚至表面积最小的状态而不得伸展，相间传递失去两相充分接触的前提条件，使相间传递作用越来越弱，分离无法进行。超重力技术正是通过高速旋转，利用离心力来增大 $g$，达到强化相间传递过程的效果。超重力旋转填充床中产生的强大离心力（可高达重力 1000 倍以上），使处理装置内的混合传质得到极大的强化，传质系数较常规设备提高 10～1000 倍，微观混合均匀化时间为 0.14～0.104s 或更小，从而使成核过程可控，粒度分布窄化。

二、过程集成

过程集成技术实质是反应-分离多序的综合，质量交换网络、热量交换网络等多种综合优化，不仅要考虑稳态过程的综合，同时又考虑动态过程特性，是一项系统的生产优化和设计优化技术。它的主要研究内容有新建化工系统的优化设计，现行化工系统优化改造，过程全局物料、热量等系统的优化设计与改造，公用工程系统的优化合成与改造。

过程耦合的另一种类型是多个或分步反应的耦合——复合反应，既将一个有多个反应需要或多步完成的反应，在对催化剂进行合理调配的基础上在一个反应器内同时达到所需反应结果的过程耦合技术。典型的例子有合成气的自热转化过程是将放热反应与吸热反应进行耦合从而充分利用化学能，由合成气一步法生产二甲醚是将两步反应一步完成从而达到节能降耗目的等。

设计与工艺过程集成在时间维上跨越了设计和制造两个阶段，并反映出不同设计阶段中产品结构设计信息的变化。在空间维上，扩大了产品对象范围，所面对的不是单个产品的设计问题，而是一个产品群的设计问题。因此，需要采用标准化、模块化技术和成组技术，将相似的信息和过程归类处理，以降低成本和提高效率，将设计和制造这两个过程真正集成为一个过程。

## 自测题

### 一、填空题

1. 转化率是指在化学反应体系中，参加_____占_____的百分率。

2. 催化剂是指能改变_____，而_____的一类物质，根据催化剂的作用是加速还是抑止化学反应，可以将催化剂分为_____催化剂和_____催化剂。

3. 固体催化剂通常由_____、_____和_____等部分组成。

4. 从热力学角度分析，升高温度有助于平衡向_____方面移动。

### 二、判断题

1. 转化率高的反应，产物的收率一定。（　　　）

2. 设备的生产能力越大，生产强度也越高。（　　　）

3. 催化剂既能改变化学反应的速率，也能改变化学反应的平衡。（　　　）

4. 改变反应压力对任何化学反应都有影响，因此在化工生产中不能随意改变反应压力。（　　　）

5. 温度升高，化学反应速率加快，有助于缩短反应到达平衡的时间。（　　　）

## 复习思考题

1. 什么是单程转化率、总转化率和平衡转化率？

2. 如何用转化率、收率的指标来衡量化学反应的效果？

3. 如何提高化学反应的效果？

4. 降低原料消耗定额在化工生产中有何意义？

5. 化工生产中的公用工程有哪些？

6. 影响化学反应速率的因素有哪些？

7. 工业用固体催化剂一般主要由哪些成分组成？各组分所起的作用是什么？

8. 正确使用催化剂应注意哪些事项？

9. 催化剂在化学产品的工业生产上有何意义？

10. 影响工艺过程生产能力的因素有哪些？

11. 对化工生产过程的化学反应进行的热力学分析和动力学分析的工业意义是什么？

12. 如何来比较化学反应体系中的各反应进行的难易程度？有何意义？

13. 物料衡算的目的和作用如何？

14. 热量衡算的基准如何确定？

15. 物料衡算、能量衡算的步骤有哪些？

# 第四章 典型化工产品生产技术
## Typical Chemical Production Tecnology

 知识目标

理解化工单元反应技术的原理及影响因素，掌握化工生产技术的概念；熟悉烃类热裂解制乙烯，天然气、石油或煤制合成气，合成气制甲醇和合成氨、甲醇羰基化合成醋酸、聚合等典型产品生产技术的特点及工业应用。

能力目标

能以工程的观念、经济的观点和市场的观念，选择合适的工艺生产方法。

素质目标

通过对单元反应过程的举例，了解其各自的规律，从而提高学生对开发新产品及对现工艺过程技改的兴趣。

## 第一节　烃类热裂解生产乙烯技术
## Ethylene Production Technology for Thermal Cracking of Hydrocarbons

应用知识

1. 烃类热裂解及裂解原料；
2. 烃类热裂解工艺过程和主要设备；
3. 裂解气的分离过程———预处理、精馏分离系统。

技能目标

1. 根据裂解过程所控制的工艺参数，能够判别裂解所使用的原料；
2. 通过对具体的裂解工艺流程分析，能够掌握正确操控工艺参数的原则；
3. 能根据裂解气分离净化的要求，提出正确的处理方法。

烃类热裂解是获取乙烯的主要来源，最早是以油田气、炼厂气等气态烃为原料，用管式炉裂解法制取乙烯、丙烯。在 20 世纪 60 年代后，乙烯工业发展更为迅速，生产规模也愈来愈大，70 年代后，一些工业先进的国家陆续建成年产 30 万吨以上的乙烯生产装置，而年产50 万～100 万吨的大型装置不乏其例，年产超过 100 万吨乙烯的超大型厂也出现，例如美国壳牌公司鹿园（Deer Park）厂年产乙烯达 131.5 万吨装置已投产。自从烃类热裂解制乙烯的大型工业装置诞生后，石油化工即从依附于石油炼制工业的从属地位，上升为独立的新兴工业，并迅速在化学工业中占主导地位。而乙烯的产量常作为衡量一个国家石油化工发展水平的重要标志。

## 一、烃类热裂解及裂解原料 (Thermal Cracking and Pyrolysis of Hydro-carbon Raw Materials)

### 1. 烃类热裂解的概念

凡是有机化合物在高温下分子链发生断裂的过程称为裂解。烃类热裂解过程是指石油系烃类原料（如天然气、炼厂气、轻油、煤油、柴油、重油等）在高温、隔绝空气的条件下发生分解反应而生成碳原子数较少，相对分子质量较低的烃类，以制取乙烯、丙烯、丁烯等低级不饱和烃，同时联产丁二烯、苯、甲苯、二甲苯等基本原料的化学过程。

这里所说的烃类热裂解与石油二次加工中的裂化有何异同？

单纯加热而不使用催化剂的裂解称热裂解；使用催化剂的热裂解称为催化热裂解；使用添加剂的裂解，因添加剂的不同，有水蒸气热裂解，加氢裂解等。在石油化学工业中使用最广泛的是水蒸气热裂解，一般的裂解或热裂解如不加说明，均指水蒸气热裂解。烃类热裂解的主要目的是为了制取乙烯和丙烯，同时副产丁二烯、苯、甲苯、二甲苯、乙苯等芳烃及其他化工原料。

### 2. 烃类热裂解的原料及评价

（1）烃类裂解的原料　烃类裂解的原料主要有气态烃和液态烃。气态烃——碳四及以下的烃，主要来自天然气、油田气、炼厂气（石油加工过程中所产气体的总称）；液态烃——石脑油、煤油、汽油、柴油等。目前国内外大型管式炉裂解装置所用的原料大多是液态石油烃，尤其是轻柴油。随着裂解生产技术的不断改进，使用重质烃的裂解装置已经出现。中石化石油化工科学研究院以重油为原料的催化裂解技术（DCC），采用五元环高硅沸石催化剂和提升管、密相流化床反应器生产丙烯，具有独创性和先进性。在国内建成 7 套大型工业生产装置，成套技术还出口国外，在沙特建设了 450 万吨/年 DCC 装置。

裂解原料的变化与裂解生产技术的发展有何关系？

图4-1是某企业裂解原料来源示意图，进入裂解炉的原料有几种？每小时有多少吨？

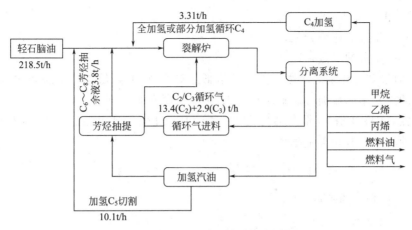

图 4-1 某企业裂解原料来源示意图

（2）烃类裂解原料的评价　在烃类热裂解过程中，通常采取控制温度、时间和压力等工艺参数来提高裂解效果。但调整优化的仅是裂解过程的外部因素，而决定裂解反应效果的内因是裂解原料。裂解原料的组成和性能的评价，对烃类裂解过程尤为重要。

**族组成——PONA 值**　将裂解原料按其结构可以分为四大族，即烷烃族、烯烃族、环烷烃族和芳香烃族。族组成以 PONA 值表示，其含义如下：

P——烷烃（paraffin）　　　　　　O——烯烃（olefin）

N——环烷烃（naphtene）　　　　　A——芳香烃（aromatics）

PONA 值可以定性评价液体燃料的裂解性能，它表明液体原料中各类烃的百分比率，是一个能表征各种液体原料裂解性能的有实用价值的参数。

 **液体原料轻柴油的PONA值，并说明其裂解性能。**

**氢含量——$w(H_2)$**　氢含量指进入裂解过程中，裂解原料中氢的含量，用质量分率 $w(H_2)$ 表示，也可用 C 与 H 的质量比（称为碳氢比）表示。

氢含量

$$w(H_2) = \frac{H}{12C+H} \times 100 \qquad (4-1)$$

碳氢比

$$C/H = \frac{12C}{H} \qquad (4-2)$$

式中，$H$、$C$ 分别为原料烃中氢原子数和碳原子数。

**特性因数**　特性因数（characterization factor）$K$ 是表示烃类和石油馏分化学性质的一种参数，可表示如下：

$$K = \frac{1.216(T_B)^{1/3}}{d_{15.6}^{15.6}} \qquad (4-3)$$

$$T_B = \left(\sum_{i=1}^{n} \varphi_i T_i^{1/3}\right)^3 \qquad (4-4)$$

式中　$T_B$——立方平均沸点，K；

$d_{15.6}^{15.6}$——相对密度；

$\varphi_i$——$i$ 组分的体积分数；

$T_i$——$i$ 组分的沸点，K。

烷烃 K 值最高，环烷烃次之，芳香烃最低。烃类 K 值高低，可反映烃的氢饱和程度。乙烯、丙烯的总收率一般随着裂解原料的 K 值增大而增加。

**关联指数（BMCI 值）** 馏分油的关联指数（BMCI 值）表示油品中芳烃的含量。BMCI 值越大，则油品中的芳烃含量越高。

$$BMCI = \frac{48640}{T_V} + 473 \times d_{15.6}^{15.6} - 456.8 \qquad (4\text{-}5)$$

式中 $T_V$——体积平均沸点，K；

$d_{15.6}^{15.6}$——相对密度。

上述四个参数对烃类裂解的综合影响：氢含量顺序　P＞N＞A

特性因数 K 高低顺序　P＞N＞A

BMCI 值大小顺序　P＜N＜A

图 4-2 表示裂解原料的氢含量与乙烯收率的关系。

由图 4-2 可见，当裂解原料氢含量低于是 13％时，可能达到的乙烯收率将低于 20％。说明馏分油为裂解原料是不经济的。

 我国大型石油化工装置，如扬子石化、上海金山石化裂解所用的是何种液态烃？乙烯的收率是多少？

图 4-3 所示为柴油裂解时，BMCI 值与乙烯收率的关系。

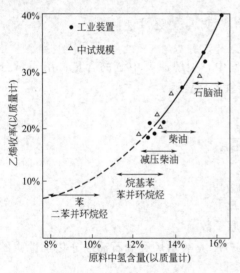

图 4-2　裂解原料氢含量与乙烯收率的关系　　　图 4-3　柴油裂解 BMCI 值与乙烯收率的关系

由图 4-3 可见，柴油或减压柴油等重质烃馏分油裂解时，随着馏分油中芳烃含量的减少，乙烯收率增加，反之亦然。所以 BMCI 值是评价重质馏分油性能的一个重要指标。

为便于理解和利用，将表征裂解原料的主要性能参数汇总于表 4-1。

表 4-1　表征裂解原料的主要性能参数

| 参数名称 | 此参数说明的问题 | 获得此参数的方法或需知的数据 | 此参数适用于评价何种原料 | 何种原料可获得较高乙烯产率 |
|---|---|---|---|---|
| 族组成 PONA 值 | 能粗线条地从本质上表征原料的化学特性 | 分析测定 | 石脑油、柴油等 | 烷烃含量高、芳烃含量低 |
| 氢含量和碳氢比 | 氢含量的大小反映出原料潜在乙烯含量的大小 | 分析测定 | 各种原料都适用 | 氢含量高的或碳氢比低的 |
| 特性因数 $K$ | 特性因数的高低反映原料芳香性的强弱 | 由 $d_{15.6}^{15.6}$ 和 $T_B$ 计算 | 主要用于液体原料 | 特性因数高 |
| 关联指数 BMCI | 关联指数大小反映烷烃支链和直链比例的大小,反映芳香性的大小 | 由 $d_{15.6}^{15.6}$ 和 $T_V$ 计算 | 柴油 | 关联指数小 |

## 二、烃类热裂解过程 (Hydrocarbon Pyrolysis Process)

由于烃类热裂解过程可获得乙烯、丙烯和丁二烯等低级烯烃分子,而且这些分子中具有双键,化学性质活泼,能与许多物质发生加成、共聚、偶联、自聚等反应,生成一系列重要的产物,所以烃类热裂解过程是化学工业获得重要基本有机原料的主要手段。通过裂解过程获取的低级不饱和烃中,以乙烯最为重要,产量最大。乙烯是石油化学工业的龙头与核心,乙烯的产量已成为衡量一个国家石油化工发展水平的重要标志,因此,烃类热裂解过程在国民经济建设和发展中具有十分重要的地位和作用。

### 1. 烃类热裂解过程的基本原理

烃类热裂解反应过程十分复杂,即使是单一组分原料进行裂解,所得产物也很复杂,且随着裂解原料组成的复杂化、重质化,裂解反应的复杂性及产物的多样性难以简单描述。为了对这样一个复杂系统有一概括的认识,可将复杂的裂解反应归纳为一次反应和二次反应,如图 4-4 所示,凡箭头指向乙烯、丙烯的反应为一次反应(primary reaction),箭头背向乙烯、丙烯的反应为二次反应(secondary reaction)。

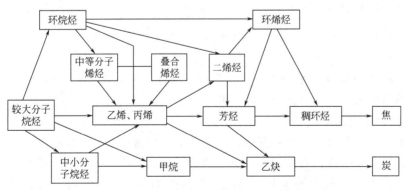

图 4-4　烃类热裂解过程反应图示

一次反应,即由原料烃类经裂解生成乙烯和丙烯的反应。二次反应主要指一次反应生成的乙烯、丙烯等低级烯烃进一步发生反应,生成多种产物,甚至最后生成焦或炭。

在生产中希望发生一次反应,因为它能提高目的产物的收率,不希望发生二次反应,并应尽量抑制二次反应的生成,因为它降低目的产物的收率,而且由于生焦、结炭反应增加会导致堵塞设备发生事故。

烃类裂解的一次反应、二次反应与石油炼炼制过程中的一次加工和二次加工有何区别?

（1）烃类裂解一次反应　各种裂解原料中主要有烷烃、环烷烃和芳烃，在炼厂气的原料中还含有少量的烯烃。

① 烷烃裂解的一次反应　烷烃裂解的一次反应（primary reaction of paraffin）有脱氢反应和断链反应。

a. 脱氢反应　是 C—H 键的断裂反应，生成碳原子数相同的烯烃和氢。

$$C_nH_{2n+2} \rightleftharpoons C_nH_{2n} + H_2 \tag{4-6}$$

脱氢反应是可逆反应，在一定条件下达到动态平衡。

b. 断链反应　是 C—C 键断裂的反应，产物分子中碳原子数减少。

$$C_{m+n}H_{2(m+n)+2} \longrightarrow C_mH_{2m} + C_nH_{2n+2} \tag{4-7}$$

② 环烷烃热裂解　环烷烃热裂解（thermal cracking of naphthenic hydrocarbon）时，主要发生断链和脱氢反应。

带侧链的环烷烃首先进行脱烷基反应，脱烷基反应一般在长侧链的中部开始断链一直进行到侧链为甲基或乙基，然再进一步发生环烷烃脱氢生成芳烃的反应，环烷烃脱氢比开环生成烯烃容易。当裂解原料中环烷烃含量增加时，乙烯和丙烯收率会下降，丁二烯、芳烃收率则有所增加。

③ 芳烃的热裂解　芳香烃的热稳定性很高，一般芳烃的热裂解（thermal cracking of aromatic hydrocarbon）主要发生两类反应：一类是烷基芳烃的侧链发生断裂生成苯、甲苯、二甲苯等反应和脱氢反应；另一类是在较剧烈的裂解条件下，芳烃发生脱氢缩合反应。

（2）烃类热解的二次反应　烃类热裂解二次反应（secondary reaction of hydrocarbon pyrolysis）远比一次反应复杂。它是原料经一次反应生成的烯烃进一步裂解为焦和炭的反应。

① 烯烃经炔烃而生成炭　裂解过程中生成的目的产物乙烯，在 900～1000℃ 或更高的温度下经过乙炔中间阶段而生成炭。

$$CH_2{=}CH_2 \xrightarrow{-H} CH_2{=}\dot{C}H \xrightarrow{-H} CH{\equiv}CH \xrightarrow{-H} CH{\equiv}\dot{C} \xrightarrow{-H} \dot{C}{\equiv}\dot{C} \longrightarrow C_n \tag{4-8}$$

$C_n$ 为六角形排列的平面分子。

② 烯烃经芳烃而结焦　烯烃的聚合、环化和缩合，可生成芳烃，而芳烃在裂解温度下很容易脱氢缩合生成多环芳烃直至转化为焦。

③ 生炭结焦反应规律

a. 在不同温度条件下，生炭结焦反应经历着不同的途径，在 900～1000℃ 及以上主要是通过生成乙炔的中间过程，而在 500～900℃ 主要是通过生成芳烃的中间过程。

b. 生炭结焦反应是典型的连串反应，随着温度的增加和反应时间的延长，不断释放出氢，残物（焦油）的氢含量逐渐下降，碳氢比、相对分子质量和密度逐渐增大。

c. 随着反应时间的延长，单环或环数不多的芳烃，转变为多环芳烃，进而转变为稠环芳烃，由液体焦油转变为固体沥青，再进一步可转变为焦炭。

（3）各种烃热裂解生成乙烯、丙烯的能力　不同烃类热裂解时生成乙烯、丙烯的能力一般有如下规律。

① 烷烃（paraffin or alkane）　正构烷烃在各种烃中最有利于乙烯、丙烯的生成。烷烃

的相对分子质量（$M_r$）愈小，其总产率愈高。异构烷烃的烯烃总产率低于同碳原子数的正构烷烃，但随着 $M_r$ 的增大，这种差别减小。

② 烯烃（olefin or alkene）  大分子烯烃裂解为乙烯和丙烯，烯烃能脱氢生成炔烃、二烯烃，进而生成芳烃。

③ 环烷烃（naphthenic hydrocarbon or cyclane）  在通常裂解条件下，环烷烃生成芳烃的反应优于生成单烯烃的反应。含环烷烃较多的原料，丁二烯、芳烃的收率较高，而乙烯的收率较低。

④ 芳烃（aromatic hydrocarbon or arene）  无烷基的芳烃基本上不易裂解为烯烃，有烷基的芳烃，主要是烷基发生断碳键和脱氢反应，而芳环保持不裂开，可脱氢缩合为多环芳烃，从而有结焦的倾向。

各类烃的热裂解容易程度有如下顺序：

$$正烷烃＞异烷烃＞环烷烃(六碳环＞五碳环)＞芳烃$$

（4）烃类热裂解的反应速率  烃类裂解一次反应大都为一级反应。

$$-\frac{dc}{dt}=k_T c \tag{4-9}$$

式中  $-dc/dt$——反应物的消失速率，mol/(L·s)；

$c$——反应物浓度，mol/L；

$t$——反应时间，s；

$k_T$——反应速率常数，$s^{-1}$。

当反应物浓度由 $C_0 \rightarrow C$，反应时间由 $0 \rightarrow t$ 时，式（4-9）积分后有：

$$\ln \frac{c_0}{c}=k_T t \tag{4-10}$$

以转化率 $x$ 表示，因裂解反应是分子数增加的反应

$$c=\frac{c_0(1-x)}{\beta}$$

代入式（4-10）中得：

$$\ln \frac{\beta}{1-x}=k_T t \tag{4-11}$$

式中，$\beta$ 为体积增加率。$\beta$ 值是指烃类原料气经裂解后所得裂解气的体积与原料气体积之比。其值是随着转化率和反应条件而变化，一般由实验来确定。

已知反应速率常数 $k_T$ 是随温度而变化的，即

$$\lg k_T=\lg A-\frac{E}{2.303RT} \tag{4-12}$$

因此，当 $\beta$ 已知时，求取 $k_T$ 后即可求出转化率 $x$。

## 2. 烃类热裂解过程的工艺影响因素

影响烃类热裂解过程的工艺条件（technolgcial conditions of hydrocarbon pyrolysis process），主要有反应温度、烃分压、停留时间等。

（1）温度  温度（temperature）是影响烃类裂解结果的一个极其重要的因素。从热力学分析可知，裂解反应需要吸收大量的热，只有在高温下，裂解反应才能进行。烃类生炭反应的 $\Delta G^{\ominus}$ 具有很大的负值，在热力学上比一次反应占绝对优势，但裂解过程必须经过中间

产物乙炔阶段。

$$C_2H_6 \xrightarrow{k_{p_1}} C_2H_4 + H_2 \tag{4-13}$$

$$C_2H_4 \xrightarrow{k_{p_2}} C_2H_2 + H_2 \tag{4-14}$$

$$C_2H_2 \xrightarrow{k_{p_3}} 2C + H_2 \tag{4-15}$$

表 4-2 是不同温度下乙烷分解生炭过程各反应的平衡常数。从表 4-2 可见，随着温度升高，乙烷脱氢和乙烯脱氢两个反应的平衡常数 $k_{p_1}$ 和 $k_{p_2}$ 都增大，其中 $k_{p_2}$ 增得更大些。虽然 $k_{p_3}$ 随着温度升高而减小，但其值仍很大。所以热力学分析结果是，高温有利于乙烷脱氢平衡，更有利于乙烯脱氢生成乙炔，过高的温度更有利于炭的生成。

表 4-2　乙烷分解生炭过程各反应的平衡常数

| 温度 | $k_{p_1}$ | $k_{p_2}$ | $k_{p_3}$ | 温度 | $k_{p_1}$ | $k_{p_2}$ | $k_{p_3}$ |
|------|-----------|-----------|-----------|------|-----------|-----------|-----------|
| 827 | 1.675 | 0.01495 | $6.556\times10^7$ | 1127 | 48.86 | 1.134 | $3.446\times10^5$ |
| 927 | 6.234 | 0.08053 | $8.662\times10^6$ | 1227 | 111.98 | 3.248 | $1.032\times10^5$ |
| 1027 | 18.89 | 0.3350 | $1.570\times10^6$ | | | | |

对上述反应从动力学上分析，乙烷脱氢生成乙烯的活化能（6900J/mol）大于乙烯脱氢为乙炔的活化能（4000J/mol），故升高温度有利于 $k_1/k_2$ 的提高，即有利于提高一次反应对二次反应的相对速率。究竟采用多高的裂解温度，有利于提高乙烯收率，减少焦和炭的生成，实验证明在采用高温裂解的同时，必须考虑相应的停留时间。

（2）停留时间　在裂解进程中，由于存在一次反应和二次反应的竞争，则每一种原料在某一特定温度下裂解时，都有一个得到最大乙烯收率的适宜停留时间（residence time）。如图 4-5 所示，停留时间过长，乙烯收率下降。由于二次反应主要发生在转化率较高的裂解后期，缩短停留时间，可抑制二次反应的发生，增加乙烯收率。

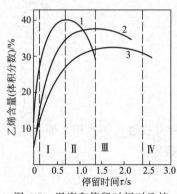

图 4-5　温度和停留时间对乙烷
裂解反应的影响
1—1116K；2—1089K；3—1055K

目前工业上一般用表观停留时间或平均停留时间来计算烃类裂解过程中的停留时间。

① 表观停留时间 $t_a$

$$t_a = \frac{V_R}{V} = \frac{SL}{V} \tag{4-16}$$

式中　$V_R$、$S$、$L$——反应器容积、裂解管截面积及管长；

$V$——气态反应物（包括惰性稀释剂）的实际容积流率，$m^3/s$。

② 平均停留时间　微元处理时

$$\int_0^t dt = \int_0^{V_R} \frac{dV_R}{\beta V_{原料}} \tag{4-17}$$

式中，$\beta$ 为体积增大率，在微元处理时它是随转化深度、温度和压力而变的数值，近似计算时：

$$t = \frac{V_R}{\beta' V'_{原料}} \tag{4-18}$$

式中　$V'_{原料}$——原料气（包括惰性稀释剂）在平均反应温度和平均反应压力下的体积流量 $m^3/s$；

$\beta'$——最终体积增大率。

$$\beta' = \frac{\text{最终反应物体积(标准态)}}{\text{原料气态的体积(标准态)}} \tag{4-19}$$

从图 4-5 可知，裂解过程中的温度和时间是影响乙烯收率的两个关键因素。并且二者相互制约，相互影响，缺一不可。高温必须短停留时间，反之亦然。

温度和停留时间是矛盾的统一体，原料不同，裂解温度不同，停留时间不同；同一种原料，裂解温度不同，停留时间也不同。

（3）烃分压和稀释剂　从热力学分析，烃类裂解的一次反应大都是体积增大的反应，降低压力对一次反应平衡有利；而二次反应（聚合、脱氢、缩合等）都是分子数减少的反应，降低压力对其平衡不利，但可抑制结焦过程。

从动力学分析看，一次反应（多为一级反应）和二次反应（反应级数高于一级反应）的速率式

$$r_{次} = k_{一次反应} \, c \tag{4-20}$$

$$r_{聚合} = k_{聚合} \, c'_A \tag{4-21}$$

$$r_{缩合} = k_{缩合} \, c'_A c'_B \tag{4-22}$$

从上述情况可知，压力虽然不能改变反应速率常数 $k$，但可以通过影响反应物的浓度 $c$ 而对反应速率 $r$ 起作用。由于降低压力能使反应物浓度降低，而反应物浓度与反应速率成正比，故降低烃的分压对一次反应和二次反应均不利。由于反应级数的不同，改变压力（即改变反应物浓度）对反应速率的影响也不同，所以降低烃分压，有利于提高一次反应对二次反应的相对速率，也有利于提高乙烯的收率。因此，无论从热力学或动力学分析，降低烃分压对增加乙烯收率，抑制二次反应产物生成都是有利的。但由于高温裂解减压操作很不安全，工业上常采用加入稀释剂来降低烃分压。一般常用加水蒸气的方法来达到降低烃分压的目的。

 水蒸气只是稀释剂的一种，烃类热裂解加入水蒸气是可以的，对于某些有固体催化剂的体系是不能加入水蒸气的，此处为什么加入水蒸气作为稀释剂？

### 3. 管式裂解炉及裂解工艺过程

（1）管式裂解炉　目前国外一些代表性的管式裂解炉（tube cracking furnace）：美国鲁姆斯（Lummus）公司的 SRT（short residence time）型炉；美国斯通韦勃斯特的超选择性 USC 型炉；美国凯洛格（Kellogg）公司的 USRT 超短停留时间毫秒炉，日本三菱油化公司的倒梯台式炉等。尽管各家炉型各具特点，但其同样都为满足高温、短停留时间及低烃分压而设计的。国内大都采用的鲁姆斯公司的 SRT 炉型和凯洛格公司的 US-RT 炉型。SRT 型裂解炉结构如图 4-6 所示。其辐射段炉管排布形式如表 4-3 所示。

为了提高裂解温度并缩短停留时间，改进辐射段炉管的排布形式、管径结构、炉管材质都是有效的手段。发展中相继出现了多程等管径、分支变管径、双程分支变管径等不同结构的辐射盘管。材质由过去采用主要成分为含镍 20%、铬 25% 的 HK-40 合金钢（耐 1050℃ 高温），至 20 世

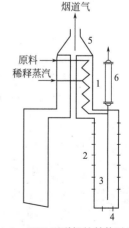

图 4-6　SRT 型裂解炉结构示意图

1—对流室；2—辐射室；3—炉管室；
4—烧嘴；5—烟囱；6—急冷锅炉

表 4-3  SRT 型裂解炉辐射段炉管排布形式

| 项目 | SRT-Ⅰ | SRT-Ⅱ | | | SRT-Ⅲ | | |
|---|---|---|---|---|---|---|---|
| 炉管排列 | | | | | | | |
| 程数 | 8P | 6P33 | | | 4P40 | | |
| 管长/m | 80~90 | 60.6 | | | 51.8 | | |
| 管径/mm | 75~133 | 64 | 96 | 152 | 64 | 89 | 146 |
| | | 1 程 | 2 程 | 3~6 程 | 1 程 | 2 程 | 3~4 程 |
| 表观停留时间/s | 0.6~0.7 | 0.47 | | | 0.38 | | |

| 项目 | SRT-Ⅳ、SRT-Ⅴ | | SRT-Ⅵ | |
|---|---|---|---|---|
| 炉管排列 | | | | |
| 程数 | 2 程(16~2) | | 2 程(8~2) | |
| 管长/m | 21.9 | | 约 21 | |
| 管径/mm | 41.6 | 116 | >50 | >100 |
| | 1 程 | 2 程 | 1 程 | 2 程 |
| 表观停留时间/s | 0.21~0.3 | | 0.2~0.3 | |

纪 70 年代以后改用含镍 35％、铬 25％的 HP-40 合金钢（耐 1100℃高温），到近年来开发的"陶瓷裂解炉管"。这些改变使得停留时间缩短，传热强度、处理能力和生产能力有很大的提高。

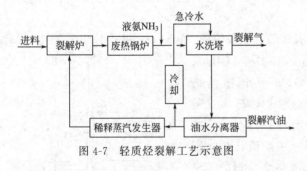

图 4-7  轻质烃裂解工艺示意图

（2）烃类热裂解过程工艺流程  烃类热裂解过程随原料不同，工艺流程也有所不同。

① 轻质烃为原料的工艺过程  轻质烃裂解时，裂解产物中重质馏分较少。尤其是以乙烷和丙烷为原料裂解时，裂解气中的燃料油含量甚微。其工艺流程如图 4-7 所示。

轻质烃原料裂解后，经废热锅炉回收热量，副产高压蒸汽，裂解气冷却至 200~300℃

废热锅炉实际上是急冷器，除了回收热量外，还有什么作用。

进入水洗塔。在水洗塔中，塔顶用急冷水喷淋冷却裂解气至 40℃左右，送至裂解气压缩机。塔釜大部分水与裂解汽油进入油水分离器，裂解汽油经汽油汽提塔汽提。分离出温度约 80℃ 的水分，一部分经冷却送至水洗塔塔顶作为急冷水，另一部分则送稀释蒸汽发生器发生稀释蒸汽。急冷水除部分用于冷却水冷却（或空冷）外，其余部分可用于分离系统工艺加热（如丙烯精馏塔再沸器加热），以回收低品位热能。

② 馏分油（减压塔侧线油）为原料的工艺过程　馏分油为原料裂解后所得裂解气中含有相当量的重质馏分，这些重质燃料油馏分与水混合后因乳化而难于进行油水分离，因此在冷却裂解气的过程中，应先将裂解气中的重质燃料油馏分分馏出来，然后将裂解气再进一步送至水洗塔冷却，其工艺流程如图 4-8 所示。

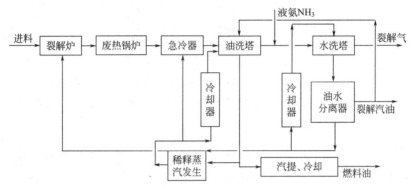

图 4-8　馏分油裂解工艺示意图

馏分油原料裂解后，高温裂解气经废热锅炉回收热量，再经急冷器用急冷油喷淋，降温至 220～300℃，冷却后的裂解气进入油洗塔（或称预分馏塔）。塔顶用裂解汽油喷淋，温度控制在 100～110℃ 之间，保证裂解气中的水分从塔顶带出油洗塔。塔釜温度则随裂解原料的不同而控制在不同的水平。石脑油裂解时，釜温 180～190℃，轻柴油裂解时则控制在 190～200℃。塔釜所得燃料油产品，部分经汽提并冷却后作为裂解燃料油产品。另一部分（称为急冷油）送至稀释蒸汽系统作为稀释蒸汽的热源，回收裂解气的热量。经稀释蒸汽发生系统冷却的急冷油，大部分送至急冷器以喷淋高温裂解气，少部分急冷油进一步冷却后作为油洗塔中段回流。

油洗塔顶的裂解气进入水洗塔，用急冷水喷淋，裂解气降温至 40℃ 左右送入裂解气压缩机。塔釜液温度约 80℃，经油水分离器，水相一部分（称为急冷水）经冷却后送入水洗塔作为塔顶喷淋，另一部分则送至稀释蒸汽发生器产生蒸汽，供裂解炉使用。油相即裂解气油馏分，部分送至油洗塔作为塔顶喷淋，另一部分则作为产品采出。

## 三、裂解气的分离过程 (Separation Process of Pyrolysis Gas)

经热裂解过程处理后的裂解气，是含有氢和各种烃类（已脱除大部分 $C_5$ 以上液态烃）的复杂混合物，此外裂解气中还含有少量硫化物、二氧化碳和水蒸气等杂质，以及少量炔烃。裂解气分离的目的是除去裂解气中有害杂质，分离出单一烯烃或其他烃类馏分，为化学工业提供原料。

由于裂解气体组成复杂，对乙烯，丙烯等分离产品纯度要求高，所以要进行一系列的净化与分离过程。净化与分离过程可根据裂解气的组成不同组合成不同的分离流程。但无论是何种分离流程，都由气体的净化、压缩和制冷（称为裂解气的预处理）系统，精馏分离系统两部分组成，如图 4-9 所示。

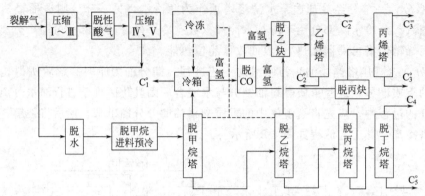

图 4-9　深冷分离流程示意图

图 4-9 中气体净化是为了脱除杂质，以排除对后续操作的干扰和提纯产品，可称为产品精馏前的准备；压缩、制冷是为后续分离创造必要条件，是保证系统。精馏分离是获得合格单一产品的系统，是整个分离过程的核心。

　从图4-9可看出脱酸性气体安排在三段压缩之后四五段压缩之前，为什么这样安排？

### 1. 裂解气的预处理过程

裂解气的预处理包括裂解气的净化和冷冻压缩。

（1）裂解气的净化　裂解气的净化脱酸性气体、脱水、脱炔等过程。

裂解气中含硫化物（无机硫化物和有机硫化物）、$CO_2$、$H_2O$、$C_2H_2$、CO 等气体，主要来源有：原料中带入、裂解过程生成、裂解气处理过程引入等三个方面。这些杂质对裂解气分离装置以及乙烯和丙烯衍生物加工装置都会有很大的危害。$CO_2$ 会在低温下结成干冰，堵塞分离设备和管道，$H_2S$ 可使加氢脱炔催化剂和甲烷化催化剂中毒。而对于下游加工装置，当酸性气体在氢、乙烯、丙烯产品中含量不合格时，可使聚合过程或催化反应过程的催化剂中毒，也可能严重影响产品的质量。所以，在裂解气进行精馏分离之前，必须将裂解气中的酸性气体脱除干净。

① 脱酸性气体　脱除裂解气中酸性气体的方法有 NaOH 碱洗法和醇胺法，也有使用 NaOH 碱洗法和醇胺法相结合的方法。

a. 碱洗法　碱洗法用 NaOH 作为吸收剂，通过化学吸收的方法脱除酸性气体。其反应式如下：

$$CO_2 + 2NaOH \longrightarrow Na_2CO_3 + H_2O \tag{4-23}$$

$$H_2S + 2NaOH \longrightarrow Na_2S + 2H_2O \tag{4-24}$$

碱洗法可以采用一段碱洗，也可以采用多段碱洗。为了提高碱液利用率，乙烯装置大多采用多段（二段或三段）碱洗。

在常温有碱液存在时，裂解气中的不饱和烃会发生聚合，生成的聚合物将聚集于塔釜。这些聚合物为液体，与空气接触后，易形成黄色固态，通常称为"黄油"。"黄油"的生成可能造成碱洗塔釜和废碱罐的堵塞，为废碱液的处理造成麻烦。但"黄油"可溶于富含芳烃的裂解汽油，因此，常常在碱液池中注入裂解汽油，将"黄油"分离。

图 4-10 所示为两段碱洗和一段水洗工艺流程。如图所示，裂解气压缩机四段出口裂解

气经冷却并分离凝液后，再由 37℃预热至 42℃，进入碱洗塔，该塔分三段，Ⅰ段水洗塔为泡罩塔板，Ⅱ段和Ⅲ段为碱洗段（填料层），裂解气经两段碱洗后，再经水洗段水洗后进入压缩机四段吸入罐。补充新鲜碱液含量为 18%～20%，目的是保证Ⅱ段循环碱液 NaOH 含量约为 5%～7%；部分Ⅱ段循环碱液补充到Ⅲ段循环碱液中，以平衡塔釜排出的废碱。Ⅲ段循环碱液 NaOH 含量为 2%～3%。

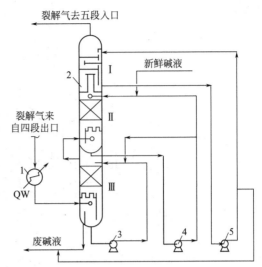

图 4-10　两段碱洗和一段水洗工艺流程
1—加热器；2—碱洗塔；3，4—碱液循环泵；5—水洗循环泵；QW—急冷水

Lummus 公司采用的三段碱洗工艺流程，其改进主要是两方面，其一是碱洗塔的三段碱洗均采用填料塔，全塔阻力降可降为 50～60kPa，由此可使裂解气压缩机功耗降低 1%～1.5%；其二是改进了废碱液与"黄油"的分离，将碱洗塔釜液采出的废碱液"黄油"一起送入废碱罐，罐内注入一定量裂解汽油，使"黄油"溶解，然后经裂解汽油分离器使废碱与裂解汽油分离。

b. 乙醇胺法脱除酸性气　用乙醇胺做吸收剂，除去裂解气中的 $CO_2$ 和 $H_2S$，是一种物理吸收和化学吸收相结合的方法，所用的吸收剂主要是一乙醇胺（MEA）和二乙醇胺（DEA）。

以一乙醇胺为例，在吸收过程中它能与 $CO_2$ 和 $H_2S$ 发生如下反应。

$$2HOC_2H_4—NH_2 \underset{-H_2S}{\overset{H_2S}{\rightleftharpoons}} (HOC_2H_4—NH_2)_2S \underset{-H_2S}{\overset{H_2S}{\rightleftharpoons}} 2HOC_2H_4NH_2HS \quad (4\text{-}25)$$

$$2HOC_2H_4—NH_2 \underset{-CO_2+H_2O}{\overset{CO_2+H_2O}{\rightleftharpoons}} (HOC_2H_4NH_2)_2CO_3 \quad (4\text{-}26)$$

$$(HOC_2H_4NH_2)_2CO_3 \underset{-CO_2+H_2O}{\overset{CO_2+H_2O}{\rightleftharpoons}} 2HOC_2H_4NH_2HCO_3 \quad (4\text{-}27)$$

$$2HOC_2H_4—NH_2 + CO_2 \rightleftharpoons HOC_2H_4—NHCOONH—C_2H_4OH \quad (4\text{-}28)$$

以上反应是可逆反应，温度降低，压力升高时，反应向右进行，并放热；当温度升高，压力降低时，反应向左进行，并吸热。因此，常温加压有利于吸收，减压有利于解吸，吸收液在低压下加热，释放出 $CO_2$ 和 $H_2S$，吸收剂再生，重复使用。

　如果是二乙醇胺作为吸收剂，它的反应过程如何？

图 4-11 所示为 Lummus 公司采用的乙醇胺法脱酸性气的工艺流程。乙醇胺加热至 45℃后送入吸收塔的顶部。裂解气中的酸性气体大部分被乙醇胺溶液吸收后，送入碱洗塔进一步净化。吸收了的 $CO_2$ 和 $H_2S$ 的富液，由吸收塔釜采出，在富液中注入少量洗油（裂解汽油），溶解富液中重质烃及聚合物。富液和洗油经分离器分离洗油后，送到汽提塔进行解吸。汽提塔中解吸出的酸性气体，经塔顶冷却并回收凝液后放空。解吸后的贫液再返回吸收塔进

行吸收。

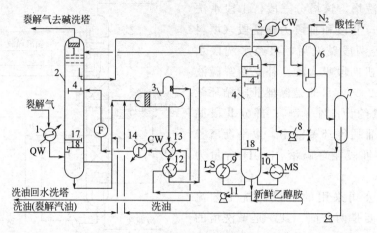

图 4-11 乙醇胺法脱酸性气工艺流程

1—加热器；2—吸收塔；3—汽油-胺分离器；4—汽提塔；5—冷却器；6,7—分离罐；
8—回流泵；9,10—再沸器；11—胺液泵；12,13—换热器；
14—冷却器；CW—冷却水；MS—中压水蒸气

c. 乙醇胺法与碱洗法的比较　乙醇胺法与碱洗法相比，主要优点是吸收剂可再生循环使用，当酸性气含量较高时，从吸收液的消耗和废水处理量来看，乙醇胺法明显优于碱洗法。

乙醇胺法与碱洗法比较如下。

● 乙醇胺法吸收酸性气杂质没有碱洗法彻底，经乙醇胺法处理后裂解气，酸性气体的体积分数仍达 $(30\sim50)\times10^{-6}$，需要用碱法进一步脱除，使 $CO_2$ 和 $H_2S$ 的体积分数均低于 $1\times10^{-6}$，才能满足乙烯生产的要求。

● 乙醇胺虽可再生循环使用，但由于挥发和降解，仍有一定损耗。由于乙醇胺与羰基硫、二硫化碳反应是不可逆的，当这些硫化物含量高时，吸收剂损失很大。

● 乙醇胺水溶液呈碱性，但当有酸性气体存在时，溶液 pH 值急剧下降，容易腐蚀碳钢设备。尤其在酸性气体浓度高而且温度也高的部位（如换热器、汽提塔及再沸器）腐蚀更为严重。因此，乙醇胺法对设备材质要求高，投资相应较大。

● 乙醇胺溶液可吸收丁二烯和其他双烯烃，吸收双烯烃后的吸收剂，在高温再生时易生成聚合物，结果，既造成系统结垢，又损失了丁二烯。

因此，一般情况下乙烯装置均采用碱法脱除裂解气中的酸性气体，只有当酸性气体含量较高（例如：裂解原料中，硫的体积分数超过 0.2%）时，为减少碱耗量以降低生产成本，可考虑采用，乙醇胺法预脱裂解气中的酸性气体，然后用碱洗法进一步脱除。

② 脱水　经预分馏处理后的裂解气，进入裂解气压缩机，在压缩机入口裂解气中的水分为入口温度和压力条件下的饱和水含量。裂解气在压缩过程中，随着压力的升高，在段间冷凝过程中可分离出部分水分。通常，裂解气压缩机出口压力 3.5~3.7MPa，经冷却至 15℃左右，即送入低温分离系统，此时，裂解气中饱和水含量 $(600\sim700)\times10^{-6}$，这些水分若带入低温分离系统，会造成设备和管道的堵塞，在加压和低温条件下，水分还可以与烃类生成白色结晶的水合物，如：$CH_4\cdot6H_2O$，$C_2H_6\cdot7H_2O$，$C_3H_8\cdot8H_2O$。这些水合物在设备和管道内积累，会造成堵塞现象，因而需要进行干燥脱水处理。为避免低温系统冻

堵，通常要求将裂解气中水含量（质量分数）降至 $1 \times 10^{-6}$ 以下，即脱水后，裂解气露点控制在 $-70℃$ 以下。

**吸附干燥** 裂解气中的水含量不高，但要求脱水后物料的干燥度很高，因而，均采用吸附法进行干燥。

图 4-12 所示为活性氧化铝和分子筛的等温吸附和等压吸附曲线。分子筛是典型的平缓接近饱和值的朗格缪尔型等温吸附曲线，在相对湿度达 20% 以上时，其平衡吸附量接近饱和值。即使在很低的相对湿度下，分子筛仍有较大的吸附能力。而活性氧化铝的吸附容量随相对湿度变化很大，在相对湿度超过 60% 时，其吸附容量高于分子筛。随着相对湿度的降低，其吸附容量远低于分子筛。由等压吸附曲线可见，在低于 100℃ 的范围内，分子筛吸附容量受温度的影响较小，而活性氧化铝的吸附量受温度的影响较大。

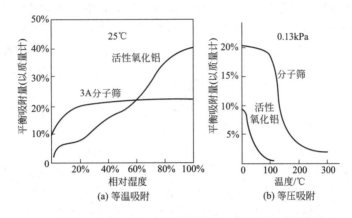

图 4-12　活性氧化铝和分子筛的等温吸附和等压吸附曲线

目前工业上，裂解气干燥脱水均采用 3A 分子筛。3A 分子筛是离子型极性吸附剂，对极性分子特别是水有极大的亲和性，易于吸附；而对 $H_2$、$CH_4$ 和 $C_3$ 及以上烃类均不易吸附。因而，用于裂解气和烃类干燥时，不仅烃的损失少，也可减少高温再生时形成聚合物或结焦而使吸附剂性能劣化。而活性氧化铝可吸附 $C_4$ 不饱和烃，不仅造成 $C_4$ 烯烃损失，影响操作周期，而且再生时易生成聚合物或结焦而使吸附剂性能劣化。

图 4-13 所示为裂解气干燥时，经多次再生后吸附剂性能的劣化情况。3A 分子筛劣化的主要原因是由于细孔内钾离子的入口被堵塞所致，循环初期劣化速度较快，以后慢慢趋向一个定值。其劣化度为初始吸附量的 30% 左右，较活性氧化铝为优。

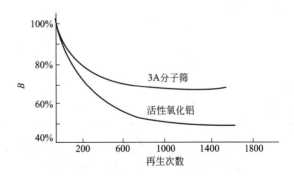

图 4-13　裂解气干燥吸附剂劣化情况
（$B=$ 劣化后吸附量/初期吸附量）

③ 炔烃脱除　在裂解气分离过程中，裂解气中的乙炔将富集于 $C_2$ 馏分中，甲基乙炔和丙二烯（简称 MAPD）富集于 $C_3$ 馏分。通常 $C_2$ 馏分中乙炔的摩尔分数约为 0.3%～1.2%，$C_3$ 馏分中的 MAPD 摩尔分数为 1%～5%。Kellogg 毫秒炉在裂解条件下，$C_2$ 馏分中富集的乙炔摩尔分数可高达 2.0%～2.5%，$C_3$ 馏分中 MAPD 的摩尔分数可

达 $5\% \sim 7\%$。

**炔烃的危害**　乙烯和丙烯产品中含有炔烃，对乙烯和丙烯衍生物生产过程带来麻烦。它们影响催化剂寿命，恶化产品质量，形成不安全因素，产生不希望的副产品。因此，大多数乙烯和丙烯衍生物的生产均对原料乙烯和丙烯中的炔烃含量提出较严格的要求。通常，要求乙烯产品中的乙炔摩尔分数低于 $5 \times 10^{-6}$。丙烯产品中，甲基乙炔的摩尔分数要求低于 $5 \times 10^{-6}$，丙二烯的摩尔分数低于 $1 \times 10^{-5}$。

**炔烃的处理方法**　工业上处理炔烃的方法，有溶剂吸收法和催化加氢法。溶剂吸收法（溶剂通常用 $C_3 \sim C_4$ 油）是使用溶剂吸收裂解气中的炔烃，以达到净化目的，同时也回收一定量炔烃。催化加氢法是将裂解气中炔烃加氢成为烯烃或烷烃，由此达到脱除炔烃的目的。溶剂吸收法和催化加氢法各有优缺点。目前，在不需要回收炔烃时，一般采用催化加氢法。当需要回收炔烃时，则采用溶剂吸收法。实际生产装置中，建有回收炔烃的溶剂吸收系统的工厂，往往同时设有催化加氢脱炔系统。两个系统并联，以具有一定的灵活性。

a. 催化加氢脱炔　裂解气中的乙炔进行选择催化加氢时有如下反应发生。

主反应
$$C_2H_2 + H_2 \xrightarrow{K_1} C_2H_4 + \Delta H_1 \tag{4-29}$$

副反应
$$C_2H_2 + 2H_2 \xrightarrow{K_2} C_2H_6 + \Delta H_2 \tag{4-30}$$

$$C_2H_4 + H_2 \longrightarrow C_2H_6 + (\Delta H_2 - \Delta H_1) \tag{4-31}$$

$$mC_2H_2 + nC_2H_4 \longrightarrow \text{低聚物（绿油）} \tag{4-32}$$

当反应温度升高到一定程度时，还可能发生生成 C、$H_2$ 和 $CH_4$ 的裂解反应。

乙炔加氢转化为乙烯和乙炔加氢转化为乙烷的反应热力学数据如表 4-4 所示。根据化学平衡常数可以看出，乙炔加氢转化为乙烷的反应比乙炔加氢转化为乙烯的反应可能性更大。此外，试验表明：当乙炔加氢转化为乙烯和乙烯加氢转化为乙烷的反应各自单独进行时，乙烯加氢转化为乙烷的反应速率比乙炔加氢转化为乙烯的反应速率快 10～100 倍。因此，在乙炔催化加氢过程中，催化剂的选择性将是影响加氢脱炔效果的重要指标。乙炔加氢反应热效应和平衡数据如表 4-4 所示。

表 4-4　乙炔加氢反应热效应和平衡数据

| 温度/K | 反应热效应 $\Delta H /(\text{kJ/mol})$ | | 化学平衡常数 | |
|---|---|---|---|---|
| | $C_2H_2 + H_2 \longrightarrow C_2H_4$ | $C_2H_2 + 2H_2 \longrightarrow C_2H_6$ | $C_2H_2 + H_2 \xrightarrow{K_1} C_2H_4$ $K_1 = \dfrac{c_{C_2H_4}}{c_{C_2H_2} c_{H_2}}$ | $C_2H_2 + 2H_2 \xrightarrow{K_2} C_2H_6$ $K_2 = \dfrac{c_{C_2H_6}}{c_{C_2H_2} c_{(H_2)}^2}$ |
| 300 | −174.636 | −311.711 | $3.37 \times 10^{24}$ | $1.19 \times 10^{42}$ |
| 400 | −177.386 | −316.325 | $7.63 \times 10^{16}$ | $2.65 \times 10^{28}$ |
| 500 | −179.660 | −320.227 | $1.65 \times 10^{12}$ | $1.31 \times 10^{20}$ |
| 600 | −181.334 | −323.267 | $1.19 \times 10^{9}$ | $3.31 \times 10^{14}$ |
| 700 | −182.733 | −325.595 | $6.5 \times 10^{6}$ | $3.10 \times 10^{10}$ |

对裂解气中的甲基乙炔和丙二烯进行选择性催化加氢时反应如下。

主反应：
$$CH_3{-}C{\equiv}CH + H_2 \longrightarrow C_3H_6 + 165\text{kJ/mol} \tag{4-33}$$

$$CH_2{=}C{=}CH_2 + H_2 \longrightarrow C_3H_6 + 173\text{kJ/mol} \tag{4-34}$$

副反应：
$$C_3H_6 + H_2 \longrightarrow C_3H_8 + 124\text{kJ/mol} \tag{4-35}$$

$$nC_3H_4 \longrightarrow (C_3H_4)_n \text{ 低聚物（绿油）} \tag{4-36}$$

从反应热力学来看，在 $C_3$ 馏分中炔烃加氢转化为丙烯的反应比丙烯加氢转化为丙烷的反应更为可能。因此，碳三炔烃加氢时比乙炔加氢更易获得较高的选择性。但是，随着温度的升高，丙烯加氢转化为丙烷的反应以及低聚物（绿油）生成的反应将加快，丙烯损失相应增加。

**前加氢和后加氢**　前加氢，指裂解气经压缩或制冷、脱除酸性气体和水分后，再压缩后，进入精馏分离之前而在催化剂的作用下进行自身的选择性加氢反应（不需要外界加入氢源），以脱除其中炔烃。又称为自给氢催化加氢过程。

前加氢催化剂分钯系和非钯系两类，用非钯催化剂脱炔时，对进料中杂质（硫、CO、重质烃）的含量限制不很严，但其反应温度高，加氢选择性不理想。加氢后残余乙炔一般高于 $1 \times 10^{-5}$，乙烯损失达 1％～3％。钯系催化剂对原料中杂质含量限制很严，通常要求硫含量低于 $5 \times 10^{-6}$。钯系催化剂反应温度较低，乙烯损失可降至 0.2％～0.5％，加氢后残余乙炔可低于 $5 \times 10^{-6}$。

后加氢过程是指裂解气分离出 $C_2$ 馏分和 $C_3$ 馏分后，再分别对 $C_2$ 和 $C_3$ 馏分进行催化加氢，后加氢需要向系统补充氢源，以脱除乙炔、甲基乙炔和丙二烯。

前加氢利用裂解气中含有的氢进行加氢反应，流程简化，节省投资，但它的最大缺陷是催化剂的选择性差。后加氢过程所需氢气是根据炔烃含量定量供给，最大的优点是催化剂的选择性好。温度较易控制，不易发生飞温的问题。前加氢是在大量氢气过量的条件下进行加氢反应，当催化剂性能较差时，副反应剧烈，选择性差，不仅造成乙烯和丙烯损失，严重时还会导致反应温度失控，床层飞温，威胁生产安全。正因为如此，目前工业中以采用后加氢为主。

目前后加氢催化剂，对于脱乙炔过程主要使用钯系催化剂，国外主要催化剂品种列于表4-5。

表4-5　国外碳二加氢催化剂

| 项目 \ 催化剂型号 | C31-1A | | G-58B | LT-161 |
|---|---|---|---|---|
| 厂商 | CCl | | Girdler | Procatalyse |
| 组成 | Pd-Al$_2$O$_3$ | | Pd-Al$_2$O$_3$ | Pd-Al$_2$O$_3$ |
| 反应器 | 单段床 | 双段床 | 单段床 | 双段床 |
| 进料温度/℃ | 27～93 | 27～93 | 40～110 | 60～130 |
| 反应压力/MPa | 2.25 | 2.06 | 1.0～3.0 | 2.53 |
| 气体空速/h$^{-1}$ | 2365 | 2130 | 1500～4000 | 2600 |
| 原料乙炔摩尔分数 | 0.72％ | 0.92％ | 0.3％～0.5％ | 0.67％ |
| H$_2$/C$_2$H$_2$（摩尔比） | 1.5～2.5 | 第一段:1～2<br>第二段:1.5～2.5 | 2.0 | 第一段:1.3～2.0<br>第二段:3.0～5.0 |
| 残余乙炔摩尔分数 | <5×10$^{-6}$ | <5×10$^{-6}$ | <5×10$^{-6}$ | <5×10$^{-6}$ |
| 再生周期/月 | 约6 | 6～12 | 约3 | 6 |
| 寿命/年 | 3 | 3～5 | 5 | 2 |

**加氢工艺流程**　以后加氢过程为例，进料中乙炔的摩尔分数高于0.7％，一般采用多段绝热床或等温反应器。Lummus公司采用的两段绝热床加氢的工艺流程，如图4-14所示。

 **查一查**　什么叫做绝热反应器，什么叫做等温反应器？各自有何特点？

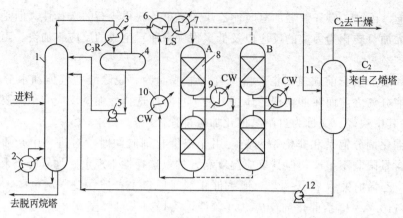

图 4-14　两段绝热床加氢工艺流程

1—脱甲烷塔；2—再沸器；3—冷凝器；4—回流罐；5—回流泵；
6—换热器；7—加热器；8—加氢反应器；9—段间冷却器；
10—冷却器；11—绿油吸收塔；12—绿油泵；LS—低压水蒸气

脱乙烷塔塔顶回流罐中未冷凝 $C_2$ 馏分经预热并配注氢之后进入第一段加氢反应器，反应后的气体经段间冷却后进入第二段加氢反应器。反应后的气体经冷却后送入绿油塔，在此用乙烯塔抽出的 $C_2$ 馏分吸收绿油。脱除绿油后的 $C_2$ 馏分经干燥后送入乙烯精馏塔。

两段绝热反应器设计时，通常使运转初期在第一段转化乙炔 80%，其余 20% 在第二段转化。而在运转后期，随着第一段加氢反应器内催化剂的活性的降低，逐步过渡到第一段转化 20%，第二段转化 80%。

b. 溶剂吸收法脱除乙炔　溶剂吸收法，是用选择性溶剂将 $C_2$ 馏分中的少量乙炔选择性地吸收到溶剂中，实现脱除乙炔的方法。选择性吸收乙炔的溶剂，可以在一定条件下把乙炔解吸出来。因此，溶剂吸收法脱除乙炔的同时，可回收到高纯度的乙炔。

溶剂吸收法曾是乙烯装置脱除乙炔的主要方法，随着加氢脱炔术的发展，逐渐被加氢法取代。然而，随着乙烯装置的大型化，尤其随着裂解技术向高温短停留时间发展，裂解副产乙炔量相当可观，乙炔回收更具吸引力。因而，溶剂吸收法在近年又广泛引起重视，不少已建有加氢脱炔的乙烯装置，也纷纷建设溶剂吸收装置以回收乙炔。以 300kt/a 乙烯装置为例，以石脑油为原料时，在高深度裂解条件下，常规裂解每年可回收乙炔量约 6700t，毫秒炉裂解时每年回收乙炔量可达 11500t。

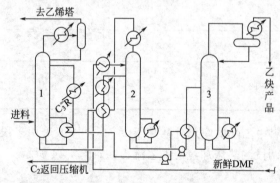

图 4-15　DMF 溶剂吸收法脱
乙炔工艺流程（Lummus）

1—乙炔吸收塔；2—稳定塔；3—汽提塔

选择性溶剂应对乙炔有较高的溶解度，而对其他组分溶解度较低，常用的溶剂有二甲基甲酰胺（DMF），N-甲基吡咯烷酮（NMP）和丙酮。除溶剂吸收能力和选择性外，溶剂的沸点和熔点也是选择溶剂的重要指标。低沸点溶剂较易解吸，但损耗大，且易污染产品。高沸点溶剂解吸时需低压高温条件，但溶剂损耗小，且可获得较高纯度的产品。

Lummus 公司 DMF 溶剂吸收法脱乙炔的工艺流程，如图 4-15 所示。本法乙炔纯度可达 99.9% 以上,脱炔后乙烯产品中乙炔含量低达 $1×10^{-6}$,产品回收率 98%。

溶剂吸收法与催化加氢法相比,投资大体相同,公用工程消耗也相当。目此,在需用乙炔产品时,则选用溶剂吸收法,当不需要乙炔产品时,则选用催化加氢法。

(2) 压缩和制冷系统

① 裂解气的压缩　裂解气中的组分在常压下大都是气体,沸点很低,常压下进行各组分精馏分离,由于分离温度很低,需要大量冷量。为了提高分离温度,可适当提高分离压力,裂解气分离过程中温度最低部位是甲烷和氢气的分离,在脱甲烷塔塔顶,它的分离温度与压力的关系有如下数据。

| 分离压力/MPa | 甲烷塔顶温度/℃ |
|---|---|
| 3.0～4.0 | −96 |
| 0.6～1.0 | −130 |
| 0.15～0.3 | −140 |

由上述数据可见分离压力高时,分离温度也高;反之分离压力低时,分离温度也低。分离操作压力高,多耗压缩功,少耗冷量;分离操作压力低时,则相反。此外压力高时,精馏塔塔釜温度升高,易引起重组分聚合,并使烃类的相对挥发度降低,增加分离困难;另外,还有一个更主要的原因,压力高、温度高,其结果烯烃易发生聚合、叠合,不仅损失了原料,而且也堵塞管道和设备,影响正常的操作。低压下则相反,塔釜温度低不易发生聚合,烃类相对挥发度大,分离较容易。两种方法各有利弊,都有采用。工业上已有的深冷分离装置以高压法居多,通常采用 3.6MPa 左右。

裂解气压缩基本上是一个绝热过程,气体压力升高后,温度也上升,经压缩后的温度可由气体绝热方程式算出。

$$T_2 = T_1 \left(\frac{p_2}{p_1}\right)^{(k-1)/k} \tag{4-37}$$

式中　$T_1$,$T_2$——压缩前后的温度,K;

　　　　$p_1$,$p_2$——压缩前后的压力,MPa;

　　　　$k$——绝热指数,$k = c_p / c_v$。

在压缩过程中,随着压力的升高,温度呈指数上升,压缩机材质强度显著下降,发生危险,所以为了降低温度,节约能量,必须采用多级压缩,级间冷凝冷却。

a. 节约压缩功耗　压缩机压缩过程接近绝热压缩,功耗大于等温压缩,若把压缩分为多段进行,段间冷却移热,则可节省部分压缩功,段数愈多,愈接近等温压缩。图 4-16 以四段压缩为例与单段压缩进行了比较。由图 4-16 可见,单段压缩时气体的 $pV$ 沿线 $BC'$ 变化,而四段压缩时,则沿线 $B1234567$ 进行,后者比较接近等温压缩线 $BC$,所以节省的功相当图中斜线所示面积。

b. 降低出口温度　也是降低下一级的进口温度。裂解气重组分中的二烯烃易发生聚合,生成的聚合物沉积在压缩机内,严重危及操作的正常进行。而二烯烃的聚合速率与温度有关,温度愈高,聚合速率愈快。为了避免聚合现象的发生,

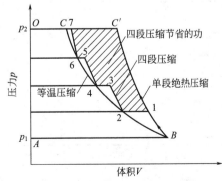

图 4-16　单段压缩与多段
压缩在 $pV$ 图上的比较

必须控制每段压缩后气体温度不高于100℃。每段压缩比可由式(4-37)计算。

　　c. 段间净化分离　　裂解气经压缩后段间冷凝可除去其中大部分的水，防止在下一级压缩过程水分的液化撞击压缩机，使压缩机造成损坏；同时也可减少干燥器体积和干燥剂用量，延长再生周期。还可以从裂解气中分凝部分$C_3$及$C_3$以上的重组分，减少进入深冷系统的负荷，相应节约了冷量。

　　根据工艺要求，在压缩机各段间安排了各种操作，如酸性气体的脱除，前脱丙烷工艺流程中的脱丙烷塔等。Kellogg公司在某大型乙烯装置（68万吨/年）采用的五段压缩工艺流程，如图4-17所示。相应的工艺参数，如表4-6所示。

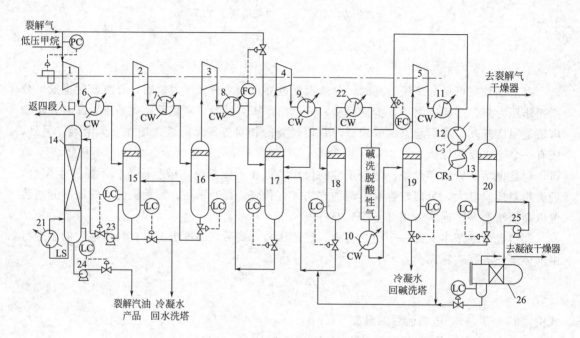

图4-17　裂解气五段压缩工艺流程

1—压缩机一段；2—压缩机二段；3—压缩机三段；4—压缩机四段；5—压缩机五段；6～13—冷却器；
14—汽油汽提塔；15—二段吸入罐；16—三段吸入罐；17—四段吸入罐；18—四段出口分
离罐；19—五段吸入罐；20—五段出口分离罐；21—汽油汽提塔再沸器；22—急冷
水加热器；23—凝液泵；24—裂解汽油泵；25—五段凝液泵；26—凝液水分离器

表4-6　裂解气五段压缩工艺参数实例

| 项目 \ 段数 | I | II | III | IV | V |
|---|---|---|---|---|---|
| 进口条件 | | | | | |
| 温度/℃ | 38 | 34 | 36 | 37.2 | 38 |
| 压力/MPa | 0.13 | 0.245 | 0.492 | 0.998 | 2.028 |
| 出口条件 | | | | | |
| 温度/℃ | 87.8 | 85.6 | 90.6 | 92.2 | 92.2 |
| 压力/MPa | 0.260 | 0.509 | 1.019 | 2.108 | 4.125 |
| 压缩比 | 2.0 | 2.08 | 1.99 | 2.11 | 2.04 |

　　注：裂解原料：轻烃和石脑油。乙烯生产能力：68万吨/年。

　　② 裂解过程中的制冷系统　　深冷分离过程需要在−100℃以下及不同级别低温下进行。因此，需要制冷系统。制冷是利用制冷剂压缩和冷凝得到制冷剂液体，再在不同压力下蒸

发，则获得不同温度级位的冷冻过程。

　　a. 制冷剂的选择　常用的制冷剂见表 4-7。表中的制冷剂都是易燃易爆的，为了安全起见，制冷循环应在正压下进行，严禁在制冷系统中漏入空气。这样各制冷剂的常压沸点就决定了它的最低蒸发温度。原则上沸点为低温的物质都可以用作制冷剂，但实际选用时，则需选用可以降低制冷装置投资、运转效率高、来源丰富、毒性小的制冷剂。对乙烯装置而言，装置产品为乙烯、丙烯，且乙烯和丙烯具有良好的热力学特性，因而均选用乙烯、丙烯作为乙烯装置制冷系统的制冷剂。在装置开工初期尚无乙烯产品时，可用混合 $C_2$ 馏分暂时代替乙烯作为制冷剂，待生产合格乙烯后再逐步置换为乙烯。

表 4-7　制冷剂的性质

| 制冷剂 | 分子式 | 沸点/℃ | 凝固点/℃ | 蒸发潜热/(kJ/kg) | 临界温度/℃ | 临界压力/MPa | 与空气的爆炸极限 | |
| --- | --- | --- | --- | --- | --- | --- | --- | --- |
| | | | | | | | 下限 | 上限 |
| 氨 | $NH_3$ | −33.4 | −77.7 | 1373 | 132.4 | 11.292 | 15.5% | 27% |
| 丙烷 | $C_3H_8$ | −42.07 | −187.7 | 426 | 96.81 | 4.257 | 2.1% | 9.5% |
| 丙烯 | $C_3H_6$ | −47.7 | −185.25 | 437.9 | 91.89 | 4.600 | 2.0% | 11.1% |
| 乙烷 | $C_2H_6$ | −88.6 | −183.3 | 490 | 32.27 | 4.883 | 3.22% | 12.45% |
| 乙烯 | $C_2H_4$ | −103.7 | −169.15 | 482.6 | 9.5 | 5.116 | 3.05% | 28.6% |
| 甲烷 | $CH_4$ | −161.5 | −182.48 | 510 | −82.5 | 4.641 | 5.0% | 15.0% |
| 氢 | $H_2$ | −252.8 | −259.2 | 454 | −239.9 | 1.297 | 4.1% | 74.2% |

　　由 4-7 表可见，丙烯常压沸点为 −47.7℃，可作为 −40℃ 温度级的制冷剂。乙烯常压沸点为 −103.7℃，可作为 −100℃ 温度级的制冷剂。采用低压脱甲烷分离流程时，可能需要更低的制冷温度，此时常采用甲烷制冷。甲烷常压沸点为 −161.5℃，可作为 −120～−160℃ 温度级的制冷剂。

　　b. 多级蒸气压缩制冷循环

　　**多级压缩多级节流蒸发**　单级蒸气压缩制冷循环只能提供一种温度的冷量，即蒸发器的蒸发温度，这样不利于冷量的合理利用。为降低冷量的消耗，制冷系统应提供多个温度级别的冷量，以适应不同冷却深度的要求。在多级节流多级压缩制冷循环的基础上，根据不同压力等级设置蒸发器，形成多级节流、多级压缩、多级蒸发的制冷循环，以一个压缩机组同时提供几种不同温度级的冷量，从而降低投资。制取四个温度级别制冷量的丙烯制冷系统典型工艺流程如图 4-18 所示。该流程中的丙烯冷剂从冷凝压力（约 1.6MPa）逐级节流到 0.9MPa、0.5MPa、0.26MPa、0.14MPa，并相应制取 16℃、−5℃、−24℃、−40℃ 四个不同温度级的冷量。

　　**热泵**　所谓"热泵"是通过做功将低温热源的热能传送给高温热源的供热系统。显然，热泵循环也就是制冷循环，利用制冷循环在制取冷量的同时进行供热。

请你举一个日常生活中"热泵"的实例，并描述该系统的工作过程。

　　在单级蒸气压缩制冷循环中，通过压缩机做功将低温热源（蒸发器）的热能传送到高温热源（冷凝器），此时，如仅以制取冷量为目的，则称为制冷机。如果在此循环中将冷凝器作为加热器使用，利用制冷剂供热，则可称此制冷循环为热泵。

　　裂解气低温分离系统中，有些部位需要在低温下进行加热，例如：低温分馏塔的再沸器和中间再沸器、乙烯产品汽化等。利用制冷循环中气相冷剂进行加热，则可以节省相当的能耗。多级丙烯制冷系统，就是在压缩机中间各段设置适当的加热器（图 4-19），用气相冷剂进行加热，不仅节省了压缩功，而且相应减少冷凝器热负荷，这种热泵方案在能量利用方面是合理的。图 4-19 所示丙烯制冷系统的热泵方案中，制冷剂处于封闭循环系统，这样的热泵方案称为闭式热泵。

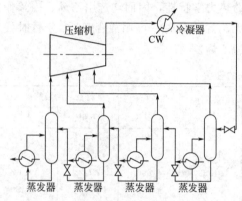

图 4-18　不同温度级的丙烯制冷系统

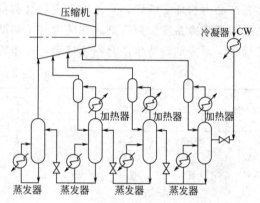

图 4-19　丙烯制冷系统的热泵方案

**深冷制冷循环——复叠制冷循环**　在乙烯装置中，广泛采用复叠制冷循环实现深冷制冷循环。以丙烯为制冷剂构成的蒸气压缩制冷循环中其冷凝温度可采用 $38 \sim 42℃$ 的环境温度（冷却水冷却或空冷）。但是，在维持蒸发压力不低于常压的条件下，其蒸发温度受丙烯沸点的限制而只能达到 $-45℃$ 左右的低温条件。换言之，丙烯制冷循环难于获得更低的温度。

乙烯为制冷剂构成的蒸气压缩制冷循环中，为维持蒸发压力不低于常压的条件下，其蒸发温度可降至 $-102℃$ 左右。换言之，乙烯制冷剂可以获得 $-102℃$ 的低温。但是，在压缩—冷凝—节流—蒸发的蒸气压缩制冷循环中，由于受乙烯临界点的限制，乙烯制冷剂不可能在环境温度下冷凝，其冷凝温度必须低于其临界温度（$9.9℃$）。为此，乙烯蒸气压缩制冷循环中的冷凝器需要使用制冷剂进行冷却。此时，如果采用丙烯制冷循环为乙烯制冷循环的冷凝器提供冷量，则构成如图 4-20 所示的可制取 $-102℃$ 低温冷量的乙烯-丙烯复叠制冷循环。

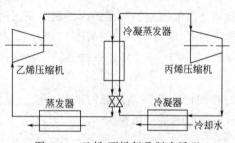

图 4-20　乙烯-丙烯复叠制冷循环

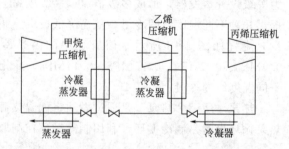

图 4-21　甲烷-乙烯-丙烯三元复叠制冷循环

在维持蒸发压力不低于常压条件下，乙烯制冷剂不能达到 $-102℃$ 以下的制冷温度。为制取更低温度级的冷量，尚需选用沸点更低的制冷剂。例如选用甲烷作为制冷剂时，由于其常压沸点低达 $-161.5℃$，因而可能制取 $-160℃$ 温度级的冷量。但是，随着常压沸点的降低，其临界温度也降低。甲烷的临界温度为 $-82.5℃$，因而，用甲烷为制冷剂时，则其冷凝温度必须低于 $-82.5℃$。此时，用乙烯制冷剂为其冷凝器提供冷量，则构成如图 4-21 所示，甲烷-乙烯-丙烯三元复叠制冷循环。

复叠制冷循环是能耗较低的深冷制冷循环，复叠制冷循环的主要缺陷是制冷机组多，又需有储存制冷剂的设施，相应投资较大，操作较复杂。而在乙烯装置中，所需制冷温度的等级多，所需制冷剂又是乙烯装置的产品，储存设施完善，加上复叠制冷循环能耗低，因此，在乙烯装置中仍广泛采用复叠制冷循环。

通常，乙烯装置多采用乙烯-丙烯复叠制冷系统提供−102℃以上各温度级的冷量，而少量低于−102℃温度级的冷量，则通过甲烷-氢馏分的节流膨胀或等熵膨胀而获得。当低温分离系统所需−102℃以下温度级冷量较大时（如采用低压脱甲烷工艺流程），可采用甲烷-乙烯-丙烯三元复叠制冷系统补充低温冷量。

### 2. 裂解气的精馏分离系统

（1）分离流程的组织　目前国内外大型裂解气分离装置广泛采用深冷分离法。

深冷分离原理是利用气体中各组分的熔点差异，在−100℃以下将除氢和甲烷外的其余的烃全部冷凝，然后在精馏塔内利用各组分的相对挥发度不同进行精馏分离，利用不同精馏塔，将各种烃逐个分离出来。其实质是冷凝精馏过程。

裂解气深冷分离流程比较复杂，设备多，水、电、汽的消耗量也比较大，一个生产流程的确定要考虑基建投资、能耗、运转周期、生产能力、产品质量、产品成本以及安全生产等多方面因素。

深冷分离流程共分三种，即顺序流程（甲烷、乙烷、丙烷流程，见图 4-22），前脱乙烷流程（乙烷、甲烷、丙烷流程，见图 4-23）和前脱丙烷流程（丙烷、甲烷、乙烷流程，见图 4-24）。

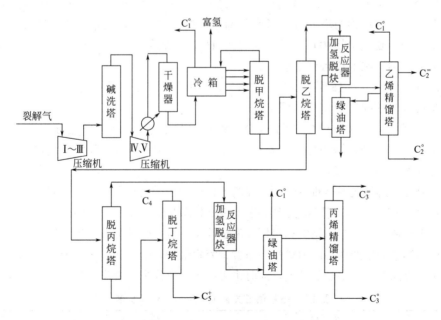

图 4-22　顺序流程示意图

顺序分离流程，是裂解气经过压缩、净化后，各组分按碳原子数的顺序从低到高依次分离。该流程技术成熟，运转周期长，稳定性好，对不同组成的裂解气适应性强。流程应用较广。

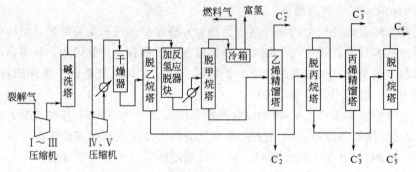

图 4-23　前脱乙烷流程示意图

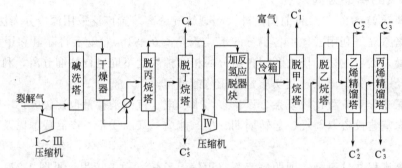

图 4-24　前脱丙烷流程示意图

当要求进入深冷系统的物料量愈少愈好时，可采用前脱乙烷流程（图 4-23）。裂解气先经脱乙烷塔分离，釜液为 $C_3$ 以上馏分，可不进深冷系统，在脱丙塔中从塔顶得到 $C_3$ 馏分，送往丙烯精馏塔，在塔顶与塔底分别得到丙烯和丙烷。脱乙烷塔的塔顶为 $CH_4$、$H_2$、$C_2$ 馏分进入深冷系统，在脱甲塔中塔顶得到 $CH_4$、$H_2$，塔底的 $C_2$ 馏分再进入乙烯精馏塔，在该塔顶部得到乙烯，在底部得到乙烷。

若裂解气中含 $C_4$ 以上的烃类较多，在过程中对下游管道、设备有不良影响，要求应及时清除，最好采用前脱丙烷流程（图 4-24）。

在脱丙烷塔中从塔底得到 $C_3$ 以上馏分，将易于聚合的丁二烯及早地分割出去。$C_3$ 以上釜液在脱丁烷塔中分开，塔底得到裂解汽油，塔顶得到 $C_4$ 产品，脱丙烷塔的顶部 $C_3$ 以下的组分，经压缩，按顺序流程分离。

在分离顺序上遵循先易后难的原则，先将不同碳原子数的烃分开，再分同一碳原子数的烯烃和烷烃；表 4-8 给出了各精馏塔关键组分及其相对挥发度，如表所示丙烯与丙烷的相对挥发度很小，难于分离。乙烯与乙烷的相对挥发度也较小，也比较难分离。另一共同特点是将生产乙烯的乙烯精馏塔和生产丙烯的丙烯精馏塔置于流程最后，这样物料中组分接近二元系统，物料简单，可确保这两个主要产品纯度，同时也可减少分离损失，提高烯烃收率。

表 4-8　各精馏塔关键组分及其相对挥发度

| 塔器名 | 关键组分 | | 操作条件 | | | 平均相对挥发度 |
| --- | --- | --- | --- | --- | --- | --- |
| | 1 | 2 | 顶温/℃ | 底温/℃ | 压力/MPa | $\alpha_{12}$ |
| 丙烯精馏塔 | $C_3H_6$ | $C_3H_8$ | 26 | 35 | 1.23 | 1.10 |
| 乙烯精馏塔 | $C_2H_4$ | $C_2H_6$ | −69 | −49 | 0.57 | 1.77 |
| 脱丙烷塔 | $C_3H_8$ | $i\text{-}C_4H_{10}$ | 89 | 72 | 0.75 | 2.24 |
| 脱乙烷塔 | $C_2H_6$ | $C_3H_6$ | −12 | 76 | 2.88 | 2.82 |
| 脱甲烷塔 | $CH_4$ | $C_2H_4$ | −96 | 0 | 3.4 | 7.22 |

（2）深冷分离流程分析

① 分离流程的主要评价指标

a. 乙烯回收率 乙烯回收率高低，是评价分离装置是否先进的一项重要技术经济指标。

乙烯分离的物料平衡如图4-25所示。

乙烯回收率为97%。乙烯损失有$a$、$b$、$c$、$d$等4处。正常操作时$b$、$c$、$d$处损失很难免的，而且损失量也较小，所以，影响乙烯回收率高低的关键是尾气中乙烯损失$a$。

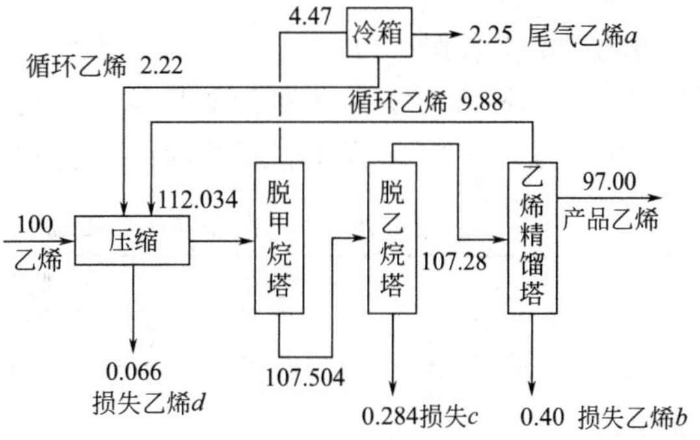

b. 深冷分离系统冷量消耗分配 由表4-9所示，脱甲塔消耗能量是系统总能量的50%以上，其次是乙烯精馏塔（36%）、脱乙烷塔（9%）。故重点讨论脱甲烷塔和乙烯精馏塔。

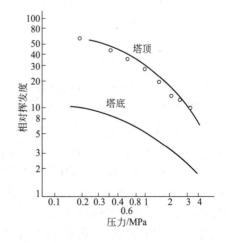

图4-25 乙烯分离的物料平衡

② 脱甲烷塔 目的是脱除氢和甲烷，即在−90℃以下的低温条件下，将氢和甲烷脱除。

脱甲烷塔是多组分精馏塔，其轻关键组分为甲烷，重关键组分为乙烯。塔顶分离出的甲烷轻馏分中应使其中的乙烯含量尽可能低，以保证乙烯的回收率。而塔釜产品则应使甲烷含量尽可能低，以确保乙烯产品质量。

表4-9 深冷分离系统冷量消耗分配

| 塔 系 | 制冷消耗量分配 | 塔 系 | 制冷消耗量分配 |
| --- | --- | --- | --- |
| 脱甲烷塔（包括原料预冷） | 52% | 其余塔 | 3% |
| 乙烯精馏塔 | 36% | 总计 | 100 |
| 脱乙烷塔 | 9% | | |

a. 脱甲烷塔的操作温度和操作压力 操作温度和操作压力取决于裂解气组成和乙烯回收率。当进塔裂解气中$H_2/CH_4$为2.36时，当限定脱甲烷塔塔顶气体中乙烯体积分数含量2.31%，则由露点计算塔压和塔顶温度，如图4-26所示。可见，当脱甲烷塔操作压力由4.0MPa降至0.2MPa时，所需塔顶温度由−98℃降至−141℃，塔顶温度随塔压降低而降低。可见，如进一步提高乙烯回收率，则相同塔压下所需塔顶温度需相应下降。

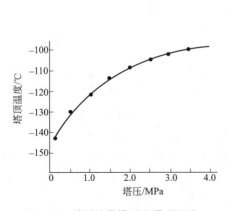

图4-26 脱甲烷塔塔压和塔顶温度

图4-27 甲烷对乙烯相对挥发度与压力的关系

若想节省冷量，避免采用过低制冷温度，可采用较高的操作压力。但随着操作压力的提高，甲烷对乙烯的相对挥发度降低（图 4-27）。当操作压力达 4.4MPa 时，塔釜甲烷对乙烯的相对挥发度接近于 1，难于进行甲烷和乙烯分离。因此，脱甲烷塔操作压力必须低于此临界压力。

当脱甲烷塔操作压力采用 3.0～3.2MPa 时，称为高压脱甲烷，当脱甲烷塔操作压力采用 1.05～1.25MPa 时，称为中压脱甲烷，当脱甲烷塔操作压力采用 0.6～0.7MPa 时，称之低压脱甲烷。表 4-10 是高压脱甲烷和低压脱甲烷的能耗比较。

表 4-10　高压脱甲烷和低压脱甲烷的能耗比较（300kt/a 乙烯）

| 名　　称 | | 高压脱甲烷 | | 低压脱甲烷 | |
|---|---|---|---|---|---|
| | | /($10^6$kJ/h) | /kW | /($10^6$kJ/h) | /kW |
| 裂解气压缩机四段 | | — | 3249 | — | 3246 |
| 裂解气压缩机五段 | | — | 3391 | — | 3139 |
| 干燥器进料冷却(18℃) | | 9.13 | 354 | 3.85 | 149 |
| 乙烯塔再沸器冷量回收(−1℃) | | — | — | 1.13 | 96 |
| 冷量 | −40℃ | 6.07 | 942 | 3.81 | 591 |
| | −55℃ | 1.84 | 519 | — | — |
| | −75℃ | 4.90 | 1721 | 4.61 | 1624 |
| | −100℃ | 2.18 | 979 | 1.51 | 675 |
| | −140℃ | — | — | 1.26 | 953 |
| 脱甲烷塔 | −102℃ | 4.19 | 1874 | — | — |
| 冷凝器 | −140℃ | | | 0.71 | 550 |
| 脱甲烷塔再沸器回收冷量(18℃) | | −13.02 | −506 | — | — |
| 脱甲烷塔 | −1℃ | | | −2.05 | −160 |
| 塔底回收 | −26℃ | | | −1.72 | −218 |
| 排气中回收−75℃冷量 | | | | −1.05 | −369 |
| 塔釜泵 | | | | | 110 |
| 甲烷压缩 | | | 395 | | 382 |
| 合计 | | | 12918 | | 10768 |

可见，降低脱甲烷塔操作压力可以达到节能的目的，目前大型装置逐渐采用低压法，但是由于操作温度较低，材质要求高，增加了甲烷制冷系统，投资可能增大，且操作复杂。

b. 裂解气中 $H_2/CH_4$ 比的影响　在脱甲烷塔塔顶，对于 $H_2$-$CH_4$-$C_2H_4$ 三元系统，由露点方程：

$$\sum x_i = \frac{y(H_2)}{K(H_2)} + \frac{y(CH_4)}{K(CH_4)} + \frac{y(C_2H_4)}{K(C_2H_4)} = 1 \tag{4-38}$$

式中，$K(H_2) \gg K(CH_4)$ 和 $K(C_2H_4)$。

若进料中 $H_2/CH_4$ 增大，则塔顶 $H_2/CH_4$ 亦同步增大，即 $y(H_2)$ 增加，$y(CH_4)$ 下降，由于 $y(H_2)$ 增加对上式第一项影响不大，而 $y(CH_4)$ 的下降却使第二项明显下降，以至 $\sum x_i < 1$，达不到露点要求，若压力、温度不变则势必导致 $y(C_2H_4)$ 上升，即乙烯损失率加大。若要求乙烯回收率一定时，则需降低塔顶操作温度。

c. 前冷和后冷　冷箱是在 −100～−160℃ 下操作的低温设备。由于温度低，极易散冷，用绝热材料把高效板式换热器和气液分离器等都放在一个箱子里。它的原理是用节流膨胀来获得低温。它的用途是依靠低温来回收乙烯，制取富氢和富甲烷馏分。

由于冷箱在流程中的位置不同，可分为前冷和后冷两种，冷箱安排在脱甲烷塔之前称前冷，安排在脱甲烷塔之后称后冷。前冷是将塔顶馏分的冷量采用裂解气预冷，通过分凝将裂解气中大部分氢和部分甲烷分离，这样使 $H_2/CH_4$ 比下降，提高了乙烯回收率，同时减少了甲烷塔的进料量，节约能耗。该过程亦称前脱氢工艺。后冷仅将塔顶的甲烷氢馏分冷凝分离而获富甲烷馏分和富氢馏分。此时裂解气是经塔精馏后才脱氢故亦称后脱氢工艺。目前大型乙烯装置多采用前冷工艺。

d. 典型流程 图 4-28 所示为 Lummus 公司采用的前冷高压脱甲烷工艺流程。如图 4-28 所示，经干燥并预冷 −37℃ 的裂解气（d 点），在第一气液分离器中分离，凝液送入脱甲烷塔，未冷凝气体（b 点）经冷箱和乙烯冷剂冷却至 −72℃ 后进入第二气液分离器。分离器的凝液（f 点）送入脱甲烷塔，未冷凝气体（d 点）经冷箱和乙烯冷剂冷却至 −98℃ 后进入第三气液分离器。分离器的凝液（g 点）经回热后送入脱甲烷塔，未冷凝气体（f 点）经冷箱冷却到 −130℃ 后送入第四气液分离器。分离器中的凝液 i 点经冷箱回热至 −102℃ 后送入脱甲烷塔。未冷凝气体（h 点）已是含氢约 70%（摩尔分数）、含乙烯仅 0.16%（摩尔分数）的富氢气体。为进一步提纯氢气，这部分富氢气体再经冷箱冷却至 −165℃ 后送入第五气液分离器。分离器凝液尾点减压节流，经冷量回收后作为装置的低压甲烷产品，未冷凝气体（j 点）为含氢 90%（摩尔分数）以上的富氢气体，经冷量回收后，再经甲烷化脱除 CO 作为装置的富氢产品。

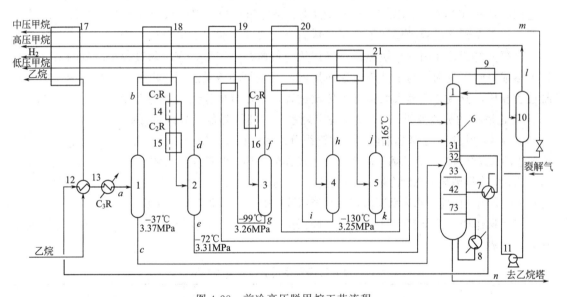

图 4-28 前冷高压脱甲烷工艺流程

1—第一气液分离罐；2—第二气液分离罐；3—第三气液分离罐；4—第四气液分离罐；
5—第五气液分离罐；6—脱甲烷塔；7—中间再沸器；8—再沸器；9—塔顶冷凝器；
10—回流罐；11—回流泵；12—裂解气-乙烷换热器；13—丙烯冷却器；
14～16—乙烯冷却器；17～21—冷箱

脱甲烷塔顶气体经塔顶冷凝器冷却至 −98℃ 而部分被冷凝，冷凝液部分作为塔顶回流，部分减压节流至 0.41MPa，经回收冷量后作为装置的中压产品。未冷凝气体则经回收冷量后作为装置的高压甲烷产品。

以轻柴油裂解为例，该工艺流程各点物料组成和操作参数如表 4-11 所示。与后脱氢高压脱甲烷相比，由于前脱氢脱甲烷塔进料中 $H_2/CH_4$ 比大大降低，在相同塔顶温度下，乙烯回收率大幅度提高（脱甲烷系统的乙烯回收率从 97.4% 提高到 99.5% 以上）。同时，塔釜中甲烷摩尔分数含量也可降低到 0.1% 以下。

表 4-11 Lummus 前脱氢、高压脱甲烷工艺各点物料组成举例

| 项目 ＼ 位置 | a | b | c | d | e | f | g | h | i | j | k | l | m | n |
|---|---|---|---|---|---|---|---|---|---|---|---|---|---|---|
| 组成摩尔分数/% | | | | | | | | | | | | | | |
| $H_2$ | 15.71 | 30.70 | 1.21 | 44.84 | 1.44 | 52.63 | 1.51 | 72.29 | 3.62 | 95.44 | 2.70 | 7.25 | 0.28 | |
| CO | 0.21 | 0.37 | 0.05 | 0.50 | 0.10 | 0.55 | 0.24 | 0.63 | 0.35 | 0.47 | 1.11 | 0.46 | 0.13 | |
| $CH_4$ | 25.41 | 37.35 | 13.87 | 41.82 | 28.13 | 41.44 | 43.97 | 26.39 | 78.97 | 4.09 | 93.42 | 92.23 | 99.09 | 0.08 |
| $C_2H_2$ | 0.44 | 0.28 | 0.55 | 0.09 | 0.67 | 0.04 | 0.36 | 0.01 | 0.10 | | 0.05 | | | 0.74 |
| $C_2H_4$ | 34.78 | 24.43 | 44.73 | 11.22 | 51.77 | 5.03 | 45.67 | 0.67 | 15.89 | | 2.67 | 0.06 | 0.49 | 59.13 |
| $C_2H_6$ | 9.27 | 4.76 | 13.64 | 1.40 | 11.70 | 0.31 | 7.46 | 0.01 | 1.06 | | 0.05 | | 0.01 | 15.84 |
| $C_3H_4$ | 0.44 | 0.04 | 0.06 | 0.80 | — | | 0.18 | | | | | | | 0.75 |
| $C_3H_6$ | 10.91 | 1.91 | 19.61 | 0.13 | 5.59 | | 0.74 | | | | | | | 18.63 |
| $C_3H_8$ | 0.32 | 0.04 | 1.00 | 0.01 | 0.12 | | 0.01 | | | | | | | 0.55 |
| $C_4^+$ | 2.51 | 0.04 | 0.10 | 4.54 | 0.30 | | 0.02 | | | | | | | 4.28 |
| 合计 | 100.0 | 100.0 | 100.0 | 100.0 | 100.0 | 100.0 | 100.0 | 100.0 | 100.0 | 100.0 | 100.0 | 100.0 | 100.0 | 100.0 |
| 温度/℃ | −37 | −37 | −37 | −72 | −72 | −99 | −99 | −130 | −130 | −165 | −165 | −98 | −137 | 6.3 |
| 压力/MPa | 3.37 | 3.37 | 3.37 | 3.31 | 3.31 | 3.26 | 3.26 | 3.25 | 3.25 | 3.21 | 3.21 | 2.94 | 0.41 | 3.11 |

近年 S&W 公司采用空气产品公司的分凝分离器对冷箱换热器进行了改进，形成了所谓先进回收系统（ARS）。ARS 工艺技术的核心是冷箱预冷过程中采用分凝分离器代替冷箱换热器，由于在预冷过程中增加了分凝，从而大大改善了脱甲烷的分离过程。

分凝分离器是在翅片板换热器中将传热与传质结合起来，在冷却过程中冷凝的液体在翅片上形成膜向下流动，与上升气流逆向接触进行传热和传质过程。由于与传统的冷箱预冷分凝过程相比，分凝分离器大大强化了传质过程，增加分凝作用（一组分凝分离器约相当 5～15 个理论塔板的分离效果），从而使脱甲烷系统的能耗降低，处理量提高。

③ 乙烯精馏塔　乙烯精馏塔中轻关键组分乙烯，重关键组分乙烷，分离目的是获得符合纯度要求的（聚合级）产品乙烯。此塔设计和操作的好坏，对乙烯产品的产量和质量有直接关系。由于乙烯塔冷量消耗占总制冷量的比例也较大，为 38%～44%，仅次于脱甲烷塔，对产品的成本有较大的影响。因此，乙烯精馏塔在深冷分离装置中是一个比较关键的塔。

实际操作中，乙烯精馏塔可分为：低压法，塔的操作温度低；高压法，塔的操作温度也较高。如表 4-12 所示。

表 4-12　某些乙烯精馏塔的操作条件和塔板数

| 工厂 | 塔压/MPa | 顶温/℃ | 底温/℃ | 回流比 | 乙烯纯度 | 实际塔板数 | | |
|---|---|---|---|---|---|---|---|---|
| | | | | | | 精馏段 | 提馏段 | 总板数 |
| 某小型装置 | 2.1～2.2 | −27.5 | 10～20 | 7.4 | ≥98% | 41 | 50 | 91 |
| H厂 | 2.2～2.4 | −18±2 | 0±5 | 9 | ≥95% | 41 | 32 | 73 |
| G厂 | 0.6 | −70 | −43 | 5.13 | ≥99.5% | — | — | 70 |
| L厂 | 0.57 | −69 | −49 | 2.01 | ≥99.9% | 41 | 29 | 70 |
| C厂 | 2.0 | −32 | −8 | 3.73 | ≥99.9% | — | — | 119 |

乙烯精馏塔进料中 $C_2^=$ 和 $C_2^0$ 占有 99.5% 以上，所以乙烯精馏塔可以看做是二元精馏系统。根据相律，乙烯-乙烷二元气液系统的自由度为 2。塔顶乙烯纯度是根据产品质量要求来规定的，所以温度与压力两个因素只能规定一个，例如规定了塔压，相应温度也就定了。压力、温度以及乙烯液相浓度与相对挥发度的关系，如图 4-29 所示。

由图 4-29 可见压力对相对挥发度有较大的影响，一般采取降低压力来增大相对挥发度，

从而使塔板数或回流比降低，如图 4-30 所示。当塔顶乙烯纯度要求 99.9% 左右时，由图 4-29 可以求得乙烯塔的操作压力与温度的关系。例如塔的压力分别为 0.6MPa 和 1.9MPa，则塔顶温度由图可求得分别为 −67℃ 和 −29℃。压力低塔的温度也低，因而需要冷剂的温度级位低，对塔的材质要求也较高，从这些方面看，压力低是不利的。压力的选择还要考虑乙烯的输出压力，如果对乙烯产品要求有较高的输出压力，则选用低压操作，还要为产品再压缩而耗费功率。

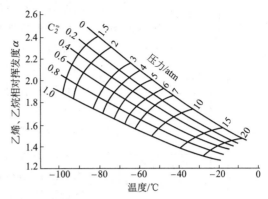

图 4-29  乙烯、乙烷的相对挥发度
与温度、压力的关系
(1atm=0.1013MPa)

综上所述，乙烯塔操作压力的确定需要经过详细的技术经济比较。它可由制冷过程的能量消耗、设备投资、产品乙烯要求的输出压力以及脱甲烷塔的操作压力等因素来决定。根据综合比较来看，两法消耗动力接近相等，高压法虽然塔板数多，但可用普通碳钢，优点多于低压法，如脱甲烷塔采用高压，则乙烯塔的操作压力也以高压为宜。

乙烯塔沿塔板的温度分布和组成分布不是线性关系。图 4-31 所示为乙烯塔温度分布的实际生产数据。加料为第 29 块塔板。由图 4-31 可见精馏段靠近塔顶的各塔板的温度变化较大。在提馏段温度变化很大，即乙烯在提馏段中沿塔板向下，乙烯的浓度下降很快，而在精馏段沿塔板向上温度下降很少，即乙烯浓度增大较慢。因此乙烯塔与脱甲烷塔不同，乙烯塔精馏段塔板数较多，回流比大。

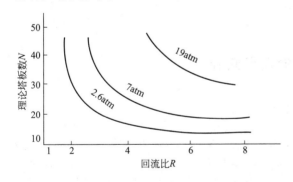

图 4-30  压力对回流比和理论塔板数的影响
(1atm=0.1013MPa)

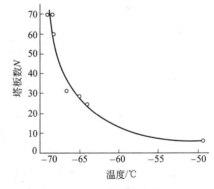

图 4-31  乙烯塔温度分布

较大的回流比对乙烯精馏塔的精馏段是必要的，但是对提馏段来说并非必要。为此，工业上已采用中间再沸器的办法来回收冷量，可省冷量约 17%，这是乙烯塔的一个改进；例如乙烯塔压力为 1.9MPa，塔底温度为 −5℃。可在接近进料板处提馏段设置中间再沸器引出物料的温度为 −23℃，它用于冷却分离装置中某些物料，相当于回收了 −23℃温度级的冷量。

乙烯进料中常含有少量甲烷，分离过程中甲烷几乎全部从塔顶采出，必然要影响塔顶乙烯产品的纯度，所以在进入乙烯塔之前要设置第二脱甲烷塔，脱去少量甲烷，再作为乙烯塔进料。而目前，深冷分离流程不设第二脱甲烷塔，在乙烯塔塔顶脱甲烷，在精馏段侧线出产

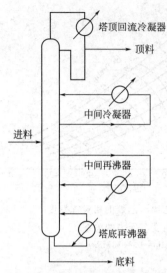

图 4-32　非绝热精馏塔示意图

品乙烯。一个塔起两个塔的作用，由于乙烯塔的回流比大，所以脱甲烷作用的效果比设置第二脱甲烷塔还好。既节省了能量，又简化了流程。

④ 中间冷凝器和中间再沸器　对于顶温低于环境温度，而且顶底温差较大的精馏塔，如在精馏段设置中间冷凝器，可用温度比塔顶回流冷凝器稍高的较廉价的冷剂作为冷源，来代替一部分塔顶原来用的低温级冷剂提供的冷量，可节省能量消耗。同理，在提馏段设置中间再沸器，可用温度比塔釜再沸器稍低的较廉价的热剂作热源，同样也可节约能量消耗。至于脱甲烷塔等低温塔，塔底温度仍低于常温，这时塔釜再沸器本身就是一种回收冷量的手段。如在提馏段适当位置设置中间再沸器，就可回收比塔底温度更低的冷量。

对于一般精馏过程，只在精馏塔两端（塔顶和塔釜）对塔内物料进行冷却和加热，可视为绝热精馏。而在塔中间对塔内物料进行冷却和加热的，则称为非绝热精馏，设有中间再沸器和中间冷凝器的精馏塔即为非绝热精馏的一种。

在精馏塔中布置中间冷凝器、中间再沸器的流程如图 4-32 所示。中间冷凝器和中间再沸器的设置，在降低塔顶冷凝器和塔釜再沸器负荷的同时，会导致精馏段回流和提馏段上升蒸气的减少，故要相应增加塔板数，从而增加设备投资。目前甲烷塔的中间再沸器也有的直接设置于塔内，回收提馏段冷量，并已为许多大型装置采用。

## 乙烯工业的发展简介

1. 应对加剧的竞争环境 （Environment of Competition）

十二五期间我国乙烯工业发展迅猛，已成为仅次于美国的世界第二大乙烯生产国。2013 年我国乙烯产能 1728.9 万吨/年、产量 1622.5 万吨，表观消费量 1792.9 万吨，装置平均规模提高到 61.75 万吨/年，领先于全球平均水平。随着乙烯工业规模化装置建设增速加快、装置规模不断增大，预计 2015 年我国乙烯产能将达到 2500 万吨/年，消费自给率逐步提高，我国乙烯当量消费自给率将从 2012 年的 47.5% 提高至 2015 年的 70%、2020 年 73%。未来几年将进入新的扩能期。但来自外部的竞争压力也日趋加大，乙烯原料进一步向轻质化、多样化发展是大势所趋。未来，我国乙烯工业应持续推进规模化发展，坚持基地化、一体化、园区化的发展原则，优化战略布局，通过武汉乙烯、抚顺石化、大庆石化、扬-巴工程、上海石化等项目及煤化工示范项目投产，产能将大幅提高，国内供应能力得到增强，产业布局将进一步优化，形成以"有效投入、低能耗、低排放、高效率、高效益"为特征的科学发展模式，逐步实现我国石化产业由大到强的转变。

2. 蒸汽裂解生产乙烯技术进展 （Technical Progress of Hydrocarbon Pyrolysis Process）

（1）裂解炉的发展　虽然蒸汽裂解制乙烯已是一项成熟的技术，但裂解炉设计的改进一直未中断。新裂解炉的开发主要有两种趋势。一是开发大型裂解炉。乙烯装置的大型化促使裂解炉向大型化发展，单台裂解炉的生产能力已由 1990 年的 80～90kt/a 发展到目前的 175～200kt/a，甚至可达

280kt/a。大型裂解炉结构紧凑，占地面积小，投资省，但其必须是与乙烯装置大型化相匹配的。二是开发新型裂解炉，进一步推进超高温、短停留裂解，提高乙烷制乙烯的转化率，并防止焦炭生成。S&W公司拟在今后两年内使陶瓷炉乙烯生产技术实现工业化。陶瓷炉是裂解炉技术发展的一个飞跃，可超高温裂解，大大提高裂解苛刻度，且不易结焦。采用陶瓷炉，乙烷制乙烯转化率可达90%，而传统炉管仅为65%～70%。

(2) 结焦抑制技术　乙烯装置结焦是影响长周期运行的老问题。以前解决乙烯裂解炉生焦问题仅仅是关注如何解决催化剂的防焦技术，现在已认识到改进裂解炉管表面化学结构可有效抑制催化焦和高温热解焦的生成，以及防止或减缓结焦母体到达炉管表面、降低表面温度使结焦反应速率降低，从而延长运行周期。工业上已成功地应用了一些抑制裂解炉结焦的新技术，包括在原料或蒸汽中加入抗结焦添加剂、对炉管壁进行临时或永久性的涂覆、增加强化传热单元和特殊结构炉管等。

(3) 乙烯装置重大设备国产化　为了推进大型裂解炉的技术开发，加快研发进程，中国石化集团公司与美国鲁姆斯公司合作开发了2种裂解炉型：一种是以中国石化CBL裂解技术为基础的裂解炉（命名为SL-Ⅰ型炉），另一种是以鲁姆斯公司SRT-Ⅵ型炉技术为基础的裂解炉（命名为SL-Ⅱ型炉）。采用CBL炉技术和基于CBL炉技术的SL-Ⅰ型炉技术共建成投产和已完成设计即将建设或正在设计的裂解炉共52台，总能力达459.5万吨/年。近年来，采用基于鲁姆斯技术的SL-Ⅱ型炉技术，由中外双方技术人员共同完成工艺包，以我方人员为主完成基础设计和工程设计，已建成的和正建设的大型裂解炉共32台，分别应用于扬子石化、上海石化、齐鲁石化和茂名石化的第二轮乙烯厂改造及赛科、福建乙烯工程，总能力为357.2万吨/年。

中国石化与机械制造企业紧密结合，联合进行乙烯重大设备技术攻关，获得了一批重大装备技术成果。近年来我国在乙烯改扩建工程中，乙烯"三机"国产化程度按台数计达到54%。此外，通过引进技术研制的大型乙烯低温冷箱，已在燕山石化、扬子石化、上海石化、齐鲁石化、茂名石化等乙烯装置的改造中得到应用。由于这些重大设备的国产化，使乙烯装置实施技术改造的设备国产化率按投资计达70%。乙烯重大设备的国产化不但有效地降低了改造工程投资，而且提高了我国石化装备的制造水平，带动了石化装备制造业的发展。

# 第二节　煤制合成气技术

## Technologies of Synthetic Gas from Coal

### 应用知识

1. 煤气化的概念和合成气的类型；
2. 合成气的生产方法及对固体原料的性能要求；
3. 煤气化原理及间歇法制气的工艺；
4. 煤气化技术类型；
5. 原料气净化的原理和要求。

### 技能目标

1. 能熟练运用工具书、期刊及网络资源查阅有关煤气化的资料，并能进行资料的归纳总结；
2. 能对制备各种合成气的不同的煤进行分析选择；
3. 对照流程图能描述煤气化的工艺流程。

当前，我国能源、化工产品的需求出现较高的增长速度，特别是煤化工在能源、化工领域中已占有越来越重要的地位。利用丰富的煤炭资源，将煤通过气化技术生产化工原料，如合成氨，生产甲醇、二甲醚，及合成油品等洁净液体燃料，使煤化工企业从单纯的能源多元化战略转移向为经济社会发展提供化工原料、洁净能源，并获得较高经济效益的市场自主发展的趋势。由于 $C_1$ 化工系列生产技术的突破，煤化工发展应用领域越来越广泛，煤化工生产为企业带来较高附加值率，如煤炭发电可增值 2 倍，煤制甲醇可增值约 4 倍，甲醇进一步深加工为烯烃等化工产品则可增值 8～12 倍，因此，以煤为原料，经企划生产下游产品并获得利润，成为企业产业链发展的总趋势。

## 一、煤制合成气的生产原理（The Production Principle of Synthesis Gas）

煤的气化过程是热化学过程，是煤或煤焦与气化剂（如空气、氧气、水蒸气、氢气等）在高温下发生化学反应，将煤或煤焦中的有机物转变为煤气的过程。

合成气指一氧化碳和氢气的混合气，氢气和一氧化碳的比值随原料、产品和生产方法不同而异，$H_2/CO$ 的比值一般控制在 0.5～3。合成气除了作为甲醇的原料气外，还用于氨及醋酸等化工产品的生产。

### 1. 合成气的生产方法

生产合成气的原料有很多种，按照原料的形态分为：固体原料煤和焦炭；液体原料石脑油、重油、渣油等；气体原料天然气、焦炉气、炼厂气等。

① 以煤或焦炭为原料生产合成气，是在高温下以水蒸气和氧气为气化剂，与煤反应生成一氧化碳和氢气等气体。通过变换与脱除二氧化碳调节气体组成，生成符合要求的水煤气用于甲醇的生产，半水煤气供合成氨之用。

② 以重油或渣油为原料生产合成气，主要采用部分氧化法，即在反应器中通入适量的氧和水蒸气，使氧与原料油中的部分烃类燃烧，放出热量并产生高温，另一部分烃类则与水蒸气发生吸热反应而生成一氧化碳和氢气等气体，调节原料中油、水与氧的比例，达到自热平衡而不需要外供热。渣油是石油减压蒸馏塔底残余油，亦称减压渣油。重油是油加热到 350℃ 以上所得到的馏分。

渣油制合成气的基本步骤，如图 4-33 所示。

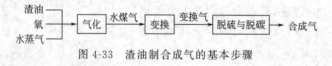

图 4-33　渣油制合成气的基本步骤

③ 以天然气为原料生产合成气，主要有转化法和部分氧化法。目前工业上多采用水蒸气转化法，即在催化剂存在及高温条件下，使甲烷等烃类与水蒸气反应，生成一氧化碳和氢气等混合气。

采用天然气两段转化制合成气的基本步骤，如图 4-34 所示。虚框中的变换过程可根据具体使用目的来决定。

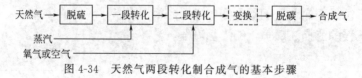

图 4-34　天然气两段转化制合成气的基本步骤

早期，固体燃料制水煤气是生产甲醇的唯一原料。20世纪50年代以来，原料结构发生很大变化，以气体、液体燃料为原料生产甲醇原料气，不论是工程投资、能量消耗、生产成本，都有明显的优越性。因此，甲醇生产原料由固体燃料转移到以气体、液体燃料为主，其中天然气的比重增长最快。随着石脑油蒸汽转化抗析炭催化剂的开发，无天然气国家与地区发展了石脑油制甲醇的工艺流程。在重油部分氧化制气工艺成熟后，来源广泛的重油也成为甲醇生产的重要原料。由于世界煤的储量远远超过天然气和石油，以及能源紧张造成的石油和天然气价格的上升，我国从长远的战略观点来看，应以煤制取甲醇的原料路线占主导地位。

选用何种原料生产甲醇，取决于一系列因素，包括原料的储量、投资费用与技术水平等。目前，无论是国外还是国内，以固体、液体、气体燃料生产甲醇都得到了广泛应用。重油与煤炭制造合成气的成本相近，但重油和渣油制合成气可以使石油资源得到充分的利用。以天然气为原料制合成气的成本最低，简化了生产流程，便于输送。目前世界甲醇总量中约70%左右是以天然气为原料的。

无论以何种原料来生产合成气，采用怎样的生产工艺，甲醇的生产流程大致可以分为如图4-35所示的几部分。

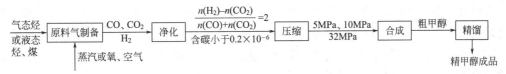

图4-35　甲醇生产流程

 合成气的其他用途及相关信息。

### 2. 制备合成气对固体原料或焦炭的性能要求

制备合成气的固体原料煤或焦炭的主要性能，应符合以下的要求。

（1）水分　原料中水含量高，不仅降低有效成分，而且水分汽化带走大量热量，直接影响炉温，降低产气量，增加炉渣中碳含量。因此，工业生产中要求水分含量<5%。

（2）挥发分　挥发分是煤或半焦在隔绝空气的条件下加热而挥发出来的碳氢化合物，在炭化过程中能分解成氢气、甲烷和焦油蒸气等。原料中挥发分含量高，则制出的半水煤气中甲烷和焦油含量高。焦油含量高会使煤粒相互黏结成焦拱，破坏透气性，增大床层阻力，妨碍气化剂均匀分布，严重时会沉积在一段压缩机入口管道和活门上，影响活门启闭，降低打气量，给生产带来极大不利。而甲烷的存在直接影响原料消耗定额和合成氨能力。一般对于固定床造气要求挥发分含量<6%。

（3）灰分　灰分是固体燃料完全燃烧后所剩余的残留物。灰分太高会增加排灰次数，增加排灰设备磨损、运费及管理费；同时也会降低原料的碳含量，从而降低煤气发生炉的生产能力。故要求灰分含量<15%。

（4）硫　此处硫指煤、焦炭中硫化物的总和。硫化氢的存在不仅腐蚀设备管道，而且会使后序工段的催化剂中毒，因此要求硫含量<1%。

（5）灰熔点　由于灰渣没有均匀组成，因而不可能有固定的灰熔点，只有熔化范围。

第四章　典型化工产品生产技术

通常灰熔点用三种温度表示：$t_1$为变形温度，$t_2$为软化温度，$t_3$为熔融温度，生产中灰熔点是决定炉温的重要指标，灰熔点低，容易结疤，挂炉时会严重影响正常生产。一般要求灰熔点（软化温度）约为1250℃。

（6）粒度　固体原料粒度大小和均匀性也是影响气化指标的重要因素之一。粒度小，与气化剂（蒸汽、空气）接触面积大，气化效率和煤气质量好，但床层阻力会增加，煤气中带走的灰尘也会相应增多，设备磨损增大，煤耗也会增大；粒度大，则气化不完全，灰渣中碳含量增加，消耗定额增加，易使火层上移，严重时煤气中氧含量会增高。固体原料粒度要均匀，否则会造成气流分布不均匀，发生燃料局部过热、结疤或形成风洞等。生产中要根据粒度的不同来调节吹风量。

（7）机械强度及热稳定性　固体原料的机械强度指原料抗破碎能力；稳定性是指固体原料在高温作用下，是否容易破碎的性质。机械强度和热稳定性差会造成炭损大，设备磨损增大。

 煤的分类？哪一种煤适合做合成氨的原料？

### 3. 合成气的种类

根据气化剂的不同，煤气化分为富氧气化、纯氧气化、水蒸气气化、加氢气化等。几种气化方式按所得合成气（煤气）组成不同又分为空气煤气、混合煤气、水煤气和半水煤气。

（1）由氧气、水蒸气作气化剂　反应温度在800～1800℃，压力在0.1～4.0MPa下生成的发生炉煤气又常分为以下几种。

① 空气煤气。以空气为气化剂生成的煤气。其中含有60％（体积分数）的氮气及一定量的一氧化碳、少量二氧化碳和氢气。在煤气中，空气煤气的热值最低，主要作为化学工业原料、煤气发动机燃料等。

② 混合煤气。以空气和适量的水蒸气的混合物为气化剂所生成的煤气。这种煤气在工业上一般用作燃料。

③ 水煤气。以水蒸气作为气化剂生成的煤气。其中氢气和一氧化碳的含量共达85％（体积分数）以上，用作化工原料。

④ 半水煤气。以水蒸气为主加适量的空气或富氧空气同时作为气化剂制得的煤气。合成氨生产较多使用半水煤气，此时氢气与一氧化碳的总质量是氮气质量的3倍。

（2）由氢气作气化剂　是由煤与氢气在温度为800～1000℃，压力在1～10MPa下反应生成甲烷的过程。煤与氢气的反应中仅部分碳转变成甲烷。此时可加水蒸气、氧气与未反应的碳进行气化生成$H_2$、$CO$、$CO_2$等。

### 4. 煤气化原理

煤气化是固体燃料中的碳与气相中的氧气、水蒸气、二氧化碳、氢气之间相互作用，也可以说，煤气化是将煤中无用固体脱除，转化为洁净煤气的过程，用于工业燃料、城市煤气和化工原料。

使用不同的气化剂可制取不同种类的煤气，主要反应都相同。煤气化过程可分为均相反应和非均相反应两种类型。生成煤气的组成取决于这些反应的综合过程。由于煤结构很复杂，其中含有碳、氢、氧和硫等多种元素，在讨论基本化学反应时，一般仅考虑煤中主要元素碳和在气化反应前发生的煤的干馏或热解，即煤的气化过程仅有碳、水蒸气和氧气参加，碳与气化剂之间发生一次反应，反应产物再与燃料中的碳或其他气态产物之间发生二次反应的过程。

(1) 固体燃料气化法　以固体原料（煤或焦炭）进行原料气的制备方法称为固体燃料气化法。煤或焦炭中的碳元素，与水蒸气反应生成的有效成分是 CO 和 $H_2$，得到的气体称为水煤气。气化过程中的主要反应有：

$$C + H_2O \longrightarrow CO + H_2 \qquad \Delta H_R = 131kJ/mol \tag{4-39}$$

$$C + 2H_2O \longrightarrow CO_2 + 2H_2 \qquad \Delta H_R = 90.3kJ/mol \tag{4-40}$$

上述反应过程为强吸热过程，需要的热量由空气或氧气与碳作用来提供。以空气为气化剂制得的气体称为煤气或吹风气。其反应如下：

$$C + O_2 \longrightarrow CO_2 \qquad \Delta H_R = -393.8kJ/mol \tag{4-41}$$

$$C + \frac{1}{2}O_2 \longrightarrow CO \qquad \Delta H_R = -110.6kJ/mol \tag{4-42}$$

目前，工业上以固体燃料为原料，制取合成氨原料气的方法，主要有以下四种。①固定层间歇气化法：用水蒸气和空气为气化剂，交替地通过固定的燃料层，使燃料气化，制得半水煤气。②固定层连续气化法：以富氧空气（或氧气）与蒸汽的混合气为气化剂，连续通过固定的燃料层进行气化。③沸腾层气化法：以富氧空气（或氧气）与蒸汽的混合气为气化剂，连续地通入煤气炉，使小粒燃料呈沸腾状态气化。④气流层气化法：在高温下，以氧和蒸汽的混合气为气化剂与粒度小于 0.1mm 的煤粉并流气化，生成有效成分（$H_2$+CO）高达 $80\% \sim 85\%$ 的煤气。

由于 1mol 的一氧化碳通过变换反应可生成 1mol 的氢，因此煤气中的一氧化碳和氢均为合成氨的有效成分。故组成符合（$H_2$+CO）$/N_2 \approx 3.1 \sim 3.2$ 的半水煤气是适宜于生产氨的原料气。

(2) 固定层间歇气化法　固定层间歇气化法的特点是利用碳与空气反应放出的热量，供给碳与水蒸气反应所需要的热量，以保持体系的热平衡。所用设备称为煤气发生炉，炉中装填块状煤或焦炭。

间歇法制造半水煤气时，需要向煤气炉内交替地送入空气和水蒸气。自上一次开始送空气至下一次开始送空气为止，称为一个工作循环。顺序为：①吹风：空气从煤气发生炉底部进入，与燃料层中的碳发生氧化反应，生成吹风气，反应放出大量热能，使炉温升高到 $1100 \sim 1400℃$，为制造水煤气的反应创造条件，吹风后的气体经废热锅炉回收热量后放空。②一次上吹：水蒸气从煤气发生炉底部进入，并与燃料层中炽热的碳发生反应，生成水煤气，经过除尘、洗涤与冷却后送入气柜。③下吹：一次上吹后，由于反应吸热，使炉底温度下降，燃料层的上部温度尚高，为充分利用这部分热量，使水蒸气从煤气发生炉顶进入与碳反应，生成的水煤气从炉底导出，经过除尘、洗涤、冷却后进入气柜。④二次上吹：煤气发生炉燃层温度经下吹后，已降到不能继续制取水煤气，此时，必须将煤气发生炉中燃料层温度再行升高，即需要吹风。但是下吹后，炉底充满水煤气，送入空气有可能引起爆炸，故再自炉底送入水蒸气，将炉底煤气排净，为吹风做好准备。二次上吹时，虽然可以制气，但因炉温较低，制得的煤气质量不高。因此，二次上吹时间尽可能短一点。⑤空气吹净：二次上吹后，造气炉上部与管路中尚有水煤气存在，在吹风时，如果把这部分水煤气从烟囱排掉，不仅造成浪费，而且这部分煤气和带有火星的吹风气一直排至烟囱口与空气接触，可能发生爆炸。因此，将空气从炉底吹入，使这部分煤气与含有氮的吹风气一并送入气柜，制得合乎需要的原料气。再进行第二个循环，如此反复进行。

此法不需要纯氧，但对煤的机械强度、热稳定性、灰熔点要求较高；非制气时间较长，生产强度低；阀门开关频繁，阀门易损坏，维修工作量大，能耗大。

固定床间歇气化的工艺流程如图4-36所示。该流程虽对吹风气的显热和潜热以及上行煤气的显热进行了回收，但对下行煤气的显热未回收，且出废热锅炉的上行煤气及烟气的温度均较高，因此热量损失较大。

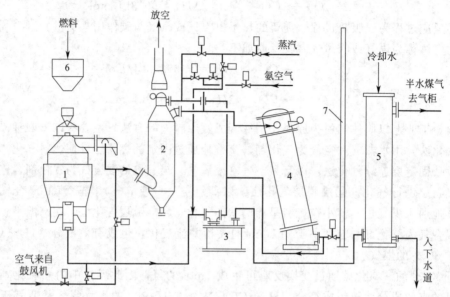

图 4-36　固定床间歇气化工艺流程

1—煤气发生炉；2—燃烧室；3—洗气箱；4—废热锅炉；5—洗涤塔；6—燃料贮仓；7—烟囱

 **查一查** 原料气制备的预热和余热回收方法及节能流程？

连续气化法常采用的方法有加压鲁奇气化法和德士古气化法（水煤浆气化法）。加压鲁奇气化法以氧-蒸汽为气化剂，采用固定床连续制气，生产强度较高，煤气质量稳定，但对燃料要求高，生成气中甲烷含量高，而且大量焦油和含氧废水使流程复杂化。德士古气化法是将高浓度水煤浆送入气化炉进行气化反应，无需加入蒸汽，可利用劣质煤，气化强度高，但耗氧量大。

## 二、煤气化技术 (Coal Gasification Technology)

煤气化工艺是生产合成气产品的主要途径之一，通过气化过程将固态的煤转化成气态的合成气，同时副产蒸汽、焦油（个别气化技术）、灰渣等副产品。煤气化工艺技术分为：固定床气化技术、流化床气化技术、气流床气化技术三大类，各种气化技术均有其各自的优缺点，对原料煤的品质均有一定的要求，其工艺的先进性、技术成熟程度也有差异。

### 1. 固定床气化技术

碎煤加压固定床气化采用的原料煤粒度为 6~50mm，采用水蒸气与纯氧作为气化剂。该技术氧耗量较低，原料适应性广，可以气化变质程度较低的煤种（如褐煤、泥煤等），得到各种有价值的焦油、轻质油及粗酚等多种副产品。该技术的典型代表是鲁奇加压气化技术和 BGL 碎煤熔渣气化技术。

该气化技术的优点：

① 原料适应范围广，除黏结性较强的烟煤外，从褐煤到无烟煤均可气化，可气化水分、灰分较高的劣质煤；

② 氧耗量较低，气化较年轻的煤时，可以得到各种有价值的焦油、轻质油及粗酚等多种副产品。

该气化技术存在的不足：

① 该技术出炉煤气中甲烷和二氧化碳的含量较高，有效气的含量较低；

② 蒸汽分解率低，一般蒸汽分解率约为 40%，蒸汽消耗较大，未分解的蒸汽在后序工段冷却，造成气化废水较多，由于废水中含有酚类物质，导致废水处理工序流程长，投资高。

### 2. 流化床气化技术

粉煤加压流化床气化又称为沸腾床气化，这是一种成熟的气化工艺，在国外应用较多，该工艺可直接使用 0～6mm 碎煤作为原料，备煤工艺简单，气化剂同时作为流化介质，炉内气化温度均匀，典型的代表有德国温克勒气化技术、山西煤化所的 ICC 灰熔聚气化技术和恩德粉煤气化技术。

虽然近年来流化床气化技术已有较大发展，相继开发了如高温温柯勒（HTW）、U-Gas 等加压流化床气化新工艺以及循环流化床工艺（CFB），在一定程度上解决了常压流化床气化存在的带出物过多等问题，但仍然存在煤气中带出物含量高、带出物碳含量高且又难分离、碳转化率偏低、煤气中有效成分低，而且要求煤高活性、高灰熔点等多方面问题。

### 3. 气流床气化技术

气流床气化技术大都以纯氧作为气化剂，在高温高压下完成气化过程，粗煤气中有效气（$CO+H_2$）含量高，碳转化率高，不产生焦油、萘和酚水等，是一种环境友好型的气化技术。

气流床气化技术主要分为水煤浆气化技术和粉煤气化技术，水煤浆气化技术的典型代表有：GE 加压水煤浆气化技术、康菲石油公司的 E-Gas 水煤浆气化技术、华东理工大学的多喷嘴对置式水煤浆气化技术、清华大学非熔渣-熔渣氧气分级气化技术以及西北化工研究院的多元料浆气化技术。粉煤气化技术典型代表有 Shell 的 SCGP 粉煤气化技术、西门子公司的 GSP 粉煤气化技术、西安热工研究院的两段式加压干粉煤气化技术和北京航天动力研究所的 HT-L 气化技术等。

## 三、原料气的净化 (Purification of Raw Gas)

不同气化过程，造气工艺不尽相同，但制取的氢、氮原料气都含有硫化物、一氧化碳、二氧化碳等杂质，这些杂质不仅腐蚀设备，而且是氨合成催化剂的毒物，必须除去，制得纯净的氢、氮混合气，这一过程称为原料气的净化。原料气的净化过程包括脱硫、变换、脱碳和精制四个工序。

### 1. 原料气的脱硫

合成气中都含有一定量的硫化物，主要包括两大类：无机硫，如硫化氢；有机硫，如二硫化碳、硫醇、硫氧化碳等，其含量会因产地不同而有所差异。硫化物的存在不仅能腐蚀设备和管道，而且能使天然气蒸汽转化催化剂、甲醇合成催化剂中毒失去活性。因此，原料气中的硫化物必须脱除干净。脱除原料气中的硫化物的过程称为脱硫。

脱硫的方法很多，按脱硫剂的物理形态可分为干法脱硫和湿法脱硫两大类。

干法脱硫的优点是既能脱除硫化氢，又能除去有机硫，净化度高，操作简便、设备简单、维修方便。但干法脱硫所用脱硫剂的硫容量小，设备体积庞大，且脱硫剂再生较困难，需定期更换，劳动强度较大。因此，干法脱硫一般用在硫含量较低、净化度要求较高的场合。对于硫含量较高的原料气的干法脱硫可以串在湿法脱硫之后，作为精细脱硫，主要脱除原料气中的有机硫。常用的干法脱硫有钴钼加氢转化法、氧化锌法、活性炭法、分子筛法等。

湿法脱硫按溶液的吸收和再生性质分为物理吸收法、化学吸收法、湿式氧化法以及物理化学吸收法。物理吸收法是利用脱硫剂对原料气中硫化物的物理溶解作用将其吸收，是一物理吸收过程，当吸收富液压力降低时，则放出 $H_2S$。属于这类方法的有低温甲醇法、聚乙二醇二甲醚法、碳酸丙烯酯法等。化学吸收法是利用了碱性溶液吸收酸性气体的原理吸收硫化氢。按反应不同，又可分为中和法和氧化法。中和法是用弱碱性溶液与原料气中的酸性气体硫化氢进行中和反应，生成硫氢化物而除去硫化氢，溶液在减压加热的条件下可以得到再生。烷基醇胺法、碱性盐溶液法等都是属于这类方法。氧化法是借助伴有电子转移的化学反应来进行脱硫的，其中湿式氧化法脱硫的优点是反应速率快、净化度高、能直接回收硫黄。该法主要有改良 ADA 法、栲胶法、氨水气相催化法、PDS 法及络合铁法等。物理化学吸收法脱硫剂由物理溶剂和化学溶剂组成，因而其兼有物理吸收和化学反应两种性质。主要有环丁砜法等。

湿法脱硫具有吸收速率快、生产强度大、脱硫过程连续、溶液易再生等特点，适用于硫化氢含量较高、净化度要求不太高的场合。其中湿式氧化法无需对解吸的硫化物二次处理，可直接回收硫黄。回收硫黄的方法有克劳斯硫黄回收法、超级克劳斯法、Shell-Paques 生物脱硫回收硫黄法等。

由于甲醇生产原料品种多、流程长，原料气中硫化物的状况及含量不同，不同过程对气体净化度的要求不同，用同一种方法在同一部位一次性从含硫气体中高精度脱除硫化物是困难的。因此，在流程中何处设置脱硫，用什么方法脱硫没有绝对的标准，应根据原料含硫的多少、硫的形态、各种经济指标及流程的特点来决定。以天然气为原料合成甲醇时，在蒸汽转化之前就需脱硫，以避免蒸汽转化镍催化剂中毒。当原料总硫含量不高，脱硫要求达到 $0.2×10^{-6}$ 以下，以满足烃类蒸汽转化和甲醇合成催化剂的要求时，一般用干法脱硫。对总硫含量不高，又含有硫醚、噻吩等复杂有机硫化物的天然气，通常先用钴钼加氢转化催化剂将有机硫化物转化为硫化氢，然后用氧化锌法脱除。对总硫高的天然气先用湿法在洗涤塔中将酸性气体硫化氢脱除，然后用钴钼加氢对有机硫进行转化，用氧化锌吸收，最后得到合格的净化气。

湿法脱硫的主要设备有脱硫塔和再生设备。脱硫塔可以是填料塔、喷射塔、旋流板塔、喷旋塔等。

### 2. 一氧化碳的变换

合成氨的原料气中含有 15%～48% 的一氧化碳，能使氨合成催化剂中毒，因此在送往合成工序前必须脱除。生产中一般将一氧化碳分两次除去，首先利用一氧化碳与水蒸气作用，生成氢气和二氧化碳，来除去大部分的一氧化碳。这一过程称为一氧化碳的变换，反应后的气体称为变换气。通过变换反应将一氧化碳转化为易于除去的二氧化碳，同时获得等体积的氢气。因此，一氧化碳变换既是原料气的净化过程，又是原料气制造的继续。剩余的少量一氧化碳将在后续工序中除掉。变换反应设备为变换炉，反应在催化剂存在下进行。

$$CO+H_2O(g) \Longleftrightarrow CO_2+H_2 \quad \Delta H_{298}^{\ominus}=-41.19kJ/mol \tag{4-43}$$

上式是一个可逆放热反应，低温有利于提高转化率。生产中根据反应温度的不同，变换过程分为中温变换和低温变换。中温变换使用的催化剂称为中温变换催化剂，常用的有铁铬催化剂和铁镁催化剂，中温变换催化剂反应温度为 $350 \sim 550℃$，变换后气体中一氧化碳含量仍有 $2\% \sim 4\%$。低温变换使用活性较高的催化剂，常用的有铜锌铬催化剂和铜锌铝催化剂，低温变换催化剂的操作温度为 $180 \sim 260℃$，变换后气体中残余一氧化碳可降至 $0.2\% \sim 0.4\%$。低温变换催化剂的缺点是抗硫性能差，操作范围窄。

### 3. 二氧化碳的脱除

经变换的原料气除含有氢、氮外，还含有大量的二氧化碳、少量的一氧化碳和甲烷等杂质。二氧化碳既是氨合成催化剂的毒物，又是制造尿素的重要原料。因此，合成氨生产中，二氧化碳的脱除及其回收利用具有双重目的。脱除二氧化碳的过程常称为"脱碳"。

二氧化碳的脱除多采用溶液吸收法脱碳，根据吸收剂性能的不同，分为物理吸收法和化学吸收法两类。

物理吸收法是利用二氧化碳能溶解于水或有机溶剂的特性进行操作的，适用于二氧化碳含量 $>15\%$ 的原料气的脱碳。常采用的方法有低温甲醇洗涤法、碳酸丙烯酯法、聚乙醇二甲醚法等。吸收能力的大小取决于二氧化碳在所采用溶剂中的溶解度。溶剂的再生常采用减压闪蒸法。其中聚乙醇二甲醚法能选择性脱除气体中的 $CO_2$ 和 $H_2S$，能耗较低，被广泛采用；由于低温甲醇洗涤法需要较大的冷量，一般用于大型化肥厂；碳酸丙烯酯法的缺点是溶液价格高，腐蚀严重并且损失液量大。

化学吸收法是使二氧化碳与碱性溶液反应而被除去。根据所用碱性溶液的不同有改良热钾碱法、栲胶法和乙醇胺法。吸收能力的大小取决于二氧化碳在所采用溶剂中的溶解度，这由化学平衡决定。溶剂的再生常采用"热"法再生，再生的热量消耗是评价和选择脱碳方法的一个重要经济指标。其中改良热钾碱法适用于二氧化碳含量 $<15\%$ 的原料气的脱碳，栲胶法应用较广泛，有机胺法逐渐发展起来。

### 4. 原料气的精制

经过变换和脱碳，除去了原料气中大部分的一氧化碳和二氧化碳，但仍含有少量一氧化碳、二氧化碳以及硫化物等，在送往合成工序以前，还需要进一步净化，使一氧化碳和二氧化碳总量要求小于 $10mg/L$（大型厂）或小于 $30mg/L$（中小型厂），此过程称为"精制"，常用的精制方法有四种：铜氨液洗涤法、甲烷化法、双甲精制法、液氮洗涤法。

（1）铜氨液洗涤法　此法简称为"铜洗"，铜盐氨溶液简称"铜液"。对净化后的气体又称为"铜洗气"或"精炼气"。本法常用于以煤为原料间歇制气的中、小型氨厂。"铜液"是一种由铜离子、酸根及氨组成的水溶液。其中分为氯化铜氨液、蚁酸铜氨液、碳酸铜氨液和醋酸铜氨液数种。

常用溶液为醋酸铜氨液，简称铜氨液，主要成分是醋酸二氨合亚铜 $[Cu(NH_3)_2Ac]$、醋酸四氨合铜 $[Cu(NH_3)_4Ac_2]$、醋酸氨和游离氨。醋酸二氨合亚铜是吸收一氧化碳的活性组分，醋酸四氨合铜无吸收一氧化碳的能力，但能防止溶液中析出金属铜。二氧化碳与铜氨液中的游离氨反应生成碳酸铵或碳酸氢铵。

（2）甲烷化法　在催化剂作用下，将一氧化碳、二氧化碳加氢生成甲烷而达到气体精制的方法。

反应过程如下：

$$CO + 3H_2 \Longrightarrow CH_4 + H_2O \tag{4-44}$$

$$CO_2 + 4H_2 \Longrightarrow CH_4 + 2H_2O \tag{4-45}$$

此法只有当原料气中 CO 和 $CO_2$ 含量小于 0.7% 时才可采用，将原料气中的碳氧化物总量脱至 $1\times10^{-5}$（体积分数），并通常和低温变换工艺配套。甲烷化法工艺简单、操作方便且费用低，但其缺点一是甲烷化法要求原料气中的一氧化碳和二氧化碳的含量低，加大了变换蒸气消耗量；二是消耗了有用的氢气，产出了不利于氨合成的惰性气体甲烷；三是为了保证惰性气体的含量稳定，合成放空时，浪费了一定的氢气、氮气和氨。因此甲烷化法应用于伴随煤气原料气的净化，有待于进一步研究和完善。

（3）双甲精制法　甲醇串甲烷化以精制原料气为目的，达到联产甲醇和精制双重目的。流程如下：

变换→脱碳→脱硫及精脱硫→甲醇合成→醇分离→甲烷化→精制气压缩→氨合成

含（CO+$CO_2$）<2.5% 的脱碳气压缩到 10～13MPa 后，进入甲醇合成塔，在甲醇催化剂作用下合成甲醇，出塔气中（CO+$CO_2$）<0.5%，经冷却分离甲醇后，进入甲烷化炉进行甲烷化反应，后（CO+$CO_2$）<$1\times10^{-5}$ 的精制气再送去氨合成工序。脱碳气的精脱硫在中压或低压下进行。"双甲"流程作为合成氨精制原料气新工艺，成功达到目的，同时又可副产适量甲醇。生产实际中，也可以根据需要调节氨醇比。双甲流程与现有中小型氨厂铜洗精炼、联醇-铜洗工艺或低变-甲烷化相比，工艺稳定可靠，节能降耗，经济效益明显。

（4）液氮洗涤法　液氮洗涤法也称深冷分离法，是基于气体的沸点不同的特征进行分离的，属物理吸收过程。在脱除一氧化碳的同时，也脱除了原料气中的甲烷和氧气等，可使合成气中一氧化碳和二氧化碳的含量降至 10mg/L，甲烷和氩气降至 100mg/L 以下，从而减少了氨合成系统的放空量，降低了氢气和氮气的损失，提高了合成氨催化剂的产氨能力。但此法需要液体氮，只有与设有空气分离装置的煤气化制备合成氨原料气的流程相结合，才比较经济合理。实际生产中，可使液氮洗涤法与空分、低温甲醇洗组成联合装置，合理利用冷量，简化原料气净化流程。

# 第三节　合成气制甲醇技术

## Technologies of Methanol from Synthesis Gas

 **应用知识**

1. 甲醇的生产方法及特点；
2. 甲醇合成、精制原理及工艺流程；
3. 甲醇合成的工艺条件和影响因素。

**技能目标**

1. 能熟练运用工具书、期刊及网络资源等查阅有关合成气和甲醇的资料，并能进行资料的归纳总结；
2. 能对甲醇合成工艺条件的选择进行分析；
3. 能对照流程图描述甲醇的合成及精制的工艺流程，并分析主要设备的作用；
4. 能根据生产情况和要求选择适宜的甲醇原料路线。

甲醇是多种有机产品的基本原料和重要溶剂，同时也是具有很大市场前景的清洁燃料，我国是世界甲醇主要生产地区，也是甲醇需求的重点地区。目前甲醇合成采用的方法按合成压力分为中压法和低压法两种工艺，20世纪70年代以来，世界各国新建与改进的甲醇装置几乎全部是低压法。由于所采用的原料、反应器等的不同，世界上典型的甲醇合成工艺为ICI和Lurgi工艺，采用上述方法生产的甲醇约占世界甲醇总量的80%左右。我国甲醇工业始于20世纪50年代，主要采用煤、天然气、焦炉气为原料，在低压法的基础上开发出有我国特色的中压"联醇"生产工艺，并自主研发了催化剂、反应器，使我国低压甲醇生产装置及工艺实现了国产大型化，从而降低了生产成本，并大力开发甲醇下游产品。

## 一、甲醇的合成过程 ( Synthetic Process of Methanol)

### 1. 甲醇的合成原理

（1）甲醇的合成原理　合成甲醇主反应为：

$$CO + 2H_2 \rightleftharpoons CH_3OH \qquad \Delta H_{298}^{\ominus} = -90.8 \text{ kJ/mol} \qquad (4\text{-}46)$$

如有二氧化碳存在，还发生如下反应：

$$CO_2 + 3H_2 \rightleftharpoons CH_3OH + H_2O \qquad \Delta H_{298}^{\ominus} = -58.6 \text{ kJ/mol} \qquad (4\text{-}47)$$

$$CO_2 + H_2 \longrightarrow CO + H_2O + 41.3 \text{kJ/mol} \qquad (4\text{-}48)$$

除上述主反应外，还伴随一些副反应的发生，生成烃类、甲醛、二甲醚（DME）、高级醇、酸、酯、碳和水等副产物。如：

$$CO + 3H_2 \rightleftharpoons CH_4 + H_2O \qquad (4\text{-}49)$$

$$2CO + 2H_2 \rightleftharpoons CH_4 + CO_2 \qquad (4\text{-}50)$$

$$4CO + 8H_2 \rightleftharpoons C_4H_9OH + 3H_2O \qquad (4\text{-}51)$$

$$2CO + 4H_2 \rightleftharpoons CH_3OCH_3 + H_2O \qquad (4\text{-}52)$$

这些副反应产生的副产物还可以进一步发生脱水、缩合等反应，生成烯烃、酯类等副产物。副反应不仅消耗原料，而且影响甲醇的质量和催化剂的寿命，特别是生成甲烷的反应是一个强放热反应，不利于反应温度的控制，而且生成的甲烷不能随产品冷凝，更不利于主反应的化学平衡和反应速率。

（2）合成甲醇的平衡常数　一氧化碳和氢气合成甲醇是一个气相可逆反应，压力对反应起着重要作用，用气体分压来表示的平衡常数可用下式表示：

$$K_p = \frac{p_{CH_3OH}}{p_{CO} p_{H_2}^2} \qquad (4\text{-}53)$$

反应温度是影响平衡常数的一个重要因素，不同温度、压力下合成甲醇反应的平衡常数见表4-13。

表4-13　不同温度、压力下合成甲醇反应的平衡常数

| 温度/℃ | 压力/MPa | $K_p$ |
|---|---|---|
| 200 | 10.0 | $4.21 \times 10^{-2}$ |
|  | 20.0 | $6.53 \times 10^{-2}$ |
|  | 30.0 | $10.80 \times 10^{-2}$ |
|  | 40.0 | $14.67 \times 10^{-2}$ |
| 300 | 10.0 | $3.58 \times 10^{-4}$ |
|  | 20.0 | $4.97 \times 10^{-4}$ |
|  | 30.0 | $7.15 \times 10^{-4}$ |
|  | 40.0 | $9.60 \times 10^{-4}$ |

| 温度/℃ | 压力/MPa | $K_p$ |
|---|---|---|
| 400 | 10.0 | $1.38 \times 10^{-5}$ |
| | 20.0 | $1.73 \times 10^{-5}$ |
| | 30.0 | $2.01 \times 10^{-5}$ |
| | 40.0 | $2.70 \times 10^{-5}$ |

从表 4-13 中可以看出温度降低、压力升高时，$K_p$ 值增加，可提高甲醇的平衡产率。

（3）合成甲醇的反应热力学 一氧化碳和氢气合成甲醇是一个放热反应，其反应热随温度和压力而变化，其关系如图 4-37 所示。

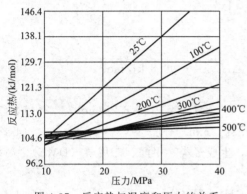

图 4-37 反应热与温度和压力的关系

从图 4-37 中可以看出，温度越低，压力越高时，则反应热越大。当压力为 20MPa 时，反应温度在 300℃以上，此时的反应热变化最小，易于控制。所以合成甲醇温度低于 300℃时要严格控制压力和温度的变化，以免造成温度的失控。

**2. 合成甲醇催化剂**

目前工业上采用的催化剂大致可分为锌-铬系和铜基催化剂。不同类型的催化剂其性能不同，要求的反应条件也不同。

（1）锌-铬系催化剂 锌-铬系催化剂最早用于工业合成甲醇的催化剂，1966 年以前的甲醇合成几乎都用该类型的催化剂。锌-铬系催化剂使用寿命长，使用范围宽，操作控制容易，耐热性好，抗毒性强，机械强度高；但其活性温度高，一般在 380~400℃之间，为了获得较高的转化率，必须在高压下操作，操作压力可达 25~35MPa，目前逐步被淘汰。

（2）铜基催化剂 铜基催化剂是 20 世纪 60 年代由英国 ICI 公司首先研制成功，其主要成分为 CuO 和 ZnO，还需加入 $Al_2O_3$ 或 $Cr_2O_3$ 为助催化剂，提高催化剂的热稳定性、活性及寿命。铜基催化剂的操作温度低（230~270℃），压力低（5~10MPa），活性高，广泛应用于合成甲醇，其缺点是该催化剂对原料气中的杂质要求严格，特别是硫含量，必须精制脱硫使硫含量小于 0.1ppm。

铜基催化剂在使用前必须进行还原活化，在氢气和一氧化碳作用下使氧化铜还原成金属铜或低价铜才有活性。还原过程中必须严格执行催化剂还原方案，控制活化条件，才能得到稳定、高效的催化活性。

 国内甲醇生产常用的铜基催化剂的型号及主要特性。

**3. 合成工艺条件的选择**

（1）温度 甲醇的合成是一个可逆的放热反应，提高反应温度虽然有利于反应速率的增加，但不利于反应的平衡，同时，提高温度会引起副反应的发生。这样，既增加分离的困难，又导致催化剂表面积炭而降低活性，因此，选择合适的操作温度对甲醇合成非常必要。

为了防止催化剂老化，在催化剂使用初期，宜采用较低的反应温度，使用一段时间后再逐步提高反应温度至最适宜温度，反应中放出的热量必须及时移出。实际生产中，反应温度还取决于所选催化剂的活性范围。一般锌铬催化剂的活性温度为620～690K，铜基催化剂的活性温度为470～560K。

（2）压力 合成甲醇的反应是体积缩小的反应，增加压力，有利于向正反应方向进行。铜基催化剂作用下，反应压力与甲醇的生成量的关系如图4-38所示。

由图4-38可看出：反应压力越高，甲醇生成量越多。这不仅可以减小反应器的尺寸和减少循环气体积，而且还可以增加产物甲醇所占的比率。另外，增加压力，还可提高甲醇合成反应的速率。但是随着压力的增加，能量的消耗与设备投资都随之增大。因此，工业生产中必须综合考虑各项因素来确定合理的反应压力。锌-铬催化剂由于反应温度高，要提高操作压力来提高反应推动力，一般为25～35MPa；铜基催化剂反应温度较低，反应压力可降到5～10MPa。

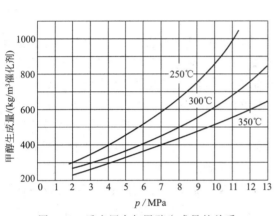

图4-38 反应压力与甲醇生成量的关系

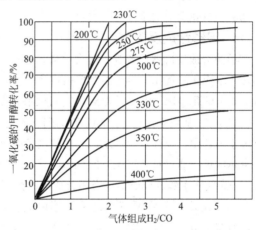

图4-39 原料气中 $H_2/CO$ 与 CO 转化率的关系

（3）原料气的组成

① 氢碳比。原料气组成由合成甲醇的反应式可知，理论上 $H_2/CO$ 为 2：1。生产中一氧化碳不能过量，以免生成羰基铁，积聚于催化剂表面而使之失去活性。但反应气体受催化剂表面吸附及其他因素的影响，要求反应气体中氢含量要大于理论量，既可提高反应速率，又可防止或减少副反应的发生。

原料气中氢和一氧化碳的比例对一氧化碳的转化率有很大影响，如图4-39所示。由图可知增加氢与一氧化碳的比例可提高一氧化碳的转化率，但当 $H_2/CO$ 大于 3 时转化率提高不显著。同时，过高的 $H_2/CO$ 会降低设备的生产能力。采用不同的催化剂，$H_2/CO$ 值也会不同，采用铜基催化剂时，通常采用的 $H_2/CO$ 为 2.2～3.0，采用锌-铬催化剂时，通常采用的 $H_2/CO$ 为 4.5 左右。

② 惰性气体。甲醇原料气的主要成分为 $H_2$ 和 CO，其中还含有惰性气体杂质和催化剂毒物。

惰性气体杂质主要指 $N_2$ 和 $CH_4$，它们不参与反应，但会在系统中逐渐积累而增多，使反应的转化率降低。生产中，在催化剂使用初期或合成塔负荷较轻，操作压力较低时，可将循环气中的惰性气体控制在 20%～25%，否则应使惰性气体含量控制在 15%～20%。

③ 催化剂毒物。催化剂毒物主要指的是原料气中含有的硫化物。使用锌-铬催化剂时，硫化物与氧化锌生成硫化锌，使用铜基催化剂时，硫化物与铜生成硫化铜，这些生成的金属硫化

物能使催化剂失去活性。硫化物进入合成系统会发生副反应，生成硫醇、硫二甲醚等杂质，影响粗甲醇的质量，而且带入精馏系统会引起设备的腐蚀。对于锌-铬催化剂，原料气中的硫含量应控制在 50ppm($10^{-6}$) 以下，对于铜基催化剂，原料气中的硫含量应小于 0.1ppm。

（4）**空速**　空速是指单位时间单位体积催化剂所通过的气体量（标准体积），单位是 $m^3/(m^3$ 催化剂·h$)$，简写为 $h^{-1}$，其大小代表气体与催化剂接触时间的长短。空速大小不仅影响原料的转化率，而且也决定着生产能力和单位时间放出的热量。

适宜的空速与催化剂活性、反应温度及进塔的气体组成有关。空速小，接触时间较长，单程转化率较高，气体循环的动力消耗较少，但低空速使单位时间内通过的气量小，导致设备生产能力下降。空速大，催化剂的生产强度虽然可以提高，但增大了循环气体通过设备的压力降及动力消耗，并且由于气体中反应物的浓度降低，增加了分离反应产物的费用，另外，空速增大到一定程度后，催化床温度将不易维持稳定。使用铜基催化剂时采用的空速为 $10000\sim20000h^{-1}$ 之间。

### 4. 甲醇合成反应器

甲醇合成反应器也称为甲醇合成塔，是甲醇生产系统中最重要的设备之一。根据最适宜温度随转化率变化的规律，生产中要严格控制温度，需要及时、有效地将反应热移出。甲醇合成反应器应具有催化剂床层温度易控制，空间利用率高，结构简单紧凑，催化剂装卸方便等特点。

（1）**列管式等温甲醇合成塔**　列管式等温甲醇合成塔结构类似于列管式换热器，催化剂装填于列管中，壳程走冷却水，反应热由管外锅炉给水带走，同时产生高压蒸汽，既是反应器又是废热锅炉。通过对蒸汽压力的调节，可以方便地控制反应器内的反应温度，维持恒定的温度。如 Lurgi 低压甲醇合成塔，该类型合成塔由德国 Lurgi 公司研制，其结构如图 4-40 所示。

该类反应器的主要特点是采用管束式合成器，塔内温度几乎是恒定的，这样有效地抑制了副反应；由于温度比较恒定，避免了催化剂的过热，从而延长了催化剂寿命；同时其结构紧凑，反应器生产能力大，单程转化率较高，循环气量小，能量利用经济。列管式等温甲醇合成塔的缺点是结构相对较复杂，装卸催化剂不方便。

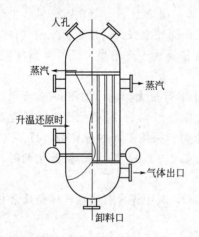

图 4-40　Lurgi 低压甲醇合成塔

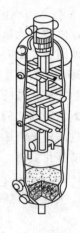

图 4-41　ICI 多段冷激式
甲醇反应器

（2）**冷激式绝热甲醇合成反应器**　冷激式绝热甲醇合成反应器把反应床层分为若干绝热段，每段间直接加入冷的原料气使反应气冷却。冷激式绝热反应器主要由塔体、气体进出口、气体喷头、分布器和催化剂装卸口等部件组成。合成气体由反应器的上部进入，冷的原料气经喷嘴喷入，喷嘴均匀分布于反应器的整个截面上。混合后的气体温度正好是反应温度的低限，混合气进入下一段床层进行进一步反应。段中反应为绝热反应，释放的反应热使反应气体温度升高，于下一段间再与冷的原料气混合降温后进入更下一段床层中进行反应。冷激式绝热反应器中气体的混合及均匀分布是生产的关键，只有这样才能有效地控制反应温度，避免过热现象的发生。如ICI多段冷激式甲醇反应器，其结构如图4-41所示。

这类反应器的优点是生产能力大，结构简单，催化剂装卸方便；其缺点是催化剂时空产率不高，用量较大，且仅能回收低品位的热能。

查一查 甲醇合成塔的发展方向以及其他类型的甲醇合成塔的主要结构和特点。

### 5. 甲醇合成工艺流程

甲醇合成工艺，按合成压力分为高压法、中压法和低压法三种工艺。采用锌-铬催化剂合成压力为 $30\sim50MPa$ 的高温高压工艺流程，投资费用和运转费用大，产品质量差，已逐渐被淘汰。随着铜基催化剂的使用和净化技术的发展，出现了合成温度低，合成压力为 5MPa 左右的低压工艺流程，由于副反应少，制得的粗甲醇中杂质含量低。在低压法的基础上发展了压力为 $10\sim27MPa$ 的中压甲醇合成工艺，该法使用了新型铜基催化剂，同时提高了操作压力，因而减小了设备体积，综合利用指标比低压法要好。目前多数甲醇生产采用低压合成工艺。

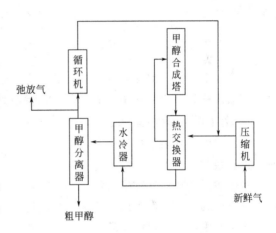

图 4-42 甲醇合成工序的原则流程

甲醇合成的流程虽有不同，但许多基本步骤是共同具备的，甲醇合成工序的原则流程如图4-42所示。由于化学平衡的限制，合成塔出口气体中甲醇的摩尔分数仅为3%～6%，所以未反应的气体经分离后循环使用。

以天然气为原料低压法合成甲醇的工艺流程如图4-43所示。

合成气经离心式压缩机升压至5MPa，与循环压缩后的循环气混合，一小部分混合气作为合成塔冷激气来控制床层反应温度，大部分混合气经热交换器预热至 $230\sim245℃$ 进合成塔。进塔气在 $230\sim270℃$ 、5MPa下，在铜基催化剂（ICI51-1型）上合成甲醇。合成塔出口气经热交换器换热，再经水冷和甲醇分离器分离后，得到粗甲醇液。未反应的气体返回循环机升压，循环使用。为了使合成回路中的惰性气体含量维持在一定范围内，在进循环机前弛放一股气体作为燃料。

## 二、甲醇的精制 (Refining of Methanol)

在甲醇合成过程中，由于催化剂、原料气组成、操作条件等的影响，以及副反应的存

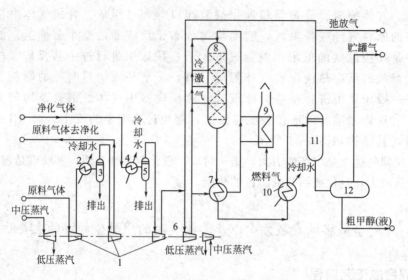

图 4-43　ICI 低压甲醇合成工艺流程

1—原料气压缩机；2,4—冷却器；3,5—分离器；6—循环气压缩机；7—热交换器；
8—合成塔；9—开工加热器；10—甲醇冷凝器；11—甲醇分离器；12—中间贮槽

在，由合成得到的甲醇除含有水外，还有许多微量有机杂质（醇、醚、醛、酮等）和固体杂质，该液体称为粗甲醇，粗甲醇必须经过精馏脱除这些杂质制得合格的精甲醇。

### 1. 粗甲醇和精甲醇的组成

粗甲醇中所含杂质虽然很多，但根据其性质可归纳为以下四类：还原性物质、溶解性物质、无机杂质、电解质和水。

粗甲醇中的还原性物质通常主要是指醛、胺、羰基铁等，这类物质可用高锰酸钾变色实验来进行鉴别。溶解性物质主要指的是烷烃、醇类、醛、酮、有机酸、胺等物质。无机杂质主要指生产中夹带的机械杂质，如催化剂粉末、铁杂质等。电解质主要指有机酸、有机胶、氨及金属离子，还有微量的硫化物和氯化物等。不同合成条件及催化剂下合成的粗甲醇的大致组成如表 4-14 所示。

表 4-14　粗甲醇的大致组成

| 原料及合成条件 | 主要组分(质量分数)/% | | | | | |
|---|---|---|---|---|---|---|
| | 甲醇 | 水 | 二甲醚 | 乙醇 | 异丁醇 | 醛酮 |
| 天然气(5MPa，约 290℃，铜基催化剂) | 81.5 | 18.37 | 0.016 | 0.035 | 0.007 | 0.002 |
| 煤(32MPa，360～380℃，锌铬催化剂) | 83～97 | 6～13 | 2～4 | | 0.153 | 0.004 |

以甲醇为原料生产甲醇衍生物时，对甲醇的纯度都有一定的要求，否则会影响其衍生物的质量或单耗，或者影响催化剂的使用寿命。作为工业生产用的甲醇，要达到化工产品的国家质量标准（GB 338—2011）。

　精甲醇的质量标准，看一下其主要检测的项目。

### 2．粗甲醇精制的工艺流程

在工业上，粗甲醇的分离就是通过精馏的方法，除去粗甲醇中的水分和有机杂质。粗甲醇精馏工艺有很多，主要有双塔精馏工艺和三塔精馏工艺。其精馏塔最早为泡罩塔，近年来普遍采用浮阀塔和填料塔。

（1）双塔精馏工艺流程　流程中第一个塔为预精馏塔，其作用有三个，一是脱除轻组分有机杂质（二甲醚、甲酸甲酯等）以及溶解在粗甲醇中的合成气；二是脱除与甲醇沸点相近的轻馏分和甲醇-烷烃共沸物；三是部分脱除乙醇的共沸物。流程中第二个塔为采用加压操作的主精馏塔，其作用主要是除去包括乙醇、水以及高级醇的重组分，同时获得产品精甲醇。双塔精馏工艺流程见图4-44。

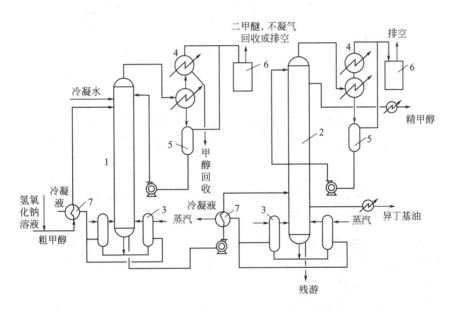

图 4-44　双塔精馏工艺流程

1—预精馏塔；2—主精馏塔；3—再沸器；4—冷凝器；
5—回流器；6—液封槽；7—热交换器

精制前在粗甲醇中加入浓度为8％～9％氢氧化钠溶液，加入量约为粗甲醇加入量的0.5％，目的是控制预精馏后的甲醇呈弱碱性（pH＝8～9），促使胺类及羰基化合物分解，同时防止粗甲醇中有机酸对设备的腐蚀。加碱后的粗甲醇经过预热器加热至60～70℃后进入预精馏塔。为便于脱除粗甲醇中杂质，以蒸汽冷凝水作为萃取剂在预精馏塔上部加入。塔釜为预处理后75～85℃粗甲醇。含有甲醇、水及多种以轻组分为主的少量有机杂质在塔顶以66～72℃的蒸汽形式采出后，经过冷凝器将绝大部分甲醇、水和少量有机杂质冷凝下来，送至塔内回流，未冷凝下来的以轻组分为主的大部分有机杂质经塔顶液封槽后放空或回收作燃料。

预处理后的粗甲醇，在预精馏塔底部采出，进入主精馏塔。根据粗甲醇组分、温度以及塔板情况调节进料板。塔底侧有循环蒸发器，以蒸汽加热供给热源，甲醇蒸气和液体在每一块塔板上进行分馏，塔顶部蒸汽出来经过冷凝器冷却，冷凝液流入收集槽，再经回流泵加压送至塔顶进行回流。极少量的轻组分与少量甲醇经塔顶液封槽溢流后不凝部分排入大气。

根据精甲醇质量情况调节采出口，精甲醇在塔顶自上而下数第5～8塔板中采出，经精甲醇冷却器冷却到30℃以下送至成品槽。釜残液主要为水及少量高碳烷烃。

（2）双效三塔精馏工艺流程　由于乙醇的挥发度和甲醇较接近，其分离较困难；精馏过程能耗很大，热能利用率低。因此为了提高甲醇的质量和收率，降低精制过程的能耗，发展了双效三塔精馏工艺流程。双效三塔精馏工艺流程中，脱除了轻组分杂质后的精馏分离由两个塔来完成，第一主精馏塔采用加压操作也称为加压塔，第二主精馏塔采用常压操作也称为常压塔。其流程见图 4-45。

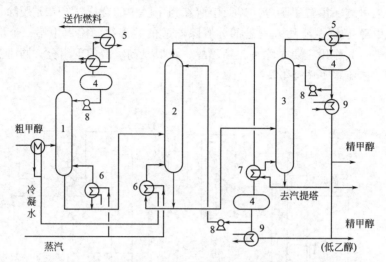

图 4-45　双效三塔精馏工艺流程
1—预精馏塔；2—第一主精馏塔；3—第二主精馏塔；4—回流液收集槽；
5—冷凝器；6—再沸器；7—冷凝再沸器；8—回流泵；9—冷却器

　　粗甲醇经换热器预热至 65℃进入预精馏塔，除去其中残余溶解气体及低沸物。塔内上升汽中的甲醇大部分凝下来进入预塔回流液收集槽 4，经预塔回流泵 8 送到塔顶作回流。不凝气、轻组分及少量甲醇蒸气通过压力调节后至加热炉作燃料。

　　由预精馏塔塔底出来的预后甲醇，进入第一主精馏塔 2，其操作压力约 0.57MPa，塔顶操作温度约 121℃，塔釜操作温度约 127℃。塔顶甲醇蒸气进入冷凝再沸器 7，被冷凝的甲醇进入回流液收集槽 4，冷却液一部分由回流泵 8 升压至约 0.8MPa 送至第一主精馏塔回流，其余部分经精甲醇冷却器 9 冷却到 40℃后，作为成品送至精甲醇计量槽。其中第一精馏塔的气相甲醇的冷凝潜热作为第二精馏塔塔釜加热热源。

　　由第一主精馏塔塔底排出的甲醇溶液送至第二主精馏塔 3 的底部，第二主精馏塔 3 操作压力约 0.006MPa，塔顶操作温度约 65.9℃，塔釜操作温度约 94.8℃。从塔顶出来的甲醇蒸汽经冷凝器冷凝冷却到 40℃后，进入第二主精馏塔回流液收集槽，一部分送至塔顶回流，其余部分送至精甲醇计量槽。

　　第二主精馏塔的塔底残液进入废水汽提塔，塔顶蒸汽经汽提塔冷凝器冷凝后，一部分冷凝液送废水汽提塔塔顶回流，其余部分经冷却器冷却至 40℃，与第二主精馏塔 3 采出的精甲醇一起送至产品计量槽。如果汽提塔冷凝液不符合精甲醇的要求，可将其送至第二主精馏塔进行回收，以提高甲醇精馏的回收率。

 双效三塔精馏工艺流程如何降低了精馏的能耗?

知识拓展

# 甲醇燃料

甲醇燃料是利用工业甲醇或燃料甲醇，加变性醇添加剂后与现有国标汽、柴油按一定体积（或质量比）经严格科学工艺调配制成的一种新型清洁燃料。甲醇燃料目前主要用于车用燃料、电池燃料、民用燃料。

1. 甲醇车用燃料

在汽车上的应用主要有掺烧和纯甲醇替代两种。掺烧是指将甲醇以不同的比例掺入汽油中，作为发动机的燃料（一般称为甲醇汽油）；纯甲醇替代是指将高比例甲醇（如 M85、M100）直接用作汽车燃料。使用某些型号甲醇燃料的发动机需要作相应调整以达到最佳性能。

甲醇作为内燃机燃料有许多优点。①甲醇的辛烷值高，具有较好的调合性。增强抗爆性能，提高发动机的压缩比，从而提高发动机的功率。②甲醇的化学组成单一，含氧量高。甲醇分子中含有50％的氧，在汽缸内完全燃烧所需的空气量远远少于汽油，燃烧更为充分，不仅提高了发动机的热效率，而且减少汽车常规运行时尾气中 CO 和碳氢化合物的排放，虽然尾气中会含有少量甲醇和不完全氧化产物甲醛，但都可通过尾气净化器净化。③甲醇在环境温度下为液体，和汽油一样，有利于储存和运输。④甲醇燃料水溶性强，生物降解快，对生态环境的影响较小。⑤在高油价、低甲醇价格情况下，甲醇燃料在经济上占有很大优势。

甲醇作为内燃机燃料也有弱点，它的能量较低、行驶同一距离的消耗几乎比汽油多一倍，因而需要大的油箱。

2. 电池燃料

燃料电池高效节能，其零排放或接近零排放的良好环境性能，使之成为当今世界能源和交通领域开发的热点。目前燃料电池原料主要有两种，一是氢燃料，二是甲醇燃料。

燃料电池氢燃料的来源可以是氢气，也可以通过甲醇热分解和水蒸气重整制得大量的氢气。利用甲醇燃料车载制氢作为燃料电池车燃料已成为各大汽车公司致力研究的对象。戴姆勒-克莱斯、福特、通用、本田、三菱、尼桑等都在进行甲醇重整燃料电池车的开发研究。

甲醇也可以直接用作电池燃料制成直接甲醇燃料电池，即将甲醇氧化反应的化学能直接转化为电能的一种发电装置。与间接式甲醇燃料电池相比，直接甲醇燃料电池不需要复杂的重整器，整个电池结构简单、方便灵活，工作时间只取决于燃料携带量而不受限于电池的额定容量，近年来备受产业界青睐。在发电过程中，无需经过卡诺循环，具有能量转化效率高，低排放和无噪声等特点，另外还具有常温使用、燃料携带补给方便、能量密度高等优势，特别适用于作为小型可移动及便携式电源，在交通运输、国防能源和移动通讯等领域有着潜在的广阔应用前景。

3. 民用燃料

甲醇燃料可以在管道煤气、液化石油气供应紧张的地区直接取代煤、柴草作为新型民用燃料。但因为甲醇燃料在常压下是液体，因此需要配套的增压灶具。

通过甲醇脱水制得的二甲醚也可以替代液化石油气用作城镇燃气。二甲醚的蒸气压低于液化石油气，其储存和运输等都比液化气安全；二甲醚在空气中的爆炸下限比液化石油气高一倍，在使用过程中，二甲醚作为燃料比液化石油气安全。

# 第四节　合成氨生产技术

## Technologies of Synthetic Ammonia

### 应用知识

1. 氨的性质和用途；
2. 氨的合成原理；
3. 氨合成生产的工艺条件及影响因素；
4. 氨合成塔的结构特点及类型；
5. 氨合成的工艺流程。

### 技能目标

1. 能熟练运用工具书、期刊及网络资源等查阅有关合成氨的资料，能进行资料的归纳总结；
2. 能对氨合成工艺条件的选择进行分析；
3. 对照流程图能描述氨合成的工艺流程，并能分析主要设备的作用；
4. 能根据生产要求选择组织生产流程。

氨是化肥工业和基本有机化工的主要原料。氨主要用来制成其他含氮化合物，如硫酸铵、硝酸铵、碳酸氢铵、尿素、磷酸铵和氯化铵等化学肥料，氨用于生产各种氮肥的量约占总产量的80%～90%。氨作为许多化工产品的原料还广泛地被用来生产硝酸、硝酸盐、染料、药品、有机合成产品、合成纤维和塑料等。在国防工业上氨用于制造炸药、导弹和火箭的推进剂等。氨在工业生产中还用作冷冻与冷藏系统的制冷剂。

 炸药的主要成分？冷库冷冻的原理？

## 一、氨的合成 (Synthesis of Ammonia)

将精制后的氢氮混合气合成为氨，是整个合成氨生产的核心部分。

### 1. 合成原理

氨的合成反应为：

$$\frac{3}{2}H_2 + \frac{1}{2}N_2 \rightleftharpoons NH_3 \qquad \Delta H_{298}^{\ominus} = -46.22 \text{kJ/mol} \tag{4-54}$$

式(4-54) 是可逆、放热、体积缩小且有催化剂才能以较快的速率进行的反应。

（1）氨合成反应的化学平衡

① 平衡常数。氨的合成反应在一定条件下达到化学平衡，其平衡常数 $K_p$ 可表示为：

$$K_p = \frac{p_{NH_3}^*}{(p_{N_2}^*)^{1/2}(p_{H_2}^*)^{3/2}} = \frac{1}{p} \times \frac{y_{NH_3}^*}{(y_{N_2}^*)^{1/2}(y_{H_2}^*)^{3/2}} \tag{4-55}$$

式中　$p_i^*$——平衡时 $i$ 组分的分压，MPa；

　　　　$y_i^*$——平衡时 $i$ 组分的摩尔分数。

压力较高时，气体混合物为非理想气体混合物，化学平衡常数 $K_p$ 不仅与温度有关，而且与压力、气体组成有关。

不同温度、压力下，纯氢氮混合气（$H_2/N_2=3$）的平衡常数 $K_p$ 值见表4-15。

表4-15　不同温度、压力下，纯氢氮混合气（$H_2/N_2=3$）的化学平衡常数 $K_p$ 值

| 温度/℃ | 压力/MPa | | | | |
|---|---|---|---|---|---|
| | 10.33 | 15.20 | 20.27 | 30.39 | 40.53 |
| 350 | $2.9796\times10^{-1}$ | $3.2933\times10^{-1}$ | $3.5270\times10^{-1}$ | $4.2346\times10^{-1}$ | $5.1357\times10^{-1}$ |
| 400 | $1.3842\times10^{-1}$ | $1.4742\times10^{-1}$ | $1.5759\times10^{-1}$ | $1.8175\times10^{-1}$ | $2.1146\times10^{-1}$ |
| 450 | $7.1310\times10^{-2}$ | $7.7939\times10^{-2}$ | $7.8990\times10^{-2}$ | $8.8350\times10^{-2}$ | $9.9615\times10^{-2}$ |
| 500 | $3.9882\times10^{-2}$ | $4.1570\times10^{-2}$ | $4.3359\times10^{-2}$ | $4.7461\times10^{-2}$ | $5.2259\times10^{-2}$ |
| 550 | $2.3870\times10^{-2}$ | $2.4707\times10^{-2}$ | $2.5630\times10^{-2}$ | $2.7618\times10^{-2}$ | $2.9883\times10^{-2}$ |

由表4-15可知：化学平衡常数 $K_p$ 值随着温度的降低、压力的提高而增大。

② 平衡氨含量及影响因素。在一定条件下，氨的合成反应达到化学平衡时，氨在混合气体中的百分含量称为平衡氨含量，也称氨的平衡产率。它是在给定条件下，混合气体中氨含量所能达到的最大限度。

若已知反应达到化学平衡时，氨气、氢气、氮气及惰性气体（$CH_4+Ar$）含量分别为 $y_{NH_3}^*$、$y_{H_2}^*$、$y_{N_2}^*$ 及 $y_i^*$，氢氮比为 $r$，总压力为 $p$，则各组分的分压分别为：$p_{NH_3}^*=py_{NH_3}^*$，$p_{H_2}^*=py_{H_2}^*=p\times\dfrac{r}{r+1}\times y_{(N_2+H_2)}^*=p\times\dfrac{r}{r+1}\times(1-y_{NH_3}^*-y_i^*)$，$p_{N_2}^*=py_{N_2}^*=p\times\dfrac{1}{r+1}\times y_{(N_2+H_2)}^*=p\times\dfrac{1}{r+1}\times(1-y_{NH_3}^*-y_i^*)$，将各组分的平衡分压代入式(4-55)得：

$$\frac{y_{NH_3}^*}{(1-y_{NH_3}^*-y_i^*)^2}=K_p p\times\frac{r^{1.5}}{(r+1)^2} \tag{4-56}$$

由式(4-56)可以看出：平衡氨含量与温度、压力、氢氮比及惰性气体含量有关。

a. 温度和压力。当温度降低、压力升高时，平衡氨含量增加。即有利于氨的生成，这与化学平衡移动原理得出的结果是完全一致的。当操作条件为 $r=3$、$y_i^*=0$ 时，不同温度、压力下的 $y_{NH_3}^*$ 数值，可参见表4-16。

表4-16　$r=3$、$y_i^*=0$ 时，不同温度、压力下，平衡氨含量 $y_{NH_3}^*$

| 温度/℃ | 压力/MPa | | | | | |
|---|---|---|---|---|---|---|
| | 0.1013 | 10.13 | 15.20 | 20.27 | 30.40 | 40.53 |
| 360 | 0.72 | 35.10 | 43.35 | 49.62 | 58.91 | 65.72 |
| 380 | 0.54 | 29.95 | 37.89 | 44.08 | 53.50 | 60.59 |
| 400 | 0.41 | 25.37 | 32.83 | 38.82 | 48.18 | 55.39 |
| 420 | 0.31 | 21.36 | 28.25 | 33.93 | 43.04 | 50.25 |
| 440 | 0.24 | 17.92 | 24.17 | 29.46 | 38.18 | 45.26 |
| 460 | 0.19 | 15.00 | 20.60 | 25.45 | 33.66 | 40.49 |
| 480 | 0.15 | 12.55 | 17.51 | 21.91 | 29.52 | 36.03 |
| 500 | 0.12 | 10.51 | 14.87 | 18.81 | 25.80 | 31.90 |

第四章　典型化工产品生产技术

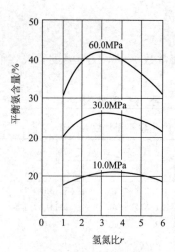

图 4-46　500℃时平衡氨
含量与氢氮比的关系

b. 氢氮比。由平衡氨含量和平衡常数的关系式可知，氢氮比 $r$ 对平衡氨含量有显著的影响，如果不考虑气体组成对化学平衡常数的影响，当 $r=3$ 时，平衡氨含量 $y_{NH_3}^*$ 具有最大值；若考虑气体组成对平衡常数的影响时，见图 4-46，具有最大平衡氨含量的氢氮比略小于 3，其值随压力而异，约在 2.68～2.90 之间。

c. 惰性气体含量。惰性气体是指反应体系中不参加化学反应的气体组分，氨合成混合气体中的惰性气体指的是甲烷和氩。惰性气体的存在，降低了氢氮气的有效分压，使平衡氨含量下降。

综上所述，可通过提高压力、降低温度、减少惰性气体含量、保持氢氮比略小于 3 四种措施来提高平衡氨含量。

（2）反应热效应　氨合成反应的热效应不仅取决于温度，而且还与压力、气体组成有关。不同温度、压力下，纯氢氮混合气完全转化为氨的反应热效应（$\Delta H_F$）可由下式计算：

$$-\Delta H_F = 38338.9 + \left(0.23131 + \frac{356.61}{T} + \frac{159.03 \times 10^6}{T^3}\right)p + 22.3864T +$$

$$10.572 \times 10^{-4} T^2 - 7.0828 \times 10^{-6} T^3$$

式中　$\Delta H_F$——纯氢氮混合气完全转化为氨的反应热，kJ/kmol；

　　　　$p$——压力，MPa；

　　　　$T$——温度，K。

工业生产中，高压下的气体为非理想气体，反应体系为氢、氮、氨及惰性气体的混合物，是上述反应热与混合热之和。实际反应热效应比 $\Delta H_F$ 计算值要小。

（3）氨合成反应的动力学

① 氨合成的反应机理　氨合成反应过程和一般气固相催化反应一样，是由外扩散、内扩散和化学动力学过程等一系列连续步骤组成。

a. 气体反应物由气相主体扩散到催化剂外表面；

b. 反应物自催化剂外表面扩散到毛细孔内表面；

c. 气体被催化剂表面（主要是内表面）活性吸附；

d. 吸附状态的气体反应物在催化剂表面上进行化学反应，生成产物；

e. 产物自催化剂表面解吸；

f. 解吸后的产物从催化剂内表面经毛细孔向外表面扩散；

g. 产物由催化剂外表面扩散至气相主体。

以上步骤中，a.、g. 为外扩散过程；b.、f. 为内扩散过程；c.、d.、e. 总称为化学动力学过程。有关氮氢气在催化剂上的反应机理，存在着不同假设，其中主要假设为：氮在催化剂上被活性吸附，离解为氮原子，然后逐步加氢，连续生成 $NH$、$NH_2$、$NH_3$。多数人认为氮在催化剂表面上的活性吸附步骤进行得最慢，即氨的合成反应速率是由氮的吸附速率所决定，是反应过程的控制步骤。1939 年，捷姆金和佩热夫根据上述反应机理，氮在催化剂表面上的活性吸附是氨合成过程的控制步骤，提出假设：a. 催化剂表面活性不均匀；b. 氮的吸附覆盖度中等；c. 气体为理想气体；d. 反应距平衡不很远等条件。推导出本征反应动力学方程式如下：

$$r_{NH_3} = k_1 p_{N_2} \left[ \frac{p_{H_2}^3}{p_{NH_3}^2} \right]^\alpha - k_2 \left[ \frac{p_{NH_3}^2}{p_{H_2}^3} \right]^{1-\alpha} \tag{4-57}$$

式中　$r_{NH_3}$——过程的瞬时总速率，为正反应和逆反应速率之差；

$k_1$、$k_2$——正、逆反应速率常数；

$p_i$——混合气体中 $i$ 组分的分压；

$\alpha$——常数，由实验测得。

对工业铁催化剂，$\alpha$ 可取 0.5，于是上式可变为：

$$r_{NH_3} = k_1 p_{N_2} \frac{p_{H_2}^{1.5}}{p_{NH_3}} - k_2 \frac{p_{NH_3}}{p_{H_2}^{1.5}} \tag{4-58}$$

② 氨合成反应速率的影响因素　由式（4-58）可知反应速率的影响因素有压力、温度、氢氮比及惰性气体含量。此外，催化剂活性和粒度对反应速率也有影响。

a. 压力　对有气体参与的反应来说，提高压力就增加了单位体积内气体分子的数量，缩短了分子间的距离，在同样温度下，分子之间碰撞次数增多，使反应速率加快。当系统总压力为 $p$，氢气、氮气、氨气含量分别为 $y_{H_2}$、$y_{N_2}$、$y_{NH_3}$，则各气体组分的分压分别为：$p_{H_2} = p y_{H_2}$、$p_{N_2} = p y_{N_2}$、$p_{NH_3} = p y_{NH_3}$ 代入式（4-58）得：

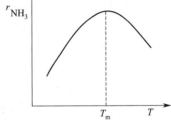

图 4-47　氨合成反应速率与温度的关系

$$r_{NH_3} = k_1 \frac{y_{N_2} y_{H_2}^{1.5}}{y_{NH_3}} p^{1.5} - k_2 \frac{y_{NH_3}}{y_{H_2}^{1.5}} p^{-0.5} \tag{4-59}$$

由式（4-59）可见，当温度和气体组成一定时，正反应速率与压力的 1.5 次方成正比，逆反应速率与压力的 0.5 次方成反比，所以提高压力可以加快氨合成的反应速率。

b. 温度　温度升高，分子运动加快，有效碰撞的分子数增加，反应量增加，正逆反应速率都增加。在某一转化率及反应体系组成的情况下，温度对总反应速率的影响如图 4-47 所示。其中 $T_m$ 为最适宜温度，即在一定的催化剂、压力及气体组成下，总有一个反应温度使反应系统的反应速率最大，此温度为该条件下的最适宜温度。在最适宜温度下，反应速率最大，气相中氨的含量最高。

c. 氢氮比　在反应初期，系统远离平衡。本征动力学方程可用式：$r_{NH_3} = k' p_{N_2}^{0.5} p_{H_2}^{0.5}$ 来表示。设 $y_i = 0$，将 $p_{H_2} = p y_{H_2} = p \times \dfrac{r}{r+1} \times (1 - y_{NH_3})$，$p_{N_2} = p y_{N_2} = p \times \dfrac{1}{r+1} \times (1 - y_{NH_3})$ 代入式中得：

$$r_{NH_3} = k' p \times \frac{r^{0.5}}{r+1} \times (1 - y_{NH_3}) \tag{4-60}$$

在温度、压力、氨含量一定时，改变氢氮比 $r$ 使反应速率 $r_{NH_3}$ 最大的条件是 $\dfrac{\partial r_{NH_3}}{\partial r} = 0$，由此求得 $r = 1$。即反应初期的最佳氢氮比为 1，反应速率 $r_{NH_3}$ 最大。

在反应中、后期，反应离平衡不远。本征动力学方程可用式：$r_{NH_3} = k_1 p_{N_2} \dfrac{p_{H_2}^{1.5}}{p_{NH_3}} - k_2$

$\dfrac{p_{NH_3}}{p_{H_2}^{1.5}}$ 表示。同理可求出，最佳氢氮比为3，反应速率 $r_{NH_3}$ 最大。

d. 惰性气体　在氨的合成条件不变的情况下，惰性气体的存在，降低了氢氮气的有效分压，由式(4-60)可知，随惰性气体含量的增加，则总反应速率减小。因此，降低惰性气体含量，反应速率加快。

e. 催化剂的内扩散　催化剂的存在，改变了反应途径，降低了反应的活化能，使正、逆反应速率大大加快。在实际生产中，氨合成反应速率还需考虑到扩散的阻滞作用。大量的研究工作表明，氨合成塔的操作条件能保证气流与催化剂颗粒外表面传递过程速率足够快，使外扩散影响可忽略不计，但内扩散阻力却不容忽视，内扩散速率影响氨合成反应速率。

内扩散的阻滞作用通常以催化剂内表面利用率 $\xi$ 表示。实际氨合成反应速率应是内表面利用率 $\xi$ 与本征动力学速率 $r_{NH_3}$ 的乘积。采用小颗粒催化剂是提高内表面利用率的有效措施。

实际生产中，在合成塔结构和催化剂层压力降允许的情况下，应当采用粒度较小的催化剂，以减小内扩散的影响，从而提高催化剂的内表面利用率，加快氨合成的反应速率。但催化剂颗粒过小压力降增大，且小颗粒催化剂易中毒而失活。因此，根据实际情况，在兼顾其他工艺参数的情况下，应综合考虑催化剂粒度。

### 2. 氨合成催化剂

催化剂的使用降低了氨合成反应的活化能，使反应速率显著提高，在合成氨生产中，很多工艺条件和操作条件都是由催化剂的性质所决定。

(1) 铁系催化剂　可以做氨合成催化剂的物质很多，如铁、铂、钨、锰等，其中以铁为主体并添加促进剂的铁系催化剂具有原料来源广、价格低廉、活性好、抗毒能力强、使用寿命长等特点，从而获得了国内外广泛应用。

目前，大多数铁系催化剂都是用经过精选的天然磁铁矿通过熔融法制备，是以铁的氧化物（三氧化二铁和氧化亚铁）为主体的多组分催化剂，其中 FeO 质量分数为 $24\%\sim38\%$，$Fe^{2+}/Fe^{3+}$ 约为 0.5，这时 $FeO/Fe_2O_3$ 的摩尔比约为 $1:1$，成分相当于 $Fe_3O_4$，具有尖晶石结构。还原后铁催化剂的活性组分为 $\alpha\text{-}Fe$。

添加的促进剂成分有 $K_2O$、$CaO$、$MgO$、$Al_2O_3$、$SiO_2$ 等。促进剂可分为结构型和电子型两类，结构型促进剂通过改善催化剂的结构而促进催化作用，如 $Al_2O_3$、$MgO$；电子型促进剂可以使金属电子的逸出功降低，有利于组分的活性吸附，从而提高催化剂的活性，如 $K_2O$、$CaO$。

国产 A 系列氨合成催化剂已达到国、内外同类产品的先进水平，并且已制出球形氨合成催化剂。催化剂在使用过程中，活性会降低，降低的主要原因为催化剂的中毒和衰老。常见氨合成催化剂的组成及一般性能见表 4-17。

表 4-17　常见氨合成催化剂的组成及一般性能

| 国别 | 型号 | 组　成 | 外形 | 堆密度/(kg/L) | 使用温度 | 主要性能 |
|---|---|---|---|---|---|---|
| 中国、丹麦 | A201 | $Fe_3O_4$、$Al_2O_3$、$K_2O$、$CaO$、$Co_3O_4$ | 不规则颗粒 | $2.6\sim2.9$ | $360\sim490$ | 易还原,低温活性高 |
| | A301 | $Fe_{1-x}O$、$Al_2O_3$、$K_2O$、$CaO$ | 不规则颗粒 | $3.0\sim3.25$ | $320\sim500$ | 低温、低压高活性,还原温度 $280\sim300℃$ |
| | KMⅠ | $Fe_3O_4$、$Al_2O_3$、$K_2O$、$CaO$、$SiO_2$、$MgO$ | 不规则颗粒 | $2.5\sim2.85$ | $360\sim480$ | $390℃$还原明显,耐热及抗毒性较好 |

| 国别 | 型号 | 组 成 | 外形 | 堆密度/(kg/L) | 使用温度 | 主要性能 |
|------|------|------|------|------|------|------|
| 英国 | ICI35-4 | $Fe_3O_4$、$Al_2O_3$、$K_2O$、$CaO$,$MgO$,$SiO_2$ | 不规则颗粒 | 2.65~2.85 | 350~530 | 530℃以下活性稳定 |
| 美国 | C73-2-03 | $Fe_3O_4$、$Al_2O_3$、$K_2O$、$CaO$、$Co_3O_4$ | 不规则颗粒 | 2.88 | 360~500 | 500℃以下活性稳定 |

减小催化剂的粒度，可以缩短微孔的长度，能有效地提高催化剂的内表面的利用率，但催化剂粒度不能太小，否则会增大床层阻力，增加动力消耗。

 造成催化剂中毒和衰老的具体原因会有哪些?

 有关铁系催化剂在使用过程中的还原及钝化的过程。

（2）钌系催化剂 由于铁系催化剂起活温度比较高，大型氨厂通常是在 400~500℃ 和 20.0~30.0MPa 条件下使用，对设备的要求高，能耗大。因此，开发在低温和较低压力下仍具有较高活性的新型氨合成催化剂，就成为合成氨催化剂研究的关键。目前研究开发的氨合成钌（Ru）基催化剂，由于在低温低压等温和的条件下具有较高的活性，被誉为第二代氨合成催化剂。

以钌为活性组分，以金属钾为促进剂、活性炭为载体的钌系氨合成催化剂比铁系催化剂活性高 10~20 倍，在 5~8MPa 和 350~450℃ 下氨合成率达到 20%~22%，生产能力可提高 20%~40%。钌系催化剂具有催化活性高、反应温度和压力低、使用寿命长、抗毒性强、不易失活、受氨的抑制作用不明显、对原料气要求低等优点。

福州大学研制的双助剂（Ba、K）石墨化炭负载钌催化剂已经完成了工业小试实验，并正在进行钌系催化剂合成氨生产产业化示范工程的建设，标志着钌系氨合成催化剂研究成果即将在国内进行产业化应用。

但钌较高的价格也是催化剂工业化应用的一大障碍，因此寻找其他价格低廉且活性较高的氨合成催化剂也成为新的研究方向。

## 二、氨合成工艺条件的选择 (The Selection of Ammonia Synthesis Conditions)

### 1. 压力

在氨合成过程中，合成压力是决定其他工艺条件的前提，是决定生产强度和技术经济指标的主要因素。

从化学平衡和反应速率的角度来看，提高操作压力有利于提高平衡氨含量和氨合成反应速率，出口氨含量越高，装置的生产能力越大，而且压力高，设备紧凑、流程简单，故氨的合成须在高压下进行。

但氨合成压力的高低，是影响氨合成生产中能量消耗的主要因素。氨合成系统的能量消耗主要包括原料气的压缩功耗、循环气的压缩功耗和冷冻系统的压缩功耗。提高压力，原料气压缩功耗增加，循环气压缩功耗和氨分离冷冻功耗减少。但压力越高，设备投资和原料气压缩功耗越大，从节能和降低成本出发，压力宜尽可能低一些。

图 4-48 所示为某日产 900t 氨合成装置功耗与压力的变化关系。由图 4-48 可知：当操作压力在 15～30MPa，总功耗相差不大、且数值较低。在合成氨装置大型化以前的中压流程，采用往复式压缩机加压，一般以 30MPa 左右较为经济；自离心式压缩机应用于合成氨工业以来，一般采用 15～20MPa。从发展方向看，大型合成氨装置采用 25～30MPa 的操作压力，在技术经济上有利。

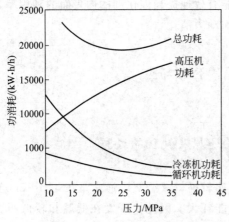

图 4-48　功耗与压力的变化关系

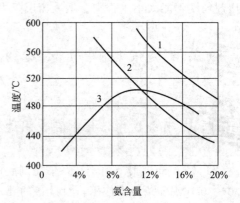

图 4-49　温度曲线
1—平衡温度曲线；2—最适宜温度
曲线；3—三套管式合成塔
催化剂层温度分布曲线

## 2.温度

氨合成反应必须在催化剂存在下才能进行，所以反应温度必须维持在催化剂的活性温度范围内。由于该反应为可逆放热反应，因此存在最适宜反应温度。由于该反应是气-固相催化、放热、可逆反应，故催化床的温度分布应在催化剂活性温度范围（350～550℃）内尽量接近最适宜温度曲线。最适宜温度取决于反应气体的组成、压力以及所使用的催化剂活性。

即随着反应的进行，催化剂床层不同区间的气体组成不同（如：气体中的氨含量不断增加），则对应有不同的最适宜温度，将不同气体组成下的最适宜温度点连成的曲线称为最适宜温度曲线。图 4-49 所示为氢氮比等于 3、压力为 30.4MPa、惰性气体含量为 15％时，A106 型催化剂的平衡温度曲线与最适宜温度曲线的关系。在一定的压力下，随着氨含量提高，相应的最适宜温度下降。

从理论上看：氨合成反应按最适宜温度曲线进行，反应速率最快，催化剂用量最少、氨合成率（是指参加反应的氢氮量占反应前氢氮量的百分数）最高，生产能力最大。但是实际生产中，受条件的限制，不可能完全按最适宜温度曲线操作。

由于反应初期，氨含量很低，合成反应速率很高，故实现最适宜温度不是主要问题，而实际上由于受种种条件的限制不能做到这一点。例如：当合成塔入口气体中氨含量为 4％时，由图 4-49 可知，相应的最适宜温度大于 600℃，就是说催化剂床层入口温度应高于600℃，之后床层轴向温度逐渐下降，这个温度已超过催化剂耐热温度（一般为 550℃左右）。此外温度分布递降的反应器在工艺实施上也不尽合理，它不能利用反应热使反应过程自发进行，需另加高温热源预热反应前气体以保证合成塔入口温度。所以，在催化剂床层的前半段不可能按最适宜温度曲线操作，而是使反应气体在能达到催化剂活性温度的前提下（一般35～380℃）进入催化剂层，先进行一段绝热反应过程，依靠自身的反应热升高温度，以达到最适宜温度。而在催化剂床层的后半段，随着反应的进行，氨含量已经比较高，及时移走反应热，使反应温度按最适宜温度曲线操作是有可能的。

工业生产中，应严格控制催化剂床层的两点温度，即床层入口温度和热点温度。床层入口温度应等于或略高于催化剂活性温度的下限，热点温度应小于或等于催化剂使用温度的上限。提高床层入口温度和热点温度，可使反应过程较好地接近最适宜温度曲线。生产中，在催化剂使用后期，由于催化剂活性下降，应适当提高操作温度。氨合成操作温度应视催化剂型号而定，一般控制在400～500℃。

研制较低温度下具有较高活性的低温催化剂，是合成氨生产技术革新的重要方向。

### 3. 空速

空速的选用涉及氨净值（指合成塔进出口氨含量之差）、合成塔生产强度、循环气量、系统压力降以及反应热的合理利用。

当反应温度、压力、进塔气组成一定时，对于既定结构的合成塔，增加空速也就是加快气体通过催化剂床层的速率，气体与催化剂表面接触时间缩短，使出塔气中的氨含量降低，即氨净值降低；但由于氨净值降低的程度比空速的增大倍数要少，所以当空速增加时，氨合成的生产强度（是指单位时间内、单位体积催化剂上生成氨的量）有所提高，即氨的产量有所增加。

采用高空速强化生产的方法，由于造成出塔氨含量的降低，从而导致入塔循环气量及压力降增大。增加了循环机和冰机（是指压缩气氨的压缩机）的功耗，降低了反应热的回收利用，当反应热降低到一定的程度时，合成塔就难以维持自热平衡。

空速与出口氨含量和生产强度的关系见表4-18。一般操作压力为30MPa左右的中压法合成氨，空速在20000～30000/h；操作压力为15MPa的轴向冷激式合成塔，空速为10000/h；操作压力26.9MPa的径向冷激式合成塔，空速为16200/h。

表 4-18　空速与出口氨含量和生产强度的关系

| 空速/(1/h) 项目 | $1 \times 10^4$ | $2 \times 10^4$ | $3 \times 10^4$ | $4 \times 10^4$ |
|---|---|---|---|---|
| 出口氨含量/% | 21.70 | 19.02 | 17.33 | 16.07 |
| 生产强度/[kg/($m^3 \cdot h$)] | 1350 | 2417 | 3370 | 4160 |

### 4. 入塔气组成

合成塔入塔气组成包括氢氮比、惰性气体含量、入塔氨含量。

由于化学平衡的限制，氨合成过程有大量未反应的氢氮气进行循环，进入合成塔的气体，并不是单纯的新鲜气，而是循环气与新鲜气的混合气。由前面讨论可知：当入塔气的氢氮比 $r$ 为3时，平衡氨含量最大；从化学动力学角度分析，最适宜氢氮比 $r$ 随着反应的进行，将不断增大。由反应初期氢氮比 $r$ 为1，逐渐增加到反应接近化学平衡时，氢氮比接近于3，反应速率为最快。这势必要在反应时不断补充氢氮气，生产上难以实现。生产实践表明，当入塔气体的氢氮比为2.8～2.9时比较合适。

惰性气体（$CH_4$、$Ar$）来自新鲜气，而新鲜气中惰性气体的含量随所用原料和气体净化方法的不同相差很大。由于惰性气体不参加反应而在氨合成系统中积累，这无论对反应平衡还是反应速率均有不利影响。循环回路中对循环气进行适量放空是消除惰性气体积累的有效方法，但欲维持入塔气过低的惰气含量，则需排放大量的循环气，导致氢氮气的损失，经济上不利，因此必须在反应速率和原料利用率之间，根据经济分析加以权衡，维持入塔气中一定的惰性气体含量，一般12%～18%为宜。

新鲜气中不含氨，但因循环气中产品氨的分离不可能完全，故入塔气中必然含有一定量的氨。入塔气体中氨含量越低，氨净值就越大，反应速率越快，生产能力就越高。对于冷凝法分离氨，要降低入合成塔混合气体中的氨含量，需消耗大量冷冻量，增加冷冻功耗。因此，冷凝温度过低而增加氨冷负荷，在经济上并不可取。入塔氨含量的控制还与合成操作压力有关，当操作压力在30MPa左右时，一般控制在3.2%～3.8%，操作压力为15～20MPa时，则控制在2%～3%。

 **想一想** 生产中如何使合成塔入塔气的氢氮比控制为2.8～2.9?

### 三、氨合成塔 (Ammonia Converter)

氨合成塔是合成氨生产的重要设备之一，作用是使精制气中氢氮混合气在塔内催化剂床层中合成为氨。

#### 1. 结构特点

氨合成反应是在高温、高压条件下进行的，在此操作条件下，氢氮气及反应生成的甲烷对碳钢设备有明显的腐蚀作用。为了满足氨合成反应条件，合理解决氨合成塔在高温、高压条件下，氢氮气对碳钢设备的腐蚀，合成塔通常由外筒与内件两部分组成。在内件的外表面设置保温层，以减少向外筒散热，进入合成塔的气体应先经过内件与外筒之间的环隙。这样，外筒可只承受高压而不承受高温，可用普通低合金钢或优质低碳钢制成，而内件虽在高温下操作，但只承受环隙气流与内件气流的压差，一般仅为1～3MPa，可用不锈钢制造，以免原料气中的氢在高压下对钢材的强腐蚀。

同时在内件中应设置催化剂床、换热器和开工用的电加热器等。换热器的作用是使从催化剂床出来的高温（＞400℃）气体与进塔的原料气（一般＜140℃）进行热交换，提高进催化剂床层气体温度，降低出塔气体的温度。为使反应热及时移出并调节温度，催化剂床中可设置冷却管，一般因冷管的形式和气流的方向不同，合成塔有单冷管、双套管、三套管和并流、逆流等种类。为了及时测量反应温度，在合成塔催化剂床层不同部位设置热电偶。电加热器是在开车时用来加热进催化剂床层的原料气，使其达到反应温度，当生产正常后，内部换热已足以使进床层气体达到规定的温度，电加热器就可停用。

#### 2. 分类

（1）按气体在塔内的流动方向　氨合成塔结构繁多，按气体在塔内的流动方向不同，氨合成塔又可分为轴向塔、径向塔、轴-径向塔。

气体沿塔轴向流动的称为轴向塔；轴向塔主要缺点是气流阻力太大，只能采用较大颗粒的催化剂，从而影响了催化剂的性能，限制了氨的产量。

气体沿塔半径方向流动的称为径向塔。径向塔最突出的特点是气体呈径向流动，路径较轴向塔短，而流通截面积则大得多，气体流速大大降低，故压降很小。

反应气体既有轴向流动，又有径向流动，则称为轴-径向塔。气体在塔内某一部分以轴向方式通过，而在其余部分则以径向方式通过，塔内无死区，催化剂利用率提高，这种结构的合成塔能最大限度地发挥球形催化剂的优越性。

（2）按降温的方法不同　氨合成塔分为冷管式、冷激式和间接换热式三类。

冷管式合成塔在催化剂层设置冷却管，反应前温度较低的原料气在冷管中流动，移出反应热，降低反应温度，并将原料气预热到反应温度。根据冷管的结构不同，分为双套管、三套管、单管等。冷管式合成塔结构复杂，一般用于直径为 $500 \sim 1000\text{mm}$ 的中小型氨合成塔。

冷激式合成塔将催化剂分为多层（一般不超过 5 层），气体经每层绝热反应后，温度升高，通入冷的原料气与之混合，温度降低后再进入下一层。冷激式结构简单，加入未反应的冷原料气，降低了氨合成率，一般多用于大型合成塔，近年来有些中小型合成塔也采用了冷激式。

间接换热式合成塔将催化剂分为几层，层间设置换热器，上一层反应后的高温气体，进入换热器降温后，再进入下一层进行反应。此种塔的氨净值较高，节能降耗效果明显，近年来在生产中应用逐渐广泛，并成为一种发展趋向，但结构较为复杂。

过去，中小型氨厂一般采用冷管式合成塔；近年来开发的新型合成塔，塔内既可装冷管，也可采用冷激还可以应用间接换热，既有轴向塔也有径向塔。大型氨厂一般为轴-径向冷激式合成塔。

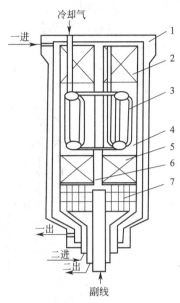

图 4-50　ⅢJ 内冷分流式
氨合成塔示意图

1—外筒；2—上绝热层；3—冷管；
4—冷管层；5—下绝热层；
6—中心管；7—换热器

### 3. 氨合成塔

（1）中小型氨厂合成塔　过去，中小型氨厂一般采用冷管式合成塔，传统改进型内件普遍存在冷管效应，即在催化剂床层冷管的周围，存在一个过冷的失活冷却气区，使催化剂床层调节温度困难，底部催化剂不易还原、塔阻力大、氨净值低、催化剂装填少以及余热利用率低等弊病。针对上述缺陷，工程科技人员进行了许多改进，改进型氨合成塔内件，如ⅢJ 型、YD 型、NC 型等，其中最典型的是ⅢJ 内冷分流式氨合成塔，见图 4-50 所示。

 试描述ⅢJ 型氨合成塔内气体的流程。

ⅢJ 内件的特点：它采用一个导入冷气、可自由取出的冷管组合件，具有双绝热、内冷、分流的功能。既能很好地发挥了冷管型内件操作简便的特点，又具有以下优点：①高压容积利用率高，在 $60\%$ 以上；②催化剂装填量多，比三套管、单管并流式内件多装 $25\%$ 以上；③催化剂升温还原较好；④催化剂床层温度便于调节，在流程中设置了三条冷气副线，床层温度调节很方便，从而使整个反应过程温度分布接近于最适宜温度曲线，反应速率快、氨净值较高（可达15%以上）、生产强度大；⑤反应热回收较好，出塔气体温度在320～360℃，可副产1.3MPa的中压饱和蒸汽700～800kg/tNH$_3$。

但也有明显的缺点：仍保留了部分冷管，只是较好地克服了"冷管效应"和催化剂层温度调节难的缺陷等。进一步改进的氨合成塔有ⅢJD-2000型、ⅢJD-3000型等。

（2）大型氨厂合成塔　20世纪60年代随着合成氨规模的大型化，氨合成塔直径增加，较多采用冷激式内件。大型氨合成塔的发展以大型化、单系列、低压合成、轴径向塔、小颗粒催化剂为趋势，不断进行改进，并趋于成熟。

目前我国有大型氨合成塔有5种类型，即凯洛格型、托普索型、伍德型、布朗型、卡萨利型。既有轴向塔也有径向塔。现代大型氨厂一般为轴-径向冷激式合成塔。

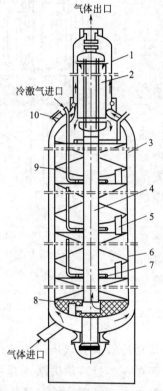

图 4-51　凯洛格四层轴向冷激式氨合成塔
1—上筒体；2—热交换器；3—催化剂筐；4—中心管；
5—卸料管；6—下筒；7—冷激管；8—氧化铝；
9—筛板；10—人孔

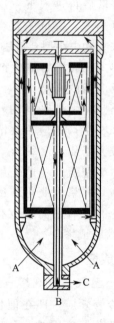

图 4-52　托普索 S-200 型
径向冷激式氨合成塔
A—主气体进口；B—冷却气体入口；
C—气体出口

① 轴向塔　轴向冷激式氨合成塔是将催化剂床层分为若干段，在段间通入未预热的氢、氮混合气直接冷却，故也称多段直接冷激式氨合成塔。图4-51所示为凯洛格四层轴向冷激式氨合成塔，塔外筒形状呈上小下大的瓶式，在缩口部位密封，克服了大塔径不易密封的困难。内件包括四层催化剂、层间气体混合装置（冷激管和挡板）以及列管式换热器。

气体在塔内流程：气体由塔底部进入塔内，经催化剂筐和外筒之间的环隙，向上流动以冷却外筒，再经过上部热交换器的管间，被预热到400℃左右进入第一层催化剂进行绝热反应。经反应后气体温度升高至500℃左右，在第一、二层间的空间与冷激气混合降温，然后进入第二层进行催化绝热反应。依此类推，最后气体从第四层催化剂层底部流出，折流向上经过中心管，进入热交换器的管内，换热后由塔顶排出。

轴向冷激式合成塔的优点是：a. 用冷激气调节床层温度，操作方便；b. 省去许多冷管，结构简单可靠、操作平稳等；c. 合成塔筒体与内件上开设人孔，装卸催化剂时不必将内件吊出，催化剂装卸也比较容易；d. 外筒密封在缩口处，法兰密封易得到保证。

但该塔有明显缺点：a. 瓶式塔内件封死在塔内，致使塔体较重，运输和安装较困难，而且内件无法吊出，造成维修与更换零部件极为不便；b. 催化剂筐外的保温层损坏后很难检查、维修；c. 塔的阻力较大；d. 冷激气的加入，降低氨含量，而且不能获得更高的氨合成率，这是冷激塔的一个严重缺点。

② 径向塔  20 世纪 70 年代，托普索公司改进了原两段径向合成塔结构的设计，设计了中间冷气换热的托普索 S-200型径向冷激式氨合成塔，如图 4-52 所示。

进塔气体流程：一部分从塔底接口进入，向上流经内件外筒之间的环隙，再入床间换热器；另一部分，由塔底 B 进入的冷副线气体。二者混合经进入第一催化剂床层，沿径向辐射状流经催化剂床层再进入第二催化剂床层，从外部沿径向向内流动，最后由中心管外面的环形通道，再经塔底接口 C 流出塔外。

该塔的优点：a. 用床间换热器代替了有层间冷激的内件，由于取消了层间冷激，不存在因冷激而降低氨浓度的不利因素，从而使合成塔出口氨含量有较大提高；b. 生产能力一定时，减小了循环量，降低了循环气功耗和冷冻功耗；c. 采用大盖密封便于运输、安装与检修等。

该塔的缺点：在结构上比轴向合成塔稍为复杂，气体流经催化剂床层易发生偏流。

③ 轴-径向混流型合成塔  轴-径向混流型合成塔也称轴-径向混合流动型合成塔。20 世纪 80 年代末，瑞士卡萨里（Casale）制氨公司针对凯洛格轴向合成塔存在的缺点开发了卡萨里轴-径向混流型合成塔。我国自主开发的轴-径向混流型氨合成塔，其结构示

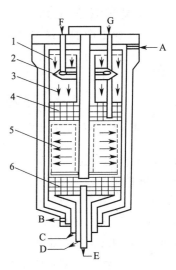

图 4-53  轴-径向混流型氨合成塔结构示意图
1,3—第一、二轴向层；2—菱形分布器；4—层间换热器；5—径向层；6—下部换热器；A——次入塔气；B——次出塔气；C—二次入塔气；D—二次出塔气；E—塔底冷副线；F—层间冷激气；G—层间换热气

意图如图 4-53 所示。我国最早开发完成的 GC 型氨合成塔是以催化剂层径向流为主的轴-径向氨合成塔，已成为我国合成氨装置大型化的主流技术，单套适用于年产合成氨能力 $5 \times 10^4 \sim 6 \times 10^5$ t 规模。

## 四、氨合成工艺流程 (Ammonia Synthesis Process)

### 1. 氨分离方法

因氨合成反应受反应平衡的限制，氢氮混合气体经合成塔催化剂床层后，只有少部分氢氮气合成为氨，氨含量也很低，一般为 10% ~ 20%，所以出氨合成塔的气体有氨、氢气、氮气和惰性气体。这种混合气体必须经过一系列冷却分离处理后才能使氨与氢氮气分离，并冷凝为液氨，此过程称为氨的分离。

工业生产上有两种方法，水吸收法和冷凝法。用水为溶剂来吸收混合气体中的氨，得到的产品是浓氨水。从浓氨水制取液氨还需要蒸馏及冷凝等步骤，消耗一定的热量，故工业上很少采用此方法。目前，常使用的方法是冷凝法。

冷凝法分离氨是利用氨气在低温、高压下易于液化的原理进行的。该法是首先冷却含氨的混合气，使其中的气氨冷凝成液氨，再经气液分离设备，从混合气体中分离出来液氨。

含氨混合气的冷却是以水和液氨做冷却剂，在水冷器和氨冷器中进行的。为了把冷凝下来的液氨从气相中分离出来，在水冷器和氨冷器之后设置氨分离器。氨分离器的作用是使循环气中冷凝成的液氨分离下来。经氨分离器分离出来的液氨，经减压后送至液氨贮槽，液氨贮槽压力一般为 1.6MPa 左右。

液氨既作为产品，也作为氨冷器添加液氨的来源。在冷凝过程中，一定量的氢气、氮气、甲烷、氩气等气体溶解于液氨中，当液氨在贮槽内减压后，溶解于液氨中的气体组分，大部分解吸出来。同时，由于减压作用部分液氨汽化，这种混合气工业上称为"贮槽气"或"弛放气"。

### 2. 氨合成原则流程

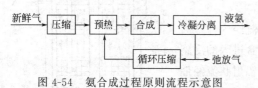

图 4-54　氨合成过程原则流程示意图

在工业生产上，虽然采用的氨合成工艺流程各不相同，设备结构和操作条件也有差异，但实现氨合成过程的基本工艺步骤是相同的。氨合成基本工艺步骤包括：新鲜氢氮气的补入，对未反应气体进行压缩并循环使用，氢氮混合气预热和氨的合成，反应热的回收，氨的分离及惰性气体排放等。氨合成过程原则流程可用图 4-54 表示。

流程配置的关键是上述步骤的合理组合，以便得到较好的技术经济效果，同时在生产上安全可靠。由于合成气温度较高（280～350℃），含有大量的可利用热能，而氨的分离温度要求较低（-23～-5℃），为了节能降耗，应合理配置氨合成反应热的综合利用系统。目前回收热能的方法有以下几种：用反应后的高温气体预热反应前的氢氮混合气，使其达到催化剂的活性温度；预热锅炉给水；副产蒸汽。至于采用哪一种回收热能方式，取决于全厂供热平衡设计。目前，大型氨厂较多采用预热锅炉给水；中小型氨厂则多用于副产蒸汽。预热反应前的氢氮混合气，大中小型氨厂都应用。

为了节约冷冻量，需在氨冷器前配置冷交换器，将氨冷器的出口冷气体与进口热气体进行换热，以回收冷量，同时使冷气体被加热而提高入塔温度。回收余热的能位和利用价值的高低，随生产规模（流程）和工艺条件而异。

### 3. 典型的氨合成工艺流程

（1）传统氨合成工艺流程　图 4-55 所示为传统中压法氨合成工艺流程。

补充的新鲜气体与循环气汇合后经油分离器除去杂质，气体进入冷交换器的上部换热器管内，回收氨冷器出口循环气的冷量后，再经氨冷器冷却-10℃左右，使气体中绝大部分氨冷凝，并在冷交换器下部的氨分离器中分离出来。气体进入冷交换器上部换热器管间预冷进氨冷器的气体，自身被加热到 10～30℃分两路进入氨合成塔。一路经主阀从塔顶进入，一路经副阀从塔底进入，来调节催化剂床层温度。合成塔出口气体经水冷器冷却至 25～50℃，其中部分气氨被冷凝，并在氨分离器中分离。为降低惰性气体含量，循环气在氨分离器后部分放空，大部分气体作为循环气循环使用。

传统氨合成工艺流程的优点：①流程简单，投资低；②放空气位置设在氨分离器之后、新鲜气加入前，惰性气体含量最高而氨含量较低处，氨和原料气损失少；③循环压缩机位于水冷器和氨分离器之后，循环气温度较低，有利于降低压缩功；④新鲜气在油分离器中补入，经氨冷器后可进一步除去带入的油、二氧化碳和水。

传统氨合成工艺流程的缺点：①冷交换器管内阻力大，因为新鲜气中所含微量二氧化碳与循环气中的氨会形成氨基甲酸铵结晶，堵塞管口；②采用有油润滑的往复式压缩机，润滑

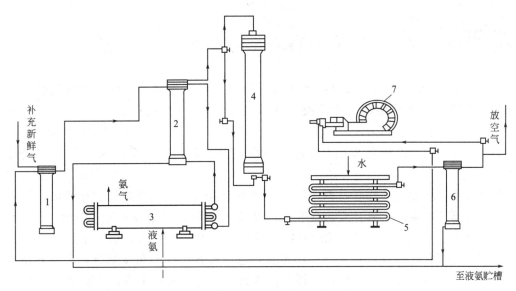

图 4-55 传统中压法氨合成工艺流程

1—油分离器；2—冷交换器；3—氨冷器；4—氨合成塔；5—水冷器；

6—氨分离器；7—循环机

油会导致氨合成催化剂中毒；③热能和放空气中的氢气未充分回收利用。

（2）我国中小型合成氨厂工艺流程　随着氨合成生产技术的不断发展、进步，我国中型及大部分小型合成氨厂在流程中主要作如下的改进：增加中置式废热锅炉来充分回收能量；改进设备结构，将冷交换器、氨冷器、氨分离器，安装在一个高压容器内，组成一个"三合一"的设备，使流程布置更加紧凑、设备的生产能力得到提高等；采用离心式循环气压缩机，免去了压缩后气体带油雾和水分等问题，可不设置油分离器。如图 4-56 所示。

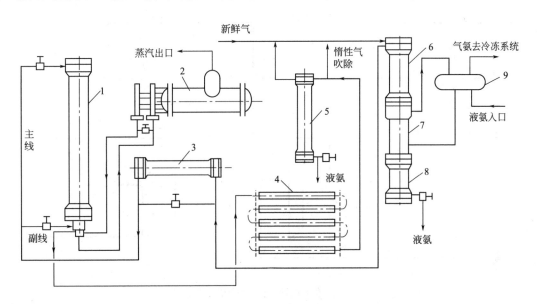

图 4-56　中置式副产蒸汽的氨合成工艺流程

1—氨合成塔；2—中置式废热锅炉；3—离心式循环气压缩机；4—水冷器；

5，8—氨分离器；6—冷交换器；7—氨冷器；9—液氨补充（高位）槽

第四章　典型化工产品生产技术

（3）**大型合成氨厂工艺流程** 我国的大型合成氨厂大多从国外引进成套技术和设备，其中以凯洛格四床层轴向激冷技术和丹麦托普索径向塔技术为主。这两项技术与国外现有技术相比，存在氨净值低 [$\varphi(NH_3)=9\%\sim11\%$]、压力降大（$0.6\sim0.7MPa$）的缺点。托普索 S-100 型还存在催化剂筐丝网易损坏、催化剂容易泄漏等缺点。

现在世界上比较先进的有布朗三塔三废锅氨合成流程、伍德两塔三床两废锅氨合成流程、托普索两塔两废锅氨合成流程和卡萨里轴-径向氨合成流程 4 种。中国涪陵、合江和锦西 3 个厂已引进布朗工艺（用天然气为原料），大庆石化总厂引进了伍德合成技术（石油渣为油原料）。这 4 种氨合成流程各有特色，从新建厂的角度来讲，布朗和伍德氨合成技术较好，其一次性投资低，能耗低。从技术改造的角度来讲，卡萨里轴-径向工艺更好些，因为此工艺不需增加合成塔，可在原塔上进行改造，投资少、合成转化率高、能耗低，操作压力低（$8\sim18MPa$），可采用活性好的小颗粒（$1.5\sim3.0mm$）催化剂。卡萨里技术已在我国 10 多个氨厂进行了应用，具有节能效果好、操作安装和维修简单、安全可靠等优点。

卡萨里轴-径向氨合成工艺流程见图 4-57。来自循环气压缩机的原料气进入换热器 E-3，被来自锅炉给水预热器 E-2 的气体加热至 $180\sim240℃$，进入合成塔 R-1，在催化剂作用下进行反应，出口处氨含量达到 $19\%\sim22\%$。出合成塔的合成气，温度为 $400\sim450℃$，经废锅 E-1 和锅炉给水预热器 E-2 回收热量，产生 $10MPa$ 高压水蒸气。由 E-2 流出的合成气

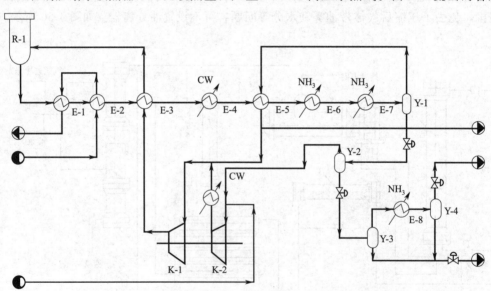

图 4-57　卡萨里轴-径向氨合成工艺流程

R-1—合成塔；E-1—废锅；E-2—锅炉给水预热器；E-3—换热器；E-4—水冷器；

E-5—换热器；E-6，E-7，E-8—氨冷器；K-1—循环气压缩机；K-2—原料气压缩机；

Y-1，Y-2，Y-3，Y-4—氨分离器

进入换热器 E-3 的壳程，被管程的循环气冷却，再送往水冷器 E-4，部分氨被冷凝下来，气-液合成气混合物进入换热器 E-5，被来自氨分离器 Y-1 的冷循环气冷却，然后进入两级氨冷器 E-6 和 E-7，在 E-7 中液氨在 −10℃ 下蒸发，将气-液合成气混合物冷却、冷凝至 0℃，采用两级氨冷的目的是为了降低氨压缩的能耗。再经氨分离器 Y-1 中分离出液氨，剩余混合气体经 E-5 升温至 30℃ 后进入循环气压缩机。液氨经减压后送往氨库或生产装置，弛放气由 E-5 出口引出送往氢回收装置，用低温冷冻法或膜分离法进行分离，回收其中的氢。合成塔为叠合式催化剂床的立式合成塔，第一催化剂床内气体基本上以轴向方式流动，第二催化剂床内气体是以径向流动，能成功地获得低压力降。塔内操作压力 14.78MPa，进塔气体温度为 182℃，出塔气体温度为 422℃，氨净值 ≥14%。

 其他大型合成氨厂的工艺流程，并比较分析其优缺点。

# 第五节　甲醇制烯烃技术
## The Technology of Methanol to Olefins

### 应用知识

1. 各烯烃、聚烯烃的性质及用途；
2. 甲醇制烯烃的基本原理；
3. 甲醇制烯烃的工艺条件的选择；
4. 甲醇制烯烃的工艺流程及主要设备。

### 技能目标

1. 能熟练运用工具书、期刊及网络资源查阅有关甲醇制烯烃的资料，并能进行资料的归纳总结；
2. 能根据甲醇制烯烃的基本原理选择合适的工艺条件；
3. 对照流程图能描述甲醇制烯烃的工艺流程。

甲醇制乙烯、丙烯的 MTO 工艺和甲醇制丙烯的 MTP 工艺是目前重要的化工技术。该技术以煤或天然气合成的甲醇为原料，生产低碳烯烃，是发展非石油资源生产乙烯、丙烯等产品的核心技术。

## 一、甲醇制烯烃的基本原理 (The Basic Principle of Methanol to Olefins)

在一定条件（温度、压强和催化剂）下，甲醇蒸气先脱水生成二甲醚，然后二甲醚与原料甲醇的平衡混合物气体脱水继续转化为以乙烯、丙烯为主的低碳烯烃；少量 $C_2^=\sim C_5^=$ 的低碳烯烃由于环化、脱氢、氢转移、缩合、烷基化等反应进一步生成分子量不同的饱和烃、芳烃、$C_6^+$ 烯烃及焦炭。

## 1. 反应方程式

整个反应过程可分为两个阶段：脱水阶段、裂解反应阶段。

（1）脱水阶段

$$2CH_3OH \longrightarrow CH_3OCH_3 + H_2O + Q \tag{4-61}$$

（2）裂解反应阶段　该反应过程主要是脱水反应产物二甲醚和少量未转化的原料甲醇进行的催化裂解反应，包括：

① 主反应（生成烯烃）

$$nCH_3OH \longrightarrow C_nH_{2n} + nH_2O + Q \tag{4-62}$$

$$nCH_3OCH_3 \longrightarrow 2C_nH_{2n} + nH_2O + Q \tag{4-63}$$

$$n=2 \text{ 和 } 3 \text{（主要），} 4 \text{ 、} 5 \text{ 和 } 6 \text{（次要）}$$

以上各种烯烃产物均为气态。

② 副反应（生成烷烃、芳烃、碳氧化物并结焦）

$$(n+1)CH_3OH \longrightarrow C_nH_{2n+2} + C + (n+1)H_2O + Q \tag{4-64}$$

$$(2n+1)CH_3OH \longrightarrow 2C_nH_{2n+2} + CO + 2nH_2O + Q \tag{4-65}$$

$$(3n+1)CH_3OH \longrightarrow 3C_nH_{2n+2} + CO_2 + (3n-1)H_2O + Q \tag{4-66}$$

$$n=1,2,3,4,5,\cdots$$

$$nCH_3OCH_3 \longrightarrow 2C_nH_{2n-3} + 3H_2 + nH_2O + Q \tag{4-67}$$

$$n=6，7，8，\cdots$$

以上产物有气态（$CO$、$H_2$、$H_2O$、$CO_2$，$CH_4$ 等烷烃、芳烃等）和固态（大分子量烃和焦炭）之分。

## 2. 反应机理

有关反应机理研究已有专著论述，其中代表性的理论如下。

（1）氧合内合盐机理　该机理认为，甲醇脱水后得到的二甲醚与固体酸表面的质子酸作用形成二甲基氧合离子，之后又与另一个二甲醚反应生成三甲基氧合内氧盐。接着，脱质子形成与催化剂表面相聚合的二甲基氧合内合盐物种。该物种或者经分子内的 Stevens 重排形成甲乙醚，或者是分子间甲基化形成乙基二甲基氧合离子。两者都通过 B2 消除反应生成乙烯，详见图 4-58。

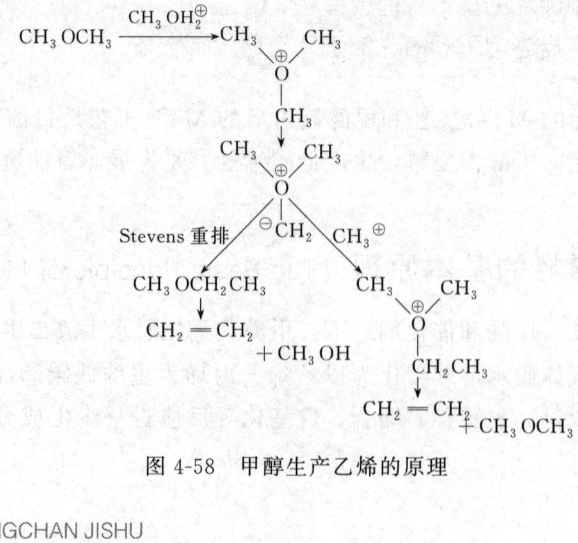

图 4-58　甲醇生产乙烯的原理

（2）碳烯离子机理　在沸石催化剂酸、碱中心的协同作用下，甲醇经 A2 消除反应水得到碳烯（$CH_2$），然后通过碳烯聚合反应或者是碳烯插入甲醇或二甲醚分子中即可形成烯烃。

（3）串联型机理　该机理可用下式表示：

$$2C_1 \longrightarrow C_2H_4 + H_2O \tag{4-68}$$

$$C_2H_4 + C_1 \longrightarrow C_3H_6 \tag{4-69}$$

$$C_3H_6 + C_1 \longrightarrow C_4H_8 \tag{4-70}$$

式中 $C_1$ 来自甲醇，并通过多步加成生成各种烯烃。

（4）平行型机理　该机理是以 SAPO-34 为催化剂，以甲醇进料的 $^{13}C$ 标记和来自乙醇的乙烯 $^{12}C$ 标记跟踪而提出的，其机理见图 4-59。

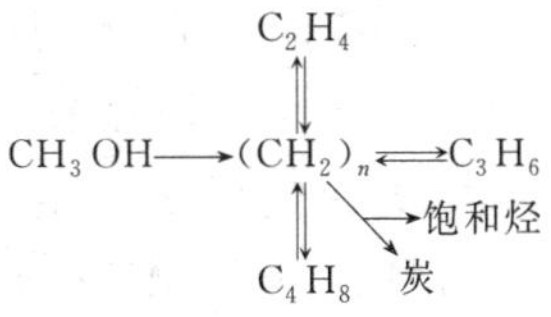

（5）其他反应机理　除上述机理外，也有的认为反应为自由基机理，而二甲醚可能是一种甲基自由基源。

图 4-59　平行型机理

### 3. 反应热效应

由反应方程式和热效应数据可看出，所有主、副反应均为放热反应。由于大量放热使反应器温度剧升，导致甲醇结焦加剧，并有可能引起甲醇的分解反应发生，故及时取热并综合利用反应热显得十分必要。

此外，生成有机物分子的碳数越高，产物水就越多，相应反应放出的热量也就越大。因此，必须严格控制反应温度，以限制裂解反应向纵深发展。然而，反应温度不能过低，否则主要生成二甲醚。所以，当达到生成低碳烯烃反应温度（催化剂活性温度）后，应该严格控制反应温度的失控。

**查一查**　如何避免因温度过高引起的甲醇结焦？如果生产中出现甲醇结焦的现象，应如何处理？

### 4. MTO 反应的化学平衡

（1）所有主、副反应均有水蒸气生成　根据化学热力学平衡移动原理，由于上述反应均有水蒸气生成，特别是考虑到副反应生成水蒸气对副反应的抑制作用，因而在反应物（即原料甲醇）中加入适量的水或在反应器中引入适量的水蒸气，均可使化学平衡向左移动。所以，在本工艺过程中加（引）入水（汽）不但可以抑制裂解副反应，提高低碳烯烃的选择性，减少催化剂的积炭，而且可以将反应热带出系统以保持催化剂床层温度的稳定。

（2）所有主、副反应均为分子数增加的反应　从化学热力学平衡角度来考虑，对两个主反应而言，低压操作对反应有利。所以，该工艺采取低压操作，目的是使化学平衡向右移动，进而提高原料甲醇的单程转化率和低碳烯烃的质量收率。

### 5. MTO 反应动力学

动力学研究证明，MTO 反应中所有主、副反应均为快速反应，因而，甲醇、二甲醚生成低碳烯烃的化学反应速率不是反应的控制步骤，而关键操作参数的控制则是应该极为关注的问题。

从化学动力学角度考虑，原料甲醇蒸气与催化剂的接触时间尽可能越短越好，这对防止深度裂解和结焦极为有利；另外，在反应器内催化剂应该有一个合适的停留时间，否则其活性和选择性难以保证。

如何根据反应热力学分析和动力学分析来正确地选择甲醇制烯烃的工艺条件？

## 二、甲醇制烯烃工艺条件 (Methanol to Olefin Process Conditions)

### 1. 反应温度

反应温度对反应中低碳烯烃的选择性、甲醇的转化率和积炭生成速率有着最显著的影响。较高的反应温度有利于产物中 $n$(乙烯)$/n$(丙烯) 值的提高。但在反应温度高于 723K 时，催化剂的积炭速率加速，同时产物中的烷烃含量开始变得显著，最佳的 MTO 反应温度在 400℃左右。这可能是由于在高温下，烯烃生成反应比积炭生成反应更快的原因。此外，从机理角度出发，在较低的温度下（$T \leqslant 523K$），主要发生甲醇脱水至 DME 的反应；而在过高的温度下（$T \geqslant 723K$），氢转移等副反应开始变得显著。

### 2. 原料空速

原料空速对产物中低碳烯烃分布的影响远不如温度显著，这与平行反应机理相符，但过低和过高的原料空速都会降低产物中的低碳烯烃收率。此外，较高的空速会加快催化剂表面的积炭生成速率，导致催化剂失活加快，这与研究反应的积炭和失活现象的结果相一致。

### 3. 反应压力

改变反应压力可以改变反应途径中烯烃生成和芳构化反应速率。对于这种串联反应，降低压力有助于降低二反应的耦联度，而升高压力则有利于芳烃和积炭的生成。因此通常选择常压作为反应的最佳条件。

### 4. 稀释剂

在反应原料中加入稀释剂，可以起到降低甲醇分压的作用，从而有助于低碳烯烃的生成。在反应中通常采用惰性气体和水蒸气作为稀释剂。水蒸气的引入除了降低甲醇分压之外，还可以起到有效延缓催化剂积炭和失活的效果。原因可能是水分子可以与积炭前驱体在催化剂表面产生竞争吸附，并且可以将催化剂表面的 L 酸位转化为 B 酸位。但水蒸气的引入对反应也有不利的影响，会使分子筛催化剂在恶劣的水热环境下产生物理化学性质的改变，从而导致催化剂的不可逆失活。通过实验发现，甲醇中混入适量的水共同进料，可以得到最佳的反应效果。

## 三、甲醇制烯烃工艺流程及主要设备

### 1. MTO 工艺流程及主要设备

现以采用大连化学物理研究所的 DMTO 技术，规模为 1200kt/a 的甲醇制烯烃项目为例，详细介绍 MTO 工艺流程及主要设备。

（1）主要工艺流程

① 主要操作条件　在高选择性催化剂上，MTO 发生两个主反应：

$$2CH_3OH \longrightarrow C_2H_4 + 2H_2O \qquad \Delta H = -11.72 kJ/mol \qquad (4-71)$$

$$3CH_3OH \longrightarrow C_3H_6 + 3H_2O \qquad \Delta H = -30.98kJ/mol \qquad (4\text{-}72)$$

反应温度：400~500℃

反应压力：0.1~0.3MPa

再生温度：600~700℃

再生压力：0.1~0.3MPa

催化剂：D803C-Ⅱ01

反应器类型：流化床反应器

② 工艺概述　　MTO工艺由甲醇转化烯烃单元和轻烯烃回收单元组成，在甲醇转化单元中通过流化床反应器将甲醇转化为烯烃，再进入烯烃回收单元中将轻烯烃回收，得到主产品乙烯、丙烯，副产品为丁烯、$C_5$以上组分和燃料气。

③ 转化工艺流程说明　　附工艺流程图，见图4-60。

MTO工艺是将甲醇转化为轻烯烃（主要是乙烯和丙烯）的气相流化床催化工艺。MTO单元由进料汽化和产品急冷区、流化催化反应和再生区、再生空气和废气区几部分组成。

a. 进料汽化和产品急冷区　　进料汽化和产品急冷区由甲醇进料缓冲罐、进料闪蒸罐、洗涤水汽提塔、急冷塔、产品分离塔和产品/水汽提塔组成。

来自于甲醇装置的甲醇经过与汽提后的水换热，在中间冷凝器中部汽化后进入进料闪蒸罐，然后进入汽化器汽化，并用蒸汽过热后送入MTO反应器。反应器出口物料经冷却后送入急冷塔。

闪蒸罐底部少量含水物料进入氧化物汽提塔中。一些残留的甲醇被汽提返回到进料闪蒸罐。

急冷塔用水直接冷却反应后物料，同时也除去反应产物中的杂质。水是MTO反应的产物之一，甲醇进料中的大部分氧转化为水。MTO反应产物中会含有极少量的醋酸，冷凝后回流到急冷塔。为了中和这些酸，在回流中注入少量的碱（氢氧化钠）。为了控制回流中的固体含量，由急冷塔底抽出废水，送到界区外的水处理装置。

急冷塔顶的气相送入产品分离器中。产品分离器顶部的烯烃产品送入烯烃回收单元，进行压缩、分馏和净化。自产品分离器底部出来的物料送入水汽提塔，残留的轻烃被汽提出来，在中间冷凝器中与新鲜进料换热后回到产品分离器。汽提后底部的净产品水与进料甲醇换热冷却到环境温度，被送到界区外再利用或处理。洗涤水汽提塔底主要是纯水，送到轻烯烃回收单元以回收MTO生成气中未反应的甲醇。水和回收的甲醇返回到氧化物汽提塔，在这里甲醇和一些被吸收的轻质物被汽提，送入进料闪蒸罐。汽提后的水返回氧化物汽提塔。

b. 流化催化反应和再生区　　MTO的反应器是快速流化床型的催化裂化设计。反应实际在反应器下部发生，此部分由进料分布器，催化剂流化床和出口提升器组成。反应器的上部主要是气相与催化剂的分离区。在反应器提升器出口的初级预分离之后，进入多级旋风分离器和外置的三级分离器来完成整个分离。分离出来的催化剂继续通过再循环滑阀自反应器上部循环回反应器下部，以保证反应器下部的催化剂层密度。反应温度通过催化剂冷却器控制。催化剂冷却器通过产生蒸汽吸收反应热。蒸汽分离罐和锅炉给水循环泵是蒸汽发生系统的一部分。

MTO过程中会在催化剂上形成积炭。因此，催化剂需连续再生以保持理想的活

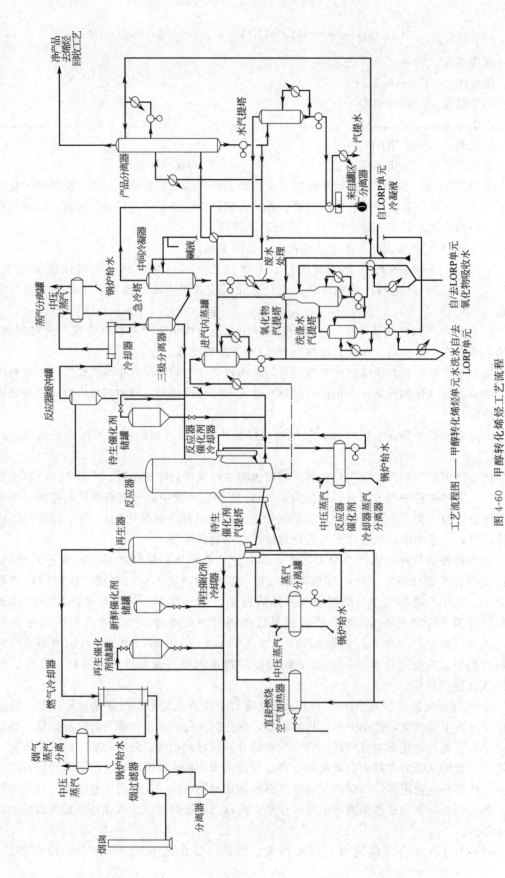

图 4-60 甲醇转化烯烃工艺流程

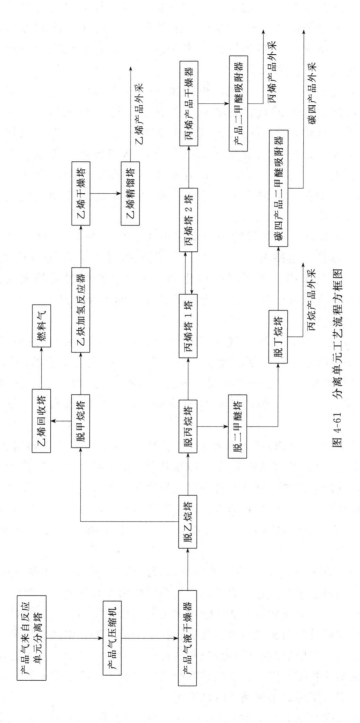

图 4-61　分离单元工艺流程方框图

性。烃类在待生催化剂汽提塔中从待生催化剂中汽提出来。待生催化剂通过待生催化剂立管和提升器送到再生器。MTO 的再生器是鼓泡床型，由分布器（分布再生器空气）、催化剂流化床和多级旋风分离器组成。催化剂的再生是放热的，焦炭燃烧产生的热量被再生催化剂冷却器中产生的蒸汽回收。催化剂冷却器是后混合型，调整进出冷却器的催化剂循环量来控制热负荷。而催化剂的循环量由注入冷却器的流化介质（松动空气）的量控制。蒸汽分离罐和锅炉给水循环泵包括在蒸汽发生系统。除焦后的催化剂通过再生催化剂立管回到反应器。

c. 再生空气和废气区　再生空气区由主风机、直接燃烧空气加热器和提升风机组成。主风机提供的助燃空气经直接燃烧空气加热器后进入再生器。直接燃烧空气加热器只在开工时使用，以将再生器的温度提高到正常操作温度。提升风机为再生催化剂冷却器提供松动空气，还为待生催化剂从反应器转移到再生器提供提升空气。提升空气需要助燃空气所需的较高压力。通常认为用主风机提供松动空气和提升空气的设计是不经济的。然而，如果充足的工艺空气可以被利用来满足松动空气和提升空气的需要，可以不用提升风机。

废气区由烟气冷却器、烟气过滤器和烟囱组成。来自再生器的烟气在烟气冷却器发生高压蒸汽，回收热量。出冷却器的烟气进入烟气过滤器，除去其中的催化剂颗粒。出过滤器的烟气由烟囱排空。为了减少催化剂损失，从烟气过滤器回收的物料进入废气精分离器。分离器将回收的催化剂分为两类。较大的颗粒循环回 MTO 再生器。较小的颗粒被处理掉。

④ 轻烯烃回收工艺流程说明　进入轻烯烃回收单元（LORP）的原料是来自 MTO 单元的气相。LORP 单元的目的是压缩、冷凝、分离和净化有价值的轻烯烃产品（通常指乙烯和丙烯）。分离单元工艺流程见图 4-61。LORP 单元由以下几部分组成：压缩，二甲醚回收，水洗，碱洗，干燥，乙炔变换，分馏，丙烯冷却和一个氧化物回收单元（ORU）。

a. 压缩区　压缩区由 MTO 产品压缩机、级间吸入罐和级间冷却器组成。在接近周围环境温度、压力下，MTO 的气体物流送入 LORP 单元的压缩部分。为了回收烯烃产品，首先将操作压力提高到能浓缩和通过分馏来分离的压力等级水平是非常必要的。MTO 产品压缩机是多级离心压缩机。压缩机的级间流在级间冷却器和级间吸入罐中冷却和闪蒸。由水和溶解的轻烃组成的级间冷凝物计量后通过级间罐回到上一级吸入罐。纯冷凝物被泵回到 MTO 单元。

b. 甲醚回收区　来自于最后一级压缩机冷却器的流出物送入二甲醚汽提负荷罐。在这里液态烃和水相是同时存在的。在二甲醚汽提负荷罐中两液相从烃类气相中分离出来。二甲醚在两相态中都存在。二甲醚如返回 MTO 单元反应器可转化为有价值烯烃。因此将二甲醚从轻烃中回收。液态烃被泵送到二甲醚汽提塔。二甲醚从液态烃中汽提出来并回到压缩机最后一级的级间冷却器。二甲醚汽提塔的纯塔底物冷却到环境温度后送入水洗区。出二甲醚汽提负荷罐的气相去氧化物吸收塔。在氧化物吸收塔中来自于 MTO 单元的水用于吸收产品气相中的二甲醚。带有二甲醚的水回到 MTO 单元。

c. 水洗区　二甲醚回收以后，气相和液态的烃中还含有残留的甲醇。用水来回收这些物流中的甲醇。吸收水在 LORP 单元和 MTO 单元的洗涤水汽提塔间循环。MTO 的液态烃产品在水洗塔中洗涤。甲醇被吸收后，液体送入 LORP 单元的分馏区。MTO 的汽相产品送入碱洗区。来自于水洗塔和氧化物吸收塔的富甲醇水回到 MTO 单元。在 MTO 洗涤水汽提塔中甲醇从废水中汽提出来循环回 MTO 反应器。

d. 碱洗区　MTO 气相产品中的二氧化碳产物在碱洗塔中脱除。碱洗塔有三股碱液回流和一股水回流来脱除残余的碱。碱洗区包括补充碱和水的中间罐和注入泵。废碱脱气后送出界区处理。二氧化碳脱除后，MTO 气相产品被冷却然后送入干燥区。

e. 干燥区　MTO 的气体产物需干燥处理，为下游的低温工段做准备。干燥区由两个 MTO 产品干燥器和再生设备组成。干燥器用分子筛脱水。来自于 LORP 单元的轻质气体用于再生干燥剂。再生设备由再生加热器、再生冷却器和再生分离罐组成。脱水后，再生的气体混入燃料气系统。干燥后的反应气送入分馏区的脱乙烷塔。脱乙烷塔的塔顶气压缩后送入乙炔转换区。

f. 乙炔转换区　脱乙烷塔顶气中包含 $C_2$ 和更轻的物料。物流中的副产物乙炔被选择加氢转化为乙烯。乙炔转化是气相催化工艺。这个区由两个乙炔转化塔和一个防护床组成，进料加热器包括在内，用来调整反应的选择性。下游防护床从转化塔流出物中脱除痕迹的副产物，防护床与 MTO 的产品干燥器共用同一干燥气再生系统。转化塔的气相再生设备包括在此区中。乙炔转化区的物流冷却后送入脱乙烷塔顶冷凝器。

g. 分馏区　分馏区由脱乙烷塔、脱甲烷塔、$C_2$ 分离塔、脱丙烷塔、$C_3$ 分离塔和脱丁烷塔组成。在压缩、氧化物回收、碱洗和干燥之后，MTO 产品气冷却后进入脱乙烷塔。脱乙烷塔顶产品是混合的 $C_2$ 组分。由丙烷和更重的烃类组成的脱乙烷塔底物送入脱丙烷塔。脱乙烷塔顶物压缩后送入乙炔转化单元。来自于脱乙烷塔接收器的净气相产品送入甲烷塔进料冷冻器。

脱甲烷塔从混合 $C_2$ 物流中脱除轻杂质（包括甲烷、氢和惰性气体）。脱甲烷塔顶物送去做燃料气，脱甲烷塔底物送入 $C_2$ 分离塔。在 $C_2$ 分离塔中乙烯产品从乙烷中分离出来，分离塔顶的纯物质送入乙烯贮罐，塔底物蒸发、加热后并入燃料气系统。

脱乙烷塔塔底物流进入脱丙烷塔。混合的 $C_3$ 组分在脱丙烷塔中与较重的 $C_4$ 以上物料分离。脱丙烷塔顶物送入氧化物回收单元（ORU），采用液相吸收工艺脱除痕量的氧化物。ORU 包括惰性气体再生设备。脱丙烷塔塔顶物在 ORU 单元处理后，送入 $C_3$ 分离塔，脱丙烷塔底物送入脱丁烷塔。在 $C_3$ 分离塔中丙烯与丙烷分离，塔顶物泵送储存，分离塔塔底饱和的丙烷产品汽化后混入燃料气系统。

脱丁烷塔（如果需要）从戊烷和更重的烃类中分离出丁烷。脱丁烷塔的进料是脱丙烷塔底物和水洗塔产品的混合物，脱丁烷塔的塔顶和塔底产品送去储存。

h. 丙烯制冷区　LORP 单元浓缩和分离轻烃需要在低温、高压条件下操作，用丙烯产品做制冷剂。丙烯制冷区由多级离心式丙烯制冷压缩机和一个丙烯缓冲罐组成。LORP 单元中多个冷却器、冷凝器和再沸器都是用丙烯做制冷剂。

（2）主要设备　本装置主要设备包括：分离设备、反应器、再生器等。本装置的设备数量较多，压力均较低，少部分设备使用温度较高。大部分设备材料为碳钢，部分使用温度较高设备，采用 ASME 347H 材料，少部分设备带有衬里，另有少量板式换热器采用钛材及铝材。

① 反应器　反应器是本项目的关键设备，体积大，结构复杂，设计温度较高，对制造工艺要求高，其中部分内件需进口，设备外壳须采用耐热不锈钢材料 347H，外壳可与专利

商协商国内制造。属超限设备，需现场制造。

② 再生器　再生器是本项目关键的设备，体积大，结构复杂，设计温度较高，其中须用耐火材料衬里，对制造工艺要求高，其中部分内件需进口，设备外壳可国内制造。属超限设备，需现场制造。

③ 重要泵类、压缩机及其他机械设备　本项目涉及的泵类、压缩机及其他机械设备，能国内采购的，尽量国内采购，不能国内采购的，从国外引进。

 用自己的话描述一下 MTO 工艺流程。

### 2. MTP 工艺流程及主要设备

以鲁奇公司的 MTP 技术为例，简单介绍 MTP 工艺流程和主要设备。

（1）工艺流程　Lurgi 公司开发的固定床 MTP 工艺流程如图 4-62 所示。该工艺同样将甲醇首先脱水为二甲醚。然后将甲醇、水、二甲醚的混合液送入第一个 MTP 反应器，同时还补充水蒸气。反应在 $400 \sim 450 ℃$、$0.13 \sim 0.16 MPa$ 下进行，水蒸气补充量为 $0.5 \sim 1.0 kg/kg$ 甲醇。此时甲醇和二甲醚的转化率为 99% 以上，丙烯为烃类中的主要产物。为获得最大的丙烯收率，还附加了第二和第三 MTP 反应器。反应出口物料经冷却，并将气体、有机液体和水分离。其中气体先经压缩，并通过常用方法将痕量水、$CO_2$ 和二甲醚分离。然后，清洁气体进一步加工得到纯度大于 97% 的化学级丙烯。不同烯烃含量的物料返至合成回路作为附加的丙烯来源。为避免惰性物料的累积，需将少量轻烃和 $C_4$、$C_5$ 馏分适当放空。汽油也是本工艺的副产物，水可作为工艺发生蒸汽，而过量水则可在做专用处理后供农业生产用。

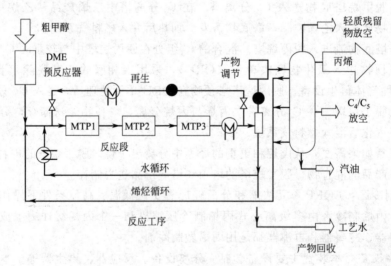

图 4-62　Lurgi MTP 工艺流程

由于采用固定床工艺，催化剂需要再生。反应 $400 \sim 700 h$ 后使用氮气、空气混合物进行就地再生。

（2）主要设备　该工艺的主要设备包括 DME 预反应器 1 台，一、二、三段反应器各 1 台，丙烯分馏塔 1 台等。

# 第六节 醋酸生产技术
## The Production Technology of Acetic Acid

 **应用知识**

1. 工业醋酸主要生产方法及生产特点；
2. 羰基合成法生产醋酸主要工艺条件；
3. 醋酸生产的基本原理及各种因素对醋酸生产的影响；
4. 醋酸精制的原理及方法。

 **技能目标**

1. 能分析醋酸生产的主要的工艺条件、化学平衡及动力学；
2. 能看懂醋酸工艺流程图；
3. 能运用所学知识进行醋酸生产操作。

乙酸（acetic acid）分子是含有两个碳原子的饱和羧酸，分子式 $CH_3COOH$。因是醋的主要成分，又称醋酸。醋酸是重要的基本有机化工原料之一，主要用于生产醋酸乙烯/聚乙烯醇、对苯二甲酸、醋酐/醋酸纤维素、醋酸酯等。醋酸广泛存在于自然界，例如在水果或植物油中主要以其化合物酯的形式存在；在动物的组织内、排泄物和血液中以游离酸的形式存在。

 醋酸为什么又常叫冰醋酸，你能说出它在生活和生产中的应用吗？

早在公元前 3000 年，人类已经能够用酒经过各种醋酸菌氧化发酵制醋。19 世纪后期，人们又发现木材干馏时可以获得醋酸。19 世纪末期，随着化学工业合成技术的发展，人们开始用合成的方法来制备醋酸。目前，醋酸生产的技术路线有乙炔乙醛法、乙醇乙醛法、乙烯乙醛法、丁烷氧化法和甲醇低压羰基合成法等。20 世纪 80 年代以来，世界各国新建醋酸装置基本上都采用甲醇低压羰基合成法。甲醇低压羰基合成醋酸路线在经济上具有较强的竞争力，并随着生产规模的扩大和采用高效催化剂，这种优势更加明显。

 工业上醋酸的生产工艺各有什么特点？

## 一、生产醋酸的原料 (The Raw Materials for the Production of Acetic Acid)

生产醋酸的原料随生产技术路线不同而异。20 世纪 50 年代之前生产醋酸采用乙炔或乙醇做原料，60~70 年代采用丁烷或石脑油和乙烯作为生产醋酸的原料，70~80 年代以来开发了高压或低压甲醇羰基合成工艺流程和丙烯醇过醋酸联产的工艺流程，近年来，则采用石油产品作为醋酸原料中间体。石脑油、乙烯、乙醛、丁烷等生产醋酸的原料中间体来自石油产品，而甲醇、一氧化碳等生产醋酸的原料中间体来自煤或天然气产品。由于原油资源供不应求导致价格猛涨使生产醋酸的成本日益增加。相对而言，煤或天然气的价格优势则越来越明显，从而使采用煤或天然气产品作为醋酸原料中间体的比重越来越高（见表4-19）。

**表 4-19　醋酸原料中间体来源一览表**

| 比重/%＼年代<br>名称 | 1950 年之前 | 20 世纪 70 年代 | 20 世纪 80 年代 | 20 世纪 90 年代 | 2000 年 | 2006 年 |
|---|---|---|---|---|---|---|
| 乙炔/乙醇 | 100 | 0 | 0 | 0 | 0 | 0 |
| 乙烯/乙醛 | 0 | 50 | 35 | 20 | 4 | 1 |
| 丁烷/石脑油 | 0 | 35 | 25 | 10 | 8 | 5 |
| 甲醇 | 0 | 15 | 40 | 70 | 88 | 94 |

### 1. 轻烃液相氧化法

轻烃液相氧化法有正丁烷和石脑油两种原料路线。正丁烷或石脑油液相氧化成醋酸、甲酸、丙酸等，氧化产物经多次精馏分离得到产品醋酸和副产甲酸、丙酮等。在醋酸实际生产中，该工艺方法所占比例正逐年减少。石脑油氧化反应所需温度与压力低于丁烷，石脑油的原料费用低，但产物组成更复杂，醋酸分离费用更高。丁烷工艺的醋酸收率高于石脑油，且更易于氧化反应。

### 2. 乙醛氧化法

乙醛氧化法主要有粮食酒精（乙醇）乙醛氧化法、电石乙炔乙醛氧化法和石油乙烯乙醛氧化法。乙炔乙醛氧化法生产醋酸，是先用电石乙炔水合法制乙醛，然后乙醛再氧化成醋酸。该法耗电量大，且乙炔氧化生产乙醛需使用硫酸汞作催化剂，而汞对环境污染严重，故此法难以生存，在国内外已被淘汰。酒精（乙醇）乙醛氧化法属20世纪30～40年代传统方法，用该法每生产1t醋酸耗粮食2t，成本高，规模小，该工艺生产路线在发达国家已被淘汰，在发展中国家仍有应用。

乙烯乙醛氧化法（二段乙烯氧化法）利用石油资源，制取乙烯，再以乙烯逐级氧化制取醋酸。该路线使用乙醛作为中间体，利用乙炔生产乙醛，生产费用较高，同时需采用有毒的汞基催化剂。乙烯乙醛氧化法因工艺简单，收率较高，在20世纪60年代发展迅速。但由于乙烯乙醛氧化法所利用的自然资源限于石油，乙烯又是有多种用途的宝贵基础原料，因此自甲醇羰基合成法制醋酸技术问世后，该方法基本没有更大发展。

### 3. 乙烷选择性催化氧化

乙烷选择性催化氧化由联碳公司于20世纪80年代开发，由乙烷和乙烯混合物催化氧化生产醋酸有较好的选择性，除生成醋酸外，还生成大量乙烯作为联产品。乙烷催化联产醋酸和乙烯的工艺近年仍得到开发。该工艺适用于有低成本乙烷的地区。

### 4. 甲醇羰基合成法

甲醇羰基合成法有高压法和低压法两种技术。低压甲醇羰基合成法在经济上具有较强的竞争力，随着生产规模的扩大和高效催化剂的采用，其优势更加明显。目前，甲醇羰基化法（MC）已是醋酸生产的主流技术，生产醋酸已占全球醋酸生产量的65％以上。

甲醇低压羰基合成反应以甲醇和一氧化碳为原料，采用铑化合物为主催化剂，碘化物为助催化剂，二者溶于适当的溶剂中，成为均相液体。生产醋酸所用的原料甲醇来源于煤、天然气、焦炉气、煤层气以及氮化工企业。从制造成本看，1.5～1.8t 煤，就可以制造 1t 甲醇，甲醇生产规模越大，制造成本越低。

 我国醋酸生产技术路线有哪些？比较几种不同工艺流程的醋酸原料中间体来源以及所占份额的变化趋势。

## 二、醋酸的合成 (The Synthetize of Acetic Acid)

由于低压甲醇羰基合成法生产醋酸工艺流程先进、产品收率高、综合能耗低，代表当今醋酸生产的最新工艺和发展方向。下面重点介绍低压甲醇羰基合成法的反应原理。

### 1. 反应原理

低压甲醇羰基合成法生产醋酸由反应、精制、轻组分回收和催化剂及助剂处理等四个部分组成。在催化剂的存在下，甲醇与一氧化碳在反应器中通过气液混合相连续反应生成冰醋酸，在生产过程中同时生成少量的丙酸、氢气、甲烷和二氧化碳。该反应是一个放热反应。

主反应：

$$CH_3OH + CH_3COOH \longrightarrow CH_3COOCH_3 + H_2O \tag{4-73}$$

$$HI + CH_3COOCH_3 \longrightarrow CH_3COOH + CH_3I \tag{4-74}$$

$$CH_3I + CO + H_2O \longrightarrow CH_3COOH + HI \tag{4-75}$$

总反应式为：

$$CH_3OH + CO \longrightarrow CH_3COOH \tag{4-76}$$

从式(4-73) 可以看到，随着反应的进行，醋酸甲酯的浓度不断增加，醋酸甲酯与 HI 反应使 HI 的浓度下降，而 HI 浓度的下降则有利于式(4-75) 反应的进行。就反应原理而言，提高反应温度、采用较高的催化剂浓度和醋酸甲酯浓度都能增加反应系统的活性。

副反应：

① 一氧化碳水蒸气转化及甲烷化

$$CO + H_2O \longrightarrow CO_2 + H_2 \tag{4-77}$$

$$CH_3OH + H_2 \xrightarrow{催化剂} CH_4 + H_2O \tag{4-78}$$

② 生成丙酸　反应器中，氢气在中间体乙烷基催化剂的作用下与醋酸反应生成乙醇，乙醇与一氧化碳反应生成丙酸。

$$CH_3COOH + 2H_2 \longrightarrow C_2H_5OH \tag{4-79}$$

$$C_2H_5OH + CO \xrightarrow{催化剂} C_2H_5COOH \tag{4-80}$$

从式(4-79)、式(4-80) 可知，在较低的水含量和较高的氢气分压下，有利于丙酸的生成。因此，原料中 CO 中的氢气含量应尽可能低。

 试比较一下各种反应工艺的特点。

### 2. 反应影响因素

（1）反应温度　当反应温度达到 165℃ 时，羰基化反应开始进行，当反应温度达到 185℃ 时，在控制醋酸甲酯含量不变的前提下，每提高甲醇量 1t/h，反应温度需要提高 0.6℃；要降低醋酸含量 1%，反应温度需提高 1.2℃。因此，通过调节反应温度可以控制反应系统活性和醋酸甲酯含量。值得注意的是，反应温度每提高14℃，反应速率就增加一倍，当反应温度在195℃以上时，由于反应器在195℃联锁，CO和甲醇进料阀将自动关闭，而反应器液体中仍然存在一定量的CO，将导致反应温度进一步升到265℃，此时反应器需要紧急停车，并更换所有法兰。因此，羰基化反应的适宜温度在185～190℃。

(2) 醋酸甲酯的含量　羰基化反应中生成中间体醋酸甲酯，醋酸甲酯的含量对催化反应影响较大。醋酸甲酯的正常操作范围为10%～13%（质量分数），提高醋酸甲酯的含量将提高羰基化反应速率，然而，当反应器中醋酸甲酯浓度太高，将导致大量多余的醋酸甲酯进入脱轻组分塔，并在脱轻组分塔中积聚，结果使贫相与水分离，从而使重组分中有更多的水返回反应器，而水的存在则会降低反应系统的活性，从而进一步增加醋酸甲酯浓度，最终导致脱轻组分塔分离器形成单一相。此时要通过重新调节才能使轻组分分离器恢复正常，这样便会影响生产的正常进行。

(3) CO分压　由于甲醇和一氧化碳不是同时参加反应，因此，即使甲醇停止进料，由于醋酸甲酯的存在，反应仍能持续一段时间。反应器中只有少量的一氧化碳溶解在体系中，所以可以通过控制CO的进料量来控制反应的进行。通常将CO的分压控制在1.05MPa左右。

(4) 碘甲烷　反应器中碘甲烷浓度应控制在6%～7%（质量分数），当含量低于5%时，羰基化反应速率将下降。

(5) 水　羰基化反应器中水的来源之一，是由甲醇与醋酸发生反应时产生，此时水的含量与醋酸甲酯的含量有关。每生成1%（质量分数）的水，约有4%（质量分数）的醋酸甲酯生成。此类型的水不会对羰基化反应的速率产生影响。如果羰基化反应器中不含有醋酸甲酯，而上述水仍存在于反应器中，这些水则成为"多余的水"，此类型的水控制着碳基化反应的速率。因此，必须严格控制"多余的水"含量的稳定，以保持稳定的反应速率。"多余的水"含量在1%～2%（质量分数），对羰基化反应速率的影响最大，如果含量超出该范围，系统的反应活性将下降。因此，生产中对水含量调节十分重要。反应器中水含量的调节可通过以下两种方式来进行。

a. 通过提高反应器的反应温度等方法来降低羰基化反应器中醋酸甲酯的含量，则水的含量下降。在此情况下，多余的水的数量及羰基化反应的速率仍保持不变。

b. 改变返回反应器水的量（如提高来自轻组分分离器中轻组分的回收），使反应器中多余水的数量发生变化。最后，由于反应活性的变化，在装置相同的甲醇进料量条件下，相应的反应器中醋酸甲酯的含量也将发生变化。

(6) 催化剂　羰基化反应的催化剂系统，由铱催化剂和钌促进剂的5%（质量分数）醋酸金属盐的溶液组成，催化剂的含量是影响羰基化反应速率的重要因素之一。当反应温度达到165℃时，催化剂开始进行催化反应。促进剂的加入，使得反应可以在较低的一氧化碳分压下进行。

(7) 腐蚀金属　铬、铁、钼、镍等金属的存在会使系统中的碘离子中毒，从而降低羰基化反应的速率。若腐蚀金属的含量高于200ppm，相应的反应速率将降低10%。因此，为了确保羰基化反应的正常进行，反应器中的腐蚀金属含量应低于50ppm。

## 三、醋酸生产工艺 (The Processes of Producing Acetic Acid)

醋酸工业生产方法有甲醇羰基合成法、乙醛氧化法、丁烷液相氧化法、长链碳架氧化降解法和粮食发酵法。其中乙醛氧化法由于具有工艺简单、技术成熟、收率高、成本较低等特点，是目前国内生产醋酸的主要生产方法。由于生产醋酸的原料中间体品种繁多，醋酸生产工艺流程长短不一，成熟的生产工艺在不断改进、新型生产工艺也在不断研究和开发中。

### 1. 不同醋酸生产方法的比较

由于原料中间体不同，醋酸生产工艺条件存在着较大的差异，如表 4-20 所示。

表 4-20　醋酸不同生产工艺的化学反应条件一览表

| 项　目 | 乙醛法 | 丁烷法 | 石脑油法 | 高压甲醇法 | 低压甲醇法 |
| --- | --- | --- | --- | --- | --- |
| 原料名称 | 石油 | 石油 | 石油 | 煤/天然气 | 煤/天然气 |
| 催化剂 | 醋酸锰 | 醋酸钴 | 环烷酸钴 | 钴-碘 | 铑-碘 |
| 反应温度/℃ | 70 | 175 | 180 | 300 | 150 |
| 反应压力/MPa | 2.45 | 5.39 | 4.90 | 63.74 | 2.94 |
| 产品收率/% | 95 | 65 | 74 | 89 | 99 |

工业醋酸生产中采用不同的工艺路线，其工艺流程和技术经济指标差异也很大，从而导致生产醋酸的建设成本和运行成本乃至石化企业的经济效益存在着明显的差异，见表 4-21。

表 4-21　不同原料醋酸生产路线经济指标比较

| 项　目 | 乙烷直接氧化 | 乙烯直接氧化法 | 甲醇羰化 | | |
| --- | --- | --- | --- | --- | --- |
| | Hoechst 工艺 | 昭和电工工艺 | 传统 BP 工艺 | Celanese AO 工艺 | BP Amoco Cativa 工艺 |
| 装置生产能力/kt·a⁻¹ | 200 | 200 | 200 | 500 | 500 |
| 总投资/百万美元 | 166.1 | 124.1 | 130.4 | 116.7 | 145.2 |
| 界区内 | 117.6 | 91.9 | 103.1 | 66.4 | 94.9 |
| 界区外 | 48.5 | 32.2 | 27.3 | 50.3 | 50.3 |
| 生产成本/美元·kg⁻¹ | 0.346 | 0.528 | 0.394 | 0.297 | 0.310 |
| 现金成本 | 0.242 | 0.451 | 0.317 | 0.268 | 0.275 |
| 可变成本 | 0.183 | 0.383 | 0.266 | 0.251 | 0.255 |
| 净原料 | 0.187 | 0.348 | 0.238 | 0.231 | 0.233 |
| 净公用工程 | (0.004) | 0.035 | 0.029 | 0.020 | 0.022 |
| 直接固定成本 | 0.029 | 0.035 | 0.024 | 0.009 | 0.011 |
| 间接固定成本 | 0.031 | 0.033 | 0.024 | 0.009 | 0.011 |
| 折旧 | 0.103 | 0.077 | 0.079 | 0.029 | 0.035 |
| 10%投资回报率(ROI)/美元·kg⁻¹ | 0.103 | 0.077 | 0.079 | 0.029 | 0.035 |
| 总生产成本(生产成本+10%ROI)/美元·kg⁻¹ | 0.449 | 0.605 | 0.473 | 0.326 | 0.345 |

工业上采用乙醛、丁烷、石脑油、甲醇等不同的醋酸原料中间体来生产醋酸的中间体单耗和水电汽公用工程消耗具有明显的差异，见表 4-22。

表 4-22　醋酸不同生产工艺的综合能耗一览表

| 项　目 | 乙醛法 | 丁烷法 | 石脑油法 | 高压甲醇法 | 低压甲醇法 |
| --- | --- | --- | --- | --- | --- |
| 中间体名称 | 乙醛 | 丁烷 | 石脑油 | 甲醇 | 甲醇 |
| 水/t·t⁻¹ | 250 | 380 | 400 | 185 | 156 |
| 电/kW·h·t⁻¹ | 40 | 1520 | 1500 | 350 | 29 |
| 汽/t·t⁻¹ | 1.75 | 8.00 | 5.50 | 2.75 | 2.20 |
| 综合能耗/kg 标油·t⁻¹ | 169.2 | 1071.6 | 878.0 | 325.5 | 190.9 |

由表 4-22 可见，采用不同的醋酸生产工艺路线综合能耗差异很大。其中乙醛法综合能耗最低，其次是低压甲醇法。与以石油、煤或天然气作起始原料相比，低压甲醇羰基合成工

艺的综合能耗最低。综上所述，采用高压和低压甲醇羰基合成工艺流程，尤其是低压甲醇法生产醋酸路线不但工艺流程先进、产品收率高，而且原料单耗、公用工程消耗和综合能耗低。低压法工艺路线与其他生产醋酸的工艺路线相比，生产醋酸的竞争优势十分明显。

## 2. 羰基合成法生产工艺

羰基合成法是目前最重要的醋酸生产方法之一，羰基合成法有高压法和低压法两种技术，前者由于投资高、能耗高已被后者所取代。甲醇低压羰化法制醋酸在技术经济上的优越性很大，该法生产醋酸的特点是原料甲醇和一氧化碳来源广泛、价格低，生产醋酸流程先进、反应选择性高（可达99%）、产品收率高、综合能耗低，代表当今醋酸生产的最新工艺和发展方向。随着新型耐腐蚀金属材料的出现，控制仪表水平日益提高，低压甲醇羰基合成生产醋酸技术已日臻完善，并广泛应用在新建大型醋酸装置中。

（1）羰基合成法原理

主反应

$$CH_3OH + CO \longrightarrow CH_3COOH + 134.4kJ/mol \tag{4-81}$$

副反应

$$CH_3COOH + CH_3OH \longrightarrow CH_3COOCH_3 + H_2O \tag{4-82}$$

$$2CH_3OH \longrightarrow CH_3OCH_3 + H_2O \tag{4-83}$$

$$CO + H_2O \longrightarrow CO_2 + H_2 \tag{4-84}$$

$$CO + H_2O \longrightarrow HCOOH \tag{4-85}$$

$$CH_3OH \longrightarrow CO + 2H_2 \tag{4-86}$$

$$CH_3COOH \longrightarrow 2CO + 2H_2 \tag{4-87}$$

由于这些副反应可被甲醇的平衡所控制，故一切中间产物都可以转化为醋酸，几乎没有副产物的生成。以甲醇为基准，生成醋酸选择性高达99%。

（2）工艺条件的确定　甲醇羰基化生产醋酸，主要工艺条件是温度、压力和反应液组成等。

① 反应温度　温度升高，有利于提高反应速率；但主反应是放热反应，温度过高，会降低主反应的选择性，副产物甲烷和二氧化碳明显增多。结合催化剂活性，甲醇羰基化反应最佳温度为175℃。一般控制在130~180℃。

② 反应压力　压力增加，有利于反应向生成醋酸的方向进行，有利于提高一氧化碳的吸收率。但是，升高压力会增加设备投资费用和操作费用。实际生产中，操作压力控制在3MPa。

③ 反应液组成　主要指醋酸和甲醇浓度。醋酸和甲醇的物质的量比一般控制在1.44∶1。如果物质的量比<1，醋酸收率低，副产物二甲醚生成量大幅度提高。反应液中水的含量也不能太少，水含量太少，影响催化剂活性，使反应速率下降。

（3）生产方法

① 高压法　1960年，德国BASF公司成功开发高压羰基化制醋酸的方法，并实现工业化生产。该法的操作条件是：反应温度210~250℃，压力65~70MPa，以羰基钴与碘组成催化体系。其工艺流程如图4-63所示。

甲醇经尾气洗涤塔后，与一氧化碳、二甲醚及新鲜补充催化剂及循环返回的钴催化剂、碘甲烷一起连续加入高压反应器，保持反应温度210~250℃、压力65~70MPa。由反应器顶部引出的粗乙酸与未反应的气体经冷却后进入低压分离器，从低压分离器出来的粗酸送至精制工段。在精制工段，粗乙酸经脱气塔脱去低沸点物质，然后在催化剂分离器中脱除碘化钴，碘化钴在乙酸水溶液中作为塔底残余物质除去。脱除催化剂后的粗乙酸在共沸蒸馏塔中脱水并精制，由塔釜得到的不含水与甲酸的乙酸再在两个精馏塔中加工成纯度为 99.8% 以上的纯乙酸。以甲醇计乙酸的收率为 90%，以一氧化碳计乙酸的收率为 59%。副产 3.5% 的甲烷和 4.5% 的其他液体副产物。

② 低压法 20 世纪 70 年代美国孟山都（Monstanto）公司开发铑铬合物催化剂（以碘化物作助催化剂），使羰基化制醋酸，在低压下进行反应，并最终实现了工业化。1970 年建成生产能力 135kt 醋酸的醋酸低压羰基化装置。醋酸低压羰基化操作条件是：温度 175℃，压力 3.0MPa。由于低压羰基化制醋酸技术经济先进，从 70 年代中期新建的大厂多数采用 Monstanto 公司的醋酸低压羰基化技术。

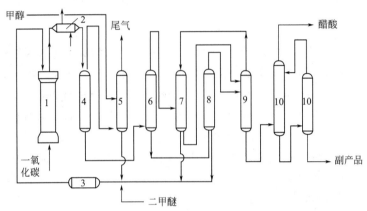

图 4-63  高压羰基化法生产醋酸工艺流程

1—反应器；2—冷却器；3—回流罐；4—低压分离器；5—尾气洗涤塔；6—脱气塔；

7—分离塔；8—催化剂分离器；9—共沸蒸馏塔；10—精馏塔

如图 4-64 所示，原料甲醇、一氧化碳气体和经过净化的反应尾气混合，进入反应系统 1 中，在催化剂的作用下，于压力 1.4～3.4MPa 及温度 180℃ 左右进行羰基合成反应。从反应系统上部出来的气体经过洗涤系统 2 洗涤，回收其中的轻组分（包括有机碘化物），并循环回反应器中。从反应系统中出来的粗醋酸，首先进入轻组分分离塔 3，塔顶轻组分和含催化剂的塔釜物料均循环回反应器。产物醋酸从塔的中部侧线采出，然后进入脱水塔 4，用普通精馏方法进行脱水干燥。离开脱水塔顶的醋酸和水的混合物，用泵循环回流到反应系统 1。由脱水塔釜流出的无水醋酸进入重组分分离塔 5，由塔釜除去重组分丙酸等，塔顶流出的醋酸进入精制塔 6 进行进一步提纯，采用气相侧线出料，从而得到高纯度的最终产品醋酸。

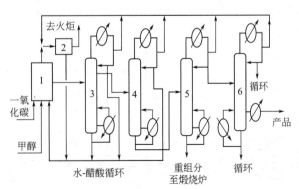

图 4-64  低压羰基化法生产醋酸工艺流程

1—反应系统；2—洗涤系统；3—轻组分分离塔；

4—脱水塔；5—重组分分离塔；6—精制塔

目前，最先进的醋酸生产工艺是一氧化碳和原料甲醇连续进入反应器中与催化剂混合进行反应，反应温度在190℃，操作压力在3.101MPa。反应混合液体通过一个阀进行闪蒸连续排放，其产生的汽液混合物送入闪蒸罐中进行汽液分离。含有催化剂的液体，在分离器底部积聚，通过催化剂回收泵送回反应器中。反应器中物料总量通过液位控制阀保持稳定。反应器进入闪蒸罐的液体流量，可通过控制阀改变液体流量与甲醇进料量的比率来实现。由于蒸汽中包含了富含催化剂的液体颗粒，为避免催化剂夹带进入精制单元，在闪蒸罐中设置了一个水洗装置。洗涤后的液体，包含的夹带的催化剂，依靠重力流回到闪蒸罐中。洗涤后的蒸汽，包含了醋酸、水、碘甲烷、醋酸甲酯、丙酸及碘化氢等进入精制单元。

 **叙述羰基化法生产醋酸的工艺流程。**

（4）醋酸的精制

精制单元主要处理来自闪蒸罐的蒸汽物料。闪蒸罐顶部的蒸汽进入脱轻组分塔，进入的蒸汽物料组成包括醋酸、水、碘甲烷、醋酸甲酯、甲醇和一些碘化氢。碘甲烷、醋酸甲酯和大部分水与少量醋酸从脱轻组分塔的塔顶脱除，碘甲烷作为重密度的物料，几乎不溶于水，因此，顶部的物料在脱轻组分分离器中就分离为两相，碘甲烷和醋酸甲酯作为重组分重新返回反应器中。主要含水的轻组分，部分作为脱轻组分塔回流液，部分作为闪蒸罐的沉淀液。如果需要，少量的轻组分物料也可进入脱水塔，同时剩余的可返回反应器中。脱轻组分塔底醋酸产品含水量小于1000ppm。

 **什么叫闪蒸？闪蒸的目的是什么？脱轻组分塔有哪些功能？**

离开反应器进入闪蒸罐的液体为不溶性气体（如一氧化碳、二氧化碳、甲烷、氢气和氮气等）的饱和溶液。这些气体通过脱轻组分塔后从塔顶排出，经冷却器及脱轻组分尾气冷冻器冷凝后，进入轻组分回收单元。

醋酸从脱轻组分塔的塔底以液体的形式排出，并用泵送至脱重组分塔中。通常，在塔的下部HI与醋酸甲酯反应转化为碘甲烷。甲醇从脱重组分塔的下部加入，生成足够的醋酸甲酯和水来除去碘。醋酸甲酯与HI反应生成醋酸和碘甲烷，其中碘甲烷作为轻组分从塔顶脱除。通过这种方式，可以使塔底物料中的HI的降到一个非常低的水平。

在脱重组分塔中，产品醋酸从接近塔顶的侧部以液体形式采出，离开脱重组分塔的产品经冷却至100℃后，用泵打入产品保护床，产品经树脂床脱除剩余的碘离子，再过滤，并进一步冷却至38℃后，送到罐区。丙酸、其他重组分及少量醋酸从塔底排出，进入混酸塔中。

 **脱重组分塔有哪几方面的作用？**

混酸塔的作用是让丙酸在塔底积聚，然后送至混酸罐中。包含了回收醋酸的塔顶物料则返回脱重组分塔中。

脱水塔的目的是减少反应器和脱轻组分塔系统内的含水量。将部分来自脱轻组分塔的水相回流液加入脱水塔的顶部。包含碘甲烷、醋酸甲酯和甲醇等的轻组分从顶部脱除，含醋酸约为 3.5% 的水则作为塔底物料。

 用自己的话描述一下醋酸的精制流程。

### 3. 乙醛氧化法生产醋酸工艺

乙醛氧化生产醋酸的工艺流程如图 4-65 所示，该流程采用了两个外冷却型氧化塔串联的合成醋酸工艺。

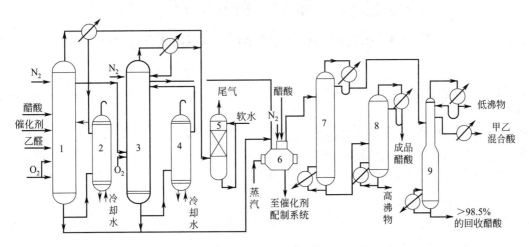

图 4-65　外冷却乙醛氧化生产醋酸工艺流程

1—第一氧化塔；2—第一氧化塔冷却器；3—第二氧化塔；4—第二氧化塔冷却器；

5—尾气吸收塔；6—蒸发器；7—脱低沸物塔；8—脱高沸物塔；9—脱水塔

在第一氧化塔 1 中盛有质量分数为 0.1%～0.3% 醋酸锰的浓醋酸，先加入适量的乙醛，混合均匀加热，而后乙醛和纯氧气按一定比例连续通入第一氧化塔进行气液鼓泡反应。中部反应区控制温度在 348K 左右，塔顶压力为 0.15 MPa 下反应生成醋酸。氧化液循环泵将氧化液自釜底抽出，送入第一氧化塔冷却器 2 进行热交换，反应热由循环冷却水带走。降温后的氧化液再循环回第一氧化塔。第一氧化塔上部流出的乙醛含量为 2%～8% 氧化液，由塔间压差送到第二氧化塔 3。该塔盛有适量醋酸，塔顶压力 0.08～0.1 MPa，达到一定液位后，通入适量氧气进一步氧化其中的乙醛，维持中部反应温度在 353～358K 之间，塔底氧化液由泵强制循环，通过第二氧化塔冷却器 4 进行热交换。物料在两塔之间停留时间共计 5～7h。从第二氧化塔上部连续溢流出醋酸含量在 97% 以上，乙醛含量小于 0.2%，水含量 1.5% 左右的粗醋酸送去精制。

两个氧化塔上部连续通入氮气稀释尾气，以防止气相达到爆炸极限。尾气分别从两塔顶部排出，各自进入相应的尾气冷却器，经冷却分液后进入尾气吸收塔，用水洗涤吸收未冷凝气体中未反应的乙醛及酸雾，然后排空。

当采用一个氧化塔操作时，粗醋酸中醋酸含量 94%，水含量 2%，乙醛含量 3% 左右。改用双塔流程后，由于粗醋酸中杂质含量大幅度减少，为精制和回收创造了良好的条件，并省去了单塔操作时回收乙醛的工序。

从第二氧化塔溢流出的粗醋酸连续进入蒸发器6，用少量醋酸喷淋洗涤。蒸发器的作用是闪蒸除去一些难挥发的物质，如：催化剂醋酸锰、多聚物和部分高沸物及机械杂质。它们作为蒸发器釜液被排放到催化剂配置系统，经分离后催化剂可循环使用。而醋酸、水、醋酸甲酯、醛等易挥发的液体，加热汽化后进入脱低沸物塔7。

醋酸的精制流程由脱低沸物塔7和脱高沸物塔8组成。脱低沸物塔的作用是分离除去沸点低于醋酸的物质，如未反应的微量乙醛以及副产物醋酸甲酯、甲酸、水等，这些物质从塔顶蒸出。脱除低沸物后的醋酸液从塔底利用压差进入脱高沸物塔8，塔顶得到纯度高于99%的成品醋酸，塔釜为含有二醋酸亚乙酯以及微量催化剂的醋酸混合物。

# 第七节　聚合物的生产技术

## The Production Technology of Polymer

 **应用知识**

1. 聚合物生产技术的基本概念和原理；
2. 聚合物生产技术的实施方法；
3. 聚酯生产技术的原理、工艺、主要设备。

**技能目标**

1. 能够认识身边常见的六大聚合物；
2. 能够分析具体的聚合物生产是何种聚合过程；
3. 能根据具体的聚合生产过程分析实施的工艺技术条件。

日常生活中，人们接触到越来越多的聚合物，仅一双鞋子就可能包括有六种甚至更多的不同种类聚合物：鞋底、鞋边、泡沫衬垫、鞋内衬底、鞋面、鞋带、甚至于鞋带头。聚合物已经改变了现代人的生活方式，滑冰运动员和曲棍球运动员可以在没有冰的特氟隆（聚四氟乙烯）或高密度聚乙烯溜冰场上溜冰；最现代化的独木舟不再是由桦树皮、木头或铝制成的，而是由凯夫拉（Kevlar 杜邦产品，一种高强、轻质的人造纤维，可以制造防弹背心）、ABS（丙烯腈-丁二烯-苯乙烯聚合物）或聚乙烯合成聚合物制成。

 有哪些聚合物可用于人体之外，但能与人体密切接触。例如：隐形眼镜。那么隐形眼镜是用什么聚合物制成的呢？这种材料应具有的特性有哪些呢？

## 一、聚合过程的基本概念 (Basic Concept of Polymerization Process)

人造丝、尼龙（nylon）、涤纶（dacron）、聚氨酯、特氟隆（Teflon）、聚苯乙烯泡沫塑料、凯夫拉是人们熟悉的聚合物。像泡沫塑料咖啡杯与CD盒这样截然不同的物品却是由同一种塑料——聚苯乙烯制成的。录像带和可乐瓶主要是由聚对苯二甲酸乙二醇酯制成的，而塑料袋和牛奶瓶的材料是聚乙烯。所有这些看似非常不同的物质其实都是合成聚合物，它们的共同点在分子水平上很明显。所有聚合物都是原子通过共价键结合在一起形成的长链组成的大分子。单体（monomers）是指用于合成聚合物的小分子，每一个单体是长链中的一个链节。

如 $$X—M—M\cdots\cdots M—M—Y$$

式中，M 为结构单元，又叫重复单元或链节；X、Y 为端基。聚合物的端基虽然只占聚合物总重的很小一部分，但是它们对聚合物性质产生很大影响，尤其是对热稳定性。

聚合物的结构单元通常与制备时所用的单体结构密切相关。例如，聚苯乙烯分子由许多苯乙烯结构单元链接而成。

上式可简写成：

式中，$n$ 为重复单元数或链节数。聚合物的相对分子质量 $M$ 是重复单元数的相对分子质量 $M_0$ 与重复单元数 $n$ 的乘积。

$$M = nM_0 \tag{4-88}$$

相对分子质量为 100000～300000 的聚苯乙烯，其重复单元的相对分子质量 $M_0$ 为 104，由此可以算得重复单元数 $n$ 为 962～2885。

聚合物（polymers）可以由相同类型的单体结合构成，也可以由多种不同单体组合构成。一种单体聚合而成的聚合物称为均聚物（homopolymer），这类聚合物在单体的名称前冠以"聚"而成为其聚合物的名称。如苯乙烯的聚合物为聚苯乙烯，聚乙烯、聚丙烯分别是乙烯和丙烯的聚合物。两种以上单体共聚而成的聚合物称为共聚物（multipolymer）。酚醛树脂，脲醛树脂、乙丙橡胶、ABS 树脂等均为共聚物。对于合成纤维我国惯以"纶（fiber）"字为后缀，如涤纶（polyester fiber）（聚对苯二甲酸乙二醇酯），氯纶（polyvinyl chloride fiber）（聚氯乙烯），腈纶（acrylic fiber）（聚丙烯腈）等。

聚合物分子中，单体单元的数目叫聚合度。聚合度常用符号 DP（degree of polymerization）表示，也可用 $x$ 或 $P$ 表示。要特别注意单体单元和重复单元的异同。如果高分子是由一种单体聚合而成的，其重复单元就是单体单元。例如聚氯乙烯 $+CH_2—CHCl\dashv_n$ 的重复单元和单体单元都是—$CH_2$—CHCl—。聚合度 DP=$n$。

如果高分子是由两种或两种以上单体缩聚而成的，其重复单元由不同的单体单元组成。例如尼龙的 $+NH(CH_2)_6NHCO(CH_2)_4CO\dashv_n$ 的重复单元是—$NH(CH_2)_6NHCO(CH_2)_4CO$—。而单体单元分别是—$NH(CH_2)_6NH$—和—$CO(CH_2)_4CO$—两种。聚合度 DP=$2n$。常见聚合物的聚合度约为 200～2000，相当于相对分子质量为 $2\times10^4$～$2\times10^5$，天然橡胶和纤维素往往超过此值。

人们已经知晓了 60000 种以上的聚合物。通常的塑料是六大品种：低密度聚乙烯（LDPE）、高密度聚乙烯（HDPE）、聚氯乙烯（PVC）、聚苯乙烯（PS）、聚丙烯（PP）和聚对苯二甲酸乙二醇酯（PET 或 PETE，简称聚酯）。因应用广泛，被称为"六大塑料"（表 4-23）。所有这些目前都是从石油衍生出来的。

表 4-23　六大塑料的性质和用途

| 聚合物 | 单体 | 聚合物性质 | 聚合物用途 |
|---|---|---|---|
| 低密度聚乙烯（LDPE）<br>4<br>LDPE | 乙烯<br>H₂C=CH₂ | 不透明、柔软、有挠性、不渗透水蒸气、与酸碱不反应、吸收油并软化、熔点为 100～120℃、－100℃以上不发脆、在阳光下发生氧化、可出现裂纹 | 塑料袋、玩具、电绝缘材料、塑料泡包装物 |
| 高密度聚乙烯（HDPE）<br>2<br>HDPE | 乙烯<br>H₂C=CH₂ | 与 LDPE 类似。更不透明、密度更高、机械强度更好、结晶性更好、更坚硬 | 奶瓶、果汁瓶、水壶、硬塑料袋和容器 |
| 聚氯乙烯（PVC）<br>3<br>V | 氯乙烯<br>H₂C=CHCl | 坚硬、可热塑、不渗透油和大多数有机物、透明、高抗冲性 | 卫生管道、花园用水管、淋浴帘、泡沫包装 |
| 聚苯乙烯（PS）<br>6<br>PS | 苯乙烯 | 玻璃状、闪光透明、坚硬、脆性、易加工、温度上限为 90℃，溶于很多有机物 | 发泡聚苯乙烯保温材料、廉价家具、饮水杯 |
| 聚丙烯（PP）<br>5 | 丙烯<br>H₂C=CH—CH₃ | 不透明、高熔点(160～170℃)、高拉伸强度、高刚度、密度最低的商用塑料、不渗透液体和气体、表面光滑、有光泽 | 电池盒、室内外用地毯、瓶盖、汽车装饰 |
| 聚对苯二甲酸乙二醇酯（PET 或 PETE）<br>1 | 乙二醇<br>HO—CH₂CH₂—OH<br>对苯二甲酸<br>HOOC—C₆H₄—COOH | 透明、高抗冲、不受酸和大气的渗透、不能拉伸、在六种塑料中成本最高 | 软饮料瓶、服装、录音带、录像带、薄膜内衬 |

做一做　熟悉聚合物的一种良好途径就是收集各种类型的聚合物制品并注意观察。收集你居所里各种各样的塑料制品：塑料袋、饮料瓶、CD盒、聚苯乙烯泡沫塑料杯子、尼龙背包及手边的任何东西。列表写出这些物品并注明这些聚合物的特性，包括颜色、透明度、挠性、弹性、硬度及其他所有可以用来划分和识别塑料的特性。尝试着判断哪些物品是由同一种材料制造的。

　　由表 4-23 可以看出乙烯分子、氯乙烯分子、苯乙烯分子和丙烯分子的相似性在于它们都含有碳碳双键连接的两个碳原子。在乙烯中，由双键连接的两个碳原子上各连接两个氢原子，但在氯乙烯、丙烯和苯乙烯分子中，其中一个氢原子被其他的基团或原子所取代。这些取代基使得碳碳双键发生各种变化。单体中的这些取代造就了由它们制成的聚合物的多样性。

　　在显微镜下观察会发现低密度聚乙烯、高密度聚乙烯、聚丙烯这三种聚合物材料具有不同微观区域，在这些微小区域内其分子排列不同。在某些区域中，像晶体中一样，分子有非常有序且重复的形态。在这些结晶区内，长长的聚合物分子以规则的模式整齐而紧密地排列着。而在其他的区域，聚合物是无定形的，这意味着分子随机排列、堆积非常疏松。由于其结构的规则性，晶状区域赋予材料坚韧性和耐磨性，同时使得聚丙烯和高密度聚乙烯呈不透明状。而无定形区域则增进挠性。由另外三种聚合物：聚对苯二甲酸乙二醇酯、聚苯乙烯和聚氯乙烯制成的材料在结构上是无定形的。不同聚合物间的性质差别使其适合于不同的独特用途。

无论用于什么用途，六种塑料都需要在其中添加少量的其他物质。因为这六种塑料都是无色的，通常需要加入着色剂。为增加聚合物的柔韧性和挠性，通常添加增塑剂和其他添加剂提高材料的性能和耐用性。

 坐进新买的轿车中，闻到的气味可能是来自于什么物质？

## 二、聚合过程的基本原理 (Fundamental Principle of Polymerization Process)

在 20 世纪 30 年代，人们发现使用一种特殊的催化剂来引发反应，能够使乙烯分子互相反应生成聚合物。乙烯的聚合反应涉及了电子的重新排列。引发反应的催化剂是含有一个未成对电子的自由基。图 4-66 中描述了乙烯的聚合反应，自由基以 R· 来表示（点·代表一个未成对的电子）。自由基很容易与 $H_2C=CH_2$ 分子反应。乙烯分子中碳-碳双键有一个键发生断裂，断裂键上的一个电子与自由基上的未成对电子配对形成一个共价键。所产

图 4-66　乙烯的聚合反应

HDPE

LDPE

(a) HDPE(直链形)和LDPE(支链形)详细的键接情况

HDPE

LDPE

(b) HDPE(直链形)和LDPE(支链形)的示意图

图 4-67　HDPE（直链形）和 LDPE（支链形）的键接情况及示意图
HDPE—高密度聚乙烯；LDPE—低密度聚乙烯

生的·CH₂CH₂R也是一个自由基，因为它携带了从断裂的碳-碳双键剩余下来的另一个未成对电子。因此·CH₂CH₂R能够与另一个乙烯分子反应，即乙烯分子与聚合物活性增长端上带有的未成对电子的碳原子成键。随着链的增长，单体中的碳-碳双键就转换成了聚合物中的碳-碳单键，这一过程同时在众多链上多次重复发生。一旦两个聚合物的末端自由基结合形成了一个键，则链的增长终止。这一过程也可以通过向反应中加入能"封端"自由基的特种化合物来停止，从而终止聚合链的增长。

超市里用作装水果蔬菜的塑料袋是低密度聚乙烯（LDPE）。这种塑料柔软、可拉伸、透明，但不是很牢固。这种低密度聚乙烯是最先制造出来的。LDPE分子大约包含有500个单体的单元，聚合物主链上有许多支链。在发现低密度聚乙烯后的大约20年，齐格勒（Karl Ziegler）（1898～1973）和纳塔（Giulio Natta）（1903～1979）实现了通过调整反应条件以防止支链的产生，从而制造出了高密度聚乙烯（HDPE）。用这种催化剂制造出了包含有大约10000个单体单元的直链（无支链）聚乙烯。没有任何支链，这些长链就可以互相平行排列。这样高密度聚乙烯的结构就更像规则的结晶体，而不是像低密度聚乙烯的聚合链那样无规地缠结（见图4-67）。更加有序的结构使得高密度聚乙烯比低密度聚乙烯有更高的密度、刚性、力度和熔点。此外，高密度聚合物是不透明的，低密度形式则倾向于透明。六大塑料的前五种都是由含有碳-碳双键的单体通过加成聚合制备的。

第六种聚合物聚对苯二甲酸乙二醇酯是由两种不同单体的缩合聚合过程制备的。在缩合聚合反应中，单体单元通过消除一个小分子而结合，这个小分子通常是水。这样的缩合聚合就有两种产物：聚合物本身和聚合物形成过程中分离出来的小分子。聚对苯二甲酸乙二醇酯是一个共聚物，乙二醇（HOCH₂CH₂OH）是一种二元醇，其分子中的每一个碳原子上连接一个—OH。对苯二甲酸（HOOCC₆H₄COOH）分子两端各有一个—COOH基。由于每个对苯二甲酸分子中有两个有机酸基团，它是二元酸。这两种不同单体的缩合反应每反应一次，羧基上的—OH与醇基团中羟基（—OH）上的H反应生成一个水分子。所生成的分子一端仍然有一个—COOH官能团，另一端有一个—OH。这个羧基能够与另一个乙二醇分子的醇官能团再反应，同样，聚合物生长链上的醇官能团可以与另一个对苯二甲酸分子的羧基再反应。这个过程多次发生就生成了聚对苯二甲酸乙二醇酯的长聚合链。

聚萘二甲酸乙二酯(polyethylene naphthalate，PEN)是一种极具开发前景的新型聚合材料。在PET和PEN中醇单体都是乙二醇，而有机酸单体稍有不同。制造PEN的有机酸单体的结构式如下，请画出两分子萘二甲酸与两分子乙二醇反应的结构式。

萘二甲酸

## 三、聚合过程的实施方法 (Polymerization Process)

由低分子单体合成聚合物的反应称为聚合反应（polymerization reaction）。可分为加聚反应和缩聚反应，按聚合机理或动力学可将聚合反应分为连锁聚合和逐步聚合。

烯类单体的加聚反应大部分属于连锁聚合，根据活性中心的不同可分为自由基聚合、阳离子聚合和阴离子聚合、配位离子型聚合等类型。长期以来，在聚合物生产中以自由基聚合占领先地位，目前仍占较大比重。自由基聚合实施方法主要有本体聚合、乳液聚合、悬浮聚合、溶液聚合等四种方法。本体聚合是除单体外仅加有少量引发剂，甚至不加引发剂，依赖受热引发聚合而无反应介质存在的聚合方法。乳液聚合是单体在乳化剂存在下分散于水中成为乳液，然后被水溶性引发剂引发聚合的方法。悬浮聚合是在机械搅拌下使不溶于水的单体分散为油珠状悬浮于水中，经引发剂引发聚合的方法。溶液聚合是单体溶于适当溶剂中进行引发聚合的方法。这些聚合方法的比较和工艺特征见表 4-24。离子聚合及配位聚合实施方法主要有本体聚合、溶液聚合两种方法。在溶液聚合方法中，如果所得聚合物在反应温度下不溶于反应介质中而称为淤浆聚合。

表 4-24　四种自由基聚合方法的比较和工艺特征

| 聚合方法 \ 项目 | 本体聚合 | 溶液聚合 | 悬浮聚合 | 乳液聚合 |
|---|---|---|---|---|
| 配方主要成分 | 单体、引发剂 | 单体、引发剂、溶剂 | 单体、引发剂、水、分散剂 | 单体、水溶性引发剂、水、乳化剂 |
| 聚合场所 | 本体内 | 溶液内 | 液滴内 | 胶束和乳胶粒内 |
| 聚合机理 | 遵循自由基聚合一般机理，提高速率的因素往往使分子量降低 | 伴有向溶剂的链转移反应，一般分子量较低，速率也较低 | 与本体聚合相同 | 能同时提高分子量和聚合速率 |
| 生产特征 | 热不易散出，间歇生产(有些也可连续生产)。设备简单，宜于生产透明浅色制品，分子量分布宽 | 散热容易，可连续生产，不宜制成干燥粉状或粒状树脂 | 散热容易，间歇生产，须有分离、洗涤、干燥等工序 | 散热容易，可连续生产。制成固体树脂时，须经凝聚、洗涤、干燥等工序 |
| 产品纯度与形态 | 纯度高，颗粒状或粉粒状 | 纯度低，聚合物溶液或颗粒状 | 比较纯净，可能留有分散剂，粉粒状或珠粒状 | 留有少量乳化剂和其他助剂、乳液、胶粒或粉状 |
| 三废 | 很少 | 溶剂废水 | 废水 | 胶乳废水 |
| 产品品种 | 高压聚乙烯、聚苯乙烯、聚氯乙烯等 | 聚丙烯腈、聚乙酸乙烯酯等 | 聚氯乙烯、聚苯乙烯等 | 聚氯乙烯、丁苯橡胶、丁腈橡胶、氯丁橡胶等 |

逐步聚合实施方法通常有熔融、溶液、界面和固相聚合等四种方法，在工业生产上，广泛采用熔融缩聚法生产聚酯、聚酰胺和聚氨酯。所谓熔融缩聚指反应温度高于单体和缩聚物的熔点，反应体系处于熔融状态下进行的反应。这种反应通常在 200℃ 以上的高温下进行缩聚，而且生成的聚合物也处于熔融状态。一般反应温度要比生成的聚合物熔点高 10~20℃。

熔融缩聚反应是一个可逆平衡的过程。高温有利于加快反应速率，同时也有利于反应生成的低分子产物迅速和较完全地排除，使反应朝着生成大分子的方向进行。但是由于反应温度高，除了有利于主反应外，也有利于逆反应和副反应的发生，如交换反应，降解反应，官能团的脱羧反应等。这些副反应除了影响聚合物的分子质量外，还会在大分子链上形成"反常结构"，使聚合物的热和光稳定性有所降低。

熔融聚合除了反应温度高这个特点外，还有以下几点：

① 反应时间较长，一般需要几个小时；

② 由于反应在高温下进行，且长达数小时之久，为了避免生成的聚合物质氧化降解，反应必须在惰性气体中进行（水蒸气，氮气，二氧化碳）；

③ 为了使生成的低分子产物能较完全排除至反应系统之外，后期反应常常是在真空中进行，有时甚至在高真空中进行，如涤纶树脂的生产；或在薄层中进行，以有利于低分子产物较完全地排除；或直接将惰性气体通入熔体鼓泡，赶走低分子产物。

用熔融缩聚法合成聚合物的设备简单且利用率高，因为不使用溶剂或介质，近年来已由过去的釜式法间歇生产改为连续法生产，如尼龙6、尼龙66等。

 逐步聚合中溶液、界面和固相聚合的工艺方法和特征并和熔融聚合进行比较。

## 四、聚酯生产技术 (PET Production Technology)

聚酯是制造聚酯纤维、涂料、薄膜及工程塑料的原料，是由饱和的二元酸与二元醇通过缩聚反应制得的一类线性高分子缩聚物。这类缩聚物常见的有：PET（聚对苯二甲酸乙二醇酯）、PBT（聚对苯二甲酸丁二酯）、PEN（聚萘二甲酸乙二酯）、PTT（聚对苯二甲酸丙二酯）等。所有品种均有一个共同特点，就是其大分子的各个链节间都是以酯基

（ $\overset{\text{O}}{\underset{\|}{-\text{C}}}-\text{O}-$ ）相连，所以把这类缩聚物通称为聚酯。涤纶是以聚酯（PET）为原料，经熔融纺丝及后加工而制得的纤维，是三大合成纤维（涤纶、锦纶、腈纶）之一，是最主要的合成纤维。

### 1. PET 的合成原理

PET 的合成现有三种工艺路线。所使用的原料不同之外，主要差别在于生产对苯二甲酸双羟乙酯（BHET）工艺过程不同，而由 BHET 生产 PET 工艺技术是一致的。

（1）酯交换聚酯路线（酯交换聚酯法）　将对苯二甲酸二甲酯（DMT）与乙二醇（EG）按 1∶2.5（摩尔比）比例混合，在醋酸锌、醋酸锰和醋酸钴催化剂的作用下，发生酯交换反应，生成对苯二甲酸双羟乙酯（BHET）。

$$H_3COOC\text{—}\bigcirc\text{—}COOCH_3 + 2HOCH_2CH_2OH \xrightarrow{Zn(CH_3COO)_2}$$

$$HOCH_2CH_2OOC\text{—}\bigcirc\text{—}COOCH_2CH_2OH + 2CH_3OH \quad (4\text{-}89)$$

对苯二甲酸双羟乙酯

20 世纪 40 年代人们就开始生产聚酯（PET），由于当时技术水平的限制，远不能解决粗对苯二甲酸（CTA）的精制问题，因为 CTA 在生成过程中常与对羧基苯甲醛（4-CBA）等中间产物形成共结晶（包晶），用一般的物理方法无法将其中杂质除净，为了解决这个问题，当时采用 CTA 酯化法，将 CTA 与甲醇酯化使其转化成对苯二甲酸二甲酯（DMT），再利用 DMT 和有害杂质的沸点相差的特点，借助常规蒸馏或结晶的方法精制 DMT，所以DMT 便成为早期聚酯生产使用的唯一原料。酯交换法中酯交换反应使用催化剂，其结果是使反应物中灰分含量加大，为保证产品有足够的聚合度，要求酯交换率在 99％以上。酯交换反应可以在常压下操作，反应控制容易。酯交换反应有甲醇生成，因而需设置甲醇回收装置。

（2）精对苯二甲酸（PTA）与乙二醇（EG）直接酯化聚酯路线（直接酯化聚酯法）该路线对原料对苯二甲酸和乙二醇的纯度要求较高。其反应如下：

$$HOOC\text{—}\bigcirc\text{—}COOH + 2HOCH_2CH_2OH \longrightarrow$$

$$HOCH_2CH_2OOC\text{—}\bigcirc\text{—}COOCH_2CH_2OH + 2H_2O \quad (4\text{-}90)$$

对苯二甲酸双羟乙酯

1965 年，美国阿莫科化学品公司（Amoco Chemicals Corporation）应用还原结晶原理，

通过加氢利用钯-碳催化剂把中间产物对羧基苯甲醛（4-CBA）转化为易溶于水的对甲基苯甲酸，以便去除。由 CTA 制出了 PTA 并实现了工业化后，PTA 才开始大量用于生产。酯化反应不需要使用催化剂、酯化率要求低，酯化反应在加压下进行，酯化法缩聚反应不产生甲醇，无需设置甲醇回收装置。

（3）环氧乙烷酯化聚酯路线（环氧乙烷法） 其反应如下：

$$HOOC\text{—}\bigcirc\text{—}COOH + 2CH_2\text{—}CH_2 \longrightarrow HOCH_2CH_2OOC\text{—}\bigcirc\text{—}COOCH_2CH_2OH \qquad (4\text{-}91)$$

对苯二甲酸双羟乙酯

该路线具有流程短、成本低，产物低聚物少，容易精制，设备利用率高，辅助设备少等优点。但环氧乙烷与对苯二甲酸的加成反应需在 2～3MPa 压力下进行，对设备要求苛刻，且环氧乙烷沸点 11℃，易燃易爆，因而影响该法的广泛使用。

三种路线最后用精制后的对苯二甲酸双羟乙酯或它与苯甲酸混合的反应物进行缩聚反应，分离出乙二醇后即得聚对苯二甲酸乙二醇酯（PET），其反应如下：

$$(n+1)HOCH_2CH_2OOC\text{—}\bigcirc\text{—}COOCH_2CH_2OH \xrightarrow[\triangle]{Sb_2O_3}$$

$$HOCH_2CH_2OOC\text{—}\bigcirc\text{—}CO\text{—}OCH_2CH_2OOC\text{—}\bigcirc\text{—}CO\text{—}_n OCH_2CH_2OH + nHOCH_2CH_2OH \qquad (4\text{-}92)$$

由于缩聚反应属于可逆反应，为了使缩聚反应进行完全，必须排出反应生成的低分子物质（乙二醇）。

在三种合成路线中，酯交换聚酯法和直接酯化聚酯法现在依然是合成聚酯的两大主要工艺路线。酯交换聚酯路线是传统的方法，因工艺技术成熟，所以至今在工业生产中仍占有相当的地位。直接酯化聚酯路线虽然起步较晚，但与酯交换聚酯路线相比，因具有消耗定额低，乙二醇配料比低，无甲醇回收，生产控制稳定，流程短，投资低等优点，而发展迅速。目前我国引进的聚酯装置多以直接酯化聚酯法为主。聚酯（PET）的生产过程示意图可见图4-68。

图 4-68 聚酯（PET）的生产过程示意图

## 2. 工艺生产过程

缩聚工艺主要分为间歇缩聚、半连续缩聚、连续缩聚等。

（1）间歇缩聚 主要由一个酯化（或酯交换）反应器和一个缩聚反应器组成，每个反应器在分期、分批进料和反应后出料，呈间断操作。间歇缩聚生产工艺流程简单，便于更换品种和生产特殊品种，但其生产能力低，产品质量受每批所限，均匀性和可纺性差，消耗高。

（2）半连续缩聚 该工艺特点是能够适应生产小批量、多品种的产品。半连续缩聚生产是在第一、二酯化反应器后，增加一中间贮槽，储存 BHET，再分期分批加入间歇缩聚反应器内，进行缩聚反应，而第一、二酯化反应器与中间贮槽之间相似于连续酯化过程，来完成半连续缩聚生产。

（3）**连续缩聚** 由几个反应器串联组成，原料 PTA、DMT、EG 和添加剂、催化剂、消光剂、稳定剂等，按一定比例加入，反应后产物连续进入下一个反应器，在最终缩聚釜生产出 PET，又连续地进入铸带切粒工序加工成 PET 切片或熔体 PET 进入直接纺丝工序纺丝。

图 4-69 所示为 PET 直接酯化连续缩聚（直缩法）工艺流程。连续缩聚生产大型化，目前一条生产线年产量可以达到 20 万吨以上，产品质量易控制，生产易操作。熔体直接纺丝省去切粒、干燥、再熔融等工序，从而节省了投资，生产成本明显下降。

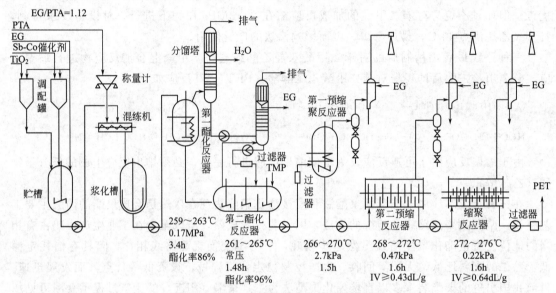

图 4-69 PET 直接酯化连续缩聚工艺流程

如图 4-69 中 IV 指特性黏度值，它是物料的一个重要物性参数，高分子溶液黏度的最常用的表示方法。定义为当高分子溶液浓度趋于零时的比浓黏度。即表示单个分子对溶液黏度的贡献，是反映高分子特性的黏度，其值不随浓度而变。由于特性黏度与高分子的相对分子质量存在着定量的关系，其值常用毛细管黏度计测得，这里作为缩聚反应的重要操作参数。

### 3. 反应条件及设备

（1）**催化剂** 为了加速 BHET 的缩聚反应，常须加入催化剂 $Sb_2O_3$，动力学研究，催化活性与反应中羟基的浓度成反比。在缩聚反应的后期，PET 分子量上升，羟基浓度下降，使得 $Sb_2O_3$ 的催化活性更为有效。催化剂的用量一般为 PTA 质量的 0.03%，或 DMT 质量的 0.03%～0.04%。因 $Sb_2O_3$ 的溶解性稍差，近年来有采用溶解性好的醋酸锑，或热降解作用小的锗化合物，也有用钛化合物的。

（2）**稳定剂** 为了防止 PET 在合成过程中和后加工融熔纺丝时发生热降解（包括热氧降解），常加入一些稳定剂磷酸三甲酯（TMP）、磷酸三苯酯（TPP）和亚磷酸三苯酯。尤其是后者效果更佳，因为它还具有抗氧化作用。稳定剂用量越高，热稳定性也越好。但是稳定剂可使缩聚反应速率下降，在同样的反应时间下所得 PET 的分子量较低，因此稳定剂用量一般为 PTA 的 1.25%（质量）；DMT 的 1.5%～3%（质量）。

（3）**扩链剂** 在缩聚后期，EG 不易排除，常可加入二元酸二苯酯（如草酸二苯酯）作为扩链剂，可发生下列反应。

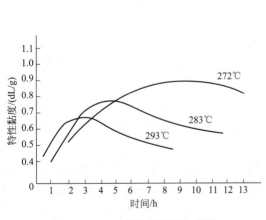

$$(4-93)$$

生成的苯酚易于逸出，有利于大分子链增长。

（4）**缩聚反应的温度与时间** 缩聚时产物 PET 的特性黏度与反应温度及时间的关系见图 4-70。可以看到每一个反应温度下，特性黏度都出现一个高峰。说明缩聚时既有使分子链增长的反应，同时存在有使分子链断裂的降解反应。反应开始时，由低聚物缩聚成较大分子的反应为主，待 PET 分子增大后，裂解反应起主要作用。反应温度较高时，反应速率较快，故到达极大值的时间较短，但高温下热降解严重，此极大值较低。在生产中必须根据具体的工艺条件和要求的黏度值来确定最合适的缩聚温度与反应时间。当黏度达到极大值后，应尽快出料，避免因出料时间延长而引起分子量下降。

（5）**缩聚反应的压力** 因为 BHET 缩聚反应是一个平衡常数很小的可逆反应，为了使反应向产物 PET 生成的方向移动，必须尽量除去 EG，也就是说反应过程要在较低的压力下进行。图 4-71 指出不同压力下 PET 的特性黏度与反应时间的关系。可知在 285℃下反应时，压力越低，越可在较短的反应时间内获得较高分子量的产物。一般在缩聚反应的后阶段，要求反应压力降至 0.1kPa。工业上常用五级蒸汽喷射泵或乙二醇喷射泵来达到这个要求。

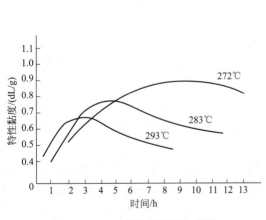

图 4-70 PET 的特性黏度与缩聚
反应温度及时间的关系

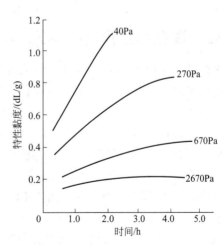

图 4-71 PET 的特性黏度与压力
及反应时间的关系（285℃）

（6）**缩聚反应器** 缩聚反应器一般分为带有搅拌器的釜式反应器和无搅拌器的容量盘塔式反应器。在连续缩聚法中，当反应处于初缩聚阶段，黏度不太大的熔体可在塔内的垂直管中自上而下作薄层运动，以提高 EG 蒸发的表面积。

当缩聚反应进行至中、后期，熔体黏度较大，通常采用图 4-72 所示的卧式熔融缩聚釜。

第四章 典型化工产品生产技术

从图中可知该釜具有横卧式的中心轴。轴上安装有多层螺旋片，可推动物料前进；另有数层网片插在螺旋片间，可增加 EG 蒸发表面。网片旋转时网片上的网孔将黏附有薄膜状的物料暴露于缩聚釜上半部的空间中，不断形成新表面，有助于 EG 的排除。总之，不论采用何种搅拌形式，其作用是增加 EG 蒸发扩散的表面积，或减少扩散液层的厚度，以加速缩聚反应。在同样反应条件下，搅拌速率越快，获得的 PET 分子量越高。通过真空及强力搅拌，获得高分子量的聚酯。一般产品的平均分子量不低于 20000，用于制造纤维、薄膜的平均分子量约为 25000。

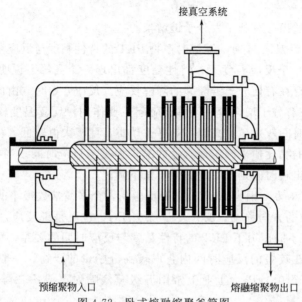

图 4-72  卧式熔融缩聚釜简图

## 五、聚酯的应用 (Polyester Applications)

聚酯 75％用于化纤制造涤纶，涤纶包括两种产品，一是长丝，是长度为千米以上的丝，长丝卷绕成团。常作为低弹丝，制作各种纺织品；二是短纤，是几厘米至十几厘米的短纤维。可与棉、毛、麻等混纺。合成纤维因具有强度高，耐磨、耐酸、耐碱、耐高温、质轻、保暖、电绝缘性好及不怕霉蛀等特点，在生产生活的各个领域得到了广泛的应用。可用于制造轮胎帘子线、渔网、绳索、滤布、绝缘材料等。全国聚酯产能与消费均集中在浙江和江苏两省。在合成纤维中，涤纶产量占 85％左右。

聚酯的 20％用于瓶级聚酯，由于 PET 是半刚性、无色、气密的，这种塑料最常见的用途是制成软饮料瓶尤其是碳酸饮料的包装。5％用于聚酯薄膜，主要用于包装材料、将窄而且薄的 PET 聚酯薄膜带涂上金属氧化物涂层并加以磁化，便能生产录音带和录像带。照相胶卷和 X 射线胶片也是用 PET 制造的。

另外，在外科手术上常用来更换损伤的血管，人造心脏中也含有 PET 制造的部件。PET 制造的医疗药品容器可经射线消毒。目前，科学家正在设法把生物降解能力引入合成聚合物。把某些键或官能团引入聚合物分子，使之易受真菌和细菌的侵袭，或是容易被潮气分解。最近，杜邦公司的科学家开发出一种可生物降解的聚合物，叫做 Biomax，它在被掩埋大约八周后分解。这种新聚合物在化学上是 PET 的近亲。Biomax 是把一些其他的单体与使用常规方法生产PET的单体（乙二醇和对苯二甲酸）联合使用。聚合后，这些共聚单体就在聚合物长链上形成了一些位点，这些位点易于被水降解。一旦水分把聚合物断裂成了较短的链，天然微生物就依靠这些短链生存，从而把这些短链再分解成二氧化碳和水，这种材料可以具有各种各样的用途，如割草机用袋、瓶子、一次性尿布的内衬、一次性餐具和杯子等。

### 知识拓展

硬而脆的透明CD盒与质轻、白色不透明的发泡饭盒在化学成分上几乎相同，都是聚苯乙烯。发泡塑料饭盒是用膨胀模塑工艺制作的，在粒状聚苯乙烯中加入4％～7％低沸点液体，放置在模具中用蒸汽或热空气加热。加热使得液体蒸发，气体膨胀带动了聚合物的膨胀（类似于烤面包）。膨胀后的聚苯乙烯颗粒融合在一起，按模具形状成型。由于含有很多泡泡，这种发泡塑料不仅质轻，还是优质的隔热材料。氯氟烃（chloro-fluoro-hydrocarbons，CFC）曾经被用作发泡剂。由于担心CFC对平流层臭氧的破坏作用，已导致该化学品于1990年被替代。现在气态戊烷（$C_5H_{12}$）和二氧化碳常被用作发泡剂。熔融的聚合物不添加发泡剂塑模成型后即可制成硬质、透明的聚苯乙烯。除了制作CD盒外，还可以用来生产墙面砖、窗户装饰板、收音机和电视的壳体。

 课外实验上，把发泡聚苯乙烯的包装材料浸入丙酮里，塑料溶解了。而把丙酮蒸发后，固态物仍存在。这固态物就是聚苯乙烯，但是它非常坚固和密实。解释这里发生了什么？

# 本章小结

本章主要介绍了：烃类热裂解、甲醇的化工生产技术、合成氨及尿素的生产技术、醋酸生产技术和聚合生产过程的原料选择、化学反应过程及分离精制过程。

1. 烃类裂解原料主要有气态烃和液态烃，气态烃指"三气"（天然气、油田气和炼厂气），液态烃有石脑油、汽油、煤油、柴油等。

2. 几个衡量裂解原料性能的指标，氢含量、族组成、芳烃指数等，各自的含义及对乙烯收率的综合评价。

3. 烃类热裂解反应过程复杂，可归纳为经历了一次反应和二次反应。

4. 影响烃类热裂解的工艺条件：反应温度、烃分压、停留时间。工艺过程概括为：裂解—急冷—净化—压缩—冷冻—精馏分离。

5. 裂解原料的预处理包括裂解气的净化和压缩冷冻，净化包括脱酸性气体、脱水、脱炔过程。

6. 生产合成气的原料有固体原料（煤、焦炭）、液体原料（石脑油、重油、渣油），气体原料（天然气、焦炉气、炼厂气）。

7. 天然气蒸汽转化制合成气的主要工艺操作参数为温度、压力、水碳比、空速。

8. 甲醇合成工艺分为高压法、中压法和低压法三种工艺，目前多采用低压合成工艺。

9. 甲醇合成的主要影响因素为温度、压力、原料气的组成、空速；常采用的合成反应器有列管式等温甲醇合成塔或冷激式绝热甲醇合成反应器。

10. 粗甲醇的精制工艺主要有双塔精馏工艺和三塔精馏工艺。

11. 氨的生产主要包括三个步骤：原料气的制备、原料气的净化和氨的合成。

12. 平衡氨含量的影响因素：温度、压力、氢氮比、惰性气体含量。

13. 氨合成主要工艺操作参数为：压力、温度、空速、入塔气组成（氢氮比、惰性气体含量、入塔氨含量）。

14. 氨合成塔按降温方法分为冷管式、冷激式和间接换热式三类。

15. 醋酸生产工艺主要有乙醛氧化法、丁烷氧化法及甲醇羰基化法等。甲醇羰基化法是目前重要的醋酸生产方法之一，有高压法和低压法两种技术。

16. 甲醇低压法合成醋酸的原料包括甲醇、一氧化碳。

17. 甲醇低压法合成醋酸需要加入催化剂，适宜的操作温度在 $185 \sim 190 ℃$，醋酸甲酯的浓度为 $10 \% \sim 13 \%$（质量分数），CO 的分压控制在 $1.05$ MPa 左右，碘甲烷浓度应控制在 $6 \% \sim 7 \%$（质量分数）。

18. 甲醇低压法合成醋酸中混酸塔的作用是让丙酸在塔底积聚，然后送至混酸罐中。

19. 甲醇低压法合成醋酸中脱水塔的目的是减少反应器和脱轻组分塔系统内的含水量。

20. 铬、铁、钼、镍等金属的存在会使系统中的碘离子中毒，从而降低羰基化反应的速率。

21. 低压甲醇羰基合成法生产醋酸由反应、精制、轻组分回收和催化剂及助剂处理等四个部分组成。

22. 低密度聚乙烯（LDPE）、高密度聚乙烯（HDPE）、聚丙烯（PP）、聚苯乙烯（PS）、聚氯乙烯（PVC）和聚对苯二甲酸乙二醇酯（PET 或 PETE）被称为"六大塑料"。

23. 由低分子单体合成聚合物的反应称为聚合反应。可分为加聚反应和缩聚反应，按聚合机理或动力学可将聚合反应分为连锁聚合和逐步聚合。

24. 涤纶是以聚酯（PET）为原料，经熔融纺丝及后加工而制得的纤维。是三大合成纤维（涤纶、锦纶、腈纶）之一。

## 综合练习

1. 结合本教材第四章第一节烃类热裂解生产乙烯技术，预习教材第五章化工装置开停车技术，由图 4-73 裂解单元开工统筹图，你能得到哪些有用信息？请列表说明。

2. 我国现阶段煤制烯烃项目如下，请选取其中之一，了解其工程概况、现在的施工建设进展和所采用具体的技术情况，制成 PPT，分组讨论。

一、神华宁煤集团宁夏宁东煤制丙烯项目

神华宁煤集团宁夏宁东煤制丙烯项目于 2005 年底开工，总投资约 195 亿元，每年用煤量约 526 万吨，每年中间产品甲醇 167 万吨，设计规模为年产 52 万吨聚丙烯，同时每年副产 18.48 万吨汽油、4.12 万吨液态燃料、1.38 万吨硫黄。

项目采用德国西门子 GSP 干煤粉气化工艺，设计生产能力为 52 万立方米/h 粗煤气。四合一装置采用德国鲁奇公司变换、低温甲醇洗、硫回收、大甲醇合成技术，设计生产能力为中间产品甲醇 167 万吨/年。MTP 装置采用德国鲁奇公司 MTP 技术，设计生产能力为 2 万吨/年乙烯、47.4 万吨/年丙烯。聚丙烯装置采用德国 ABB 公司气相法聚丙烯技术，设计生产能力为 52 万吨/年聚丙烯。其他如动力站装置为 6 台 460t/h（高压蒸汽）锅炉及 15 万千瓦时电站。空分装置由液化空气集团提供，生产能力为 19 万立方米/h 氧气。

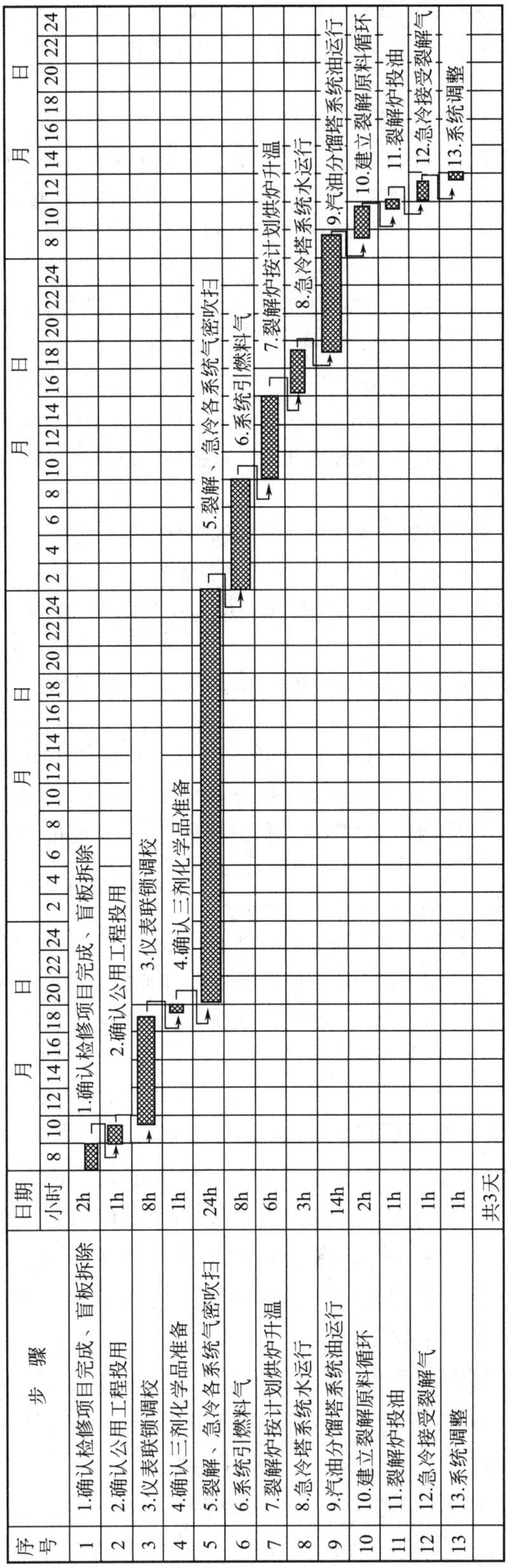
序号
步骤
日期
小时
月 日
月 日
月 日
8 10 12 14 16 18 20 22 24 2 4 6 8 10 12 14 16 18 20 22 24 2 4 6 8 10 12 14 16 18 20 22 24 8 10 12 14 16 18 20 22 24
1 1.确认检修项目完成、盲板拆除 2h
2 2.确认公用工程投用 1h
3 3.仪表联锁调校 8h
4 4.确认三剂化学品准备 1h
5 5.裂解、急冷各系统气密吹扫 24h
6 6.系统引燃料气 8h
7 7.裂解炉按计划烘炉升温 6h
8 8.急冷塔系统水运行 3h
9 9.汽油分馏塔系统油运行 14h
10 10.建立裂解原料循环 2h
11 11.裂解炉投油 1h
12 12.急冷接受裂解气 1h
13 13.系统调整 1h
共3天

图4-73　裂解单元开工统筹图

截至 2009 年 6 月，该项目已累计完成投资 100.04 亿元，装置设计工作以及大宗材料的采购已经收尾，大件设备吊装正有序进行，钢结构制作、安装和管道预制全面展开，公用工程陆续机械竣工并进入单机试车阶段。该项目采用倒开车的方式，于 2010 年 4 月甲醇制丙烯装置投料试车，2010 年 7 月煤气化装置投料试车。

二、大唐国际内蒙古多伦煤制丙烯项目

大唐国际位于内蒙古多伦县的煤制丙烯项目于 2005 年 9 月开工建设，总投资 180 亿元，该项目以内蒙古锡林浩特市胜利煤田褐煤为原料，采用壳牌粉煤气化、鲁奇低压甲醇合成、鲁奇 MTP 丙烯生产工艺、Spheripol 聚丙烯生产工艺，年产中间产品甲醇 168 万吨，最终年产聚丙烯 46 万吨及副产精甲醇 24 万吨，汽油 12.95 万吨，LPG6.66 万吨。

截至 2009 年 5 月，该项目建设工程进入收尾阶段，动力车间 1～4 月累计发电 1.8 亿千瓦时。项目 1～4 月份完成投资 20 亿元，累计投资 154 亿元，2009 年 6 月基建工程完工。2009 年 9 月底完成调试工作，10 月试车生产甲醇。

三、神华集团内蒙古包头煤制烯烃项目

神华集团内蒙古包头煤制烯烃项目位于包头市九原区哈林格尔镇新规划的工业基地内，是国家示范工程，2006 年通过国家发改委核准。

该项目总投资 152 亿元，工程主要包括煤气化、合成气净化、180 万吨/年甲醇、60 万吨/年甲醇制烯烃、30 万吨/年聚丙烯、30 万吨/年聚乙烯、24 万标立方米（氧气）/h 空分装置，并配套建设 3 台 410t/h 高压蒸汽锅炉和 100MW 抽汽凝汽式汽轮发电机组以及公用工程、辅助生产设施、厂外工程。项目的年用煤量达 473 万吨。

项目采用美国 GE 公司的水煤浆气化技术、英国庄信万丰公司甲醇合成技术、中国科学院大连化学物理研究所的甲醇制烯烃技术。

该项目于 2007 年 10 月 28 日奠基。2008 年 7 月 23 日 180 万吨/年甲醇装置正式动工。甲醇装置 2009 年 11 月底完工，2009 年 12 月装置中交。烯烃分离单元在 2010 年 5 月建成中交，8 月投料试车，2010 年 10 月生产出合格产品，投产后年产中间产品甲醇 180 万吨，并转化为聚乙烯 30 万吨、聚丙烯 30 万吨。

四、神华-陶氏陕西榆林煤制烯烃项目

陶氏和神华集团位于陕西榆林的煤制烯烃项目一期规模为 300 万吨/年煤基甲醇制 100 万吨/年烯烃，将利用陶氏的先进技术生产种类丰富的下游产品。项目于 2009 年底完成可行性研究。具体可行性研究包括环境影响评估、水源供应、市场及产品组合、供应链及经济效益评估等。

为了使煤基化学品能够和中东地区的石油化工产品竞争，必须投入大量的资金开发大规模的装置，以提高规模效益。由于陕西榆林地区缺乏水资源，陶氏将在该装置的节水方面投入精力。

3. 中国化肥行业，缺硫少钾富磷的特点非常突出，目前，我国磷肥和氮肥均存在一定的产能过剩，尿素存在过剩产能 500 万～700 万吨，磷肥过剩产能约 300 万吨。为了解决化肥使用淡季生产企业资金不足的问题。2008 年 10 月中旬公布的国家"化肥淡储计划"总量为 1100 万吨。其中，1000 万吨淡储指标将优先给予近两年淡储工作搞得较好的 40 家化肥流通与生产企业，剩余 100 万吨将通过公开招标的方式选择承储企业。以利于缓解目前国内氮磷肥企业产品库存积压、销售不畅等问题。

请查阅相关资料，写一篇有关我国"化肥淡储计划"的小论文。

4. 了解当前天然气和煤炭的市场价格，原料价格上涨分别对气头化肥、甲醇企业和煤头化肥、甲醇企业各有何种影响。做出 PPT，进行小组讨论。

5. 陶氏（Dow）化学公司最近介绍了一种生物降解塑料聚乳酸，这是一种利用玉米葡萄糖生产的塑料。它可以用于制作服装、食品包装，甚至是制造汽车的塑料部件。同时杜邦（DuPont）化学品公司最近也介绍了一种由玉米为基材的化学品衍生而来的聚合物家族，称作 Sorona。请在了解了相关信息后，分析一下聚合物生产的发展趋势。

**自测题**

**一、填空题**

1. 烃类热裂解的一次反应主要有____、____、____、____。

2. 裂解气的预处理过程包括_____和_____。

3. 裂解气深冷分离的流程有_____、_____和_____三种。

4. 在一定条件下，甲醇蒸气先脱水生成_____，然后二甲醚与原料甲醇的平衡混合物气体脱水继续转化为以_____为主的低碳烯烃。

5. 上题所述整个反应过程可分为两个阶段：_____、_____。

6. 从化学动力学角度考虑，原料甲醇蒸气与催化剂的接触时间尽可能越____越好，这对防止深度裂解和_____极为有利。

7. 反应温度对反应中低碳烯烃的_____、_____和_____有着最显著的影响。较高的反应温度有利于产物中 $n$（乙烯）/$n$（丙烯）值的提高。

8. 工业醋酸的生产方法有____、____、_____等，目前国内主要采用_____方法，而_____方法是一种发展的方向。

9. 与高压法相比，低压羰基化生产醋酸具有_____的优点。

10. 羰基化生产中通常加入____作助催化剂。

11. 平衡氨含量是指_____。

12. 氨合成铁催化剂的活性组分为_____。

13. 氨合成塔入塔气组成包括_____、_____、_____。

14. 现代大型氨厂一般采用_____式氨合成塔。

15. 工业上常使用_____法进行氨的分离。

16. 聚酯主要用于_____、_____、_____等。

17. PET 缩聚工艺类型主要分为_____、_____。

18. 聚酯类缩聚物其大分子的各个链节间都是以_____相连。

19. 齐格勒（Karl Ziegler）（1898～1973）和纳塔（Giulio Natta）（1903～1979）实现了通过调整反应条件以防止支链的产生，从而制造出了_____。

20. PET 直接酯化缩聚过程的主要操作参数有：_____、_____、_____。

21. 填充图中的空：

**二、选择题**

1. 所谓"三烯、三苯、一炔、一萘"是最基本的有机化工原料，其中的三烯是指（    ）。

A. 乙烯、丙烯、丁烯；            B. 乙烯、丙烯、丁二烯；

C. 乙烯、丙烯、戊烯；            D. 丙烯、丁二烯、戊烯；

2. 反映一个国家石油化学工业发展规模和水平的物质是（　　　）。

A. 石油；      B. 乙烯；      C. 苯乙烯；      D. 丁二烯

3. 烃类裂解制乙烯过程正确的操作条件是（　　　）。

A. 低温、低压、长时间；            B. 高温、低压、短时间；

C. 高温、低压、长时间；            D. 高温、高压、短时间

4. 裂解气中乙炔脱除的主要方法有（　　　）。

A. 吸收法和吸附法；            B. 碱洗法和乙醇胺法；

C. 吸收法和加氢法；            D. 前加氢和后加氢

5. 烃类热裂解的操作条件宜采取（　　　）。

A. 高温、高空速、高压；         B. 高温、高压、短停留时间；

C. 低温、短停留时间、低烃分压；  D. 高温、短停留时间、低烃分压

6. 下列缩聚物中不是聚酯的是（　　　）。

A. PS；          B. PBT；          C. PEN；          D. PTT

7. 下列不属于"六大塑料"的是（　　　）。

A. LDPE；      B. PP；           C. PEN；          D. PVC

### 三、判断题

1. 在反应原料中加入稀释剂，可以起到提高甲醇分压的作用，从而有助于低碳烯烃的生成。（　　　）

2. 较高的空速会加快催化剂表面的积炭生成速率，导致催化剂失活加快。（　　　）

3. 生成有机物分子的碳数越高，产物水就越多，相应反应放出的热量也就越小。（　　　）

4. 温度降低、压力升高时，平衡氨含量会增加。（　　　）

5. 随惰性气体含量的增加，则氨合成反应速率增加。（　　　）

6. 氨合成的反应温度必须维持在催化剂的活性温度范围内。（　　　）

7. 氨合成塔的所有构件必须既能承受高压又能承受高温。（　　　）

### 四、名词解释

1. 热裂解；

2. 烃类热裂解的一次反应、二次反应；

3. 乙烯-丙烯复叠制冷循环；

4. 前加氢、后加氢、前冷、后冷；

5. 深冷分离；

6. 聚合度（DP）。

### 五、简答题

1. 甲醇制烯烃的基本原理是什么？主要的化学反应方程式有哪些？

2. 综合热力学和动力学分析，温度和压力对甲醇制烯烃有何影响？

3. 甲醇制烯烃中稀释剂的作用是什么？

4. 试述 MTO 工艺流程及该流程中的主要设备有哪些。

5. PET 生产工艺中，是如何在缩聚过程中去除低分子产物乙二醇的？

1. 石油烃为什么要进行热裂解? 简述其原理。

2. 烃类热裂解的一次反应和二次反应的含义是什么?

3. 烷烃裂解的一次反应有何规律性?

4. 丙烷裂解的主要产物是什么? 为什么?

5. 裂解原料氢含量、族组成与获得产物乙烯收率有何关系?

6. 裂解过程对温度、时间、烃分压有何要求? 要满足其要求,工艺上应采取何措施?

7. 综合热力学和动力学分析,压力及水蒸气对裂解增产乙烯有何影响?

8. 裂解气进行预分离的目的和任务是什么? 裂解气中要严格控制的杂质有哪些? 这些杂质存在的害处? 用什么方法除掉这些杂质,这些处理方法的原理是什么?

9. 裂解气的压缩为什么采用多级压缩,确定段数的依据是什么?

10. 某乙烯装置采用低压法分离甲烷,整个装置中需要的最低冷冻温度为$-115℃$,根据乙烯装置中出现的原料、产品,设计一个能够提供这样低温的制冷系统,绘出制冷循环示意图。并标以各蒸发器和冷凝器的温度(第一级冷凝器温度,为冷却水上水温度$25\sim30℃$)。

11. 裂解气分离流程各有不同,其共同点是什么? 试绘出顺序分离流程、前脱乙烷后加氢流程,前脱丙烷后加氢流程简图,指出各流程特点、适用范围和优缺点。

12. 甲烷塔操作压力的不同,对甲烷塔的操作参数(温度、回流比……)、塔设计(理论板数,材质……),即未来的操作费用和投资有什么影响?

13. 对于一已有的甲烷塔 $H_2/CH_4$ 对乙烯回收率有何影响? 采用前冷工艺对甲烷塔分离有何好处?

14. 何为非绝热精馏,何种情况下采用中间冷凝器或中间再沸器,分析其利弊。

15. 根据本章所学知识,试设计一个简单的流程表述烃类热裂解从原料到产品所经历的主要工序及彼此的关系。

16. 了解我国"十一五"规划内在建的 8 套乙烯装置分别建设在哪里? 规模多大。

17. 合成气的合成原料有哪几种?

18. 天然气蒸汽转化制合成气的主要反应及工序?

19. 甲醇合成的主要主、副反应有哪些?

20. 简述温度、压力、空速、原料气组成对合成反应的影响。

21. 简述以天然气为原料低压法合成甲醇的流程,并画出工艺流程简图。

22. 粗甲醇为何要精制? 简述精馏原理。

23. 画出双效三塔精馏工艺流程简图,并说明主要步骤的作用。

24. 合成氨的原料有哪几种? 采用固体燃料的典型生产流程分为哪几个主要步骤?

25. 固定床间歇气化法的一个制气循环包括哪几步? 该方法的特点?

26. 原料气的净化包括哪些工序? 各工序的净化目的是什么?

27. 什么是平衡氨含量? 影响平衡氨含量的因素有哪些?

28. 影响氨合成反应速率的因素有哪些? 如何影响?

29. 生产中如何使氨合成反应尽可能在最适宜温度下进行?

30. 氨合成塔有何特点?

31. 比较中置式副产蒸汽的氨合成工艺流程和传统氨合成工艺流程的不同。

32. 铁系氨合成催化剂的主要成分及其作用是什么？

33. 如何选择确定氨合成的工艺条件？

34. 工业醋酸有哪几种生产方法？各有什么特点？

35. 写出乙醛氧化生产醋酸的主、副反应方程式与机理。

36. 在乙醛氧化生产醋酸的工艺中，影响醋酸的合成的因素有哪些？

37. 醋酸生产过程中如何做到安全生产？

38. 对醋酸生产反应器材质有什么要求？

39. 简述乙醛氧化合成醋酸工艺过程。

40. 试写出羰基合成法生产醋酸的反应方程式。有哪些副产物生成？

41. 如何对醋酸进行精制？

42. 试分析醋酸甲酯的含量对反应进程的影响。

43. 甲醇羰基化生产醋酸的主要工艺条件有哪些？工艺条件如何确定？

44. 甲醇羰基化生产中如何对醋酸进行精制？

45. 水的存在对甲醇羰基化反应有何影响？

46. 用自己的话描述一下图 4-69 所示 PET 直缩法的工艺流程。

47. 塑料被广泛地用作包装材料。查看 10 种容器的回收循环代码（代码见表 4-23），并指出每一种容器所用的塑料。多少种容器是由加成聚合物生产的？多少种容器是由缩合聚合物生产的？

# 第五章 化工装置开停车技术

## The Start and Stop Technology of Chemical Industry Equipments

### 知识目标

1. 熟悉化工装置原始开停车的必备条件；
2. 熟悉化工装置原始开停车的准备工作；
3. 掌握水压试验和气密性试验的方法和步骤；
4. 掌握典型化工单元操作装置的原始开停车技术；
5. 掌握压缩机原始开停车技术；
6. 掌握典型化工反应单元装置的原始开停车技术；
7. 掌握化工单元装置在紧急情况下的停车技术。

### 能力目标

1. 能够完成化工装置开车前的准备工作；
2. 能够进行水压试验和气密性试验；
3. 能够进行典型化工单元操作装置的原始开停车；
4. 能够进行压缩机的原始开停车；
5. 能够进行典型化工单元反应装置的原始开停车；
6. 能够在紧急情况下进行化工装置的停车。

### 素质目标

1. 具有团队意识和协作精神；
2. 具有良好的心理素质，遇事沉着稳健，能够虚心学习，善于总结，遵章守纪；
3. 具有对工作一丝不苟、敢于负责，对技术精益求精的精神；
4. 具有安全第一的观念，责任重于泰山。

# 第一节 原始开停车技术简述

## Summarization about the First Start and Stop Technology of Chemical Industry Equipments

### 应用知识

1. 原始开停车的必备条件；
2. 原始开停车之前的准备工作；
3. 原始开停车的方法与步骤。

### 技能目标

1. 能够对化工装置进行检查、清洗除净、干燥、置换操作；
2. 能够协助施工方和检修方进行单级试车和联动试车；
3. 能够进行化工投料试车；
4. 能够对化工装置进行水压试验和气密性试验。

化工装置的开停车技术是生产一线的工程技术人员和操作工人必须掌握的生产技术，要求技术精湛、作风严谨、态度端正、通力协作。

本节主要介绍原始开停车的必备条件、准备工作，化工单元操作设备和反应设备的原始开停车步骤。重点是掌握原始开停车的准备工作，特别是开车前检查、吹扫除净、试压试漏的方法和步骤；对机泵的开停车步骤，只作为一般介绍。

## 一、原始开车的程序 (Condition of the First Starting)

所谓化工设备或装置的原始开车操作，是指新安装的或大修完成后的设备、装置或管路，对其进行检查、清洗、试压试漏、置换以及单级试车、联动试车和系统试车等准备工作的总称，称为原始开车。这些准备工作和处理工作对设备能否正常操作有着直接的影响，因此，原始开车在设备操作中占有极其重要的地位。

新建的化工装置由施工或检修阶段转入原始开车的程序包括五个阶段：单级试车、中间交接、联动试车、化工投料和装置系统考核。大修完成后的化工装置的原始开车包括三个阶段：单级试车、联动试车和化工投料等。

### 1. 单级试车

单级试车（single machine test run）又叫单级试运，其主要目的是对化工装置中的所有运转设备（如机、泵）的机械性能通过实际运转进行初步检验，以求尽早发现设计、制造或安装过程中存在的缺陷，并能采取相应的措施予以消除，从而保证后续开车的顺利进行。单级试车阶段还包括供、配电系统的投入使用和仪表组件的单校等。

单级试车的每台运转设备要求连续运转 4～24h（主要由动设备系统的复杂程度确定运转时间的长短），经各方（设备供货方、施工方、生产建设方）联合确认合格后即为通过。对于发现的问题必须认真研究、找出原因、明确责任、采取措施，直到重新投入运转 4～24h 无问题为止，单级试运转时间不得累加。

单级试车应属于安装阶段或检修阶段，原则上讲，应由供货方结合施工方或大检修阶段完成，但是由于该工作涉及供水、电、汽和通风等内容，特别是与后续的联动试车、化工投料阶段有着密切的关联，因此该工作通常也需要建设生产单位或者车间、岗位人员的密切配合。

### 2. 中间交接阶段

中间交接阶段（between the two of single machine test run and system test run），只对新建装置而言，新建装置也包括在大修阶段新购进或者新添置的设备。工程中间交接是在单级试车、系统吹扫和清洗完成后进行。工程中间交接是由建设单位负责，施工设计单位参加，并在工程中间交接协议书及其附件上签字。工程中间交接标志着施工阶段的结束，但这只是建设单位对施工方的一个阶段的认可和装置保管以及使用责任的移交，即使中间交接签字后，也并不代表解除了施工单位对工程质量和交工验收应负的责任。只是说明该装置将由施工方转为建设方管理和操作。中间交接完成后进入联动试车阶段，施工单位才由主要负责方转为协助方。

(1) 进行中间交接之前需要具备的条件

① 工程设计的主体内容施工完毕；

② 工程质量应在主体内容施工完成后，由建设单位主持，施工单位参与进行验收，并经初评合格，因为没有经过系统试车，难以确定工程质量好坏或优劣，只能进行初步评价，评价是否合格只是作为一个参考；

③ 工艺、动力管线的试压、吹扫、清洗和气密性试验合格；

④ 静设备强度试验和无损检验及清扫完毕，如塔、罐、换热器、反应器等；

⑤ 动力设备单级试车合格，如机、泵等；

⑥ 电气、仪表调试合格；

⑦ 装置区内临时施工设施已拆除，竖向工程施工完毕，防腐、保温基本完成；

⑧ 对联动试车有影响的设计变更和工程尾项处理完毕；

⑨ 施工现场料净、场地清。

(2) 工程中间交接的内容

① 按设计内容对工程实物量的核实交接；

② 工程质量的初评资料及有关调试记录的交审与验证；

③ 安装专用工具和剩余随机备件、材料的交接；

④ 工程尾项清理及完成时间的确认；

⑤ 随机技术资料的交接。

### 3. 联动试车阶段

联动试车阶段（system test run），是由建设单位编制方案并组织实施，在试车期间车间技术人员及操作工全部进场，紧急抢修力量也同时进场。联动试车工作一般包括：系统置换、气密性实验、干燥、填料和三剂（催化剂、干燥剂和化学试剂）充填、加热炉烘炉、循环水系统预膜等，最后在系统充入假定介质（如水、气、油）后全系统设备进行一定时间的联动运转，充入的介质应尽量与以后正式生产所用工艺介质的性质相近。对某些特定的场合，在主要工序投料之前，还要对部分工序的催化剂进行升温，及还原、氧化、硫化等化学方法处理，对催化剂进行活化，以缩短整个化工投料到生产出合格产品的周期，减少投料期间大量物料放空的经济损失。

联动试车的目的是在尽量接近于正式生产状态下对全系统所有设备，包括仪表、联锁（信号与执行机构联锁）、管道、阀门、供电等进行联合试运转，并给受训的工人一次实战的机会，尽最大可能为化工投料做好一切准备，保证化工投料一次成功。由于化工装置工艺、设备多样，因而联动试车内容、程序也不尽相同，这也是化工装置原始启动过程中工艺程序复杂多变、甲乙双方职责交叉最频繁的阶段，在制订整体试车方案时要予以充分的考虑。

联动试车的必备条件：

① 工程中间交接完毕，如竖向工程已基本安装完毕，并经过单级试车。

② 所需公用工程（水、电、气或汽）平稳供应。

③ 设备位号、管道介质名称及流向标定完毕，该项工作必须在设备和管道保温之后进行。

④ 机、电、仪维修和分析化验均已投入使用，通讯和调度系统畅通。

⑤ 消防和气体防护器材、可燃性气体的报警系统、放射性物质的防护设施已经按设计要求施工完毕并处于完好状态。

⑥ 岗位尘、毒、噪声监测点已确定。

⑦ 车间的技术员、设备的主操手（岗位操作的负责人）、其他岗位操作人员已确定。

⑧ 岗位责任制，如车间主任、副主任、班长、主操人员、一般操作人员的岗位责任制已制订完毕，做到职责明确、考核量化、有法可依。

⑨ 试车方案、操作规程和操作法已对生产试车人员培训。

⑩ 主要工艺指标、仪表联锁、报警设定值等各项指标已确定并被生产试车人员所掌握：

a. 生产操作人员已经培训并考核合格，持有上岗合格证；

b. 用于联动试车的化工原料、材料、辅料准备齐全；

c. 试车所需的备品、备件准备齐全；

d. 生产记录等辅助用品齐全。

#### 4. 化工投料阶段

化工投料阶段（test produce），是整个原始开车过程中最关键的阶段。一旦进入化工投料，物料在装置中开始发生反应，其温度、压力、流量、流速等主要操作参数均接近或达到设计值（如果达不到工艺要求，属于工艺技术或装备技术或设备安装本身存在问题），所有设备均将接受实载负荷的考验。如果出现操作不当或各种外部条件失谐，都有可能发生各种事故；从经济角度考虑来看，化工原料及燃料一般要占产品成本的 60%～80%，投料之后，如不能尽快地生产出合格的产品，或虽然本装置生产出合格产品但下游装置不能及时衔接，必将造成严重的经济损失。因此，在化工投料之前，必须严格按照标准，检查是否确已具备投料条件，并根据投料试车方案平稳有序地进行，保证投料生产一次成功。"单级试车要早，吹扫气密要严，联动试车要全，投料试车要稳，经济效益要好"（即"早、严、全、稳、好"五字方针），是保证投料一次成功的关键。对于新技术、新装置投料一次成功除了以上的要求外，首要的问题是所采用的技术是否成熟可靠。

 如何理解"早、严、全、稳、好"的五字方针。

### 5. 考核阶段

考核阶段（check on equipments），本阶段对于新建或新添置化工装置进行全面的检验，是原始开车过程中的最后一个阶段。其目的是在设计规定的条件下，全面检验整个化工装置的工程质量和工艺、设备的特性，确定该装置各项指标是否能够达到设计规定值或合同保证值，为最后的工程竣工验收提供依据。一般情况下需要连续运行72h进行考核。考核的方法应由提供技术方和生产建设单位方共同拟定，考核时有关各方均应在场，共同确认考核结果并在有关文件上签字。如考核不合格，有关各方应进行会商，分析查找原因，确定有无补救措施，若有补救措施必须进行改进，经改进后，另选时间再行组织考核，直至考核合格为止。如果无法进行补救或者经过改进也不能达到工艺要求，则从技术、设备、安装等多方面查找原因，当然在个别情况下，也可承认不合格结果，采取经济罚款或其他共同认可的方法进行处理。考核合格的前提，是该工艺流程能够打通，并能确保装置运转起来，能安全地生产出符合工艺要求的合格产品。

## 二、原始开车前的准备工作 (Preparation Work before the First Starting)

原始开车前的准备工作包括，对新建、扩建、改建的化工装置的检查、吹除扫净、试压试漏，这些工作一般在联动试车前完成，其原始开车主要有联动试车和投料试车；对于大修后的化工装置开车前的这些准备工作一般在投料试车前完成，除了对新更换的机器或设备进行单级试车外，大修后的原始开车有的需要进行单级试车，但多数情况下就直接进行投料试车。原始开车前的准备工作一般按以下程序进行。

### 1. 检查

按施工工艺流程图或者生产装置比例模型，对照实际装置逐一检查（check up）工艺过程中的设备、阀门、仪表是否符合开车的要求。要求阀门该关的应该处于关的位置，该开的应该处于开的位置，特别是手动阀门要求操作者亲自手动操作以确定其原始状态是否操作灵活。要求电动或气动阀门对信号反应灵敏，仪表能正确地显示所要测量的参数，要注意观察现场仪表和二次仪表（操控室仪表盘上的仪表）所显示的数值是否对应，以确定仪表显示的准确性，并将检查的结果逐一记录在案以备查。若仪表显示不准确对生产过程所造成的危害比没有仪表更严重，所以仪表必须经过仔细的校验。

 在检查某一工艺装置过程中，应该保持一种什么样的工作态度？

### 2. 吹除与扫净

在新建或大修后的装置系统中的管道以及主要设备和附属设备，往往在安装的过程中存在着灰尘、铁屑等杂物，为了避免这些杂物在开车时堵塞管道、设备或者卡死阀门，影响正常的开车，必须用压缩空气或惰性气体进行吹除与扫净（blow and clear away），简称吹扫。

吹扫前应按工艺的气、液流动的方向依次拆开设备、阀门与管道连接的法兰，使吹除物由此排出。吹扫时用压缩空气分段进行吹净，并用木锤轻击外壁，千万不要用铁器敲击设备或管道。吹扫时气量时大时小，用脉冲的方法反复吹扫，直至吹出的气体在白湿纱布上无黑点方为合格。将吹扫合格的设备、阀门、管道依次连接好，接着再往后继续吹扫，直至全系统吹扫全部合格为止。并注意：每吹扫好一段后，应立即装好法兰，加上盲板，并拆除该段上端的盲板。吹扫流程应该从前往后，从最高处向最低处吹扫，否则无法吹扫干净。设备的放空管、排污管、分析取样管和仪表管线都要依次吹扫干净，有的可以拆下进行吹扫。对于溶液贮槽等大型设备，要进入设备内部进行人工吹扫。

### 3. 系统的水压试验和气密性试验

(1) 水压试验（water pressure test） 为了检查设备、管道焊缝的致密性和机械强度以及法兰连接处的致密性，在使用前要进行水压试验。水压试验一般按设备的设计图纸要求进行；若无特殊要求，在系统压力为 0.5MPa 以下时，则水压试验压力为操作压力的 1.5 倍；若系统压力在 0.5MPa 以上时，则水压试验压力为操作压力的 1.25 倍；当操作压力不足 0.2MPa 时，实验压力为操作压力。

注意：水压试验时升压要缓慢，当试验压力较高时，要逐渐加压，以便能及时发现泄漏处和设备的其他缺陷。在规定时间内保持恒压操作，决不能反复进行降压或升压操作，以免影响设备和管道的强度。试验结束后，将系统内的水排净。

水压试验时要注意以下几点：

① 不允许用硬物或铁器类的东西敲打设备或管道。

② 在 1h 内允许压力下降的范围为：

a. 容积在 $1m^3$ 以下的容器允许压力下降为 1%；

b. 容积在 $1m^3$ 以上时，允许压力下降为 0.2%；

c. 水压试验时一定要用常温的清水，并要从设备的最低点注入，使设备内的气体从放空阀排净。

水压试验的方法与步骤：水压试验前应关闭所有的放净阀和放料阀，打开放空阀，然后从设备的最低处向容器内注水，当放空阀有水溢出时，关闭放空阀。再用泵逐步增压到试验压力，检验容器的强度和致密性。关闭直通阀保持压力 30min，在此期间容器上方的压力表读数应该保持不变。然后降至工作压力并保持足够长的时间，对所有的焊缝和连接部位进行检查。在试验过程中，用干抹布将观察的表面擦拭干净，以确保容器观察表面的干燥，此时若发现焊缝有水滴出现或潮湿，表明焊缝有渗漏（渗漏量大时，压力表读数下降，但渗漏微量时，不易观察到压力表的变化），应做好标记，卸除压力后修补，千万不能带压修补。修补好后重新试验，直到合格为止。

水压试验用泵必须是手摇试压泵，绝对不允许使用工艺过程中的离心泵进行水压试验，因为用工艺离心泵进行水压试验时容易造成离心泵的汽蚀现象的发生，一方面使离心泵试压不稳，另一方面造成离心泵的损坏。

(2) 气密性试验（air-tight test） 为了保证开车时气体不从设备焊缝和法兰处泄漏，使设备稳定地操作，必须进行系统的气密性试验。另外对于不能用水压试验的设备也可以考虑用气密性试验。

气密性试验应注意以下几点：

① 对于化工设备的气密性试验须用惰性气体，对检修后的设备更应该如此；

② 试验用的压力表刻度要小，一般用 $0.2 \times 101.3$ kPa 以下刻度的压力表；

③ 气密性实验的压力一般为操作压力的 $1.05 \sim 1.1$ 倍之间；

④ 系统试压时，应保压 24h，单体设备试压时为 8h；

⑤ 在气密性试验过程中，为了保证试验的准确性和安全性，最好采用双表对照试验。

气密性试验的方法与步骤：气密性试验的方法最好是分段进行，用压缩机向系统送入气体，并逐渐将压力提高到操作压力的 1.05 倍。然后对所有的设备、管道的焊缝和法兰逐一抹上肥皂水进行查漏，发现漏处，做好标记，待卸压后进行处理，千万不能带压处理。若无泄漏，保压 30min 压力不下降方为合格，最后将气体放空。

气密性试验所用的气体应为干燥洁净的空气、氮气或其他惰性气体，所谓惰性气体即不影响或不参与该过程反应的气体，而不是真正意义上的化学惰性。对于碳素钢或低合金钢制容器，试验气体温度一般不低于 15℃，其他钢种的容器按图样规定进行。

试验时压力应缓慢上升，当升至规定压力的 10% 时，且不满 0.05MPa 时，保持压力 5min，对容器的全部焊缝和连接部位进行初步检查，合格后再继续升压到试验压力的 50%。其后按每次为试验压力的 10% 的级差升压，逐级升到试验压力，保持压力 10min，最后将压力降至为设计压力。在实际工作中设计压力就是操作压力，或者略高于操作压力。在此压力下至少保持 30min，进行全面检查，无渗漏为合格。若有渗漏，经泄压返修后重新试验，直至实验合格为止。

如上所述，不宜用水压试验的设备有：内衬耐火材料不易烘干的容器，生产时装有催化剂、干燥剂以及不允许有微量残液的反应器壳体或管道，与水易发生爆炸性反应的物料的设备与管道等。

气密性试验的压力与水压试验所用的压力比较其实验压力相对低些。

 试压和试漏的目的是否相同？工厂里，哪些设备既需要试压又需要试漏，哪些设备只需要试漏？

### 4. 原始开车前系统或装置的干燥

干燥的目的主要是：脱除设备和管道内部的水分，以防催化剂或干燥剂在潮湿的条件下发生溶胀现象进而遭到破坏。干燥方法主要有火焰干燥、热空气干燥、惰性气体干燥等。

### 5. 在原始开车期间注意事项

① 在原始开车期间，所有控制器首先打在"手动"模式，直到测量值和控制器的设定值调整和测试结束。在控制器首次使用时，就应立即进行测试和调整，必须测试和仔细检查所有的测量设备，测试手段采用实验室的分析仪器和手动测量仪器进行测量；

② 在开车期间应避免安全阀长时间泄放蒸汽，以避免造成能量不必要的浪费；

③ 装置必须经过测试和检查确认处于良好的状态后才能进行装置的开车操作；

④ 应记录所有的测量值（FCS），包括各工艺参数、输入值、实验分析值，甚至手动测量值也要记录下来；

⑤ 所有泵均应按照泵的生产商提供的操作手册所标明的操作规程操作；

⑥ 任何时候都不得关闭压缩机的防喘振线或泵的最小流量线；

⑦ 标识为锁定关（LC）和锁定开（LO）的切断阀必须安全锁定在各自的位置上；

⑧ 立即将任何法兰泄漏情况报告当班班长。

# 第二节 典型化工装置的原始开停车技术

## The First Start and Stop Technology of Typical Chemical Plant Installations

**应用知识**

1. 典型化工单元操作装置原始开停车技术；
2. 典型化学反应装置原始开停车技术；
3. 离心泵的原始开停车技术；
4. 压缩机原始开停车技术。

**技能目标**

1. 能够进行化工单元操作装置的原始开停车；
2. 能够进行化学反应装置的原始开停车；
3. 能够进行离心泵的原始开停车；
4. 能够进行蒸汽透平机的原始开停车；
5. 能够进行离心式压缩机的原始开停车。

如前所述，系统装置的原始开车实际上就是系统中各个子系统的装置原始开车的有机组合，前一个装置的出口就是下一个装置的进口，第一装置的进口就是该系统生产的起始原料，最后一个装置的出口就是产品、副产品、废气或者废液。所以掌握各个子系统岗位的开车方法，并对相邻岗位进行有机的协调，就能使全系统装置开车成功。系统装置的原始开车就是新建、改建、扩建或大修后装置的投料试车。系统装置的停车方法与顺序和开车的方法与顺序原则上讲是相反的，即先开必须后停，后开必须先停，方向相反，顺序颠倒，原始开车后的停车与正常开车后的停车方法相同。

本节主要介绍化工生产装置中几种主要化工设备系统的原始开停车，如换热器、塔器、典型的反应器、离心泵和压缩机，重点是掌握典型化工装置的原始开停车步骤。

## 一、换热装置系统的原始开停车 (First Start and Stop of Heat Exchanging System)

### 1. 换热器的分类

通常，按换热器在工艺过程中的作用不同分为两大类。

（1）用于冷凝冷却介质 如精馏塔顶的冷凝冷却器、产品冷却器、吸收循环液的冷却器、急冷器等。这些冷凝或冷却器，最显著的特征是：换热器基本上都是裸露的，不需要特殊的保温措施，当然有少数除外，如合成氨的氨冷器。被冷却的流体（即热流体）大多数都走壳程；冷却的流体（即冷却剂）走管程。有时也有一些例外，热流体走管程，而冷流体走壳程。

（2）用于加热介质　如反应物料的预热器、精馏塔底的立式再沸器、解吸塔进料的预热器等。这些加热器，最显著的特征是：换热器都是保温的。加热介质大部分是饱和蒸汽或过热蒸汽，有的采用加热油，热介质几乎全部走壳程；被加热的介质走管程。对于精馏塔底的釜式再沸器是个例外，则被再沸液体走壳程，加热介质走管程。

### 2. 换热装置系统的原始开车

① 首先利用壳体上的附设管线（放空管线和放净管线），将换热器内的气体或积液排净，以免产生水击或气堵现象，然后全部打开排气阀；

② 先通入低温流体（气体、液体），若低温流体是液体，则待液体充满换热器时，关闭放气阀；

③ 缓缓地通入高温流体（气体、液体），以免由于温差过大，流体急速地流入而造成热冲击；

④ 在温度上升至正常的操作温度期间，对于外部连接的螺栓应重新紧固，以防密封不严而产生泄漏。

### 3. 换热装置系统的正常停车

应该先停高温流体，经过一定时间间隔再停低温流体，以确保停车安全。对于长期停车，应排净积液，放空气体，有的要进行惰性气体置换，以确保设备检修的安全。

## 二、精馏装置系统的原始开停车 (First Start and Stop of Rectifying Tower System)

### 1. 精馏装置系统的原始开车

为了保证精馏操作的安全运行，系统在开车之前必须用惰性气体，如氮气进行置换，置换后的置换气应从系统的后部设备，如塔顶冷凝冷却器、回流罐或产品贮槽等设备的放空管放空。在置换时，塔系统中的溶液管线应充满溶液，如回流管线，以确保系统不形成死角。

当系统经置换合格后，即可进行系统的开车。系统的原始开车方法同长期停车后系统开车方法相同。

（1）加料　首先检查原料库存情况，确保塔的正常操作，或者反应系统已经开车正常，来料完全满足精馏系统开车要求（一般是反应系统先开车，精馏系统后开车）。启动离心泵或活塞计量泵，对于原料罐为高位槽的可以打开放料阀，向塔釜加料，待釜液液位为控制液面的 1/3～2/3 时，停止进料，关闭进料阀。

（2）加热　打开蒸汽阀，缓慢加热，同时打开塔顶冷凝器的冷却介质的进口阀（为了安全起见，应先开塔顶冷凝器的冷却介质进口阀，后开塔釜蒸汽阀）。随着塔压的升高，塔内惰性气体的逐渐排出，塔顶冷凝介质应相应增大，并进行全回流操作。

加热也可以在塔釜液面计露出液面时开始加热，同时不断地进料，一边进料一边加热，以求缩短开车时间，但是液位不得超过控制液面的 2/3。

（3）连续采出及进料　当精馏塔启动时，塔顶完全处于全回流操作状态，随着塔釜、塔顶温度、压力达到要求值时，取回流液分析合格后，逐渐连续采出塔顶产品，同时逐渐连续进料，当达到稳定的连续进料和连续采出合格产品时，即为开车成功。

应当注意：在精馏系统刚刚启动时，升温速度不要太快，因为在精馏操作刚刚开始时，精馏塔顶还没有足够的回流液，以保证精馏塔板上气液充分接触进行物质和热量交换，此时蒸汽上升的速度比正常时要快得多。若升温过快，塔釜中的重组分会被带到塔顶，使得塔顶馏出物中重组分含量偏高，产品不符合要求。只有当缓慢升温时，塔顶蒸汽被冷凝成液体后回流到塔中，沿塔板逐渐向下流动，以便在塔板上形成稳定的液层，保证塔内的传质、传热过程的顺利进行。

**2. 精馏装置系统的正常停车**

精馏装置的原始开车后的停车与正常停车相同，正常停车有短期停和长期停车。对于短期停车：停止进料、停止出料、停止加热，待塔顶无蒸气时停止冷凝冷却。对于长期停车：停止进料、将塔顶出料切换进入事故罐，直到蒸出的物料符合停车要求时再停止加热，待塔顶无蒸气时停止冷凝冷却，待整个精馏塔完全冷却下来放净釜液，进行洗塔、置换及气体采样分析，符合要求后，长期停车结束。

## 三、吸收装置系统的原始开停车 (First Start and Stop of Absorbing Tower System)

**1. 吸收装置系统的原始开车**

① 启动吸收剂循环液泵，按离心泵操作规程操作。在原始开车阶段，吸收剂多数是新鲜吸收剂，而不是吸收循环液。

② 调节塔顶喷淋量至规定的要求，严格按照液气比要求进行操作。对于吸收操作，不论是用于何种目的，进气量一般是工艺上确定的，调节余地较小，主要是根据进气量调节液体喷淋量。

③ 打开塔底液面计的针形阀，调节液面至规定位置。液面不可以过高，过高会形成淹塔现象；但也不可以过低，过低会形成被吸收气体的短路。

④ 打开进气的转子流量计的调节阀调节进塔混合气的流量，对于加压吸收的要用塔顶放空阀调节系统的压力。

⑤ 当塔顶尾气符合要求时，即可按此时调节效果投入生产。

**2. 吸收装置系统的正常停车**

停止进气、稍等片刻停循环吸收液。

 为什么说吸收操作的进气量是工艺上确定的，调节余地较小，而在实训室进行吸收实训时，为什么可以调节气量？目的是什么？与生产操作上一样吗？

## 四、反应装置系统的原始开停车 (First Start and Stop of Reaction Equipment System)

反应装置系统包括原料的输送、预热、反应和产物的冷却、冷凝等过程，其中以反应器为核心的反应过程是反应装置的核心部分。不同的反应过程使用同样类型反应器其开车程序可能不同；同样的反应过程使用不同类型的反应器其开车程序也可能不同。由于反应装置系统的开车程序比较复杂，在此只能学习一些典型的反应装置开车的原则程序。下面主要介绍常用的釜式反应系统和固定床式反应系统的开停车程序，其他反应装置系统请参阅有关资料。

## 1. 釜式反应装置系统的原始开停车

（1）釜式反应装置系统的原始开车　如前所述，釜式反应器（boiler reactor）适用于液液相均相反应或气液相、液固相非均相反应。对于液液相反应，反应物料和产物均为液相；对于气液相反应，其反应物料中至少有一种物料是气相，其余均为液相；对于液固相反应，其中一种反应物为可溶解的固相，反应特性同液液相反应。

① 液液相反应

a. 检查　虽然经过联动试车，釜式反应器符合要求，但如果不是马上投料生产，为了安全起见，在投料生产之前，必须进行重新检查或置换，检查内容包括水、电、汽、管道、阀门、仪表等。

b. 进料　液液相反应，可能参加反应的液体物料在反应之前均投入反应釜中，但大多数反应是其中一种量多的物料先投入反应釜中，而另一种物料在反应温度达到要求后慢慢地加入反应釜中使其参加反应。进料的方式可以采用泵送、压送、抽吸等自动化操作，对于体积较小的釜也可以用料桶人工操作。在进料的同时，有的也将液体催化剂，如酸碱或配合物催化剂按比例随先加入的料液一同加入。

c. 搅拌　启动搅拌器进行搅拌，使反应物料与催化剂溶液混合均匀。对于带有回流冷凝装置的应打开上水阀。

d. 加热升温　无论是吸热反应还是放热反应，都必须加热到一定的温度时才能发生化学反应。在准备开始加热时，蒸汽阀门开启要缓慢，以防振动破坏连接的管道；在开始加热时，升温过程必须缓慢，应严格按照操作规程升温。特别对于放热反应，随着反应温度的升高，反应由未发生到发生并逐渐加速，放热量由无到有并逐渐增大。在什么时候停止加热改通入冷却介质，使放热速率与移热速率相等，以维持反应温度的稳定，这是放热反应控制的关键。如果升温速度过快，就有可能造成加热和放热两种效应叠加，引起反应的飞温，此时即使改通入冷却介质也无法控制反应温度，结果造成冲料，甚至发生爆炸，所以，加热升温是釜式反应器开车的关键，必须认真对待。

e. 维持反应温度的稳定　在维持反应温度的稳定过程中，加入另一种反应物料，要严格控制加料速度，保证移热速度与放热速率的相等，才能维持反应温度的稳定。加完反应物料后，一定要按工艺要求维持反应时间。釜式反应器的反应时间指的是维持在稳定的反应温度下的时间，其升温和降温所需的时间不能算为反应时间。

② 气液相反应

a. 检查　同上。

b. 进料　同上。

c. 搅拌　此类反应可以带有机械搅拌，也可以不带机械搅拌，不带搅拌时，靠气相反应物料自身的搅拌作用。

d. 加热升温　当达到反应温度要求时，通入气相反应物料，一方面参加反应，另一方面起到搅拌作用。对于放热反应，当反应发生时，应停止加热，而改为冷却；对于吸热反应应继续加热，根据反应情况，改变加热强度。

e. 维持反应温度的稳定　对于釜式反应器，如何维持气液相反应温度的稳定，是一个关键的操作技术。是采用恒气速、变冷却速率，还是采用变气速，恒冷却速率以维持反应温度的稳定，不同的工艺要求不同，所以操作者也要根据工艺要求认真操作，以防飞温。

③ 液固相反应　液固相反应，指的是其中一种反应物为溶液，另一种反应物为固体，当这种反应物投入反应液中时很快溶解，形成均一透明的溶液进行反应。如脲醛树脂、三聚氰胺树脂的反应，其中甲醛为 37%～40% 的福尔马林溶液，而尿素、三聚氰胺为固体。对于这类体系的反应开车方法同液液相反应。

（2）釜式反应装置系统的正常停车　停止加料、维持工艺要求的反应时间使反应结束。对于放热反应夹套或盘管内冷却介质继续冷却；对于吸热反应停止加热。待釜内物料温度冷却至常温时，关闭冷却介质进口阀，打开放料阀边搅拌边放料，待放完料，停止搅拌，关闭放料阀。对于有些反应需要洗釜时要进行洗釜。再检查一遍使各阀门处于开车状态。

### 2. 固定床反应装置系统的原始开停车

（1）固定床式反应装置系统的开车　固定床反应装置经联动试车后，进入原始开车准备阶段，一般按以下程序开车。

a. 检查：除了检查仪表、阀门、附属管线之外，重点是检查催化剂的支撑装置。

b. 吹扫、洗净：吹除管道和设备中泥土、灰尘，洗去油污和铁锈等。

c. 试压、试漏。

d. 烘干，除去湿分。

以上诸步，对于新建装置一般在联动试车之前完成。

e. 置换：一般用氮气置换，以保证更换催化剂过程中的安全。

f. 催化剂装填。

g. 再置换：以确保催化剂活化和投料的安全。

h. 催化剂活化：根据要求，催化剂商品都是不具备活性的物质，在投入使用前必须通过氧化、还原、硫化等过程使其具备活性，这一过程叫做催化剂活化。

i. 暖炉：即反应器预热、升温。固定床反应器大体有两类：一类是绝热式反应器，另一类是等温换热式反应器。对于绝热式反应器的预热、升温，一般是采用热的惰性气体进行预热、升温到反应温度，所选择的惰性气体不参与化学反应，不破坏催化剂的结构特性；而等温换热式反应器的预热、升温，一般是采用高、中、低压蒸汽或其他热源进行预热，选择什么样的热介质预热主要是根据反应温度确定。当反应器预热到反应温度要求时，即可通入原料气进行反应。

j. 投料：通气进行反应。

（2）固定床反应装置系统的正常停车　停止进气，对于吸热反应，停止加热；对于放热反应，继续冷却。对于短期停车，应使反应釜处于热态；对于长期停车，应使反应釜继续冷却至常温、置换、取气体样进行分析，停车结束。

## 五、离心泵系统的原始开停车 (First Start and Stop of Centrifugal Pump System)

### 1. 离心泵系统的原始开车

① 检查离心泵各个连接部分的螺栓是否松动，以防运转时发生振动现象。

② 检查泵的转动部分是否灵活，有无摩擦或卡死现象，对于小型离心泵用手旋转泵轴或拉动传动皮带。

③ 检查轴承的润滑油量是否满足要求，油质是否清洁干净。

④ 泵的安装位置高于贮罐的液面时（对于料罐放在地面下），应打开出口阀，灌泵，以排净泵内气体；泵的安装位置低于贮罐液面的（料罐放在地面上），应打开进口阀和出口阀，自动灌泵以排净泵内气体。无论哪种情况，灌完泵后关闭出口阀，以防带负荷启动。

⑤ 检查轴封装置密封腔内是否充满液体，以防泵在启动时轴封装置干磨而烧坏。

⑥ 检查出入管线、阀门、法兰及各测量仪表。

⑦ 关闭出口压力表的旋塞及进口真空表的旋塞，以防启动时冲表。

⑧ 启动电动机并打开压力表的旋塞，待泵正常运转后打开吸入管路上的真空表的旋塞。

⑨ 待电动机正常运转后，缓慢打开出口阀，并根据需要调节流量。注意：不得用入口阀调节流量，否则易发生汽蚀现象；在泵运转正常至缓慢打开出口阀的间隔不得超过 3min，否则，因泵内液体温度升高而抽空。

⑩ 检查泵进出口压力表及电流表指示是否正常。

### 2. 离心泵系统的正常停车

关闭出口阀、停泵，对于离心泵安装位置低于贮槽液面高度时，关闭进口阀；对于长期停车，在关闭出口阀后，打开放净阀放净泵内液体，打开循环管路上的旁路阀，放净出口管路中的液体。

 造成离心泵汽蚀原因有哪些?

## 六、压缩机系统的开停车 (First Start and Stop of Compression Engine System)

压缩机在系统装置中是一种特殊的高温、高压设备，必须严格做好压缩机启动前的准备工作和严格遵守压缩机的启动程序。压缩机分为往复式压缩机和离心式压缩机两类，目前化工厂逐渐以离心式压缩机取代往复式压缩机，因为离心式压缩机可利用的能源广、气量大，它既可以用电机作为原动机，也可以用蒸汽透平机作为原动机。所以本节主要介绍离心式压缩机开停车技术。

### 1. 试运转前的准备工作

压缩机组在启动运行之前应进行一些准备工作，它应包括试运人员的组织培训、工艺管道和气（汽）、水管道的冲洗以及压缩机和驱动机的检查与试验、油系统的清洁与检查。

（1）试运转人员的组织与培训　压缩机在试运转之前必须组织专门的试运小组，定岗定员，了解和掌握压缩机组的系统、结构、特性和操作技术。学习试车规程、试车方案、操作规程和事故处理办法，并在生产现场经过较长时间的操作实习，取得上岗证，达到能够独立操作运行为止。

（2）驱动机的单体试车　试运转前要对压缩机的驱动机和齿轮变速器进行严格的检查和必要的调整试验，并进行驱动机（电机或蒸汽机）的单体试车和驱动机与齿轮变速器串联在一起的试车，经严格检验，验收合格后方能试运。变速器的作用是将驱动机的转速通过增速或减速后将其动能传递给压缩机，实现开车或降负荷、停车。

（3）压缩机的检查与准备　压缩机安装或检修完成后应对机组各部件进行严格的检查，

保证安装或检修质量符合有关规定。还要进行必要的调整与试验，包括所有的紧固件已经紧固，管道连接牢固，密封良好；阀门安装正确，启动灵活；检查联轴器连接对中是否符合要求。压缩机经盘车，检查转子有无摩擦，齿轮变速器的齿轮啮合是否良好。检查气体管线的安装与支撑后弹簧支座是否合适，膨胀节是否能自由伸缩。对中间冷却器进行检查。检查防喘振阀，防喘振的调节阀应调整在最小允许流量。检查管路系统法兰上的盲板是否已拆除，各阀门安装位置是否正确，特别应注意管道上的逆止阀的方向不得装错。

（4）工艺管道的吹扫　在初次开车之前和检修管子焊接之后，必须对工艺管道进行彻底的吹扫，管内不得留有异物。吹扫前在缸体的入口管内加装锥形滤网，锥形滤网就是常见的管道过滤器，运行一段时间后再取出，以确保异物不进入汽缸之内，特别在多级压缩的级与级之间更是如此。

（5）电器仪表系统的检查　检查各测试点（压力、温度、流量）的位置是否正确，与控制元件、保安装置的联锁是否符合要求。仪表讯号和各电器联锁装置是否完善，并经校验合格、动作灵敏、准确，各自控制系统均应进行静态特性试验并符合要求。电路系统应处于正常供电状态，电控系统要符合要求。一般操作是合上仪表盘上总闸开关，然后合上仪表上电开关，逐一检查仪表，待检查完成后仪表电的开关复位。

（6）油系统的冲洗与调试　离心式压缩机组对所用的润滑油、密封油和调节动力油的油质要求十分干净，不允许有较大颗粒的杂质存在。因此，在压缩机安装完毕之后，在试运之前必须对油系统进行彻底的清洗。高速运行的轴承以及调节阀、调速器在运行中，即使进入少量的杂质，也会使轴承烧坏或使调节阀、调速器失灵，而危及整个机组的安全运行。因此必须对油路系统进行认真的油清洗，才能保证正常运行中油路畅通，各部件动作准确灵敏。

油系统的清洗工作应分几个步骤来进行。首先是机械或人工方法除去设备和管路内大量的尘土、杂物和油污等；其次是化学酸洗除去设备及管路中的铁锈；最后才是油冲洗验收。

对压缩机组油系统进行各项试验，其中包括联锁试验。

a. 润滑油压力低报警，启动辅助油泵试验和润滑油压力低时汽轮机跳闸试验。

b. 密封油气压差低报警，辅助油泵或辅助密封油泵自启动试验和密封油气压差低汽轮机跳闸试验。

c. 密封油高位油槽的液位高、低报警试验，辅助油泵或辅助密封油泵自启动试验，密封油高位油槽液位高报警及液位高汽轮机跳闸试验。

d. 压缩机各入口缓冲罐、段间分液罐、闪蒸槽等液位高报警及液位高汽轮机跳闸试验。

e. 主机跳闸与工艺系统的联锁保护试验等。

压缩机与工艺系统的联锁试验，必须按规定进行，试验合格后压缩机才能投入运行。

### 2．试运后的检查

压缩机进行试运行后，应对整个机组（包括驱动机和齿轮变速器）进行全面的检查，检查内容主要包括：拆开各径向轴承和止推轴承，检查巴氏合金的摩擦情况，看有无裂纹和擦伤的痕迹；检查轴颈表面是否光滑，有无刻痕和擦伤；用压铅法检查轴承间隙；检查增速器齿轮副啮合面的接触情况；检查联轴器的定心情况；检查所有连接的零部件是否牢固；检查和消除试车中发现的异常部位的所有缺陷；更换润滑油等。

压缩机负荷试车后检查无问题时，还要进行再次负荷试车，试车的时间应达到规程的规定，经有关人员检查鉴定认为合格，即可填写试车合格记录，办理交接手续，正式交付生产。

### 3. 压缩机组运行前的准备与检查

① 驱动机和齿轮变速器应进行单机试车或联动试车，并经验收合格，达到完好备用状态。装好驱动机、齿轮变速器和压缩机之间的联轴器，并复测转子之间的对中，使之完全符合要求。

② 机组油系统清洗调整已合格，油质化验符合要求，储油量适中，检查主油箱、油过滤器、油冷却器，若油箱油位不足则应加油。检查油温，若低于 24℃，则应使用油加热器，使油温达到 24℃ 以上。油冷却器和油过滤器也应充满油，放出空气。油冷却器与油过滤器的切换位置应切换至需要投用的一侧。检查主油泵和辅助油泵，确认工作正常，转向正确。油温度计、压力表应当齐全，量程合格，工作正常。用干燥的氮气充入蓄压器中，使蓄压器的气体压力保持在规定数值范围内。调整油路系统各处油压是否符合设计要求。检查油系统各种联锁装置运行是否正常，以确保压缩机组安全。

③ 压缩机各入口滤网应干净、无损坏，入口过滤器的滤件已更换新的，过滤器合格。

④ 压缩机缸体及管道排液阀门已打开，排尽冷凝液后关小，待充气后再关闭。

⑤ 压缩机各段中间冷凝冷却器引水建立冷却水循环，排尽空气后并投入运行。

⑥ 工艺管道系统应完好，盲板已全部拆除并已复位，不允许由于管路的膨胀收缩和振动以后对汽缸本体产生额外应力。

⑦ 将工艺气体管道上的阀门按启动要求调到一定的位置，一般压缩机的进出口阀门要关闭，防喘振的回流阀或放空阀门应该全开，通工艺系统的出口阀门也应全闭，各类阀门的开关应灵活准确、无卡涩现象。

⑧ 确认压缩机管道及附属设备上的安全阀和防爆板已装配齐全，安全阀调整、校正完毕符合要求，防爆板也符合要求。

⑨ 压缩机及其附属机械上的仪表装设齐全，量程、温度、压力及精确度等级均符合要求，对于重要的仪表要有仪表校验说明书。检查电气线路和仪表空气系统是否完好。仪表阀门应灵活准确，自动控制保安系统经检查合格，确保动作准确无误。

⑩ 机组所有联锁已进行调试，各整定值均已符合要求。防喘振保护控制系统已调校试验合格，各放空阀、防喘振回流阀应开关迅速，无卡涩。

⑪ 根据分析确认压缩机出入阀门前后的工艺系统内的气体成分已符合设计要求或用氮气置换合格。

⑫ 检查机组转子能否顺利转动，不得有摩擦和卡涩现象。

### 4. 电动机驱动机组的开停车

一般电动机驱动的离心式压缩机组的结构系统及开停车操作都比较简单，其运行要点如下。

① 开车前应做好一切准备工作，其中主要包括润滑和密封供油系统进入工作状态，油箱液位在正常位置，通过冷却水或加热器把油温保持到规定值。全部管道均已吹洗合格，滤网已清洗更换并确认压差无异常现象，备用设备已处于备用状态，蓄压器已充入规定压力，密封油高位液罐的液面、压力都已调整完毕，各种阀门均已处于正确的位置，报警装置齐全合格。

② 启动油系统：调整油温油压，检查过滤器的油压降、高位油箱的油位，通过窥视镜检查支持轴承和止推轴承回油情况，检查调节动力油和密封油系统，启动辅助油泵，停主油泵，交替开停。

227

③ 电动机与齿轮变速器（或压缩机）脱开，由电气人员负责进行检查与单体试运，即单机试运转。一般首先冲动电动机 10～15s，检查声音与转动方向，有无冲击和碰撞现象，然后连续运转 8h，检查电流、电压指示和电动机的振动、电动机的温度、轴承温度和油压是否达到电动机试车规程的各项要求。

④ 电动机与齿轮变速器的串联运行，也叫联动试车。一般要首先冲动 10～15s，检查齿轮副啮合时有无冲击杂音；运转 5min 后，检查运转声音，有无振动和发热情况，检查各轴承的供油和温度上升情况；运转 30min，进行全面检查；运转 4h，再次进行全面检查，各项指标均应符合要求。

⑤ 对工艺气体进行置换：当工艺气体不允许与空气混合时，即工艺气体属易燃易爆气体，在油系统运转正常后就可以用氮气置换空气，要求压缩机系统内的气体中含氧量在 0.5%以下。然后再用工艺气体置换氮气达到气体的要求，并将工艺气体加压到规定的入口的压力，加压要缓慢，并使密封油压与气体压力相适应。

⑥ 机组启动前必须进行盘车，在确认无异常现象时才能开车。为了避免在启动过程中电机负荷过大，应关闭吸入阀进行启动，同时全部打开旁路阀，使压缩机不承受排气管路的负荷。

⑦ 压缩机无负荷运转前，应将进气管路上的阀门微开 15°～20°，将排气管路上的闸阀关闭，将放空管路上的手动放空阀或回流管路上的回流阀打开，打开冷却系统的阀门。启动一般分几个阶段，首先冲动 10～15s，检查变速器和压缩机内部的声音，有无振动；检查推力轴承的窜动；然后再次启动，当压缩机达到额定转速后，连续运转 5min，检查运转有无杂音；检查轴承温度和油温；运转 30min，检查压缩机振动幅值、运转声音、油温、油压和轴承温度；连续运转 8h，进行全面检查，待机组无异常后，才允许逐渐增加负荷。

⑧ 压缩机的加负荷：压缩机启动达到额定转速后，首先应无负荷运转 1h，检查无问题后则按规程进行加负荷。在达到满负荷时的设计压力下连续运转 24h 才算试运合格。压缩机加负荷的重要步骤是慢慢开大进气管路上的节流阀，使其吸气量增加，同时逐步关闭手动放空阀或回流阀，使压力逐渐上升，按规定时间将负荷加满。加负荷应按制造商规定的曲线进行，按电流表与仪表指示同时加量加压，以防脉动和超负荷。加压力时要注意压力表，当达到设计压力时，立即停止关闭放空阀或回流阀，不允许压力超过设计值。从加负荷开始，每隔 30min 应作一次检查并记录，并对运行中发生的问题及可疑现象进行调查处理。

⑨ 压缩机的停车：正常运行中接到停机通知后，联系上下工序，做好停机准备工作。首先通过打开放空阀或回流阀进行泄压，微开防喘振阀，关闭工艺管路上的出口的闸阀，与工艺系统脱开，压缩机进行自循环。电动机停车后启动盘车器并进行气体置换，运行几个小时后再停密封油和润滑油系统。

**5. 汽轮机驱动机组的开停车**

汽轮机驱动离心式压缩机组的系统结构较为复杂，汽轮机又是一种高温高速运转的热力机械，其启动开停车及操作较为复杂而缓慢，要比电动机驱动机组复杂得多，电动机驱动机组的运行前的准备工作如前所述，不再重复。机组安装和检修完毕后也需要进行试运转，按专业规程的规定首先进行汽轮机的单体试运，进行必要的调整和试验。验收合格后再与齿轮变速器相连，进行串联空负荷运转。完成试运项目并验收合格后才能与压缩机串联在一起进行试车、开停车和正常运行，该类机组的开停车运行要点如下。

（1）油系统的启动　压缩机启动与其他动力装置相仿，**主机未开，辅机先行**，在接通各种外来能源后（如电、仪表空气、冷却水和蒸汽等）先让油系统投入运行。一般油系统已完全准备好，处于随时能够启动开车的状态。油温若低则应加热直到合格为止。油系统投入运行后，把各部分的油压调整到规定值。

（2）气体置换　被压缩的工艺介质为易燃、易爆气体时，油系统正常运行后，在开车之前必须进行气体置换。首先用氮气将压缩机系统设备与管道内的空气置换出去。然后再用被压缩介质将氮气置换干净，使之符合设计所要求的气体组成。若被压缩的介质为空气时，不需要此过程。

（3）压缩机启动　离心式压缩机启动前必须做好一切准备工作并经检查合格后方能按规定程序开车。对透平驱动的离心式压缩机来说，启动后转速是由低到高的顺序逐步升高的，不存在像电机带动离心式压缩机那样升速过快而产生超负荷的问题。所以启动前一般是将入口阀全开，防喘振用的回流阀或放空阀全开。如有通工艺系统的出口阀，应予以关闭，使其处于无负荷启动状态。按照有关工艺的要求进行准备后，全部仪表、联锁投入使用，中间冷却器通水畅通。待一切准备工作就绪后，首先按照汽轮机运行规程的规定进行暖管、盘车、冲动转子和暖机。在 $500\sim1000$ r/min 下暖机半小时，全面检查机组，包括润滑油系统的油温、油压，特别是轴承油的温度；检查密封油和调节动力油系统、真空系统、汽轮机汽封系统、蒸汽系统以及压缩机各段进、出口气体的温度、压力，有无异常响声。如一切正常，汽轮机暖机达到要求，润滑油主油箱油温已达到 $32\sim35$℃时，则可以开始升速。当油温达到 40℃时，可停止给油加热，并使油冷器通入冷却水冷却。

机组应按照厂商提供的升速曲线进行升速，要快速通过临界转速，不得在临界转速的 10% 范围内有任何停留，一般以每分钟升高设计转速的 20% 左右为宜。通过临界转速时，要严密地注视机组的振动情况。在离开临界转速范围之后，按每分钟升高设计转速的 7% 进行。从低速的 $500\sim1000$ r/min 到正常转速，中间应分阶段作适当的停留，以避免因蒸汽负荷变化太快而使蒸汽管网压力波动，同时也便于对机组运行情况进行检查，一切正常时才能继续升速，直到调速器作用的最低转速（一般为设计转速的 85% 左右）。

（4）压缩机的升压　压缩机在运转后，压缩机的排气进行放空或打回流，此时排气压力很低，并且没有向工艺管网输送气体，转速也不高，此时压缩机处于轻负荷，或者确切地说处于低负荷运转。长时间低负荷运行，无论对汽轮机或压缩机都是不利的。对汽轮机组来说，长时间低负荷运行，会加速汽轮机调节阀的磨损；低转速时汽轮机可以达到很高的扭矩，如果流经压缩机的质量流量很大，机组的轴可能产生过大的应力；此外，长时间低压运行也影响压缩机的效率，对密封系统也有不利的影响。因此，在机组稳定、正常运行后，适时地进行升压加负荷是非常必要的。升压一般应当在汽轮机调速器已投入工作，达到正常转速后开始。

压缩机升压（加负荷）可以通过增加转速和关小直到关死放空阀或旁通回流阀来达到。但是这种操作必须小心谨慎，**不能操作过快、过急，以免发生喘振**。

（5）压缩机防喘振试验　为了安全起见，在压缩机并入工艺管网之前，对防喘振自动装置应当进行试验，检查其动作是否可靠，尤其是第一次启动时必须进行这种试验。在试验之前，应研究压缩机的特性曲线，查看一下正在运行的转速下，该压缩机的喘振流量是多少，目前正在运行流量又是多少。压缩机没有发生喘振，当然输送的流量是大于喘振流量的。然后改变防喘振流量控制阀的整定值,将流量的整定值调整到正在运行的流量,这时防喘振自动放空阀或回流阀应当自动打开。如果未能打开,则说明自动防喘系统发生故障,要及时检查排除。在试验时千万要注意,不要使压缩机发生喘振!

(6)压缩机的保压与并网送气　当汽轮机达到调速的工作转速后,压缩机升压将出口压力调整到规定的压力。压缩机组经检查确认一切正常,工作平稳,这时可通知主控制室,准备向系统导气,即工艺部门压缩机出口管线高压气体导入到各用气部位。当压缩机出口压力大于工艺系统的压力,并接到导气指令后,才可逐步缓慢地打开压缩机出口阀向系统送气,以免因系统无压或压力太大而使压缩机运转状况发生突然变化。

当各用气部位将压缩机出口管线中的气体导入各工艺系统时,随着导气量的增加,势必引起压缩机出口的压力降低。因此在导气的同时,压缩机必须进行"保压",即通过流量的调节,保持出口压力的稳定。

导气和保压调整流量时,必须注意防止喘振。在调整之前,应当记住喘振的流量,使调整流量不要靠近喘振流量;调整过程中并应注意机组的动静,当发现有喘振迹象时,应及时加大放空流量或回流量,防止喘振。如果通过流量调节还不能达到规定的出口压力时,此时汽轮机必须升速。

在工艺系统正常供气的运行条件下,所有防喘振用的回流阀或放空阀应全关。只有当减量生产而又要维持原来的压力时,在不得已的情况下才允许稍开一点回流阀或放空阀,以保持压缩机的功率消耗控制在最低水平。目前实际操作情况是放空阀常关不开,只有在停车后经置换过的气体才经放空阀排空。旁路阀常开不关,当各用户导气时,回流管路的压力降低,当压力低于压缩机回流进口阀开启压力要求时,回流阀被自动关死;只有当各用户导气减少时,回流进口阀才自动打开。所以回流阀在正常操作情况下常开,不需要去操作它。进入正常生产后,一切手动操作应切换到自动控制,同时应按时对机组各部分的运行情况进行检查,特别要注意轴承的温度或轴承的回油温度,如有不正常应及时处理。要经常注意压缩机出、入口的气体参数的变化,并对机组加以相应的调节,以免发生喘振。

(7)压缩机的停机　压缩机停机同其他装置一样有两种停机:一是正常停机,即有计划的停机;二是紧急停机,即事故停机,即由于保安系统动作而自动停机,或者手动"打闸"进行的紧急停机。

正常停机的操作要点及程序是:

① 接到停机通知后,将流量自动控制阀拨到"手动"位置,利用主控制室的控制系统或现场打开各段旁通阀或放空阀,关闭送气阀,使压缩机与工艺系统切断,全部进行机组系统内的循环;

② 从主控制室或者在现场使汽轮机减速,直到调速器的最低转速;在降低负荷的同时进行缓慢降速,避免压缩机喘振;

③ 根据汽轮机停机要求和程序,进行汽轮机的停机;

④ 润滑油泵和密封油泵,应在机组完全停运并冷却之后,才能停转;

⑤ 根据规程规定可以关闭压缩机的进口阀门,则应关上;如果需要阀门开着,并且处在压力状态下,则密封系统必须保持运转;

⑥ 润滑油泵和密封油泵必须维持运转,直到压缩机机壳的出口端温度降到20℃以下,检查润滑油温度,调整油冷器的水量,使出口油温保持在50℃左右;

⑦ 停车后将压缩机的机壳及中间冷却器排放阀门打开，关闭中间冷却器进口阀门；压缩机机壳上的所有排放阀或丝堵在停机后都应打开，以排除冷凝液，直到下次开车前再关上，目的是将机壳内的液体淋净；

⑧ 如果压缩机停机后，压缩机内仍存留部分剩余压力的话，密封系统要继续维持运转，密封油的油箱加热盘管应继续加热，高位油槽和密封油收集器应当保持稳定，如果周围环境温度降到5℃以下时，某些管路系统的伴热管线应供热保温。

### 6. 压缩机的防反转

压缩机停车后要严禁发生反转。当压缩机转子静止后，此时管路中尚残存很大容量的工艺气体，并具有一定的压力。而此时压缩机转子停止转动，造成压缩机内压力低于管路压力。这时如果压缩机出口管路上没有安装逆止阀或者逆止阀距压缩机出口很远的话，管路中的气体便会倒流，使压缩机发生反转，同时也带动汽轮机或电动机齿轮变速器等转子反转。压缩机组转子发生反转会破坏轴承的正常润滑，使止推轴承受力状况发生改变，甚至会造成止推轴承的损坏。为了避免压缩机发生反转，应当注意以下几个问题：

① 压缩机出口管路上一定要设置逆止阀，并且尽可能的将其安装在靠近出口法兰处，使逆止阀距离压缩机出口的距离尽量减小，从而使这段管路中的气体容量减到最小，不会造成反转；

② 根据各机组的情况，可安装放空阀、排气阀或再循环管线，在停机时要及时打开这些阀门，将压缩机出口高压气体排除，以减少管路中储存气体的容量；

③ 系统内的气体在压缩机停机时可能发生倒灌，高压、高温气体倒灌回压缩机，不仅能引起压缩机的倒转，而且还会烧坏轴承和密封。**由于倒灌在国内造成的事故较多，所以非常值得注意**！

为了切实防止上述事故的发生，在降速、停机之前必须做好下列两项工作：

① 打开放空阀或回流阀，使气体放空或者回流；

② 切实关好系统管路的逆止阀。

做好上述两项工作后，才能逐渐降速、停机。

### 7. 压缩机在封闭回路下的操作

由于压缩机的某种特殊需要，可能在封闭回路下进行操作。在封闭回路下若用空气、氧气和含氧气的气体进行操作时是相当危险的，很容易引起燃烧或者爆炸，因此不允许利用这些气体作为介质在封闭回路中操作。

为了避免燃烧或者爆炸的发生，必须将构成压缩机内燃烧、爆炸的三个因素——氧、油和热量的因素中消除一个因素，而热量是不可以消除的，所以只好设法消除油和氧了。

为了防止爆炸，决不允许用空气或其他含氧的气体在压缩机封闭回路中进行操作。如果由于某种需要（例如检查、试车等），确实必须采用封闭回路运行的话，应当根据需要采用惰性气体（如氮气、氦气或二氧化碳）。

防止油进入压缩机与气体接触，也是防止爆炸发生的重要措施。要保证压缩机内部零件和连接的管线的清洁，确保无油是很重要的。这对压缩含氧的气体介质尤其重要。压缩机密封系统投入运转之前，润滑油不要通过轴承；在密封系统停运之前，应先停润滑油泵；密封系统压力不足时，压缩机应当自动停车。

### 8. 压缩机的喘振与防喘振

(1) 压缩机的喘振

① 压缩机喘振的现象　上述已经提及的喘振现象是离心式压缩机在运行中一个特殊现象，防止喘振是压缩机运行中极其重要的问题，离心式压缩机运行中大量的事故都与喘振有关。压缩机在运行中发生喘振的迹象，一般是由于流量大幅度下降，压缩机出口排气显著下降，出口压力波动，压力表的指针来回摆动，机组发生强烈振动并伴有间断的低沉的吼声，好像人在干咳一般。判断是否发生喘振除了凭人的感觉之外，还可以根据仪表和运行参数配合性能曲线查出。

② 引起压缩机发生喘振的原因　压缩机发生喘振可能由于流量减小低于喘振流量；出口管网系统内的压力大于压缩机在一定转速下所产生的对应的最高压力；机械部件损坏或脱落；操作中，升速升压过快或者降速之前未能首先降压；操作工况改变，运行点落入喘振区；或者即使在正常运行条件下，防喘振系统未投入使用。特别在压缩机紧急停车时，气体未进行排空或回流，出口管路上单向止回阀动作不灵敏或关闭不严，或者单向止回阀距离压缩机出口太远，阀前气体流量很大，而系统突然减量，造成压缩机来不及调节等。

③ 压缩机发生喘振时产生的严重后果　严重的喘振发生可能造成压缩机大轴弯曲；密封损坏，严重漏气、漏油；喘振发生使轴向推力增大，烧毁止推轴承；破坏对中与安装质量，使振动加剧；强烈的振动可造成仪表失灵；严重持久的喘振可使转子与静止部分相撞、主轴与隔板断裂，甚至整个压缩机报废。所以离心式压缩机在运行中喘振是需要时刻提醒和预防的。

(2) 防止压缩机发生喘振的措施　防止和消除喘振的根本措施是设法增加压缩机的入口气体流量。对于一般无毒、无危险的气体如空气、氮气和二氧化碳等可采用放空；对于天然气、氨气、合成气等危险性气体可采用回路循环措施。采用上述方法后使流经压缩机的气体流量增加，消除了喘振；但压力却随之下降，造成功率的浪费，经济性下降。如果系统需要维持等压的话，放空或回流之后提升转速，使排出压力达到原有水平。在升压前和降速、停机前，应该将放空管或回流阀预先打开，以降低背压，增加流量，防止喘振。

在升速、升压之前一定要事先仔细研究性能曲线，选好下一步的运行的工况点，根据防喘振安全裕度来控制升压、升速。防喘振安全裕度就是在一定的工作转速下，正常工作流量与该转速下喘振流量之比值，一般正常工作流量应比喘振流量大 1.05～1.3 倍。裕度太大，虽然不易发生喘振，但压力下降很多，浪费很大，经济性下降。在实际运行中，最好根据防喘振裕度来整定防喘振阀门（回流控制阀），太大不经济，太小又不安全。防喘振系统根据安全裕度整定好后，在正常运行时防喘振阀门应当关闭，并投入自动，这样既安全又经济。有的机组防喘振装置不投入自动，而用手动，恐怕发生喘振而不敢去关严防喘振阀门，待正常运行时有大量气体回流或放空，这样既不经济又不安全，因为发生喘振时用手动操作是来不及的，其结果是不能防止发生喘振的。

在升压和变速时，要强调"升压必先升速，降速必先降压"的原则。压缩机升压时应当在透平机调速器投入工作后进行；升压之前，查好性能曲线，确定应该达到的转速，升到该转速后再提升压力；压缩机降速应当在防喘振阀门安排妥当后再开始；**升速升压不能过猛、过快；降速降压也应当缓慢、均匀。**

防喘振阀门开启和关闭必须缓慢、交替，操作不要太猛，避免轴位移过大，轴向推力和振动加剧和油密封系统失调。如果压缩机组有两个以上的防喘振阀门，在开或关时应当交替进行，以使各缸的压力均匀变化，这对各缸的受力、防喘振和密封系统的协调都有好处。

可采用"等压比"升压法和"安全压比"升压法来防止喘振。为了安全起见，在升压时可采用"等压比"升压法，如前所述。"安全压比"升压法对升压时防止喘振也是有效的。它的基本原理是根据压缩机各缸的性能曲线，在一定的转速下有一个喘振流量值，它与转速曲线的交点便对应一个"喘振压比"（或排出压力）。在此转速下，升压比（或排出压力）达到此数值便发生喘振，因此控制压比也就是控制一定转速下的流量。如果根据防喘振裕度，计算出不同转速下的正常流量，也就是安全流量，再查出对应的压比（或排出压力），在升压时根据转速，使压缩机出口压力值不超过安全压比计算出的出口压力，就不会发生喘振了。可以将不同转速下的正常流量、排出压力绘成图表和曲线。在升速、升压时，根据转速查出安全的出口压力，升压时不超过此压力便不会喘振。

想一想 喘振的发生会对压缩机造成何种危害？如何避免喘振现象的发生？

# 第三节　正常开停车技术
## Planned Start and Stop

**应用知识**

化工装置或设备正常开停车技术。

**技能目标**

能够进行化工装置或设备的正常开停车。

正常开停车是有计划的开停车，是不影响生产任务的实现，因为它在装置设计之初已经考虑了这一因素，这是与事故开停车不同的。

本节主要介绍化工装置正常开停车前的准备工作、正常开车、正常停车，重点掌握典型化工装置的正常开停车的方法与步骤

## 一、正常开车前的准备工作 (Preparation Working Before Operating)

正常开车与原始开车相比程序要简单一些，有些程序可能要省略，例如有的系统不需要吹扫洗净、试压试漏、置换等；又如固定床反应装置不需要进行催化剂装填，而且已有的催化剂已经处于活性状态不需要进行活化；有的固定床反应器甚至是短期停车后的开车也不需要暖炉。但正常开车前的准备工作仍然需要对包括设备、管道、阀门和仪表在内的设施进行

检查，经检查确认其满足开车要求，然后才能直接进入开车阶段。

无论是原始开车还是正常开车，检查是必需的。通过检查才能确认设备、管线、阀门、仪表完好，催化剂、干燥剂、溶剂和其他助剂完全满足开车的条件要求。装置正常开车前仍然需要确认公用工程系统满足开车要求，有充足原料，已通知与装置相关的岗位、车间，做好开车前的准备工作。

正常开车分为短期停车后的开车和长期停车后的开车。短期停车后的开车，称为热态开车，即装置处于保温状态，完全满足立即启动的要求；长期停车后的开车，称为冷态开车，即装置处于原始状态，有可能按照原始状态的开车程序进行。

 正常开车前的准备工作与原始开车前的准备工作有什么不同？

## 二、正常开车 (Planned Start)

因为停车后的正常开车分为短期停车后的开车（热态）和长期停车后的开车（冷态），所以操作人员必须熟知装置的状态，确定是热态还是冷态，并以适当的步骤来进行开车。

以后（指装置已经正式投产后）所有的开车与原始开车，都或多或少的有所不同，例如，以后开车就是固定床催化剂已经活化的情况下的开车；鼓泡塔式反应器中氧化液已经符合要求的开车；精馏装置的釜液液位已经在 1/3～2/3 位置；吸收剂已经符合要求；压缩机一直处于空载运转等。

对于釜式反应器，由于其是批量间歇生产的反应釜，所以每一次停车后釜内基本清空，其正常开车程序与原始开车程序基本相同。

长期停车后的正常开车同原始开车程序相同。如还原性的催化剂已经氧化失去活性，此时反应装置的开车就应该严格按照原始开车程序进行催化剂还原。又如压缩机处于静止状态，启动压缩机也应该严格按照压缩机的启动程序进行。

## 三、正常停车 (Planned Stop)

正常停车目的是为了保证装置长周期、高效、安全运行，是常规设备检修和设备检查所必需的。这种类型的停车首先是假定装置所有的设备都处在良好的运行状态；当然，也可能已经发现有的设备的"次要问题"带病运转将要影响生产和安全，但目前这一"次要问题"并没有影响生产和安全，所以正好赶在设备正常停车期间一并检修；还有可能因为生产任务的不足或市场需求的变化造成生产装置的开工不足而导致的正常停车。例如，2008 年下半年因美国的金融危机引起的全球金融海啸，进而造成全球的经济萧条和危机，全球消费需求下降，所以国内企业，特别是外向型的企业同全球各生产企业一样遇到了空前的困难，纷纷调减生产任务，有的处于停产或半停产的状态，这也是一种无奈之举的正常的停车。但这种正常停车需要企业家具有战略家的眼光，具有判断市场变化趋势走向的能力。

正常停车对于前述两种情况是不影响生产计划的完成，即人们在制订年度生产计划时已将正常停车时间扣除，在恢复生产之后是无需采取非常措施将正常停车期间所影响的生产任务"抢"回来的；对于后者，也没必要"抢回"生产任务，应根据市场变化情况确定。正常停车步骤与开车步骤互为逆过程。正常开车后的停车与原始开车后的停车相同。

# 第四节　紧急停车技术

## Stop in Extraordinary

 **应用知识**

1. 紧急停车技术；
2. 造成紧急停车的原因。

 **技能目标**

1. 具有判断事故发生的能力；
2. 具有紧急事故停车的能力。

　　紧急停车也叫做事故停车，它是人们意想不到的，事故停车时要影响生产任务的完成。事故停车与正常停车完全不同，它首先要分清原因、采取措施，保证事故所造成的损失不因操作不当而扩大。

　　本节主要介绍化工装置紧急停车的原因、应采取的措施，重点是分清原因，安全停车，减少因事故停车而造成损失的扩大。

## 一、紧急停车的原因 (Cause for Stop of an Accident)

　　在生产过程中，遇到一些想象不到的特殊情况，如某些装置或设备的损坏、某些电气设备的电源可能发生故障、某一个或多个仪表失灵而不能正确地显示要测定的各项指标，如温度、压力、液位、流量等，而引起的停车称为紧急（事故）停车。

　　注意：紧急停车与正常停车不同，它会影响生产任务的完成，在恢复开车以后必须采取措施，才能将停车的损失降到最低限度。

　　全面紧急停车是指在生产过程中突然发生停电、停水、停汽，或因发生重大事故而引起的停车。对于全面紧急停车，如同紧急停车一样，操作者是事先不知道的。发生全面紧急停车，操作者要迅速、果断地采取措施，尽力保护好反应器及辅助设备，防止因停电、停水、停汽而发生事故和已发生事故的连锁反应，而造成事故的扩大。

　　为了防止因停电而引发全面停车的发生，一般化工厂均有自备电源，对于一些关键岗位采用双回路电源，以确保第一电源断电时，第二电源能够立即送电。

　　如果反应装置因事故而紧急停车并造成整个装置全线停车，应立即通知其他受影响工序的操作人员，这将消除对其他工序造成大的危害。

　　由于反应器在整个回路控制中所处的"关键位置"，因此，将采用大量的仪表来提高装置的可靠性和稳定性。

## 二、措施 (Measure)

### （一）安全阀门的操作

　　在紧急停车时，通过逻辑程序和安全系统将相关安全系统的阀门开关至相应的故障安全位置，从而防止紧急停车对装置造成直接的危害。然而，为了装置的安全停车或回到正常运行，主控操作人员应立即采取行动，否则，在停车过程中装置可能会出现不希望的波动甚至出现危险的情况。

假定装置故障原因能立即排除，则工厂就应立即重新开车。在长期停车情况下，必须遵守装置停车和重新开车程序。

### （二）紧急停车按钮

对于大型化工厂，或者系统比较复杂的化工装置都提供了大量的紧急停车按钮，按紧急停车按钮的顺序进行紧急停车，必须查清停车的原因并排除故障后方能重新开车，激活复位按钮。

### （三）由跳车联锁执行的紧急停车

参照相关的逻辑功能描述，见《化工仪表及自动化》（历玉鸣主编，第五版，化学工业出版社，2011）。

#### 1. 反应装置的停车

如乙醛氧化生产冰醋酸的塔式反应器、合成甲醇反应器、乙烯环氧化生产环氧乙烷反应器，都是十分危险的反应装置。为了安全起见，对这些反应装置联锁，一旦发生故障将会发生联锁动作，所有与联锁动作相关的阀门都将返回到停车安全位置。当部分联锁动作时，工艺原料气流量控制器的"FCS"输出的信号将自动设置为"0"。

#### 2. 锅炉给水中断

对于固定床式高温反应装置，锅炉给水就是固定床的冷却上水；对于塔式反应器，此处就是指的冷却上水。当上水中断时，通过控制器的"FCS"输出的信号将工艺原料气流量自动设置为"0"。

#### 3. 停电

如果电网因震、风、雹等天灾突然停止供电，事故发电机就会自动启动，向重要的用户提供电源，几乎不会受到影响。如电网正常停电会事前通知，工厂会做好充分的供电准备；因线路故障造成的电网临时断电，事故发电机就会临时启动，不论是正常停电还是事故停电，工厂自备事故发电机都能保证各工序运行，但不能保证整个系统的生产正常进行，否则就要全面紧急停车。

#### 4. 仪表空气中断停车

如果仪表空气中断导致停车，除了自动联锁动作将装置保持在安全状态下，还需要操作人员进行大量的操作。

在仪表空气故障的情况下，所有的控制阀都要动作到故障安全位置。

FO　仪表空气故障时打开；

FC　仪表空气故障时关闭；

FL　仪表空气故障时锁定。

装有手动插孔的阀门必须在现场进行必要的校正。如果允许，用控制阀前后的手动切断阀和旁路阀对流量进行必要的校正。必须注意处于"热"态的系统和设备，如转化炉烟气通道等，应尽可能采用最好的方法来保持过热器盘管有足够的冷却介质。对那些没有配备来自"FCS"的"信号关闭"的控制阀，打"手动"并关闭。在仪表空气恢复正常的情况下，很有必要防止这些控制阀不受控的重新打开。

### 5. 重新开车程序

假如装置故障原因能迅速地查明并予以消除，则可按照短期停车的开车要求开车；如果停车时间较长，则可按长期停车后开车要求开车。

 因全厂供水系统发生故障无法正常供水，此时精馏装置如何紧急停车？请制订停车方案。

---

# 第五节  化工装置原始开停车实例

## Example of the First Start and Stop of Chemical Plant Installations

### 知识拓展

通过实例对化工装置的原始开车过程有更进一步的了解，对学好本章内容有很大帮助。本节主要介绍甲醇精馏过程的原始开停车。本节可以自学。

## 一、甲醇精馏双塔工艺过程 (Methanol Rectification Process in Double-tower)

### （一）带控制点的工艺流程图（参见图 5-1）

### （二）低沸塔

#### 1. 低沸物的脱除

从闪蒸槽 F-03001 来的粗甲醇在粗甲醇预热器 E-03008 中由低压饱和蒸汽进行加热。去预馏塔 D-03001 的流量由 FV-03003 控制，粗甲醇从预馏塔的第 29 块塔板进料。因为预馏塔主要脱除比甲醇沸点低的组分，所以预馏塔也称为低沸塔。

粗甲醇中绝大部分的易挥发组分如二甲醚（DME）、醛、不溶性的惰性气体在预馏塔中被脱除。轻组分和气体随甲醇蒸气一起被带到塔顶，经塔顶冷凝（冷却）器 E-03003 冷凝（冷却）后，绝大部分的甲醇蒸汽被冷凝下来。经过冷凝（冷却）的汽液混合物全部进入回流槽 F-03002（在此进行气液分离），被冷凝下来的甲醇由预馏塔的回流泵 P-03002A/B 通过液位控制器 LC-03006 从 F-03002 中返回预馏塔 D-03001 顶部作为回流；未被冷凝的轻组分和气体从 F-03002 顶部放空至废气冷却器 AE-03001，这时未被冷凝的残余的甲醇蒸气在 AE-03001 中又可能被进一步的冷凝下来，冷凝下来的液体返回回流槽 F-03002。废气通过塔顶的压力控制阀 PC-03004（控制阀的作用主要是起到稳定塔的操作压力的作用）释放。废气与来自变压吸附单元的尾气混合后一起进入燃料气系统。在超压时用控制阀 PC-03005 来控制废气放空至火炬总管。

#### 2. 氢氧化钠溶液的加入

从氢氧化钠加药系统来的少量氢氧化钠溶液与稳定甲醇（这里所说的稳定甲醇是指由合成单元来的粗甲醇）进料混合后进入 D-03001。从界区来的质量浓度为 20％的氢氧化钠溶液被注入氢氧化钠贮槽 F-03004 中（也可加入固碱），然后用脱盐水稀释到 3％，该溶液加入

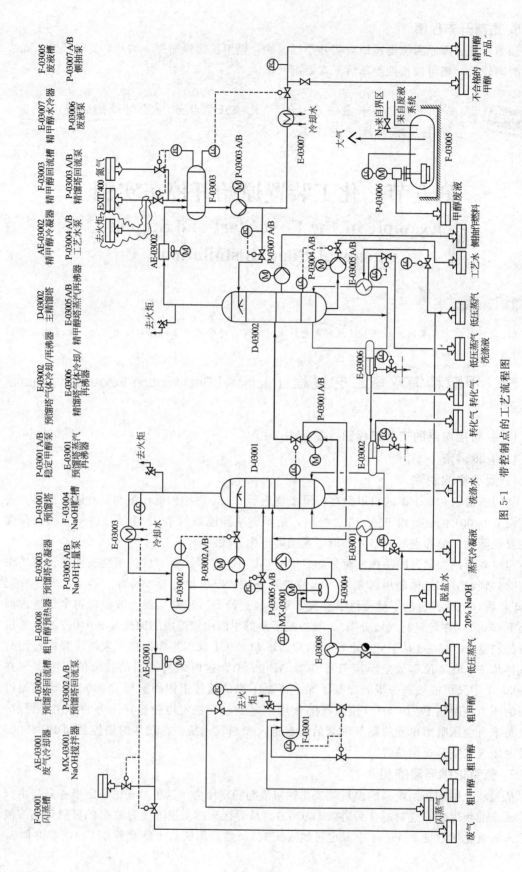

图 5-1　带整制点的工艺流程图

F-03001　AE-03001　E-03008　E-03003　F-03002　AE-03001　D-03001　P-03001 A/B　E-03002　D-03002　E-03006　AE-03002　E-03003　F-03003　E-03007　F-03005
闪蒸槽　废气冷却器　甲醇预热器　预馏塔冷凝器　预馏塔回流槽　废气冷却器　预馏塔　稳定甲醇泵　预馏塔气(体冷却)用沸器　主精馏塔　精馏塔气(体冷却)/　精甲醇冷凝器　精馏塔蒸汽　精甲醇回流槽　精甲醇水冷器　废液槽

MX-03001　P-03002 A/B　E-03005 A/B　F-03004　　　P-03004 A/B　E-03005 A/B　　　精甲醇塔蒸汽再沸器　　P-03003 A/B　P-03006　P-03007 A/B
NaOH搅拌槽　预馏塔回流泵　NaOH计量泵　NaOH贮槽　　工艺水泵　精馏塔再沸器　　　　　　精甲醇回流泵　废液泵　侧抽泵

P-03005 A/B　　　　E-03004
NaOH计量泵　　　　NaOH贮槽

的目的就是用来防止精馏塔釜沸腾的液体中弱酸的腐蚀，也可以脱除甲醇中的鱼腥味。氢氧化钠溶液流量由计量泵 P-03005A/B 通过手动调整并由 F-030101 检测。

### 3. 塔釜再沸热量的来源

预馏塔所需的热量一部分是通过预馏塔蒸汽再沸器 E-03001 利用蒸汽加热自然循环液，另一部分是利用转化气废热通过气体冷却/再沸器（指的是转化气冷却和塔釜液体的再沸）E-03002 进行加热。E-03001 采用饱和低压蒸汽加热，输入热量的大小由蒸汽冷凝液流量控制器 FC-030205 控制。用转化气作为冷却/再沸器 E-03002 热源的可以通过进出口的 10in（1in＝0.0254m）旁路来调节。由于转化气在再沸器 E-03002 中冷却，在管程生成工艺冷凝液。冷凝液通过内部的液体分离器直接从气相中分离出来并送往换热器的液相出口，经液位控制器 LC-030205 控制输出并被送往工艺冷凝液汽提塔 D-01501。

### 4. 低沸塔釜的设计措施

为了确保塔釜不被蒸空，保证塔的连续稳定的操作，塔釜被一隔板分成两部分。一部分与再沸器相连，另一部分与稳定的甲醇泵相连，隔板的作用是保证塔釜再沸所需的液体，这就是前面所说的为了不使塔釜蒸空而在设计上所采取的措施。泵侧的塔釜被一顶板遮盖，这样确保液体从上面最后一块板流向塔釜时首先充满再沸器侧的塔釜部分。当再沸器侧塔釜充满后，多余的液体从隔板上溢流到另一侧，这样就能很好地调整蒸汽再沸器侧塔釜的液位在一个稳定的高度。而与泵相连侧的塔釜液位由液位控制器控制。这一点的设计在塔 D-03001 和塔 D-03002 是完全相同的，这也是大型精馏塔塔釜设计时经常采取的液位控制措施。

去除低沸物后塔 D-03001 釜中的液体（即稳定甲醇），通过液位控制器 LC-030203 控制离开塔釜，由泵 P-03001A/B 泵入后面的高沸塔 D-03002，也叫做主精馏塔（精甲醇塔）。

### （三）高沸塔

稳定甲醇从高沸塔（即精甲醇塔）D-03002 第 30 块塔板上进入。

D-03002 的作用是从甲醇蒸气中分离出水和其他重组分，D-03002 塔顶的甲醇浓度必须达到几乎纯甲醇的产品要求，该塔操作压力为微正压操作，也就是常压操作，微正压的目的是保证塔板、塔顶冷凝器和管道的阻力损失。

塔顶的甲醇蒸气在精甲醇冷凝器 AE-03002（空冷器）中冷凝，塔顶压力由压力显示器 PI-030607 显示，冷凝下来的甲醇进入精甲醇回流槽 F-03003，经回流泵 P-03003A/B，一部分由流量控制阀 FC-030408 控制返回塔顶作为回流，其余的甲醇在再冷器（精甲醇水冷器）E-03007 中被循环水进一步冷却，然后经液位控制阀 LC-030611 进入 400 单元中间罐区。

塔顶的压力不受控制，操作人员必须通过开关精甲醇冷凝器 AE-03002 的风扇来尽量保持压力的稳定。当压力上升时，必须增加风扇，相反减少风扇。

基于安全考虑，空冷器只能就地启动。

为了防止塔釜出现真空，压力控制器 PC-030608 将打开 PV-03068A 让氮气进入塔顶管道，覆盖在冷凝器的表面，以防进一步的冷凝，这种情况只有在精馏停车时才会发生。

如果精甲醇塔顶压力过高，去精甲醇塔再沸器 E-03005 的蒸汽量将通过关冷凝液阀 FV-030409 来减少。一旦电力中断，低压蒸汽供应管线上的阀 UV-030401 将自动关闭。

在压力波动时，如果 F-03003 的压力低于控制压力，可通过 PV-030608A 向回流槽补充氮气；如果压力过高，可通过排放阀 PV-030608B 将蒸汽排至洗涤塔 D-04001 来维持压力稳定。也可以将蒸汽排至火炬放空。但在正常情况下，该管线应保持关闭。

甲醇精馏塔是由蒸汽再沸器和转化气再沸器加热，采用自然循环操作。蒸汽再沸器 E-03005A/B 利用饱和低压蒸汽，而气体再沸器利用从转化单元来的转化气废热加热。去蒸汽再沸器的热量输入由蒸汽冷凝液流量控制阀 FC-030409 控制，而去气体再沸器的废气流量不受控制。也就是说首先充分利用废气的热量，然后根据塔釜热量亏欠值的多少再确定蒸汽再沸器的蒸汽流量。

转化气作为气体再沸器的热源，在一定范围内可以通过 E-03006 进、出口的 10in 旁路来调节。由于转化气被冷却，气体温度下降时，在管程形成冷凝液。冷凝液通过内部分离器从转化气中分离出来并流向再沸器的出口，在这里冷凝液由液位控制器 LV-030409 控制并送往 150 单元的工艺冷凝液的汽提塔。

精甲醇塔的塔釜液中含有少量的甲醇工艺水。工艺水由 LC-030408 液位控制。经工艺水泵 P-03004A/B 送入工艺蒸汽汽包 F-01002。

### （四）侧线采出

为了保证 D-03002 釜液中的甲醇含量足够的低，以降低甲醇的损失和浪费，在塔的第 3、5、7 或 9 块板（依分析而定）抽出液体，由侧抽泵 P-03007A/B 送往燃料系统。

### （五）排污系统

甲醇设备或管道中的每一个最低点都与排污系统相连。如果要维修，可将相关部分通过重力作用将残液排入地下排污槽（废液槽）F-03005。然后排污甲醇由废液泵 P-03006 泵入 K-04001 进行加工。

为了防止槽内爆炸性气体的积聚，当排污系统投用时，用氮气作隔离。

## 二、甲醇精馏装置原始开停车 (First Start and Stop of Methanol Rectification Process)

### （一）精馏单元的检查

精馏单元已试车完毕，用于原始开车的所有机械、设备性能的调试、检查已完毕。

塔板在安装到塔内之前已作清理，为了除尘、除锈和防腐，所有塔板用高压水枪喷淋或化学品进行全面的清洗并进行干燥。

如若是填料塔，在填料装入之前也要进行清洗。目前新型填料有的是在厂家已经装填完毕，只要将装填完毕的塔节运到现场组装即可。

氢氧化钠计量系统已准备好。

注意：由于转化气在精馏塔 D-03001/2 气体冷却/再沸器中冷却，因此转化单元首次开车时必须确定精馏单元的可操作性。为了确保可操作性，精馏塔釜必须有可循环再沸的液体。

### （二）管道冲洗

管道冲洗必须按管道冲洗要求进行。

### （三）泄漏试验

当设备安装完成后，设备可进行试车，在安装阶段进行水压强度试验外，操作人员还必须做气密性试验。

经验表明：在阀门、填料，小的接头和被拆开进行盲板倒换的法兰连接处经常发生泄漏，因而气密性试验是完全必要的。

试验用介质：采用工厂的空气或氮气作气密性试验。

按要求检查泄漏并处理。经持续测试来推断压力测试，当压力减少量在可接受的范围内时，则气密性试验完成。法兰的气密性用肥皂水检查。如果冒泡说明有泄漏，需要进行再紧固；如果还有泄漏则需要更换垫片；如果更换垫片后还泄漏说明法兰面有不水平、不垂直的可能性，这是在安装管道法兰时存在的问题，此时必须进行切割重新安装。

### （四）水循环（水联动）

如前所述，联动试车时，如果是新建的装置可选用类似于工艺液体的介质，如果是扩建、改建装置可以选用工艺流体作为联动试车介质。

#### 1. 系统注水与冲洗

最初的充水和水联动试车是用来检验所有的机械、设备仪表的可操作性。另外，在转化单元的开车和随后的运行中需要用预馏塔的转化气冷却/再沸器 E-03002、主塔转化气冷却/再沸器 E-03006 来冷却热的转化气。

#### 2. 注水和水冲洗程序

① 用脱盐水进行冲洗、首次注水和开车操作。脱盐水 pH 值可通过加氢氧化钠溶液来调节在 8～9 之间。

② D-03001 塔底和再沸器可用临时软管接脱盐水注水，随后可用 P-03001A/B 给 D-03002 塔底和再沸器注水。

③ 同样用临时软管接到闪蒸槽 F-03001 注入脱盐水。

④ 从公用站按需要用软管连到塔和回流槽上的导淋、放空和备用管口处（用去排污系统的导淋）向其充脱盐水。

⑤ 用水对系统进行全面冲洗。用各泵进行冲洗的同时检查泵的性能。遵循泵制造商的开车说明。

⑥ 运行所有塔的入料、回流管线。一段时间后，水循环回到预馏塔。交替清洗泵的入口过滤器。冲洗时运行 A 泵或 B 泵（交替运行）。按需要用软管建立临时冲洗回路。

⑦ 冲洗完毕后检查清洗效果。如水很脏，冲洗后排放塔、回流槽和再沸器内的水，重新上水冲洗。

⑧ 冲洗完并检查合格后，最后建立以下设备到正常液位：

LC-030203　预馏塔 D-03001

LC-030408　精甲醇塔 D-03002

每个塔的再沸器都必须充至最大可能的液位。

所有其他容器都充至低液位。

### （五）系统置换与最后准备

将粗甲醇引入精馏系统之前，各塔的氧含量必须降至 0.5% 以下，一个比较经济的方法是在第一次用蒸汽加热时用蒸汽置换并通过放空阀将蒸汽/空气混合物放空。在蒸汽将塔内空气排出后，必须充氮气保护。蒸汽放空和置换后检查塔内氧含量。

**注意：**

**如果已经试车完毕，不要将气体（含空气）放空至火炬系统（可能有积累可燃性气体混合物）。将到火炬的管线完全隔离。**

备注：

如果此时用于保护的氮气量不够，可等一段时间再置换精馏单元，但是此举必须在将粗甲醇引入塔内之前。

① 检查并确定以下截止阀开。

a. 入塔进料管线控制阀的前后截止阀，控制器在"手动"状态并保持关闭。

b. 氮气去 D-03002、AE-03002 上游和 F-03003 管线的截断阀。

c. 冷却水上水和回水管线去和来自：

E-03003 预馏塔冷凝器进出口阀；

E-03007 精甲醇水冷器进出口阀。

② AE-03001 废气冷却器已准备投用。

③ AE-03002 精甲醇冷凝器已准备投用。

④ 检查并确认以下阀门关闭。

a. 回流泵 P-03002A/B 和 P-03003A/B 出口阀。

b. 稳定甲醇泵 P-03001A/B 出口阀。

c. 工艺水泵 P-03004A/B 出口阀。

d. 侧抽泵 P-03007A/B 出口阀。

e. 从氢氧化钠计量泵 P-03005A/B 去 D-03001 的入料管线。

f. 回流管线下游的控制阀 LV-030306 和 FV-030408。

g. 精甲醇采出线。

h. 所有去甲醇排污系统的导淋管线。将八字盲板处于关闭位置。

i. 将所有控制阀旁路或手轮关闭。

⑤ 将冷却水通过预馏塔冷凝器 E-03003、精甲醇水冷器 E-03007 以及其他有小的冷却水用户如取样冷却器和泵的油系统。

**（六）精馏系统原始开车**（水联动试车）

**注意：**

**所有的泵都在出口阀门关闭的情况下就地启动（不要远程控制），关闭出口阀避免带负荷启动。**

现在精馏单元准备首次加热，通过转化气的冷却来加热。在冷却加热的过程中确保再沸器侧一直充满脱盐水，液位低时将报警。

当氮气、水蒸气和随后的转化气通过再沸器的管程时，塔底液体即被缓慢地加热。当塔压开始上升时，不断通过适时地放空将系统内的氮气置换出去。水开始沸腾，蒸汽慢慢地达到塔顶。观察回流槽和塔底液位，必须时刻观察塔底再沸器侧的现场液位情况，以防蒸空。

当水开始稳定地产汽，必须通过软管接到塔底来补充水以确保塔底的液位。与第一次加水一样，从入料口加水。

有的精馏塔为了加料开车的方便，直接在塔釜的上端设有加料口，这只是为了开车时加料使用，一旦塔釜加料完毕后，该加料口应立即关闭。正常进料要从塔的进料口进入。

观察以下容器液位：

F-03002　预馏塔回流槽；

F-03003　精甲醇回流槽。

如果其中一个回流槽的冷凝液的液位上升至正常液位，启动回流泵开始向塔顶输送冷凝液。F-03003 回流槽的液位控制是通过回流管线上的流量控制阀 FV-030408 实现的。

此处是强制回流，必须启动回流液泵才能完成回流操作。如果是靠位差自然回流，只要有冷凝液，就有回流，直到建立完全稳定的全回流为止。

强制回流的好处是回流量不受塔内压力变化的影响，回流稳定，它适应于塔体露天放置；自然位差回流的回流量受塔内操作压力变化的影响，当塔的操作压力发生波动时，回流量也会随之发生波动，但回流不消耗动力，它适应于框架内或室内的小塔，冷凝器置在塔的上方。

经过一段时间后，当前面转化负荷不变时，即转化气负荷稳定，精馏塔的塔釜加热量稳定，此时水的沸腾蒸发和回流则达到平衡，操作者不需要再向精馏塔补充脱盐水了。

如果有足够的低压蒸汽，可投用蒸汽再沸器来增加蒸汽量和回流。在蒸汽再沸器原始开车完成后，积存在管程上部（壳侧）的惰性气体必须放空掉。即使在转化单元开车初期，转化气中的冷凝液也在气体再沸器内部分离器中分离出来。冷凝液的液位通过相应的液位控制器保持稳定，必须经常查看液位。

如果用粗甲醇进行原始开车，其程序与上相类似。

### （七）精馏塔的水联动停车

如果某种原因导致精馏必须停车，则必须仔细观察各塔的加热热源。因为热源中断，塔、管道、回流槽等设备内的蒸汽开始冷凝，这将使压力缓慢下降，此时应根据需要向塔内充压以防真空出现。

热水联动试车完成后，应检查水质是否干净。如果水很脏，在联动试车完成后应将塔内、回流槽、再沸器内的水排干，保持设备在氮气保护中，重新注水运行。

另外，当塔板上的液体向下流动时，塔底液位慢慢上升，将有可能超过液位计显示的范围，但不必抽出液体，只是在以后开车的过程中小心而缓慢地加热，液位即可回到正常的范围内。

必须注意：蒸汽再沸器的停车并不意味着立即停止了对塔内的供热。只要有蒸汽在再沸器的壳程内冷凝，就有热量传递至塔内，随着蒸汽冷凝液的液位上升到管程的顶部，传递的热量才慢慢地降为零。

如果水循环停车时间太长，必须充满氮气保护以避免铁锈产生。

## 三、乙烯装置热区分离工艺过程

 **登录下述网址，进行乙烯装置热区分离工艺开车仿真。看看最后成绩和扣分情况。**

乙烯热区分离在线网址：www.simnet.net.cn 。用户名：NJHGXY053、NJHGXY054、NJHGXY055，密码与用户名一样。可同时三人登录使用，在此感谢北京东方公司的支持。

说明：1. 客户端下载可以使用账号登录后下载客户端安装，程序大约有69M。

2. 网站首页右下角有使用说明。

### （一）热区分离装置的生产过程

乙烯装置热区分离工段，包括脱丙烷塔系统、MAPD〔丙炔（methyl acetylene，MA）丙二烯（propadiene，PD）〕加氢系统、丙烯精馏系统和脱丁烷塔系统（图5-2）。脱乙烷塔釜的物料作为高压脱丙烷塔的进料，高压脱丙烷塔顶部物料用泵送至丙烯干燥器进行干燥后送至MAPD反应器进行加氢反应除去丙炔和丙二烯，进入丙烯精馏塔进行提纯，侧线采出的合格丙烯送至丙烯球罐储存。丙烯精馏塔釜的丙烷送至裂解炉作为原料。

低压脱丙烷塔接收来自凝液气提塔釜和高压脱丙烷塔釜的进料，低压脱丙烷塔顶部物料由泵送至高压脱丙烷塔，低压脱丙烷塔釜物料去脱丁烷塔，在脱丁烷塔内进行混合碳四与碳五以上重组分的分离，顶部的混合碳四物料泵送至下游装置，脱丁烷塔釜的物料送至下游装置作为原料。

### （二）设备列表

见表5-1。

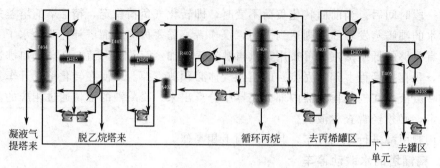

凝液气        脱乙烷塔来                    循环丙烷      去丙烯罐区          下一            去罐区
提塔来                                                                      单元

低压脱丙烷塔    高压脱丙烷塔  MAPD加氢反应器  一号丙烯精留塔  二号丙烯精留塔  脱丁烷塔

图 5-2  乙烯装置热区分离工段总视图

**表 5-1  乙烯装置热区分离工段设备列表**

| 序号 | 位号 | 名　称 | 序号 | 位号 | 名　称 |
|---|---|---|---|---|---|
| 1 | A402 | 丙烯干燥器 | 19 | E421 | 二号丙烯精馏塔顶冷凝器 |
| 2 | D404 | 高压脱丙烷塔回流罐 | 20 | E422 | 丙烯尾气冷却器 |
| 3 | D405 | 低压脱丙烷塔回流罐 | 21 | E423 | 脱丁烷塔底再沸器 |
| 4 | D406 | MAPD 反应器分离罐 | 22 | E424 | 脱丁烷塔顶冷凝器 |
| 5 | D407 | 二号丙烯精馏塔回流罐 | 23 | P404 | 高压脱丙烷塔回流泵 |
| 6 | D408 | 脱丁烷塔回流罐 | 24 | P405 | 低压脱丙烷塔回流泵 |
| 7 | D413 | E413 低压蒸汽凝液罐 | 25 | P406 | 脱丙烷塔产品泵 |
| 8 | D414 | E416 低压蒸汽凝液罐 | 26 | P407 | MAPD 反应器的循环泵 |
| 9 | D415 | E423 低压蒸汽凝液罐 | 27 | P408 | 一号丙烯精馏塔回流泵 |
| 10 | E411 | 高压脱丙烷塔顶冷凝器 | 28 | P409 | 二号丙烯精馏塔回流泵 |
| 11 | E412 | 高压脱丙烷塔进出料换热器 | 29 | P410 | 脱丁烷塔回流泵 |
| 12 | E413 | 高压脱丙烷塔底再沸器 | 30 | R402 | MAPD 加氢反应器 |
| 13 | E414 | 低压脱丙烷塔顶冷却器 | 31 | T403 | 高压脱丙烷塔 |
| 14 | E415 | 低压脱丙烷塔顶冷凝器 | 32 | T404 | 低压脱丙烷塔 |
| 15 | E416 | 低压脱丙烷塔底再沸器 | 33 | T405 | 脱丁烷塔 |
| 16 | E417 | MAPD 反应器出口冷却器 | 34 | T406 | 一号丙烯精馏塔 |
| 17 | E419 | 一号丙烯精馏塔底再沸器 | 35 | T407 | 二号丙烯精馏塔 |
| 18 | E420 | 一号丙烯精馏塔中间再沸器 | | | |

### （三）仪表列表

见表 5-2。

**表 5-2  乙烯装置热区分离工段仪表列表**

| 仪表号 | 说　明 | 单　位 | 正常数据 | 量　程 |
|---|---|---|---|---|
| AI4501 | T403 塔顶 MAPD 百分含量 | % | 5.48 | 100 |
| AI4502 | T404 塔釜 MAPD 百分含量 | % | 0.0 | 100 |
| AI4503 | R402 入口 MAPD 百分含量 | % | 2.25 | 100 |
| AI4504 | R402 出口 MAPD 百分含量 | % | 0.0 | 100 |
| AIC4505 | 丙烯精馏组分控制 | % | 75.71 | 100 |
| AI4506 | 丙烯产品丙烯的百分含量 | % | 99.50 | 100 |
| FIC4501 | T403 进料流量控制 | kg/h | 19531 | 25000 |
| FIC4502 | T403 去 T404 流量控制 | kg/h | 7941 | 12000 |
| FIC4503 | T403 回流量控制 | kg/h | 28624 | 40000 |
| FIC4504 | E413 蒸汽流量控制 | t/h | 57 | 100 |
| FIC4505 | T404 进料流量控制 | kg/h | 11951 | 20000 |
| FIC4506 | E416 的蒸汽流量控制 | t/h | 50 | 100 |

| 仪表号 | 说　明 | 单　位 | 正常数据 | 量　程 |
|---|---|---|---|---|
| FIC4507 | T404 去 T405 流量控制 | kg/h | 15261 | 20000 |
| FIC4508 | T404 回流量控制 | kg/h | 8997 | 15000 |
| FIC4509 | T404 返回 T403 流量控制 | kg/h | 4631 | 10000 |
| FIC4510 | R402 进料流量控制 | kg/h | 16221 | 20000 |
| FFIC4511 | 去 R101 氢气进料 | kg/h | 84 | 150 |
| FFIC4512 | R101 循环烃进料流量控制 | kg/h | 23145 | 30000 |
| FIC4513 | 一号丙烯精馏塔的进料流量控制 | kg/h | 16305 | 20000 |
| FIC4514 | E419 急冷水流量控制 | t/h | 100 | 200 |
| FIC4515 | 循环丙烷出料流量控制 | kg/h | 1414 | 5000 |
| FIC4516 | T406 中部加热量控制 | kg/h | 47276 | 80000 |
| FIC4517 | E420 急冷水流量控制 | t/h | 100 | 200 |
| FIC4518 | T407 返回 T406 流量控制 | t/h | 235.03 | 400 |
| FIC4519 | T407 返回流量控制 | t/h | 235.03 | 400 |
| FFIC4520 | 丙烯采出流量控制 | kg/h | 13965 | 20000 |
| FIC4521 | 二号丙烯精馏塔回流量 | t/h | 234.64 | 400 |
| FIC4522 | D407 返回流量控制 | t/h | 234.64 | 400 |
| FIC4523 | 丙烯尾气量 | kg/h | 926 | 5000 |
| FIC4524 | E423 蒸汽流量控制 | t/h | 50 | 100 |
| FIC4525 | 脱丁烷塔釜出料流量控制 | kg/h | 5684 | 10000 |
| FIC4526 | T405 回流量控制 | kg/h | 14271 | 25000 |
| FIC4527 | $C_4$ 采出流量控制 | kg/h | 9577 | 15000 |
| PIC4501 | T403 塔顶压力控制 | MPa | 1.54 | 3 |
| PIC4502 | T403 塔顶压力控制 | MPa | 1.54 | 3 |
| PDI4503 | T403 压力差显示 | kPa | 40 | 800 |
| PI4504 | A402 的压力显示 | MPa | 2.9 | 5 |
| PIC4505 | T404 塔顶压力控制 | MPa | 0.599 | 1.2 |
| PIC4506 | T404 塔顶压力控制 | MPa | 0.599 | 1.2 |
| PI4507 | R402 混合烃压力显示 | MPa | 2.73 | 5 |
| PIC4508 | D406 的压力控制 | MPa | 2.46 | 5 |
| PDI4509 | R402 压差显示 | kPa | 165 | 250 |
| PI4510 | T406 塔顶压力显示 | MPa | 1.8 | 4 |
| PIC4511 | T407 塔顶压力控制 | MPa | 1.75 | 3.5 |
| PIC4512 | T407 塔顶压力控制 | MPa | 1.75 | 3.5 |
| PDI4513 | T406 压力差显示 | kPa | 80 | 150 |
| PDI4514 | T407 压力差显示 | kPa | 40 | 80 |
| PIC4515 | T405 塔顶压力控制 | MPa | 0.408 | 1 |
| PIC4516 | T405 塔顶压力控制 | MPa | 0.408 | 1 |
| PDI4517 | T405 压力差显示 | kPa | 40 | 80 |
| LIC4501 | T403 塔釜液位控制 | % | 50 | 100 |
| LIC4502 | D404 液位控制 | % | 50 | 100 |
| LIC4503 | D413 液位控制 | % | 50 | 100 |
| LIC4504 | T404 塔釜液位控制 | % | 50 | 100 |
| LIC4505 | D405 液位控制 | % | 50 | 100 |
| LIC4506 | D414 液位控制 | % | 50 | 100 |
| LIC4507 | D406 液位控制 | % | 50 | 100 |
| LIC4508 | T406 塔釜液位控制 | % | 50 | 100 |
| LIC4509 | T407 塔釜液位控制 | % | 50 | 100 |
| LIC4510 | D407 液位控制 | % | 50 | 100 |
| LIC4511 | E420 液位控制 | % | 50 | 100 |
| LIC4512 | T405 塔釜液位控制 | % | 50 | 100 |

| 仪表号 | 说　明 | 单　位 | 正常数据 | 量　程 |
|---|---|---|---|---|
| LIC4513 | D408 液位控制 | % | 50 | 100 |
| LIC4514 | D415 液位控制 | % | 50 | 100 |
| TI4501 | T403 进料温度显示 | ℃ | 60.2 | 100 |
| TI4502 | T403 进料温度显示 | ℃ | 57.2 | 100 |
| TI4503 | T403 塔釜出料温度显示 | ℃ | 82 | 100 |
| TIC4504 | T403 塔釜温度控制 | ℃ | 70 | 100 |
| TI4505 | T403 塔顶物流温度显示 | ℃ | 41.9 | 100 |
| TI4506 | A402 出口物流温度显示 | ℃ | 41.5 | 100 |
| TI4508 | D404 出口温度显示 | ℃ | 41.5 | 100 |
| TIC4509 | T404 塔釜温度控制 | ℃ | 60 | 100 |
| TI4510 | T404 塔釜出料温度显示 | ℃ | 73 | 100 |
| TI4511 | T404 塔顶物流温度显示 | ℃ | 27.2 | 100 |
| TI4513 | T403 去 T404 物流温度显示 | ℃ | 31.8 | 100 |
| TI4514 | D405 出口温度显示 | ℃ | 10 | 100 |
| TI4516 | R402 混合进料温度显示 | ℃ | 36.9 | 100 |
| TI4517 | R402 出料温度显示 | ℃ | 60.8 | 100 |
| TI4518 | D406 进料温度显示 | ℃ | 40 | 100 |
| TI4519 | D406 出口温度显示 | ℃ | 40 | 100 |
| TI4520 | T406 塔中温度显示 | ℃ | 51 | 100 |
| TI4521 | T406 塔釜出料温度显示 | ℃ | 56.7 | 100 |
| TI4522 | T406 塔顶物流温度显示 | ℃ | 46.6 | 100 |
| TI4523 | E420 热物流进料温度显示 | ℃ | 49.1 | 100 |
| TI4524 | E420 冷热物流出料温度显示 | ℃ | 49.5 | 100 |
| TI4525 | T407 塔釜出料温度显示 | ℃ | 46.6 | 100 |
| TI4526 | 丙烯产品采出温度显示 | ℃ | 45.2 | 100 |
| TI4527 | T407 塔顶物流温度显示 | ℃ | 44.9 | 100 |
| TI4529 | D407 出口温度显示 | ℃ | 41.5 | 100 |
| TI4530 | D407 未凝气温度显示 | ℃ | 33 | 100 |
| TIC4531 | T405 塔釜温度控制 | ℃ | 88 | 150 |
| TI4532 | T405 塔釜出料温度显示 | ℃ | 106.3 | 150 |
| TI4533 | T405 塔顶物流温度显示 | ℃ | 46 | 100 |
| TI4535 | D408 出口温度显示 | ℃ | 39 | 100 |

### （四）操作参数

见表 5-3。

表 5-3　乙烯装置热区分离工段操作参数

| 设备名称 | 物流名称 | 温度/℃ | 压力/MPa | 流量/(kg/h) |
|---|---|---|---|---|
| 高压脱丙烷塔<br>T403 | 从脱乙烷塔来的进料 | 60.2 | 1.6 | 19531 |
| | T404 返回物流 | 57.2 | 1.6 | 4631 |
| | 塔顶回流 | 41.5 | 1.55 | 28624 |
| | 塔顶出塔物流 | 41.9 | 1.55 | 44845 |
| | 去 T404 物流 | 82 | 1.6 | 7941 |
| 低压脱丙烷塔<br>T404 | 从凝液气提塔来进料 | 45 | 6.2 | 11951 |
| | 塔顶回流 | 10 | 1.1 | 8997 |
| | T403 返回物流 | 31.8 | 1.52 | 7941 |
| | 塔顶出塔物流 | 27.2 | 1.55 | 13628 |
| | 塔釜出料 | 73 | 0.65 | 15261 |

| 设备名称 | 物流名称 | 温度/℃ | 压力/MPa | 流量/(kg/h) |
|---|---|---|---|---|
| MAPD 加氢反应器 R402 | 总进料 | 36.9 | 2.73 | 39450 |
| | 罐底出料 | 60.8 | 2.46 | 39450 |
| | 新鲜进料 | 41.5 | 2.73 | 16221 |
| | 循环进料 | 40 | 2.73 | 23145 |
| | 反应器配氢 | 15.8 | 2.73 | 84 |
| 丙烯精馏塔 1 T406 | 从 D406 来的进料 | 40 | 1.8 | 16305 |
| | T407 返回物流 | 46.6 | 1.8 | 235029 |
| | 塔顶出塔物流 | 46.6 | 1.8 | 249920 |
| | 塔釜出料 | 56.7 | 1.88 | 1414 |
| 丙烯精馏塔 2 T407 | 从 T406 来的进料 | 46.6 | 1.8 | 249920 |
| | 塔顶回流 | 41.5 | 1.75 | 234641 |
| | 塔顶出塔物流 | 44.9 | 1.75 | 235567 |
| | 产品侧线采出 | 45 | 1.76 | 13965 |
| | 去 T406 物流 | 46.6 | 1.8 | 235029 |
| 脱丁烷塔 T405 | 从 T404 来的进料 | 73 | 0.65 | 15261 |
| | 塔顶回流 | 39 | 0.408 | 14271 |
| | 塔顶出塔物流 | 39 | 0.408 | 9577 |
| | 塔釜出料 | 106.3 | 0.45 | 5684 |

## （五）联锁系统

见表 5-4。

表 5-4  MAPD 加氢反应器联锁系统的起因与结果

| 起因 | 联锁号 | 设定点 | 旁路 | 结果 |
|---|---|---|---|---|
| 床温 | TSXH4600 | 80℃ | 有 | 详见联锁逻辑图(图 5-3) |
| 床温 | TSXH4601 | 80℃ | 有 | 详见联锁逻辑图(图 5-3) |
| 床温 | TSXH4602 | 80℃ | 有 | 详见联锁逻辑图(图 5-3) |
| 床温 | TSXH4603 | 80℃ | 有 | 详见联锁逻辑图(图 5-3) |
| 反应器新鲜进料 | FSXL4600 | 12T/H | 有 | 详见联锁逻辑图(图 5-3) |
| 紧急停车 | HS4601 | | 无 | 详见联锁逻辑图(图 5-3) |

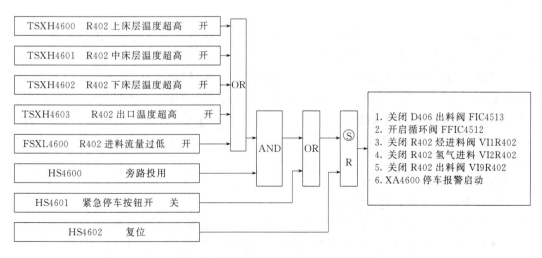

图 5-3  MAPD 加氢反应器联锁逻辑图

（六）操作规程

## 1. 装置冷态开车过程

（1）开工前的准备工作及全面大检查　开工前全面大检查、处理完毕，设备处于良好的备用状态。各手动阀门处于关闭状态，所有仪表设定值和输出均为0.0。

（2）装置开工和各控制系统投运

① 高、低压脱丙烷系统

a. 系统充压充液，建立循环

ⅰ. 打开阀门VX1T403、VX1T404，高、低压脱丙烷塔接气相丙烯充压，将高压脱丙烷塔压力充至0.8～1.0 MPa、低压脱丙烷塔压力控制在0.5～0.6MPa，停止充压。

ⅱ. 打开阀门VX1D404、VX1D405，高、低压脱丙烷塔接液相丙烯，D405罐液位达50％时启动P405泵给T404塔打回流，待塔釜液位达10％以上时，稍投塔底再沸器E416，塔顶压力由PV4505和PV4506控制。

ⅲ. 启动P406泵向高压脱丙烷塔送料，待塔釜液位达10％以上时，投用高压脱丙烷塔底再沸器E413，塔顶压力由PV4501和PV4502控制在0.6MPa，当T403塔顶回流罐D404液位达50％时，启动P404给高压脱丙烷塔打回流，当高压脱丙烷塔釜液位达50％时，停止接液相丙烯；同时在FV4502控制下开始向低压脱丙烷塔进料。

ⅳ. 对T403和T404两塔系统进行调整，保持全回流运转，控制压力及液位，等待接料。

b. 系统进料并调整至正常

ⅰ. 调节FIC4505开始逐步向低压脱丙烷塔进料，并控制塔顶压力，逐渐增大低压脱丙烷塔再沸量，增大P406去高压脱丙烷塔量。

ⅱ. 低压脱丙烷塔进料后，同步打开FIC4501向高压脱丙烷塔进料，高压脱丙烷塔与T404按比例逐步接受进料，调整高压脱丙烷塔，增大回流量、再沸量、塔顶冷凝器冷凝量及塔釜去低压脱丙烷塔循环量，系统调整，控制高压脱丙烷塔顶温度、压力逐渐至正常。

ⅲ. 由P404向丙烯干燥器进料，丙烯干燥器满液后，打开阀门VI2A402、VX3A402，经MAPD加氢反应器开车旁路向丙烯精馏塔T406进料。

ⅳ. 低压脱丙烷塔T404塔釜液位达50％时在LV4504、FV4507串级控制下向脱丁烷塔进料。

② 丙烯干燥器

a. 当高低压脱丙烷塔系统操作稳定，用二号丙烯精馏塔顶部汽化物给丙烯干燥器A402加压，当压力充到1.7MPa时关闭充压线阀。

b. 当高压脱丙烷塔接受进料，并且回流罐D404底部液位达50％时，缓慢地打开VX1A402阀，把高压脱丙烷塔T403的回流泵P404出口送出液充入干燥器内，同时打开干燥器顶部排气线阀排气，不断地往干燥器内充入物流，直到干燥器充满液体时，关闭排气阀，全开干燥器进口阀、出口阀，投用干燥器，同时打开MAPD加氢反应器开车旁通线阀向丙烯精馏塔进料。

③ MAPD加氢反应器系统

a. 系统充压、充液，建立循环

ⅰ. 首先打开来自T407顶部的气相充压线，对反应器进行实气置换，置换气通过反应器安全阀旁通放火炬控制。将反应器的压力充至1.7MPa，关充压线阀。

ⅱ. 打开阀门VI2R402和压力控制阀门PIC4508，用氢气给D406罐充压至2.46MPa。

ⅲ．打开反应器充液线阀 VX3R402、VI6R402，给反应器充液，同时稍开排气线阀排除反应器顶部气体，反应器充液完毕后，关 VI6R402。

ⅳ．开阀 VI2D406 给 D406 罐充液，D406 液位达 50％时，开反应器入出口阀门，启动 P407 泵给反应器打循环，开反应器入出口阀门后，视情况关闭充液线阀 VX4R402。

b．系统进料并调整至正常

ⅰ．全开反应器入出口阀，关开工旁路阀 VX4A402，物料全部切进反应器，同时配入氢气，反应器出口温度达 40～50℃时，将反应器出口冷却器 E417 投用。

ⅱ．投用联锁系统。

ⅲ．控制反应器床层温升，调节各参数在要求范围内，反应器出口 MAPD 含量控制在 0.8％以下。

④ 丙烯精馏系统

a．系统充压、充液，建立循环

ⅰ．丙烯精馏塔接气相丙烯充压，塔压力控制在 0.8～1.0MPa，停止充压。

ⅱ．打开 VX1D407，丙烯精馏系统接液相丙烯，当 D407 罐液位达 50％时，启动 P409 泵给 T407 塔打回流，T407 塔釜液位达 50％时，启动 P408 泵给 T406 塔送料，T406 塔釜有液位后，逐渐投用塔顶冷凝器、塔底再沸器 E419、中间再沸器 E420。

ⅲ．丙烯精馏系统全回流运行，控制压力和液位，停止接液相丙烯，准备接收来自丙烯干燥系统的碳三物料。

b．系统进料并调整至正常　T406 塔接收来自丙烯干燥系统的物料后，调整系统操作，使各参数在工艺要求范围内，打开侧采，当丙烯含量达到 99％时切进合格罐；投用丙烯尾气冷却器 E422，尾气外放至裂解气压缩工段，循环丙烷外送至裂解炉。

⑤ 脱丁烷系统

a．脱丁烷塔开始接收来自低压脱丙烷塔 T404 进料后，投用塔顶冷凝器 E424。

b．D408 罐液位达 50％时，启动 P410 泵打回流，逐渐投用塔底再沸器 E423，塔顶压力先由 PIC4515 放火炬控制，待塔的温度压力控制正常后，塔顶部回流罐碳四产品在串级 LV4513、FV4527 控制下外送至碳四车间，塔釜液位达 50％时加氢汽油外送，调整各参数在要求范围内。

正常运行：

开始时状态：各系统处于正常生产状态，各指标均为正常值。

调整系统，维持各生产质量指标在正常值范围内。

## 2．正常停车

（1）系统降低负荷

① 逐步降低 T404 和 T403 进料至正常的 70％，调整各塔系统的回流量以及再沸量和冷却量，保持各塔温度、压力在正常状况。

② 逐渐把各塔和回流罐的液位下降至 30％左右。

③ 控制各系统的生产指标在正常值的范围内，准备下一步系统停车。

④ 若 T407 丙烯不合格（低于 99％），走不合格罐。

（2）系统停车

① 切断到 R402 的氢气，切断反应器 R402 的进料，同时打开 MAPD 加氢反应器开车旁通线阀向丙烯精馏塔进料。

② 关闭 FIC4505，关闭 T404 进料阀门，停再沸器热源后，再逐渐停塔顶冷剂，控制塔压，视情况停 P405、P406，并关塔釜去脱丁烷塔的液量。

③ T403 在 T404 进料中断后，关闭进料阀门，停再沸器热源和塔顶冷凝器，控制塔压，视情况停 P404。

④ 当氢气停止后，对 R402 系统进行循环运行，当床层温度降至合适时，停 P407 泵，停止循环。

⑤ T405 中断进料后，碳四、粗汽油停止外送，碳四外送阀关闭，停再沸器热源和逐渐停塔顶冷凝器，控制塔压，视情况停 P410。

⑥ 丙烯精馏塔系统进料中断后，T406、T407 全回流运行，丙烯停止外送，停再沸器的热源，逐渐停塔顶冷凝器，视情况停 P408、P409 保液位，压力由 PIC4511 控制。

（3）系统倒空

① 低压脱丙烷塔系统　FIC4505，FIC4506，PIC4506 关，FIC4509 开，打开 T404 塔底再沸器 E416 排液线手阀排液，打开 D405 排液线手阀排液，液相排净后，关各手阀，开 PIC4505 泄压。

② 高压脱丙烷塔系统　FIC4501、FIC4502、PIC4502 关，FIC4504 开，打开 T403 塔底再沸器 E413 排液线手阀排液，打开 D404、P404 排液线手阀排液，液相排净后，开 PIC4501，泄压。

③ MAPD 加氢反应器，丙烯干燥器系统　将丙烯干燥器液全部排至丙烯精馏塔，泄液以后，泄压排至火炬。

MAPD 加氢反应器系统隔离，打开 MAPD 加氢反应器 R402 手阀，进行倒液，完毕后，泄压。

④ 丙烯精馏系统　开 T406、T407、D407 的排液阀，关闭 FIC4516，对 E420 进行倒液，倒液完毕后，关各手阀，开 PIC4511 泄压到火炬。

⑤ 脱丁烷塔系统　粗汽油外送阀 FIC4525 阀关，碳四外送界区阀 FIC4527 关，开 D408 排液线阀倒液，完毕后关排液线阀，开 T405 塔底再沸器 E418 倒液线阀。开 PIC4516 泄压到火炬。

# 本章小结

本章主要介绍了：化工生产装置的原始开停车技术、典型化工装置的原始开停车技术、正常开停车技术、紧急停车技术和化工装置原始开停车实例。

1. 新建装置进行原始开车时要经过单级试车、中间交接、联动试车、投料试生产。对于大修后装置的原始开车，要经过联动试车、投产试车或直接投产试车，它不需要像新建装置那样经过单级试车或中间交接过程。即使有交接也是检修过程向生产过程的交接。不同装置的原始开车过程是不同的，必须分清，以减少浪费或损失。

2. 原始开车之前的准备工作，如检查、清洗吹除、试压试漏、干燥等，必须严格按规程进行操作，每一步骤必须合格后方可进入下一步骤，否则，不能进入下一步骤操作。

3. 压缩机是一个特殊设备，从事压缩机操作的人员必须具备操作资质证书方能进行操作，压缩机启动、正常操作和停车必须严格按照制造厂商所提供的操作说明书进行，特别要注意升速和降速过程，防止发生喘振。

4. 化工设备的停车过程一般是开车过程的逆过程，基本上是先开后停，后开先停。为了正确地进行化工装置开停车，必须熟悉和牢记所在工段或岗位的工艺过程，即工艺流程图，熟悉本岗位的物料的进出，以及与相关岗位的关系。

5. 事故紧急停车与正常停车不同，一是速度要快，二是程序要简。要熟记装置的紧急停车按钮的位置，一旦发生事故能正确地按下紧急停车按钮。

**脲醛树脂生产工艺过程**

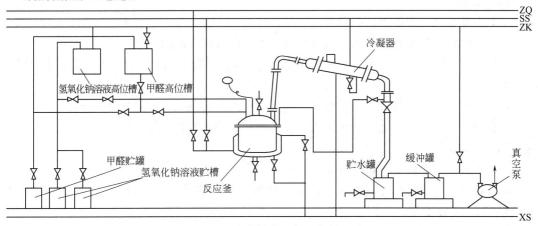

图 5-4 脲醛树脂生产工艺流程

图 5-4 所示为脲醛树脂生产工艺流程，请根据流程图所标示的设备，查阅资料，完成以下内容：

1. 写出脲醛树脂生产过程；

2. 制订原始开车方案、正常开停车方案、事故紧急开停车方案；

3. 脲醛树脂用途不同，配料不同，生产工艺过程不同，希望在制订方案时明确脲醛树脂的用途。

**自测题**

**一、填空题**

1. 化工装置原始开车程序是单级试车、中间交接、联动试车、_____以及装置系统考核。

2. 中间交接是由_____负责，_____参与，并在工程中间交接协议书及其附件上签字。

3. 化工装置开车前的检查工作包括对_____、_____、_____的全面检查。

4. 吹扫前应按气、液流动的方向依次拆开设备、阀门与管道连接的_____，以便使吹除物从此处吹出。

5. 吹扫时用_____吹扫，并用_____轻击外壁，严禁用_____敲击设备或管道。

6. 水压试验时，一般用_____试验，低处进，设备内的气体从放空阀排空，待放空阀有水溢出时，要_____。

7. 气密性试验的压力一般为操作压力_____。

8. 气密性试验时，所用的气体一般为_____或其他惰性气体，试验气体的温度一般不低于_____℃。

9. 换热器开车时，是先通_____流体，后通_____流体，而停车时是先停_____流体，后停_____流体。

10. 精馏装置开车前向釜内加料，釜液液位应严格控制在_____。

11. 引起紧急停车的原因有可能是设备或装置的故障、电器电源的故障、_____故障不能正确地显示工艺参数，如_____等。

## 二、判断题

1. 原始开车为短期停车后的开车。

2. 化工投料过程是装置的第一次投料直至生产出合格产品的过程。

3. 气密性试验，当压力上升到实验压力时，开始在焊缝、法兰等处抹上肥皂水以检查是否泄漏。

4. 精馏塔原始开车时，为了缩短开车时间，可以加大蒸汽量，加快升温速度。

5. 精馏塔停车的顺序是：停止进料、停止出料、停止加热、停止冷却。

## 三、简答题

1. 化工装置开车前应该做哪些准备工作？

2. 对新建或改建的化工装置在联动试车前为什么要进行吹除与扫净？怎样进行吹除扫净？吹除扫净的标准是什么？

3. 化工装置水压试验的目的、要求、步骤以及注意事项是什么？

4. 化工装置的气密性试验适用于哪些装置？气密性试验的压力与操作压力的关系？试验时如何增压？发现泄漏时如何处置？如何分段试验？

5. 换热装置是适宜于水压试验还是适宜于气密性试验，为什么？

6. 精馏装置是适宜于水压试验还是适宜于气密性试验，为什么？

**复习思考题** ？ ？ ？ ？

1. 什么叫做原始开车、正常开车？

2. 开车前准备工作的检查有哪些内容？

3. 如何进行试压、试漏？

4. 为什么在试压、试漏结束后要对装置进行置换，是否所有装置都需要置换，为什么？

5. 单级试车与联动试车有什么不同，联动试车与投料试车又有什么不同？

6. 离心式压缩机的喘振原因是什么，如何防喘振？

7. 为什么离心式压缩机要防反转？

8. 事故紧急停车的原因有哪些？

# 第六章 化工安全与环保技术

## Chemical Safety and Environmental Technologies

### 知识目标

1. 了解火灾爆炸事故产生的原因和扑救措施，熟悉化工生产中的防火防爆技术；
2. 理解防止化工职业毒害的技术措施，掌握现场抢救的相关知识；
3. 了解化工生产产生的"三废"危害，熟悉"三废"处理利用措施及原则。

### 能力目标

1. 根据化工生产过程中的主要不安全因素，能初步制定安全防范措施；
2. 具有化工生产中现场急救的能力；
3. 具有进行化工安全、环保生产的能力。

### 素质目标

具有化工安全生产及环保的意识，能分析化工生产中的安全问题及现象，具备辩证的思考能力，具有处理突发性事件的能力。

化学工业是国民经济的基础产业和支柱产业，我国是化学品生产和使用大国，目前已能生产各种化工产品4万~5万种，生产化学品的企业有26000多家，从事化工生产的从业人员在610万人以上。但石油和化学工业与其他行业相比，具有高温、高压、易燃、易爆的特点，生产过程产生大量"三废"，环境保护、安全、职业健康等问题尤为突出。化学产品的生产、运输、储存、使用等作业环节的安全管理和危害预防及控制，是涉及国家和人民生命财产安全、生产和生活持续稳定发展的大事。

推行"责任关怀"，是我国石油和化学工业可持续发展的必由之路。"责任关怀"指全球化工行业自发地在环保、健康和安全方面所采取的行动计划，以推动持续改善化工行业在环保、健康以及安全领域的表现，包括污染预防、工艺安全、储运安全、社区认知和应急响应、职业健康安全、产品安全监管6大方面。"责任关怀"为化工企业带来了客观的社会效益、环境效益和经济效益，并赢得了公众对化工企业的信任，提升了企业的形象，对促进石油和化工行业的可持续发展具有十分重要的意义。

# 第一节　化工生产中的防火防爆技术

## Fire and Explosion Protection Technologies of Chemical Production

化工生产中的原料、中间产品、成品具有易燃、易爆、腐蚀性强等特性，且生产过程中高温、高压设备多，工艺复杂，这就决定了化工生产中存在较多的不安全因素和危险性。其中火灾和爆炸是化工企业的频发事故，造成了严重的人员伤亡、财产损失和环境污染。

只有掌握了有关的安全生产技术知识和技能，才能具有驾驭安全生产的能力，才能保证生产安全、稳定地进行。责任关怀的实践准则之一是生产过程的安全，其目的是预防火灾、爆炸及化学物质的意外泄漏等。

 下面两个安全标志在化工生产中的含义分别是什么？

## 一、燃烧与爆炸 ( Combustion and Explosion)

### 1. 燃烧

燃烧，是可燃物与助燃物（氧或氧化剂）发生的一种发光放热的化学反应，是在单位时间内产生的热量大于消耗热量的反应，通常伴有发热、发光和（或）发烟的现象。

燃烧的发生必须同时具备下述三个条件：可燃物、助燃物、点火源。可燃物就是可以燃烧的物质，绝大多数有机物和小部分无机物都是可燃物。助燃物是指与可燃物结合能导致燃烧的物质，如氧气。点火源是指使可燃物与助燃物发生燃烧的能量来源，如火焰、火星、电火花、高温物体、静电放电、化学反应放出的热量等。只有在可燃物、助燃物和点火源三个条件同时具备，而且数量达到一定比例的前提下，互相结合、互相作用，燃烧才能发生。

燃烧按其要素构成的条件和瞬间发生的特点，分为着火、自燃、闪燃、爆炸四种类型。研究并掌握这些燃烧类型的特性，对于评定燃烧爆炸性物质的火灾危险程度，以及采取相应的防火防爆技术，具有重要的意义。

### 2. 爆炸

爆炸是物质系统的一种极为迅速的物理的或化学的能量释放或转化过程，是系统蕴藏的或瞬间形成的大量能量在有限的体积和极短的时间内，骤然释放或转化的现象。爆炸的特点是具有破坏力、产生爆炸声和冲击波。

爆炸可使机械、设备及建筑物、构筑物的碎片飞出，会在相当广的范围内造成危害；设备破坏之后，从设备内喷流到空气中的可燃性气体或液体蒸气，由于摩擦、撞击或遇到其他的火源、电源、热源，可能被点燃，会在爆炸现场着起大火，加重爆炸的破坏力。在化工生产中一旦发生爆炸，会造成人身和财产的巨大损失，使生产受到严重影响。

### 3. 防火防爆措施

在化工生产中，防止火灾爆炸事故的基本措施，就是搞好安全设计和安全生产管理。安全设计是根本上消除生产中的不安全因素；安全生产管理是避免不安全因素的产生。

根据物质燃烧及爆爆原理，在化工生产中，防止发生火灾爆炸事故的基本原则有以下四点：消除或控制导致着火的火源；控制可燃物和助燃物，避免物料处于燃爆的危险状态；生产工艺过程采取安全工艺控制措施；采取一切阻隔手段，防止火灾、爆炸事故的扩展。

## 二、水煤气生产中的防火防爆技术 (Fire and Explosion Protection Technologies in Water Gas)

水煤气是易燃易爆的气体，在其制备和净化的过程中都具有火灾和爆炸的危险性。下面以水煤气生产为例说明化工生产中的防火防爆技术。

### 1. 厂房建筑及区域布置的安全

（1）厂房建筑　水煤气生产厂房宜单排布置，厂房的火灾危险性属于甲类，厂房的耐火等级不低于二级。水煤气生产厂房一般采用敞开式或半敞开式。生产厂房区域内设有消防通道，每层厂房设有安全疏散门和楼梯。宜采用不易生产火花的地面，且平整易于清扫。

（2）区域布置　水煤气生产车间的操作控制室可贴邻本车间设置，但应有防火墙隔开。控制室内必须设有调度电话，与使用煤气的车间保持联系，合理分配煤气使用量，保证管道系统压力稳定。水煤气生产车间设有专用的分析站，除进行生产控制指标分析外，还应定时作安全指标分析测定。水煤气厂房区域内，应避免设经常有人工作的地沟。如必须设置，应有良好的通风设施，防止煤气积存。水煤气的生产、冷却及净化区域内，不准配置与本工序无关的易引起火灾的设施及建筑物。

### 2. 煤气发生炉的安全

（1）蒸汽夹套要求　带有水夹套的煤气炉设计、制造、安装和检验必须遵守现行《蒸汽锅炉安全技术监察规程》的有关规定。煤气发生炉水夹套的给水宜采用软化水，水套下部应设有排污阀。水套集汽包应设有安全阀、自动水位控制器，进水管应设逆止阀，严禁在水夹套与集汽包连接管上加装阀门。

（2）空气供入要求　煤气发生炉的进口空气管道上，应设有阀门、逆止阀和蒸汽吹扫装置。空气总管末端应设有泄爆膜和放散管，放散管应接至室外。煤气发生炉的空气鼓风机应有两路电源供电。两路电源供电有困难的，应采取防止停电的安全措施。

（3）隔断措施　煤气发生炉、煤气设备和煤气排送机与煤气管道之间，以及需经常检查的部位，应设置可靠的煤气隔断装置，且隔断装置不得使用铜制部件；当设置盲板时，应设便于装卸盲板的撑铁。如采用盘形阀，其操作绞盘应设在煤气发生炉附近便于操作的位置，阀门前应设有放散管。

（4）放散措施　煤气净化设备和煤气余热锅炉，应设放散管和吹扫管接头，其装设的位置应该能使设备内的介质吹净；当煤气净化设备相连处无隔断装置时，可仅在较高的设备上或设备之间的煤气管道上装设放散管。设备和煤气管道放散管的接管上，应设取样嘴。在

容积大于或等于 $1m^3$ 的煤气设备上，放散管直径不应小于 100mm；容积小于 $1m^3$ 的煤气设备上的放散管直径不宜小于 50mm。

（5）水封要求　煤气发生炉炉顶设有探火孔者，探火孔应有汽封，以保证从探火孔看火及插扦时不漏煤气。煤气设备的水封，应采取保持其固定水位的设施，水封的给水管上应设 U 形给水封和止逆阀，水封下部侧壁上应安设清扫孔和放水头。

（6）爆破阀　爆破阀应装在设备薄弱处或易受爆破气浪直接冲击的部位。离地面的净空高度小于 2m 时，应设防护措施。爆破阀的泄压口不应正对建筑物的门窗。爆破阀薄膜的材料，宜采用退火状态的工业纯铝板。

（7）设置安全联锁设施。

### 3. 废热锅炉的安全

（1）安全附件要齐全　安全附件是保证压力容器安全运行的重要装置，是废热锅炉不可缺少的辅助设施，可提高压力容器的可靠性和安全性。

① 安全阀　安全阀防止锅炉因操作失误或设备故障而设置的。在锅炉压力超过正常控制压力时，安全阀自动打开泄压从而保证了锅炉安全。

② 液位计　液位计是指示锅炉内水量多少的安全装置，液位过高易蒸汽带水，液位过低易烧坏设备。

③ 压力表　压力表是指示锅炉实际操作压力的安全装置，压力过高易损坏设备。

④ 液位报警器　液位报警器可提醒人们锅炉在运行中液位已经超过了正常操作范围，操作时要注意。

⑤ 安装连锁装置。

（2）精心操作，定期检测　生产中工人要按照操作规程，控制各工艺参数，保持水位和压力正常，并定时、定点、定线进行巡回检查；定期进行检测，及时消除安全隐患。

### 4. 制气操作的工艺安全

（1）严防过氧（透氧）　以煤为原料制气，过氧都是引发设备管线内化学爆炸的关键因素。操作过程中要控制煤气中氧含量不超过 0.15%，当氧含量达到 1% 时，要立即停车处理。主要措施包括：制气过程中使煤燃烧均匀完全，证炉温的正常；为防止煤气泄漏至环境中引发空间爆炸，应合理布点装设可燃气体监测报警器，及时发现泄漏及时处理，保证液封和安全放空设施功能正常；及时巡检确保设备及联锁装置的正确灵敏等。

（2）防止物理爆炸　关键是保证设备、管线（尤其是弯管、弯头）、接头的机械强度和密封，一定要定期检验和检修，严禁带病运转。贮罐、气柜物理爆炸会引起大规模泄漏，应大范围（包括厂外）禁火禁电、疏散人群。

（3）生产和检修中的防爆措施　在生产和检修过程中，防爆措施如下：

① 保证设备管道密封，杜绝漏气，以防止形成爆炸性气体混合物；

② 经常分析检查生产系统的气体组成，并且车间要有良好的通风，防止达到爆炸浓度；

③ 在操作中要严防超压，并设置防超压的安全装置，如压力计、安全阀、防爆板、警铃等；

④ 检修时上好盲板，切断检修系统与生产系统的联系，防止生产系统内可燃性气体漏

到检修系统；

⑤ 检修时要用惰性气体或蒸汽置换设备内的可燃性气体，必须使可燃气体浓度在 0.5% 以下；

⑥ 动火前必须认真做好动火分析，在动火期间隔数小时要分析动火周围空气中可燃气体的含量；

⑦ 检修后开工时，必须用惰性气体将系统内的氧气排除干净，使氧的含量在 0.5% 以下；

⑧ 火花是爆炸性气体的一种引爆剂，因此生产厂房中应竭力消灭一切产生火花的来源，除了遵守防火制度外，还必须防止产生电火花；

⑨ 受压容器必须符合安全技术的规定。

投入生产后还要进行定期的技术检验。

(4) 常见事故及预防措施

① 正常停车炉口喷火　预防事故的措施：停车后要检查仪表指示是否为停车状况，流量和温度是否有变化，炉顶和炉底微压计是否有压力。若仪表指示不正常，需认真查找原因。从炉顶快开门检查炉内是否有余压。烟囱或上烟道问题，可以先打开燃烧室后才能打开炉盖，要特别注意防止炉口喷火烧伤人员。

② 制气时炉底有爆炸声　预防事故的措施：加强巡检，发现炉底有爆炸声，立即查找原因；工艺阀门动作情况要认真检查，炉底和灰斗吹净阀要防止堵死；灰斗或灰盘加水注意不要堵住吹净口，炉底水封桶要经常清理，保证溢流正常。

③ 煤气中氧气含量高　预防煤气中氧含量高，可采取如下措施：稳定煤气炉操作，稳定火层避免吹翻等情况；加强各工艺阀门的巡检，发现不正常及时修理；加强上、下吹煤气和吹净气分析，特别是有煤气氧表的企业，煤气中氧含量一有波动，必须查找原因并及时处理。

### 5. 检修作业中的安全

检修前各项准备措施的落实，为安全作业创造了必要的条件，而要确保检修作业安全，还必须采取有效的安全技术措施。煤气易燃易爆而且有毒，加之检修时常常需要动用明火，因此安全问题必须引起足够重视。

(1) 动火作业安全　煤气设施的明火作业，可分为置换动火与带压不置换动火两种方法。它们的共同点是采取措施消除产生爆炸的一个或两个因素。其不同点在于置换动火是把煤气设施内的煤气置换干净，使煤气浓度远低于爆炸下限；而带压不置换动火是使煤气设施内的煤气浓度远高于爆炸上限，并使之保持恒定正压。显然，置换动火较为稳妥，但影响生产，而且消耗大量惰性介质；带压不置换动火可以不影响或少影响生产，但工艺条件要求较高。

带压不置换动火安全主要是控制煤气的含氧量及相对稳定的正压。根据煤气浓度超过爆炸上限便不会发生爆炸的原理，可以计算出发生爆炸的最低含氧量。但是，考虑到导致爆炸上限升高的种种因素，一般推荐带压不置换动火的安全含氧量为 0.8%。压力参数要求正压，且不能太高以免妨碍动火，通常为 1.0～1.5kPa。施工时要注意：补漏工程应先堵漏再补焊，无法堵漏的可站在上风侧，先点着火以形成稳定的燃烧系统防止中毒，再慢慢收口。

(2) 抽插盲板安全　抽插盲板属危险作业，常见的事故有着爆炸及中毒。带煤气抽堵

第六章　化工安全与环保技术

盲板不宜在雷雨天进行，必须遵守下列安全规定。

① 划定危险区 危险区内严禁火种及高温热源，无关人员不得入内。一般带气堵盲板，危险区半径为 40m，投光器应设在中心点 10m 以外。

② 确认止火 要建立三道防线，即得到岗位操作工、单位安全员及防护员的确认。这一点十分重要，不然会发生回火爆炸事故。

③ 备齐防护措施 为防煤气中毒，应佩戴氧气呼吸器；应有防护员在近旁监护，并备好苏生器；作业前要认真鉴定、检查呼吸器；一般应使用不发火的工具（如铜制工具及抹有黄油的钢制工具等），抽插焦炉煤气盲板时，盲板应涂以黄油或石灰浆，以免摩擦起火；作业场所应备有联系信号、压力表及风向标志；大型盲板作业时，应有消防车、医务人员及救护车在现场待命。

④ 确保盲板质量 主要有两方面：一是盲板的大小、厚度符合要求，边缘光滑不带毛刺，板面光滑无中度以上锈蚀；二是要确保不漏气，作业时要严守安全规章。

### 三、制气车间常见火灾的扑救方法 (Fire Fighting Method in Gas Making Workshop)

所有灭火方法都是为了破坏已经产生的燃烧条件（可燃物、助燃物、点火源），只要失去其中任何一个条件，燃烧就会停止。但由于灭火时，燃烧已经开始，控制点火源已经没有意义，主要是消除可燃物和助燃物这两个条件。根据物质燃烧原理及与火灾扑救的实践经验，灭火的基本方法有：窒息灭火法、隔离灭火法、化学抑制灭火法。

（1）煤气火灾 扑救这类火灾可用化学干粉、蒸汽等，禁止用水扑救，并要设法密闭和堵塞泄漏处。煤气设施着火时，应逐渐降低煤气压力，通人大量蒸汽或氮气，但设施内煤气压力最低不得小于 0.1kPa，严禁突然关闭煤气闸阀或水封，以防回火爆炸。直径小于或等于 100mm 的煤气管道起火，可直接关闭煤气阀门灭火。煤气隔断装置、压力表或蒸汽、氮气接头，应有专人控制操作。

（2）油品火灾 如焦油等物质发生的火灾。扑救这种火灾可用化学干粉、二氧化碳或泡沫灭火剂。

（3）电气火灾 扑救这种火灾可用化学干粉、二氧化碳等类型的灭火器。

# 第二节 化工生产中的职业毒害与防毒

## Occupational Poisoning and Anti-Poison of Chemical Production

化学工业生产常常涉及有毒有害、易燃易爆问题，是一个对人的健康危害比较大、风险比较高的行业。"责任关怀"的核心内容之一就是提高安全健康及环境保护业绩，其实践准则是雇员保健和安全，其目的是改善人员作业时的工作环境和防护设备，使工作人员能安全地在厂内工作，进而确保工作人员的安全与健康。它要求企业采取一切可靠有效的措施消除或控制风险，不使伤亡事故发生；采取有效的预防措施消除或减少职业病危害因素可能造成的危害，以防止职业中毒、化学灼伤等一切职业病的发生。企业通过改善健康、安全和环境质量，可带来巨大的经济效益和社会效益。

## 一、职业病危害及职业中毒 (Occupational Hazards and Occupational Poisoning)

### 1. 职业病危害

（1）职业病危害　在生产劳动过程中，受到劳动条件中危害人体健康的因素影响，使劳动者发生职业性损伤，称为职业病危害。根据《职业病防治法》职业病危害因素分为粉尘类、放射性物质类、化学物质类、物理因素、生物因素等。《职业病目录》中将职业病分为 10 大类：肺尘埃沉着病（尘肺）、职业放射性疾病、职业中毒、物理因素所致职业病、生物因素所致职业病、职业性皮肤病、职业性眼病、职业性耳鼻喉口腔疾病、职业性肿瘤及其他职业病。

（2）化工生产的职业病危害因素　职业病危害因素包括：职业活动中存在的各种有害的化学、物理、生物因素以及在作业过程中生产的其他职业有害的因素。化工企业生产环境中的主要有害因素可分为化学性有害因素和物理性有害因素两大类。

① 化学性有害因素主要包括生产性毒物和生产性粉尘。

a. 生产性毒物。化工企业生产中最常见的有害因素是毒物，其品种极多。例如：氮肥生产中接触有一氧化碳、硫化氢、氨等；染料厂中接触有苯胺、硝基苯、萘等化合物；涂料厂、试剂厂中应用苯、甲苯、溶剂油等；农药厂接触有磷、三氯化磷、有机磷、光气、氨基甲酸酯等；氯碱厂接触氯气等。

b. 生产性粉尘。通常指生产中接触的硅尘、滑石尘、炭黑尘、有机粉尘等。例如：矿山开采、破碎、辗磨等接触硅尘；橡胶厂接触滑石尘、炭黑尘等；焦化厂、化肥厂接触煤尘等。长期吸入这些粉尘的工人可以引起肺尘埃沉着病。

② 物理性有害因素包括高温和低温、噪声和振动、非电离辐射和电离辐射。

a. 高温和低温。合成氨厂的转化炉和造气炉、焦化厂的炼焦炉、电石生产厂的电石炉、橡胶厂的硫化、农药厂的黄磷电炉、染料的烘房、泡花碱的反射炉、涂料厂的铅丹炉等作业都属于高温作业，夏季易发生中暑。冷冻房、制冷机房等作业属低温作业。

b. 噪声和振动。电动机、鼓风机、压缩机、机床、球磨机、碎石机、编织机、泵房等场所，都发生不同强度的噪声，长时间在高噪声环境中劳动会引起听力损伤，严重者发生噪声性耳聋。长期从事风动工具作业者，如矿山的凿岩工可发生振动性疾病。

c. 非电离辐射。电焊时的紫外线可引起电光性眼炎；用高频进行金属热处理、塑料黏合、橡胶硫化等会受到高频电磁场的影响。

d. 电离辐射。机械探伤用的钴 60、X 射线，实验用的同位素等都具有电离辐射的危害。

### 2. 职业中毒及其途径

（1）职业中毒　在生产过程中由工业毒物引起的中毒即为职业中毒。化工生产中使用的原料、添加剂和生产的产品及副产品等，品种繁多，形态不一，毒性大小也不同。职业中毒是化工行业的主要职业病危害。但只要掌握化工生产中化学物质的特性，掌握引起中毒的规律，了解中毒的主要病状，并且做好防护，那么，职业中毒是完全可以预防的。

（2）职业中毒途径　工业毒物进入人体的途径有三种，即呼吸道、皮肤和消化道，其中最主要的是呼吸道，其次是皮肤，经过消化道进入人体仅在特殊情况下才会发生。

① 经呼吸道进入。毒物经呼吸道进入人体是最主要、最危险、最常见的途径。因为凡是呈气态、蒸气态或气溶胶状态的毒物均可随时伴呼吸过程进入人体。

肺是由亿万个很小的肺泡组成的。肺泡表面总面积很大，正常成人达 $70m^2$，加之肺泡壁非常薄，肺泡壁上毛细血管非常密集，所以当毒物吸入肺后，很快就能通过肺泡壁进入血液循环中。毒物随着肺循环血液而流回心脏，然后进入体循环分布到全身，从而引起毒性作用。

毒物进入呼吸道后，它的危害性与其挥发性、溶解度、颗粒大小和化学结构等物理化学性有关，即气态毒物进入呼吸道深度还取决于其水溶性程度。水溶性较大的毒物如氯气、氨气，易为上呼吸道吸收，即刻产生毒性作用，除非浓度较高，一般不易到达肺泡。水溶性较差的毒物如光气，因其对上呼吸道刺激较小，易进入呼吸道深部，造成的危害较大。总之，毒物挥发性越大、溶解度越大、颗粒越小对人体的危害则越大，进入人体后引起中毒的可能性也越大。

② 经皮肤进入。毒物经皮肤吸收后通过表皮屏障到达真皮，也可以通过皮肤的附属器如毛囊、皮脂腺或汗腺进入真皮，然后进入血液。

能经过皮肤进入人体的毒物有以下三类。

a. 能溶于脂肪或类脂质的物质。此类物质主要是芳香族的硝基、氨基化合物，金属有机铅化合物以及有机磷化合物等，其次是苯、二甲苯、氯化烃类物质。

b. 能与皮肤的脂酸根结合的物质。此类物质如汞及汞盐类等。

c. 具有腐蚀性的物质。此类物质如强酸、强碱、酚类及黄磷等。

有时皮肤有病损时或表皮屏障遭腐蚀性物质破坏，原本难于经完整皮肤吸收的毒物也能进入。

③ 经消化道进入。在生产过程中，经消化道摄入毒物所致职业中毒甚为少见，常见于意外事故。但有时由于个人卫生习惯不良或毒物污染食物时，毒物也可从消化道进入体内，尤其是固体和粉末状毒物。有些难溶性的气溶胶进入呼吸道后，被呼吸系统消除至咽喉部时，也能从咽喉部进入消化道，从而造成中毒。

## 二、化工生产中防止职业毒害的技术措施 (Technical Measures of Anti-Poison in Chemical Production)

预防为主、防治结合应是开展防毒工作的基本原则。防毒措施主要包括防毒技术措施、防毒管理教育措施、个体防护措施三个方面，其中防毒技术措施是其重点。

防毒技术措施包括预防措施和净化回收措施两部分。预防措施是指尽量减少与工业毒物直接接触的措施；净化回收措施是指由于受生产条件的限制，仍然存在有毒物质散逸的情况下，可采用通风排毒的方法将有毒物质收集起来，再用各种净化法消除其危害。

### 1. 预防措施

（1）用无毒或低毒物质代替有毒或高毒物质　在化工生产中，使用无毒物质代替有毒物质，以低毒物质代替高毒或剧毒物质则是从根本上消除有毒物质危害的有效措施。例如，在防腐喷漆中，以云母氧化铁防锈底漆代替了大量含铅的红丹防锈底漆，从而消除了铅害。采用无汞仪表或热电偶温度计代替水银温度计防止汞中毒等措施。

（2）采用安全的工艺路线　采用安全的危害性小的工艺路线以代替危害性较大的工艺路线，也是防止毒物危害的带有根本性的措施。这种工艺路线的改变，包括原料路线的改变和工艺方法的改变，借以消除有毒原料和有毒副产物所带来的危害。例如，过去大多数化工行业的氯碱厂电解食盐时，用水银作为阴极，称为水银电解。由于水银电解产生大量的汞蒸气、含汞盐泥、含汞废水等，严重地损害了工人的健康，同时也污染了环境。进行工艺改革后，采用安全工艺路线离子膜电解，消除了汞害。

（3）生产过程采用较安全的条件　采用较安全的工艺条件（温度、压力）及生产条件，对于存在有毒物质的生产过程中预防有毒物质的危害具有十分重要的意义。

工艺条件可采用低温，即降低生产系统或操作环境的温度会降低有毒物质的蒸发量；若降低系统压力或形成负压，则会降低有毒物质的扩散、逃逸能力，进而减少物质的散发量。以密闭、隔离操作代替敞开式操作。生产过程的密闭包括设备本身的密闭及投料、出料，物料的输送、粉碎、包装等过程的密闭，均可防止有害物质的扩散。隔离操作就是把工人操作的地点与生产设备隔离开来。生产设备放在隔离室，采用排风装置使隔离室内保持负压状态，防止有害气体的扩散。

如跨国公司埃克森·美孚，致力于通过技术革新，采用安全工艺来创造安全生产环境。该企业生产的片状苯酐在熔化时苯酐蒸气会在大气中冷却变成粉尘，为此，工厂在苯酐蒸气分离系统增加了一个低温箱收集苯酐蒸气，从而避免了苯酐粉尘的形成。而由于苯酐蒸气的沉淀，片状苯酐装卸系统容易堵塞。以前清楚堵塞的操作靠人工从设备内部清除苯酐粉尘，通过安装内部氮清除系统，减少了员工接触粉尘的机会。

（4）以机械化、自动化、连续化代替手工间歇操作　以机械化、自动化、连续化代替手工间歇操作不仅减少工人的劳动强度，而且减少工人与有毒物质的接触机会，减少了毒物对人体的危害。

间歇操作中生产间断进行，需要经常地配料、加料，频繁地进行调节、分离干燥、粉碎和包装等，几乎所有的单元操作都要靠人工进行。反应设备时而敞开时而密闭，或者根本无法密闭，尤其对危险性较大和使用大量有毒物质的工艺过程，使操作人员接触毒物的机会增多，并且间歇操作增加了劳动强度。若以机械化、自动化、连续化代替手工间歇操作就消除了上述弊端。如农药厂将对整瓶、贴标、灌装、旋塞、拧盖等一类手工操作，以整瓶机、贴标机等机器代替，达到了机械化、自动化。可以减少工人与有害物质的接触机会，降低了农药的挥发，改善了环境。

（5）做好劳动防护　个人防护用品指劳动者为防止一种或多种有害因素对自身的直接危害所穿用或佩戴的器具的总称。为了保证劳动者在劳动中的安全和健康，应当用好个人防护用品，改善劳动条件，消除各种不安全、不卫生的因素。

《合成氨生产企业安全标准化实施指南》指出劳动保护必须包括：①接触酸、碱的作业人员应配备防酸碱工作服、手套、工作鞋及护目镜或防护面罩；②接触一氧化碳、硫化氢、二氧化硫等有毒有害气体的作业人员应配备过滤式防毒面具；岗位至少配备两套长管式防毒面具；③接触氨的操作岗位应至少配备两套正压式空气呼吸器、长管式防毒面具、全封闭防化服等防护器具；接触氨的作业人员均应配备型号适合的过滤式防毒面具；④接触煤尘等固体粉尘的作业人员应配备防尘口罩；⑤接触噪声的作业人员应配备耳塞或耳罩；⑥高温作业场所作业人员应配备防热服、防高温手套、隔热鞋。

**2. 净化回收措施**

（1）通风排毒　对于有有毒气体、蒸汽或气溶胶的生产场所，要进行通风排毒。可采用局部排风或全面通风措施。局部排风是采用排风罩、风机及净化装置等，把有毒物质从发生源直接抽出去，然后净化回收；全面通风则是用新鲜空气将作业场所中的有毒气体稀释到符合国家卫生标准。由于全面通风所需风量大，无法集中，气体不能回收净化，容易污染环境，采用通风排毒措施时应尽可能采用局部排风的方法，全面通风作为局部排风的辅助措施。

（2）净化回收　局部排风系统中的有害物质浓度较高，对于那些浓度较高且具有回收价值的有害物质应进行分离、回收并综合利用，化害为利。

此外，对设备严格按计划检修，加强设备维护管理，杜绝跑冒滴漏，也是减少毒物危害十分重要的技术管理措施。

化工企业罗门哈斯通过推行"责任关怀"，将生产过程中的健康隐患和事故隐患降低到最低，尽可能维护健康的生产环境，公司的各个厂区和操作区都设有应急药箱；为了减少危险发生的可能性，同时保护员工的视力，所有操作区间、维修间、罐区、仪表盘以及需要巡检的地方，对光线照明的强度都有着明确的要求；甚至在楼梯间、浴室、卫生间、停车场、道路等非施工区域内，对管线的照度也都有严格的要求。此外，公司还针对办公室工作人员和搬运工设置了两套人机工程系统，预防鼠标手、颈椎病等，以及防止搬运人员的肌肉拉伤。所有这些措施都在相当程度上防止了职业病和生产事故的发生，同时也促进了企业的发展。

 总结一下生产中常见的防止职业毒害的用品。

## 三、职业中毒诊断和现场抢救 (Diagnosis and On-site Rescue of Occupational Poisoning)

### 1. 职业中毒诊断

（1）刺激性气体中毒临床表现　刺激性气体是化工生产过程中经常遇到的有害气体。某些刺激性气体的行业分布见表 6-1。

表 6-1　某些刺激性气体的行业分布

| 行　业 | 刺激性气体举例 |
| --- | --- |
| 化肥 | 氨、氮氧化物、氟化氢、磷化氢等 |
| 硫酸、纯碱 | 二氧化硫、三氧化硫、氨等 |
| 氯碱 | 氯、氯化氢等 |
| 农药 | 氯、光气、三氯化磷、三氯乙醛、三氯硫磷等 |
| 涂料 | 甲醛、二氧化硫、甲苯二异氰酸酯等 |
| 染料 | 光气、二氧化硫、三氧化硫、氮氧化物、氯化氢等 |
| 有机合成溶剂、助剂 | 氯、氯化氢、甲醛、有机氟、二氧化硫、三氯化磷、丙烯醛等 |
| 无机盐 | 氯、磷酸蒸气、磷化氢、氟化氢、氮氧化物等 |

刺激性气体中毒后，表现为呼吸道黏膜和眼结膜的刺激现象。但是由于毒物种类不同、溶解度不同，接触时间、浓度和量的不同，常出现轻重不同的影响。

刺激性气体吸入后当时即可出现呛咳不止。气闷、气急、流泪、怕光、咽痛等病状，吸入高浓度刺激性气体还可出现口唇、指甲青紫等缺氧现象和头晕、恶心、呕吐、呼吸困难等；有的病人咽喉部水肿，甚至出现肺炎和肺水肿。刺激性气体中毒后所致肺水肿，即肺泡中充满了来自受刺激的肺泡本身渗出的大量的水，肺泡不能进行正常的气体交换，这就出现了严重呼吸困难等临床症状。皮肤污染处，局部可有皮肤红肿，有些可造成水疱或糜烂。

（2）窒息性气体中毒临床表现　窒息性气体就是指直接妨碍氧气的供给和人体对氧气

的摄取、运输、利用，从而造成人体缺氧的一些气体。比较常见且危害比较严重的窒息性气体有一氧化碳、硫化氢、氰化氢等。

如急性一氧化碳中毒的临床表现为头痛、头昏、恶心、呕吐、全身疲乏。病情加重时，面部及口唇呈樱桃红色，呼吸困难、心跳加速，甚至尿便失禁。重症病人出现昏迷、全身肌肉抽搐和痉挛，并有多种并发症，如脑水肿、休克、心力衰竭等

（3）金属类毒物中毒　金属及其化合物成千上万种，在化学工业中应用广泛。对工人危害严重的金属有汞、铅、铬、锰、镍等。生产过程中由金属引起的职业中毒多为慢性中毒，急性中毒现已很少见。

如慢性铅中毒早期表现为头痛、头晕、失眠、多梦、记忆力减退、全身无力和关节酸痛等，口内有金属味、恶心、呕吐、食欲不好，腹部隐痛或绞痛，大便秘结等；病情加重时，出现四肢远端麻木，触觉、痛觉减退等神经炎表现，并有握力减退；严重病人可能出现肌肉活动障碍。腹绞痛是铅中毒的典型症状，多发生于脐周围处，也可发生在上腹或下腹部位。发作时医生检查腹部是软的，无压痛点，按压腹部时疼痛可能减轻，面色发白，全身冷汗。每次发作可以持续几分钟到几十分钟。铅中毒时可出现中等度贫血，有时伴高血压。化验检查可发现尿铅量超标。

 汞、铅重金属在生产车间空气中的最高容许浓度及防止其毒害的预防措施。

### 2. 现场抢救

现场抢救是对急性中毒患者的第一步处理。及时、正确地做好现场抢救常能使死者复生；有一些简易的措施常能使重危者减轻受害程度，争取时间，为进一步治疗创造条件。因此，现场抢救十分重要。

（1）职业中毒现场抢救基本原则和方法

① 救护者应做好个人防护。急性中毒发生时毒物多由呼吸系统和皮肤侵入体内。因此，救护者在进入毒区抢救之前，首先要做好个人呼吸系统和皮肤的防护，佩戴好供氧式防毒面具或氧气呼吸器和防护服。如中毒者系坠入罐或槽中，尚需穿好胶皮防护服，系上安全带，然后进行抢救。否则，由于匆忙没有采取防护措施，非但中毒者不能获救，救护者也会中毒，致使中毒事故扩大。

② 切断毒物来源。救护人员进入事故现场后，除对中毒者进行抢救外，同时应侦察毒物来源，采取果断措施（如关闭泄漏管道的阀门、加堵盲板、停止加送物料、堵塞泄漏的设备等）切断来源，防止毒物继续外逸。对于已经扩散出来的有毒气体或蒸气应立即启动通风排毒设施或开启门、窗以及采取中和处理等措施，降低有毒物质在空气中的含量，为抢救工作创造有利条件。

③ 采取有效措施防止毒物继续侵入人体。首先，要迅速将中毒者移至空气新鲜处，在搬运过程中要沉着、冷静，不要强拖硬拉，防止造成骨折。并要松解患者颈、胸部纽扣和腰带，以保持呼吸通畅。其次，把中毒患者从现场中抢救出来后，应立即有重点地进行一次检查，检查的顺序是：神志是否清晰，脉搏、心跳是否存在，呼吸是否停止，有无出血及骨折。呼吸困难或面色青紫要立即给予氧气吸入；心跳或呼吸停止，则要就地抢救，进行心脏胸外挤压术和人工呼吸。第三，患者的皮肤有污染时，要脱掉被污染衣物，及早用清水冲洗

15min 以上（或用温水、肥皂水冲洗）。有些中毒患者如需特殊解毒剂，要在现场即刻使用。第四，如系误服应立即催吐、洗胃及导泻。催吐可用手指刺激舌根。洗胃可用清水或 1：5000 高锰酸钾溶液。误服强酸、强碱则不宜洗胃，可用蛋清、牛奶等中和。导泻可在医院进行。第五，如患者呼吸、心跳尚正常，但有昏迷、血压降低等表现者，应立即转送医疗单位，在转运途中注意观察心跳、呼吸变化。一旦发现心跳和呼吸停止则要立即抢救。第六，在现场抢救时，施救人员要注意选择有利地形设置为急救点。如果突然散发大量毒气，采取应急措施并迅速选择上风向离开毒气。

（2）抢救方法

① 呼吸复苏术。人工呼吸方法有压背式、振臂式和口对口（鼻）式三种，常用是口对口人工呼吸法。

② 心脏复苏术。心脏停止跳动后的抢救方法称为复苏术，在现场抢救中常采用人工复苏胸外挤压术。呼吸复苏术一般与心脏复苏术同时进行。

人工复苏胸外挤压术的方法是将患者放平仰卧在硬地或木板床上。抢救者在患者一侧或骑跨在患者身上，面向患者头部，用双手以冲击式挤压患者胸骨下部部位，每分钟 60～70 次。挤压时应注意不要用力过猛，以免发生肋骨骨折、血气胸等。

 口对口人工呼吸法的操作方法。

# 第三节  "三废"的处理和利用
## Disposal and Utilization of "Three Wastes"

由于化工反应过程的复杂性以及分离过程的多样性，化工生产的同时也产生了大量的废气、废水、废渣等化工废弃物，即"三废"。如图 6-1 所示。

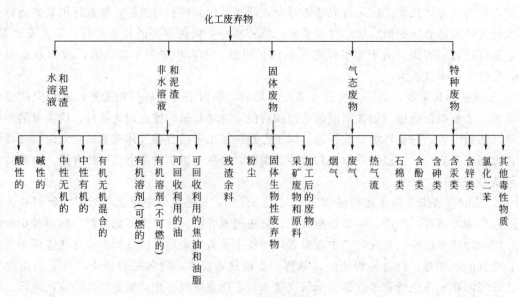

图 6-1  化工废弃物分类

据统计，全国化工废水排放量居全国工业行业排放总量的第 1 位，化工废气排放量和危险废物产生量也在全国工业行业中分别居第 5 位和第 1 位。这使得化学工业是环境污染大户之一。"三废"的形成和排放，不但造成了资源的浪费，而且会造成环境的污染。

化工过程三废的主要来源如图 6-2 所示。

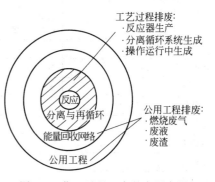

图 6-2　化工过程三废的主要来源

推行"责任关怀"，实施污染防治准则，目的是为了减少污染物向环境空间（空气、水和陆地）的排放；当排放不能减少时，则要求对排放物进行处理，其范围涵盖污染物的分类、储存、清除、处理及最终处置等过程。它适用于企业在生产和经营过程中的全部活动，预防污染，以防止企业一切活动中对环境产生负面影响。

# 一、废水的处理和利用 (Disposal and Utilization of Wastewater)

## 1. 废水的排放标准

水在化工生产中应用普遍，废水的排放量较大。化工生产废水中含有种类繁多的化学物质，例如，酚类化合物、硝基苯类化合物、烃类化合物、有机溶剂等有机化合物以及含氟、汞、铬、铜等有毒元素的无机化合物，这样的水会直接或间接、近期或远期对环境和人产生有害作用。为了保障天然水的水质，人及其他生物的健康以及环境的发展，不能任意向水体排放生产污水，在排放以前一定要进行无害化处理，以降低或消除其对水体水质、生物和环境的不利影响。

为了保护水环境质量，控制水污染，除了规定地面水体中各类有害物质的允许标准值之外，还必须控制地面水体的污染源，对各类污染物的排放浓度作出规定。1996 年国家环保局颁布的《污水综合排放指标》（GB 8978—1996）对石油化工等行业规定了排放标准，包括最高允许排水定额和相关的污染物最高允许排放浓度，并将污染物分为两大类。第一类污染物指能在环境或动植物体内蓄积，对人体健康产生长远的不良影响者，含有此类有害污染物质的污水，不分行业和污水排放方式，也不分受纳水体的功能类别，一律在车间或车间处理设施排出口取样，其最高允许排放浓度见表 6-2。第二类污染物指其长远影响小于第一类的污染物质，在排污单位排出口取样，其排放标准参见表 6-3。

表 6-2　第一类污染物最高允许排放浓度

| 序号 | 污染物 | 最高允许浓度/(mg/L) | 序号 | 污染物 | 最高允许浓度/(mg/L) |
|---|---|---|---|---|---|
| 1 | 总汞 | 0.05 | 8 | 总镍 | 1.0 |
| 2 | 烷基汞 | 不得检出 | 9 | 苯并[a]芘 | 0.00003 |
| 3 | 总镉 | 0.1 | 10 | 总铍 | 0.005 |
| 4 | 总铬 | 1.5 | 11 | 总银 | 0.5 |
| 5 | 六价铬 | 0.5 | 12 | 总 $\alpha$ 放射性 | 1Bq/L |
| 6 | 总砷 | 0.5 | 13 | 总 $\beta$ 放射性 | 10Bq/L。 |
| 7 | 总铅 | 1.0 | | | |

表 6-3 第二类污染物排放标准

| 项 目 | 一级标准/(mg/L) | | 二级标准/(mg/L) | | 三级标准/(mg/L) |
|---|---|---|---|---|---|
| | 新扩建 | 现有 | 新扩建 | 现有 | |
| pH 值 | 6~9 | 6~9 | 6~9 | 6~9 | 6~9 |
| 色度(稀释倍数) | 50 | 80 | 80 | 100 | — |
| 悬浮物 | 70 | 100 | 200 | 250 | 400 |
| 五日生化需氧量(BOD₅) | 30 | 60 | 60 | 80 | 300 |
| 化学需氧量(COD) | 100 | 150 | 150 | 200 | 500 |
| 石油类 | 10 | 15 | 10 | 20 | 30 |
| 动植物油 | 20 | 30 | 20 | 40 | 100 |
| 挥发酚 | 0.5 | 1.0 | 0.5 | 1.0 | 2.0 |
| 碳化物 | 0.5 | 0.5 | 0.5 | 0.5 | 1.0 |
| 硫化物 | 1.0 | 1.0 | 1.0 | 2.0 | 2.0 |
| 氨、氮 | 15 | 25 | 25 | 40 | — |
| 氟化物 | 10 | 15 | 10 | 15 | 20 |
| | — | | 20 | 30 | |
| 磷酸盐(以 P 计) | 0.5 | 1.0 | 1.0 | 2.0 | |
| 甲醛 | 1.0 | 2.0 | 2.0 | 3.0 | — |
| 苯胺类 | 1.0 | 2.0 | | 3.0 | 5.0 |
| 硝基苯类 | 2.0 | 3.0 | 3.0 | 5.0 | 5.0 |
| 阴离子合成洗涤剂(LAS) | 5.0 | 10 | 10 | 15 | 20 |
| 铜 | 0.5 | 0.5 | 1.0 | 1.0 | 2.0 |
| 锌 | 2.0 | 2.0 | 4.0 | 5.0 | 5.0 |
| 锰 | 2.0 | 5.0 | 2.0 | 5.0 | 5.0 |

### 2. 聚酯生产废水的处理和利用

废水处理方法按对污染物实施的作用不同,大体分为物理处理法、化学处理法和生物处理法三类。废水处理程度取决于处理后出水的去向。化工废水的去向有三种,一是在厂内处理后回用或直接排入水体;二是先在厂内经初步处理后排入二级处理厂集中处理,然后回用或排入水体;三是由若干工厂联合进行处理后回用或排入水体。处理后的出水如果排入水体,则废水的处理程度既要能够充分利用水体自净能力,又要防止水体遭到污染。

聚酯生产废水来源于酯化过程中产生的酯化废水和缩聚过程中产生的喷射泵废水。年产30000t 差别化聚酯切片生产厂,所产生的废水水质和水量如表 6-4 所示。废水中主要污染物为乙二醇、苯甲酸、乙醛等低分子有机物,废水无色透明,有刺激性气味,水质呈酸性,BOD (生化需氧量) 和 COD (化学需氧量) 数值较高。

表 6-4  废水水质、水量情况(平均值)

| 污染物 | COD_Cr/(mg/L) | BOD₅/(mg/L) | pH | 水量/(L/d) |
|---|---|---|---|---|
| 酯化废水 | 18500 | 4770 | 5 | 16 |
| 喷射泵废水 | 2500 | 1350 | 6 | 56 |
| 生活废水 | 300 | 120 | 7 | 8 |

该聚酯厂产生的废水必须经过水质处理才能达到排放标准,其处理工艺流程如图 6-3所示。

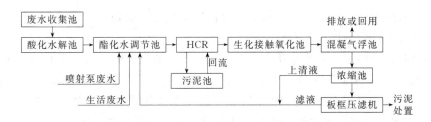

图 6-3 聚酯废水处理工艺流程

处理流程中包括酸化水解池、酯化水调节池、HCR（高效生物反应器，也称生化塔）、生化接触氧化池、混凝气浮池水处理设施。聚酯废水经上述工艺处理后，能较稳定地实现达标排放，而且绝大部分时段可达到一级排放标准。酯化废水和喷射泵废水经处理后，出水可回用于生产，处理尾水全部回用为循环冷却水的补充水。通过废水处理保护了环境，同时也节约了能源和工厂资金。

## 二、废气的处理和利用 (Disposal and Utilization of Waste Gas)

化工生产中排放的废气大多具有刺激性和腐蚀性，还有的含有大量的粉尘、烟气和酸雾等，如不经处理直接排放会造成环境污染，使生态环境及人类的健康发展受到危害。如含有大量二氧化硫的气体直接排放，会危害人体健康，腐蚀金属、建筑物和器物的表面，还易氧化成硫酸盐降落地面污染土壤、森林、河流和湖泊。常见的化工废气有：硫化合物、氮氧化物、碳氧化物、碳氢化合物、臭氧和氟化物等。

### 1.废气排放标准

废气排放标准是以实现环境空气质量标准为目标而对从污染源排入大气的污染物含量的限制。目的是保证污染物排放后经输送和扩散，它们在空气中的浓度不超过规定的环境空气质量标准。这种排放标准是直接控制污染物的排放量和进行净化装置设计的依据，也是环境管理部门进行环境空气质量监督的主要依据。我国制定的《大气污染物综合排放标准》GB 16297—1996，对某些污染源大气污染物排放限值作出明确规定，如表6-5所示。

表 6-5  某些污染源大气污染物排放限值

| 污染物 | 最高允许排放浓度/（mg/m³） | 说　　明 |
|---|---|---|
| 二氧化硫 | 1200 | 硫、二氧化硫、硫酸和其他含硫化合物生产 |
|  | 700 | 硫、二氧化硫、硫酸和其他含硫化合物适用 |
| 氮氧化 | 1700 | 硝酸、氮肥和火炸药生产 |
|  | 420 | 硝酸适用和其他 |
| 颗粒物 | 22 | 炭黑尘、染料 |
|  | 80 | 玻璃棉尘、石英粉尘、矿渣棉尘 |
|  | 150 | 其他 |
| 氟化物 | 90 | 普钙工业 |
|  | 9.0 | 其他 |
| 铅及其化合物 | 0.7 |  |

### 2.甲醇生产废气的处理和利用

对于废气的治理方法概括起来就是消烟除尘，以及采用物理和化学方法回收利用有害气体。为了消除对环境的影响，甲醇生产厂一般设有火炬系统，对在开车、正常运行、停车和事故时系统排放的无法利用的、不合格的或有毒气体进行燃烧处理后排放，对具有一定热值的可燃工艺废气进行回收以用作燃料。

甲醇生产过程中的废气主要来源于甲醇合成装置弛放气、贮罐气、甲醇精馏不凝气。甲醇合成装置弛放气主要含有甲醇、$H_2$、$CO$、$CO_2$、$N_2$、$CH_4$ 等，在用水洗涤回收甲醇后与贮罐气混合，作为燃料气回收；甲醇精馏不凝气主要污染物为甲醇、乙醇、$CO$、$CO_2$、$N_2$、$CH_4$ 等，通常采用软水吸收，使废气达到排放标准后排放到大气。

### 三、废渣的处理和利用 (Disposal and Utilization of Solid Waste)

化工废渣是指化工生产过程中产生的固体和泥浆废物，包括化工生产过程中排出的不合格产品、副产物、废催化剂以及废水处理产生的污泥等。化工生产过程中排出的废渣（固体废物），大部分采取堆放处理，不仅占用大量土地，恶化大气环境，还容易造成地表水、地下水以及周围土壤环境的严重污染。因此，必须对废渣进行妥善处理。废渣的处理方法有化学法、生物处理法、焚烧处理法、填埋法。

#### 1. 化工废渣处理的技术原则

（1）改革生产工艺　采用不产生或少产生废渣的新技术、新工艺、新设备最大限度地提高资源的利用率，把废渣消灭在生产过程中，实现清洁生产。如将传统铁粉还原法生产苯胺的工艺改进为流化床气相加氢生产苯胺工艺后，不再产生含硝基苯、苯胺的铁泥废渣，固体废物产生量由原来的每吨（产品）2500kg 减少到每吨 5kg，还大大降低了能耗。

（2）循环和综合利用　对于过程中必须排出的废渣，按性质就地处理，采用循环利用工艺或回收综合利用措施。例如从石油化工固体废物、废添加剂中经分离回收多种有机物、盐类等。回收与循环利用可以形成工业链，减少了原料的消耗。

（3）进行无害化处理与处置　对于无法或暂时无法综合利用的废渣，应妥善处理，采取无害化或焚烧等处理措施。

#### 2. 气化废渣的处理和利用

煤制备合成气使煤中的有机物转化为气体，而煤中的矿物质形成灰渣，灰渣是一种不均匀金属氧化物的混合物，某厂灰渣的组成如表 6-6 所示。灰渣对环境无害，但由于产出量大，采用堆放处理，占用大量土地，所以对灰渣进行资源化利用方式进行处理。

表 6-6　灰渣的组成

| 氧化物 | $SiO_2$ | $Al_2O_3$ | $Fe_2O_3$ | CaO | MgO | 其他 | 总量 |
|---|---|---|---|---|---|---|---|
| 组成% | 51.28 | 30.85 | 5.20 | 7.65 | 1.23 | 3.79 | 100 |

（1）筑路　用炉渣灰加以适量的石灰（氧化钙）拌和后，可作为底料筑路，目前这种工艺虽已被广泛采用，是灰渣直接利用的一种途径。但由于在使用中拌和得不够均匀，降低了使用效果。

（2）用于循环流化床燃烧　气化炉排出的灰渣残碳量较高，如某化肥厂的德士古气化炉渣含碳在 25% 左右，灰渣尚有很高的热量利用价值。以煤气化炉渣掺和无烟煤屑作为燃料，使用循环流化床锅炉燃烧，既可充分利用炉渣中残余的有效可燃物，节约能源，又可解决炉渣的环境污染问题。

（3）生产建筑材料　可利用粉煤灰生产蒸压粉煤灰砖、水泥混合材料、空心砌砖、混凝土等。灰渣由于密度较小，可作为轻骨料使用，也可制成灰渣陶粒，具有质量轻、隔热性能好、降低墙体自重，减少建筑物能耗等优点。

（4）化工原料　由于炉渣灰中含有55％～65％的二氧化硅，所以可用作橡胶、塑料、涂料（深色）以及黏合剂的填料。炉渣灰中又含有三氧化二铝，因此用炉渣灰制备的填料，有强渗透性，可以高充填，能在被充填的物料中起润滑作用，具有分布均匀、吃粉快、混炼时间短、粉尘少、表面光滑等特点。由于二氧化硅中的硅氧键断裂能高达452kJ/mol，所以具有较好的阻燃性能和较宽的湿度适应性，因而可以广泛地应用在橡胶制品中，取代碳酸钙、陶土、普通炭黑、半补强炭黑、耐磨炭黑等传统填料。

# 本章小结

本章主要介绍了：化工生产过程中的防火防爆技术、职业毒害与防毒、"三废"的处理和利用。

1．防火防爆技术措施：点火源的控制，控制可燃物和助燃物，安全工艺控制，阻止火势蔓延。

2．水煤气生产中的防火防爆技术：厂房建筑及区域布置的安全，煤气发生炉的安全，废热锅炉的安全，制气操作的工艺安全，检修作业中的安全。

3．化工生产的职业病危害因素：化学性有害因素主要包括生产性毒物和生产性粉尘，物理性有害因素包括高低温、噪声和振动、非电离辐射和电离辐射。

4．化工生产中防止职业毒害的技术措施：用无毒或低毒物质代替有毒或高毒物质，采用安全的工艺路线，生产过程采用较安全的条件，以机械化、自动化、连续化代替手工间歇操作，做好劳动防护；净化回收措施。

5．职业中毒抢救方法：呼吸复苏术，心脏复苏术。

6．化工生产过程中废水的排放标准和处理方法。

7．化工生产过程中废气的排放标准和处理方法。

8．化工废渣处理的技术原则：改革生产工艺，循环和综合利用，进行无害化处理与处置。

综合练习

1．化学品制造商协会于1988年推出了"责任关怀"计划，以回应公众对化学品制造与使用的关注，用来促进对化工产品研制、生产、销售、使用以至最终销毁各个环节的安全。它所表达的是一个化学品制造厂商在开展其业务的同时，对人身安全、健康及对环境重要性所采取高度重视的态度。"责任关怀"理念自建立以来，就得到了国际上的广泛认可和重视，且已在50余个国家大力推行。杜邦、巴斯夫、道康宁等知名企业在实施责任关怀的过程中不但提高了自身竞争力并且赢得了良好声誉。查阅资料并结合我国石化行业的发展特点，谈一谈在石油化工行业推行"责任关怀"的必要性。

2．阅读下面的资料，结合本事故过程，分析事故原因及后果，并选择你身边感兴趣的一家化工企业，完成该企业的安全情况以及三废处理情况调查。

中石油大连石化公司一联合车间主要产品是乙苯、苯乙烯。配套的三苯罐区于2000年建成，位于厂区东南侧。中石油第七建设公司具有石油化工工程施工总承包一级资质，常年

承担中石油大连石化公司工程建设和检维修项目。

2013年6月2日14时28分，中石油第七建设公司大连项目部工程七队在中石油大连石化公司一联合车间三苯罐区进行更换仪表平台踏板作业过程中发生闪爆事故，造成4人死亡，4个罐体坍塌。

6月2日13时40分左右，工程七队施工人员中1人焊接仪表平台踏板，另外2人切割939号罐顶护栏，1人清理防火堤内卫生。中石油大连石化公司人员在防火堤外监护。14时27分53秒，939号贮罐（甲苯）发生爆炸，紧接着临近的936罐（烃化液）、935罐（焦油）、937罐（脱氢液）相继爆炸着火。16时左右，大火被扑灭。

初步分析

（1）事故的直接原因　2名施工人员在罐顶气焊切割作业时，掉落的焊渣引起泡沫发生器处的爆炸性混合气体闪爆后，通过泡沫发生器与939号罐体之间的缝隙或联通管线，引发939号罐内可燃气体爆炸。

（2）管理上存在的问题　①动火作业不规范，实际操作中超出了动火作业许可作业范围；②管理不严格，4位维修工人中只有1人有焊接资质。

3. 结合第四章醋酸生产技术，查阅资料并进行企业调研，列出醋酸生产过程中产生的"三废"及综合利用措施。

**自测题**

**填空题**

1. 燃烧按其要素构成的条件和瞬间发生的特点，分为着火、_____、_____、爆炸四种类型。

2. 煤气管道着火可用_____灭火，禁止用水扑救。

3. 爆破阀应装在设备_____处或易受爆破气浪直接冲击的部位。

4. _____是保证压力容器安全运行的重要装置，可提高压力容器的可靠性和安全性。

5. _____是指示锅炉内水量多少的安全装置，_____是指示锅炉实际操作压力的安全装置。

6. 化工生产企业中的化学性有害因素主要包括_____和_____。

7. 工业毒物进入人体的途径有三种，即_____、_____和消化道。

8. 心脏停止跳动的现场抢救中一般采用呼吸复苏术与_____同时进行。

9. 废水中的第一类污染物一律在_____排出口取样，第二类污染物通常在_____取样测试。

10. 甲醇生产过程中的废气主要来源于_____、_____和_____。

11. 化工废渣处理的技术原则为_____、_____和_____。

**复习思考题**

1. 说明燃烧时必备的三个条件。

2. 简述应从控制生产工艺的哪些方面来防火防爆。

3. 列举常使用的灭火方法。

4. 化工生产的职业病危害因素有哪些?

5. 简述职业中毒现场抢救的基本原则和方法。

6. 简述防止职业毒害的技术措施。

7. 简述化工废水处理后的三种去向。

8. 简述废气的常用处理方法。

9. 列举气化废渣的处理利用途径。

# 第七章 项目式教学案例

## The Cases of Project Teaching Method

### 知识目标

1. 了解化工项目建议书的编制内容和规范，熟练掌握编写化工项目建议书的格式；
2. 熟悉常见化工生产图纸上所包含的内容；
3. 掌握工艺技术规程、岗位操作法的编制要领。

### 能力目标

1. 能参与化工项目建议书的编写；
2. 培养空间思维能力，能准确识读常见化工生产图纸：设备装备图、工艺流程图和设备与管道布置图；
3. 能对化工生产工艺流程现场进行识别与分析，在化工装置现场能提出问题、分析问题，并能给出自己解决问题的方法；
4. 能读懂工艺文件的核心内容，参与编写工艺技术规程、岗位操作法。

### 素质目标

1. 化工项目建议书的编制是建立在调查研究的基础上，经反复比较、经济成本核算、安环评估等科学论证后编制。因此要求参与人员必须具备市场观、经济成本观和科学观；具有安环意识、社会意识和风险意识。
2. 当今的化工生产技术，技术密集性强，多学科技术相互交叉，通过4个项目培养自身团队合作意识；全局观念；正确分析个人与岗位，岗位与岗位，岗位与装置的关系；增强责任意识和主人翁意识。

项目式教学是一种基于工作任务的教学模式，本章是学生熟悉了化工基本过程、基本理论、典型产品的生产技术、开停车技术以及生产过程中安全与环境问题等内容后进行系统综合练习的一个重要环节，也是学生的实践过程。

本章教学实践根据化工类学科特点和专业学习的目标，选择了四个项目教学载体：①化工工业项目建议书的编制；②化工生产图纸识读；③化工生产工艺流程现场识别与分析；④工艺技术规程、岗位操作法的编制。

在项目式教学中，项目是主线，学生是主体，教师是引导。在项目分解的基础上，建立项目小组，以小组为单位进行讨论和协作学习，通过做中学、学中做，"教、学、做"三位一体，将理论教学与实践教学有机地结合起来。

# 项目一 （化工）工业项目建议书的编制

## Project Profiles on Chemical Industries

### 应用知识

1. 项目建议书概况；
2. 项目建议书内涵；
3. 编制项目建议书注意事项。

### 技能目标

学会编写一个具体的项目建议书。

项目建议书是企业计划工作中的一种常用建议类文书，是新上项目申请立项的基本文件之一。如何编制好项目建议书，编制项目建议书时应注意什么问题，是企业计划与项目开发工程人员的基本技能和研究的课题。

## 一、项目建议书的概念 (Concept of Project Proposal)

项目建议书是企业向上级主管部门陈述兴办某个项目的内容与申请理由、要求批准立项的建议文书，是项目报请审批过程中不可缺少的文件材料。项目建议书属上行专用文书，它与"提案"、"请示"有相似之处。一个工程项目的基本建设，从计划到竣工投产要经过许多程序和步骤，而编制项目建议书是全部程序中的首要工作，是项目可行性论证的前提和基础。项目建议书顾名思义，应写明项目建议的理由、政策依据、项目内容、实施方法等情况。同时应对上报项目的性质、任务、工作计划、方法步骤、预期目标及实施可能性等内容作详细、全面的汇报，以达到建议书审批的目的。

能不能对拟上项目的基本情况作出完整、准确的描述，所建议的项目能不能得到如期批复，可行性研究报告等后续程序能不能顺利实施，项目建议书起着至关重要的作用。这就要求编制人员深刻认识项目建议书在项目开发过程中的重要意义，熟练掌握项目建议书编制的内容、方法、要求、规律，认真调查研究，对拟上项目有全面、系统、透彻的了解，方能编好项目建议书。

## 二、项目建议书的基本内容及格式 (The Content of a Project Proposal)

项目建议书的基本内容应包括：

① 项目名称，项目主办单位及负责人；

② 项目的内容、建设规模、申请理由、项目意义、引进技术和设备，还要说明国内外技术差距、概况以及进口的理由、对方情况介绍；

③ 工艺路线选择，重点描述推荐的产品方案和生产工艺技术；

④ 主要原料、燃料、电力、水源、交通、协作配套条件等情况；

⑤ 建厂条件、厂址选择；

⑥ 组织机构和劳动定员；

⑦ 投资估算和资金来源，利用外资的要说明利用外资的可能性以及偿还贷款能力；

⑧ 产品市场需求预测分析；

⑨ 安全劳动卫生与环境保护、经济效益与社会效益评价分析。

在实际工作中，常常有技术引进项目、设备进口项目、合资合作项目、新产品开发项目、改造扩建项目、大型工业、交通建设项目等，在编写不同种项目建议书时，要根据以上编制内容的基本要求，结合具体情况，把握重点，灵活运用。

项目建议书的格式一般为标题、项目承办单位、项目负责人、编制单位及时间、正文。标题要开宗明义，涵盖单位名称、事由、文种类别。如神华准格尔能源有限公司黑岱沟露天煤矿吊斗铲工艺项目建议书、神华准格尔能源有限公司污水处理厂改扩建工程项目建议书。可看出：**神华准格尔能源有限公司**为编制项目建议书的单位，**黑岱沟露天煤矿吊斗铲工艺和污水处理厂改扩建工程**是两个项目的内容（即事由），而**项目建议书**是文种类别。标题、项目承办单位、项目负责人、编制单位、时间等内容一般单独编排在一页内作为封面。正文包括前述的 9 项内容，是项目建议书的主体，通篇着力的重点，需编写人员狠下工夫，认真完成。根据建议书的内容应开列一个目录表，按目录表编排正文。正文内容应做到指标明确、参数准确、理由充分、论证科学、项目方案先进、内容充实、条理清楚。

## 三、编制项目建议书应注意的问题 (The Notable Problem during the Process of Writing Project Proposals)

### 1. 认真调查研究，广泛收集资料

用完整的资料数据作依据，是写好项目建议书的基本要求。编制项目建议书之前必须深入实际，围绕拟上项目展开调查研究，尽可能多了解、掌握项目的基本情况，收集项目涉及的各方面的资料、信息、数据，求证资料、数据的真实性、准确性，做到资料翔实、数据准确、全面系统、融会贯通，为编写项目建议书作充分准备。

一般应收集的资料范围包括：相关的国家标准、行业标准、规范、国家产业政策；同类产品的结构、性能、工艺、技术指标、成本、价格、生产厂家、市场销售情况等；国内外同类技术工艺的应用情况及技术水平；建厂地区的自然情况、辅助协作条件、政府的税收、土地政策等。涉及合作的还应收集合作企业的基本情况、经营实力等。

### 2. 注意分析方法

项目建议书的写作，是以数量方面所表现出的规律性为依据的，要求对未来的发展趋势进行科学、严密的推断分析。像投资估算、厂址选择、产品市场需求预测分析、经济效益评价分析等项目需要通过一定方法分析计算才能得出结论。如果分析方法不当或计算出现偏差，那么得出的结论就会和实际有出入，甚至出现错误，所以分析方法的选定十分重要。例如厂址选择经济评价中有分级评分法、重心法、线性规划法 3 种，经济效益评价又有时间指标、数量指标、利润指标等，其他项也有多种分析评价方法。针对条件不同，各种分析评价方法各有侧重，难免有片面性，而现实情况又千差万别。实际操作中，如何选定分析方法，

是单选一种，还是多种方法综合运用，参数如何确定等，都是需要认真研究的问题，这就要求在编制过程中，一定要从实际出发，具体问题具体分析，认真研究，反复比较，不能盲目套用，确定最符合实际、最科学合理的分析方法，以获得真实、最有价值的结论，为科学决策提供正确依据。

### 3. 项目建议书与可行性研究报告的区别与联系

项目建议书和可行性研究报告是项目开发计划决策阶段的两项工作。项目建议书不同于可行性研究报告，二者有密切的联系，但也有区别。从程序上看，项目建议书在前，可行性研究报告在后，项目建议书得到批复后，才转入可行性研究阶段，可行性研究是在批复的项目建议书的基础上进行的。从内容上看，项目建议书主要包括：项目名称、项目内容、提出的依据、必要性、产品生产工艺方案、建厂情况、产品的市场前景、产品的经济和社会效益评估、投资及资金来源等；而可行性研究报告还需在批复的项目建议书的基础上增加项目总论（含编制依据、原则、范围、自然情况等）、详细的工艺方案、项目实施规划、成本估算、编制财务计算报表、总图、储运、土建、公用工程和辅助设施、项目招投标、项目进度安排、综合评价及结论等内容。项目建议书以叙述说明为主，可行性研究报告以分析论证为主。可行性研究报告的内容比项目建议书更详细、更具体、分析更深入透彻。**项目建议书解决的是上什么项目、为什么上、依据是什么、怎么上的问题。**可行性研究报告是对拟上项目从技术、工程、经济、外部协作等多方面进行全面调查分析和综合论证，从深层次上研究分析产品市场是否可行、生产技术是否可行、经济效益是否可行的问题，为项目建设的决策提供依据。所以，在实际编排中，要妥善把握项目建议书与可行性研究报告的区别和联系，正确取舍、合理编排，使项目建议书更趋完善。

### 4. 语言表达清楚，陈述事实准确

编写项目建议书主要用叙述和说明的方法，通过叙述与说明把项目表达清楚，把建议陈述完整。叙述时必须不折不扣地反映客观事实，切记浮泛描写，说明中不能掺杂想象、主观因素。图表、计算与叙述说明相互补充；专业描述尽量使用专业术语；计算方法选用正确，结果准确，结论明确；推理分析要有高度的科学性和严密的逻辑性；数据、引用的内容核实无误，论述的部分要理由充分，论述严密；项目编排，条理清楚，内容翔实；语言文字简洁凝练，准确明了。

## 四、典型项目建议书案例（编写框架）[A Typical Case of Project Proposals (The Framework)]

封面：

<br>

# ×××单位年产80万吨尿素煤化工
# 项目建议书

<br><br>

主办单位：×××经济开发区管委会
编制单位：×××经济开发区项目开发中心

<br>

×××年×月

目录：

# 目　　录

正文：

一、项目概述

1.1　项目名称及产品规模

(1) 项目名称：×××单位年产80万吨尿素煤化工项目。

(2) 产品规模：年产尿素80万吨，年操作时间8000h。

1.2　项目承建单位及项目负责人

(1) 项目承建单位：××省×××经济开发区煤化工开发办公室

(2) 承建单位基本情况（略）

1.3　技术经济指标汇总表（例）

| 序号 | 指标名称 | 单位 | 指标 | 序号 | 指标名称 | 单位 | 指标 |
|---|---|---|---|---|---|---|---|
| 1 | 总投资 | 万元 | 330000 | 6 | 年销售收入 | 万元 | 180000 |
| 1.1 | 建设投资 | 万元 | 300000 | 6.1 | 销售利润率 | % | 22.40 |
| 1.2 | 流动资金 | 万元 | 30000 | 7 | 年利润 | 万元 | 34500 |
| 2 | 工作制度 | | | 8 | 全员劳动生产率 | 万元/人年 | 238 |
| 2.1 | 全年生产天数 | 天 | 350 | 8.1 | 投资利润率 | % | 26.21 |
| 2.2 | 每天生产班次 | 班 | 3 | 9 | 财务内部收益率 | % | 26 |
| 3 | 项目定员 | | 700 | 10 | 财务净现值(8%) | % | 89204 |
| 3.1 | 其中生产工人 | | 464 | 11 | 投资回收期 | | |
| 4 | 项目新增建筑面积 | m² | 80000 | 11.1 | 从建设期 | 年 | 13 |
| 5 | 年总成本费用 | 万元 | 145000 | 12.1 | 从投产期 | 年 | 11 |

二、项目建设的意义及有利条件

2.1　项目建设的意义

2.1.1　项目的建设有利于××城市16.5亿公斤粮食增产和促进农民增收（略）

2.1.2　可提高土壤肥力（略）

2.1.3　能发挥良种潜力（略）

2.1.4　可补偿耕地不足（略）

2.1.5　是发展经济作物、森林和草原的物质基础（略）

2.1.6　项目建设对于发展××城经济有利（略）

2.1.7　煤化工项目建设是煤炭综合利用的战略选择（例）

煤化工是以煤为原料，经过化学加工使煤转化为气体，液体，固体燃料以及化学品，生产出各种化工产品的工业。煤的焦化、气化、液化、煤的合成气化工、焦油化工和电石乙炔化工、煤制烯烃及聚烯烃等，都属于煤化工的范围。与煤炭燃烧相比，煤转电的效益可增加5倍，煤转化工的效益可增加10倍。由此可见，煤化工产业可促进煤炭产业结构优化升级，提高煤炭资源综合效益。

2.2　项目建设的有利条件

2.2.1　项目建设地点条件好，交通运输便捷（略）

2.2.2　企业用工及技术人才有保障（略）

2.2.3　能源供应充足，价格合理

2.2.3.1　电费（略）

2.2.3.2　水费及资源（略）

2.2.3.3　煤炭（略）

2.2.4　建设成本低（略）

2.2.5　土地价格低（略）

2.2.6　煤基尿素技术优势（例）

德国××能源有限责任公司的技术是用褐煤资源，采用先进、成熟的工艺技术生产尿素。

GSPTM气化技术是20世纪70年代末，由前民主德国燃料研究所（DBI）开发并投入商业化运行的大型粉煤气化技术。该研究所创建于1956年，一直致力于煤炭综合利用的开发工作，即使在国际市场石油过剩时，也没有中断过对煤气化技术的开发工作。针对化工行业，本着降低投资与成本，而研发出的GSPTM气化技术是世界先进的大型粉煤进料气流床加压技术之一。分别于1979年和1996年，在弗赖贝格（Freiberg）建立了3MW和5MW两套气化中试装置。目前这两套装置属于瑞士可持续技术控股公司下属的德国××能源公司，试验过的煤种来自德国、中国、波兰、前苏联、南非、西班牙、保加利亚、加拿大、澳大利亚和捷克等国家。民主德国、联邦德国合并后，该技术扩展应用到生物质、城市垃圾、石油焦和其他燃料等气化领域。

1989年民主德国、联邦德国合并后，德国诺尔公司（Noell）公司收购了前民主德国燃料研究所气化工艺部门，成为GSPTM气化技术的拥有者。1999年诺尔公司被德国巴伯高克（Babcock）电力公司收购。2002年德国巴伯高克电力公司破产，瑞士可持续技术控股公司（SUSTEC Holding AG）收购其气化技术部门并成立全资子公司——德国××能源有限责任公司。项目的给排水方案可行投资估算基本合理。设计中采用了多项节水措施，不仅可以减少水资源的消耗量，同时也减少了污染物排放量，争取达到污水零排放。对废渣、废气等也采取了效的治理，以及对污染物的回收和综合利用。

综上所述，本项目建设具有很高的可行性，意义重大！

三、市场预测

（调研原料、产品市场，重点分析预测产品目标市场情况）

3.1　煤炭是国家能源安全的可靠保证（略）

3.2　氮肥未来市场，前景依然灿烂（略）

3.3　本地化肥市场份额（例）

全区现有耕地面积81662hm$^2$，其中，旱田74318hm$^2$，水田7344hm$^2$。尤其是××省增产百亿斤粮食，计划在××城新开垦几百万亩良田，化肥用量会提高30％。旱田年均投入化肥量为6.5万吨，其中复合肥为3万吨；水田年均投入化肥量为1.7万吨，其中复合肥0.8万吨。本项目产品部分在本地销售，可降低运输成本。如销售于区外或市外、省外，交通运输方便。

四、技术方案、产品方案、规模及质量标准

4.1　总技术方案的选择

本项目以煤为原料，经过煤气化、脱硫、变换、压缩、合成等工序，其中造气工段是整个化肥生产的前道工序，也是关键工序，工段的任务就是用煤和蒸汽制备合成氨的生产原料——半水煤气。

4.1.1　煤气化

4.1.1.1 采用××煤气化技术（略）

4.1.1.2 ××煤气化技术应用情况（略）

4.1.1.3 本技术在中国的业绩（略）

4.1.2 半水煤气合成氨技术路线

本技术路线为国内成熟路线。

4.1.2.1 以无烟煤为原料生成合成氨常见过程（略）

4.1.2.2 采用甲烷化法脱硫除原料气中 $CO$、$CO_2$ 时，合成氨工艺流程（略）

4.1.2.3 火车接收工段（略）

4.1.2.4 备煤系统工段（略）

4.1.2.5 气体及气体冷却除尘系统（略）

4.1.2.6 黑水处理系统（略）

4.1.3 氨合成尿素技术路线（略）

4.2 产品方案及技术指标

4.2.1 产品规模 年产80万吨尿素

4.2.2 技术指标

4.2.2.1 原料煤：无烟煤

4.2.2.2 燃料、动力：蒸汽

4.2.2.3 产品（例）

合成氨：氨含量（99.8%）；残留物含量（0.2%）

尿素：按国家标准 GB 2440—2001。

4.3 关键设备（逐一列出关键设备结构、特点应用简介）（略）

4.4 主要设备（设备一览表）（略）

五、建厂位置及总平面图初步方案

5.1 建厂位置（例）

年产80万吨尿素项目拟选址在×××阳山南侧，沿人工运河以西，占地面积40万平方米，在此建厂的优越性……

5.2 总平面图初步构设

总图的布置原则：（1）满足生产和运输的要求；（2）满足安全和卫生要求；（3）满足有关的标准和规范；（4）工厂布置应满足施工和安装的作业要求；（5）考虑工厂发展，留有余地；（6）竖向布置的要求，竖向布置主要满足生产工艺布置和运输，装卸对高度的要求；（7）管线布置，工程技术管网的布置及敷设方式等的合理对生产过程中的动力消耗以及投资具有重要意义；（8）绿化，美化环境，还可以减少粉尘等的危害，应与平面布置一起考虑。

六、公用工程

6.1 给排水工程

6.1.1 供水（例）

××城地区水域宽广，水资源极其丰富。地下水储量达到127亿立方米，仅××城市区储量就达20亿立方米/年，是一个天然的地下大水库。地上有×河流经域内，在水源基础建设上，×河上游有×××水库，水库储水充足；实施"××××"工程后，×河之水将最大限度地满足项目发展用水需要。

供水经处理后能达到工业用水要求。供水水压为0.3MPa，年供水180万吨，可循环使用80万吨/时，生活用水忽略不计。

6.1.2 排水（略）

6.2 供电工程

用电负荷及负荷等级（例）：

本工程总计用电负荷约为 2600kW 左右。年用电 8000 万度。

负荷等级　本工程用电大部分属于二级负荷，部分属于一级负荷。

电压等级　向本工程总变电站供电电压 110kV；向各分电站供电 35kV；向各生产装置、辅助生产设施及公用工程供电 6kV。

供电由白城一次变电站供电。

6.3　电信（略）

6.4　供热（略）

6.5　铁路、公路运输（略）

6.6　仓储设施（略）

6.7　公用工程主要生产设备（例）

| 序号 | 名　称 | 规格 | 数量 | 备注 | 序号 | 名　称 | 规格 | 数量 | 备注 |
|---|---|---|---|---|---|---|---|---|---|
| 1 | 净水厂 | 2000m² | 1 座 | | 7 | 汽车库 | 1500m² | 1 套 | |
| 2 | 凉水塔 | 400t/h | 2 座 | | 8 | 循环水厂 | 600m² | 1 座 | |
| 3 | 蒸汽锅炉 | 100t/h | 1 座 | | 9 | 消防站 | 3000m² | 1 座 | |
| 4 | 蒸汽分配、换热站 | 20t/h | 16 座 | | 10 | 电力配电站 | | 1 座 | |
| 5 | 污水处理站 | 300m² | 1 座 | | | 小计 | | 26 座套 | |
| 6 | 空压站 | | 1 套 | | | | | | |

七、劳动定员、环境保护及消防安全

7.1　劳动定员（例）

参考大唐电力在海拉尔项目用人安排数，估算本项目劳动定员 700 人。

7.2　环境保护（例）

依据大唐电力在海拉尔项目工程环保处理方案，厂区的废水、废气、废渣要经严格处理。本工程所产生的废水多为生产工艺中 DDGS（包含可溶物在内的酒糟饲料）干燥后的废水，年处理量为 30 万吨，回收工艺使用一部分，余下部分处理后可达到排放标准，并排入人工运河。生产中有部分废气二氧化碳排入空中。锅炉蒸汽站每年有锅炉煤渣产生，可出售给建材厂，用于生产砌块砖。在项目前期要做好环评工作。

7.3　消防安全（例）

水煤气生产过程中，在反应工段是易燃易爆场所，在设计及生产中要严格按消防安全生产法规执行，杜绝跑、冒、滴、漏现象的发生。

根据工艺需要设立四个消防站，配置 4 台消防车，全厂消防控制中心。

生产区设全厂高压水消防系统、低压水消防系统和生产区内其他消防系统等。

八、项目建设进度安排（例）

××年×月～××年×月　可行性报告及论证

××年×月～××年×月　初步设计审查

××年×月～××年×月　施工图设计、土建施工

××年×月～××年×月　设备安装、单体调试

××年×月～××年×月　工程中交、联动试车

××年×月～　　　　　　工程投产、试生产

九、投资估算及资金筹措

9.1　投资估算的范围（例）

（1）本项目为年产 80 万吨尿素项目，第一部分的费用中有：原料煤及粉碎车间、造气车间、合成氨车间、尿素车间、供热站、污水处理站、固体废弃物的综合利用、铁路专用线、贮罐区（酒精、酸碱贮罐）、仓库（包括成品、五金及综合材料、化工原料）、水净化厂、蒸汽站及换热站、空压站、维修车间、火车车辆检验车间、食堂、综合办公楼、浴室、专家楼、倒班宿舍等生活设施，厂内外运输、厂区弱电通信系统、

厂区外管线工程、总图工程及厂内外给排水工程。

（2）第二部分其他工程中有待摊投资（包括建设单位管理费、办公及生活用具购置费、联合试运转费、出国人员考察费、外国人员来华费、引进设备商检费、工程保险费、工程勘察、设计费、工程监理费、城市配套费、项目前期工作费及电力、环科、铁路设计的其他费用等），无形资产投资（包括土地转让费、引进技术软件费及从属性），递延资产（包括国内培训费、生产技术人员国外培训费）。

（3）基本预备费由两部分组成：国内配套工程费用按第一、第二部分合计数扣除铁路专用线费用后的10%计取；引进设备及引进技术软件费部分按2%计取。本估算不包含供水、污水排放及厂外通讯增容费。

9.2　建设投资估算（略）

9.3　资金筹措及用款计划

9.3.1　资金用款计划编制依据（略）

9.3.2　总投资（略）

9.3.3　资本金（略）

9.3.4　资金筹措（例）

初步确定项目资金筹措方案如下：

项目资本金7000万元（含征地费）；

建设资金300000万元；

流动资金30000万元。

资金来源：

××城经济开发区以土地及基础设施工程投资4000万元；

申请国家资金1亿元；

引进投资2.1亿元；

自有资金30.2亿元。

9.4　流动资金（例）

本项目流动资金按分项估算法估算，其中主要原料煤炭的周转天数按15天计算；其他原材料按30天计算；燃料按21天计算；应收账款按35天计算；在产品按3天计算；产成品按5天计算；现金按7天计算；应付账款按30天计算。所以如满负荷生产年约需流动资金30000万元。

十、经济效益分析

10.1　分析依据（例）

××××年国家计委、建设部发布的《建设项目经济评价方法与参数》（第×版），电力工业部《建设项目经济分析方法》××××年版，国家计委、财政部对燃料乙醇项目拟定的优惠政策，政策费率、税率按国家对尿素拟定的优惠政策。经济效益分析依照大唐电力海拉尔工程经济效益分析测算。

10.2　主要参数确定依据

10.2.1　主导产品——尿素价格依据（略）

10.2.2　煤炭价格依据（略）

10.3　产品成本估算

10.3.1　产品名称及生产规模（略）

10.3.2　单位产品成本估算（略）

10.3.3　产品成本估算依据

（1）原材料（略）

（2）燃料及动力（略）

（3）人员工资与津贴（例）

本项目所需人员700人，其中高级管理人员6名，中级管理人员30名，技术人员200名，生产及辅助生产人员464名。高级管理人员年薪平均60000元/人计算，中级管理人员每人工资按3万元/人计，技术人员每人按每年2.5万元/人计，生产及辅助人员每人每年按1.5万元计，年工资总额为1286万元。以上工资含养老金、待业保险金、医疗保险及福利等。

    （4）制造费用（略）

    （5）管理费用（略）

    （6）销售费用（略）

    10.4  销售收入及税金、估算（略）

    10.5  利润估算及分析

    10.5.1  利润估算（略）

    10.5.2  利润分析（略）

    10.5.3  利润指标（略）

    10.6  投资回收能力分析（略）

通过项目建议书可以了解项目的总体情况，主要有项目规模、投资及收益、占地、定员等；编写的重点在于明晰项目建设的意义及有利条件，这是全篇的书写核心，通过对项目立项必要性的阐述，找准项目成立的根本立足点。之后的篇幅则以此为中心进行撰写；市场分析部分是通过系列调研完成的，为项目规模、方案以及目标市场的确定提供支撑；最后部分则是在项目规模、方案确立后的总图布置、公用工程配套、定员的考虑，以及由此产生的投资收益的分析。

## 五、项目实践 (Project Practice)

**提出问题：** 在理解了项目建议书的概念后，通过对典型案例的分析，了解一个具体的建议书的基本内容及格式，尝试合作编制一个家乡正在规划或建设中的化工项目建议书，在编写的过程中认真调查研究，广泛收集资料；采用科学的分析方法，准确的陈述语言，完成一个完整的项目建议书的编制。

**分析和解决问题：**

1. 分组，按学生籍贯和家庭所在地进行分组，建议每组 4～5 人；

2. 了解家乡的化工产业规划，近期正在规划或即将上马建设的大中型化工项目（可以通过政府相关网站查询）；

3. 提交小组成员一致感兴趣的项目进行建议书的编制，需有具体每人承担的章节、时间安排；

4. 按典型项目建议书案例框架的编写体例进行分工完成；

5. 小组内检查、小组间互查；

6. 各组完成修订后的项目建议书；

7. 成果展示，答辩；

8. 教师点评。

**达到的效果：**

通过这第一次的团队合作，是小组成员配合协同完成一个具体任务。从中了解某一具体化工项目概况，从实践中认识到：项目建议书是建设项目前期工作的第一步，它是对拟建项目的轮廓性设想。主要是从客观考察项目建设的必要性，看其是否符合国家长远规划的方针和要求，同时初步分析建设项目条件是否具备，是否值得进一步投入人力、物力作进一步深入研究。

**教学建议：**

任课教师在本课程第一次授课时就给学生布置：二人或三人为小组，完成一个"化工项目建议书"的编制，学生学完前面章节相关内容后，教师利用专门的课堂教学时间组织学生进行汇报交流、点评。

# 项目二　化工生产图纸识读
## Reading Comprehension of Chemical Drawings

 **应用知识**

　　1. 工艺流程图、设备装配图、设备及管道布置图的作用与内容；

　　2. 化工生产过程的各单元，应用化工制图知识，化工管路的连接方式和常见管件形式；

　　3. 工艺流程图、设备装配图、设备及管道布置图的图示方法。

**技能目标**

　　能看懂化工企业的工艺流程图、设备装配图、设备及管道布置图。

　　从第四章典型化工产品生产技术可以看出，化工产品生产技术是由三部分构成，原料是基础、反应是核心、分离精制是重要措施，而将三部分连接起来靠管路。化工原料首先要经过预处理达到要求后，通过输送设备送入到化学反应器，反应产物经分离精制后得到合格产品。将这一完整过程布置到图纸上，就构成了化工产品生产工艺流程图，带控制点的称为带控制点的工艺流程图。还有设备安装装配图以及设备、管路布置图等。这些图纸是化工生产过程的重要技术文件，每一位化工生产技术从业人员必须要熟悉并掌握常见图纸的识读技能。本项目首先从识读流程图，然后到设备、管路的连接与管件的识读；即从整体到局部，由局部到个体进行介绍。

## 一、化工工艺图（工艺流程图）的识读 (Reading Comprehension of Process Flow Diagram)

　　化工工艺图是一种示意性的图样，以期完整表达一个化工生产过程全局或局部。其中，工艺流程图根据工程设计阶段不同可分为物料流程图（初步设计），带控制点工艺流程图（施工图），辅助物料系统流程图（施工图）等。下面将以带控制点工艺流程图为例介绍工艺流程图的识图方法及步骤。

　　带控制点工艺流程图（施工图），又称 PID 图（工艺管道及仪表流程图），主要用来表达化工工艺流程和所需的设备、机械、管道、仪表及阀门等，它是在方案流程图的基础上绘制的，是设备布置图、管道布置图的设计依据，也是施工安装的依据，并用于指导工艺操作。

　　识读带控制点工艺流程图的主要目的是了解和掌握物料介质的工艺流程，设备的数量、名称和设备位号，所有管线的管段号、物料介质、管道规格、管道材质，管件、阀件及控制点（测压点、测温点、流量、分析点）的部位和名称及自动控制系统，与工艺设备有关的辅助物料水、汽的使用情况。以便在管路安装和工艺操作实践中，做到心中有数。

　　现以图 7-1 所示氯化苯生产工艺苯干燥工段进料管线为例，介绍识读带控制点工艺流程图的方法和步骤。

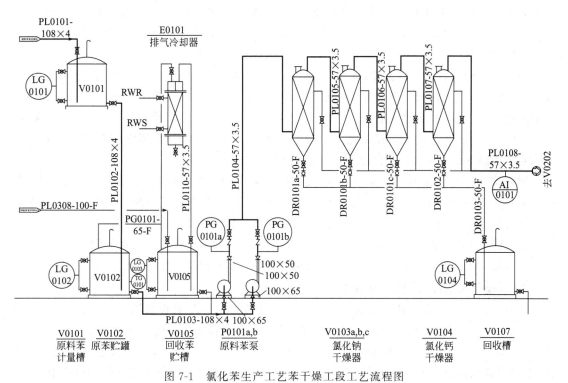

图 7-1  氯化苯生产工艺苯干燥工段工艺流程图

## 1. 工艺流程

要了解工艺流程，首先要找出主要设备及主要流程线。

设备在图中的标注方式如图 7-2 所示，应标出设备位号和名称。其中设备位号由设备类别代号、设备所在的主项编号、设备的顺序号、相同设备数量尾号四个单元组成，如图 7-3 所示。

图 7-2  设备的标注方法

图 7-3  设备位号的标注方法

 图 7-1 纯苯干燥工序的主项号（为 01）。

一般设备类别代号为设备英文名称的第一个大写字母，如 Tower—T；Pump—P，其他见表 7-1。

表 7-1  设备类别代号

| 设备类别 | 代号 | 设备类别 | 代号 |
|---|---|---|---|
| 塔 | T | 反应器 | R |
| 泵 | P | 工业炉 | F |
| 压缩机，风机 | C | 容器(槽、罐) | V |
| 换热器 | E | 起重设备 | L |
| 其他设备 | X | 其他机械 | M |

图 7-1 所示纯苯干燥工序中氯化钠干燥器（V0103a，b，c）和氯化钙干燥器（V0104）为主要设备，用粗实线表示的物料管线 PL0101-108×4、PL0102-108×4、PL0103-108×4、PL0104-57×3.5、PL0105-57×3.5、PL0106-57×3.5、PL0107-57×3.5、PL0108-57×3.5 为主要物料管线。

来自库区的原料苯经管路 PL0101-108×4 送入原料苯计量槽（V0101），计量后通过管线 PL0102-08×4 放入原苯贮罐（V0102），生产时用泵（P0101a，b）将原苯贮罐的苯、回收苯贮槽（V0105）的回收苯经 PL0103-108×4、PL0104-57×3.5 抽入打出至氯化钠干燥器（V0103a，b，c）干燥脱水，最后通过 PL0107-57×3.5 进入氯化钙干燥器（V0104）进一步脱除水分后经 PL0108-57×3.5 管线送往氯化工序 V0202。

回收苯是自 V0301a，b 来，用管线 PL0308-100-F 进入回收苯贮槽。回收苯贮槽（V0105）和原苯贮罐内溢出的工艺气体经管线 PG0101-65-F 至排气冷却器（E0101）用冷冻盐水冷凝后用 PL0110-57×3.5 管线送至回收苯贮槽（V0105）。

氯化钠干燥器（V0103a，b，c）及氯化钙干燥器（V0104）底部排出的水分用 DR0101a，b，c-50-F，DR0102-50-F 汇入 DR0103-50-F 送至回收槽（V0107）回收或直接去地下槽。

## 2. 设备的数量、名称及设备位号

由图 7-1 可以看出，纯苯干燥工序共 11 台设备。其中动力设备有 2 台，即原料苯泵（P0101a，b），因其出入口总管为一根，故有一台原料苯泵备用。贮槽、计量槽共 4 台 V0101、V0102、V0105、V0107。主要设备为氯化钠干燥器（V0103a，b，c）和氯化钙干燥器（V0104），这四台设备为串联操作，原料苯先通过氯化钠干燥再进入氯化钙干燥器进一步干燥。排气冷却器 E0101 用来冷凝、冷却原苯及回收苯贮槽因气温升高而蒸发出的苯蒸气。

## 3. 控制点、取样点

在带控制点的工艺流程图上，各种仪表安装都有其特定标示，见表 7-2。仪表位号的上半圆中填写字母代号，下半圆中填写数字编号，如图 7-4 所示，并根据表 7-3、表 7-4 说明图中的四个仪表所代表的含义。

**表 7-2 仪表安装位置图形符号**

| 序号 | 安装位置 | 图形符号 | 序号 | 安装位置 | 图形符号 |
|---|---|---|---|---|---|
| 1 | 就地安装仪表 | 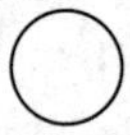 ○ | 5 | 就地仪表盘面安装仪表 | 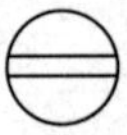 ⊖ |
| 2 | 嵌在管路中的就地安装仪表 | 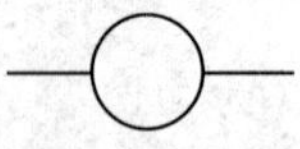 —○— | 6 | 集中仪表盘后安装仪表 | 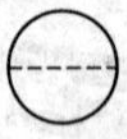 ⊖ (虚线) |
| 3 | 集中仪表盘面安装仪表 | 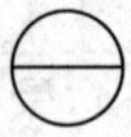 ⊖ | 7 | 就地仪表盘后安装仪表 | 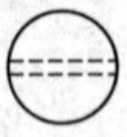 ⊖ (虚线) |
| 4 | 复式仪表 |  ○○ 或 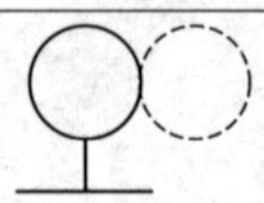 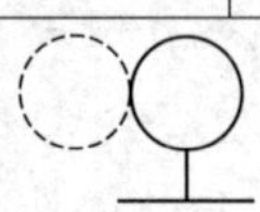 ⊥○ ⊥○ | | | |

| FRC | PRC | TI | PI |
|---|---|---|---|
| 101 | 101 | 101 | 101 |

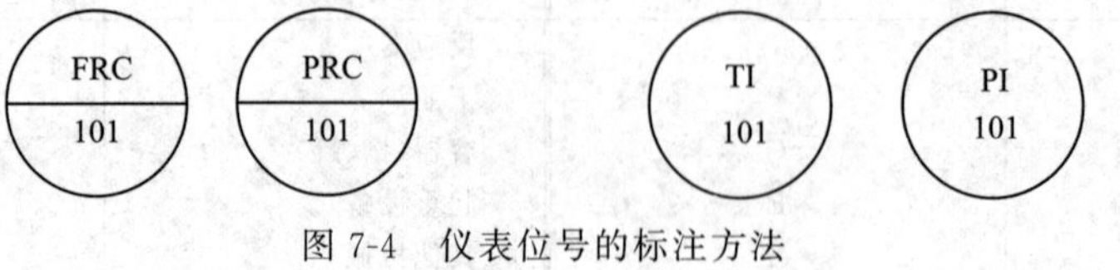

图 7-4 仪表位号的标注方法

表 7-3 常用参数代号

| 序号 | 参量 | 代号 | 序号 | 参量 | 代号 |
|------|------|------|------|------|------|
| 1 | 温度 | T | 5 | 质量 | W |
| 2 | 压力 | P | 6 | 速度(频率) | S |
| 3 | 液位 | L | 7 | 湿度(水分) | K |
| 4 | 流量 | F | | | |

表 7-4 常用仪表功能代号

| 序号 | 功能 | 代号 | 序号 | 功能 | 代号 |
|------|------|------|------|------|------|
| 1 | 指示 | I | 5 | 积分 | Q |
| 2 | 记录 | R | 6 | 联锁 | S |
| 3 | 控制 | C | 7 | 变送 | T |
| 4 | 报警 | A | | | |

如图 7-1 所示，原苯贮罐设有温度计，为就地指示型；原料苯泵（P0101a，b）出口设有就地压力表，用来指示泵的出口压力；四台贮槽 V0101、V0102、V0105、V0107 各设就地液面计一支，用来指示贮槽的液位；出纯苯干燥工序的物料管 PL0108-57×3.5 上设有分析取样点，用来抽检出工序的物料工艺指标是否符合要求。

### 4. 管道、管道附件的配套情况

本工序管道根据内介质不同共分为 PL—工艺液体，PG—工艺气体，VT—放空气，RWR—冷冻盐水回水，RWS—冷冻盐水上水，DR—排液、排污等八种；按材质可分为内衬四氟（F）和普通钢管两种；还可以按保温情况分为保温（冷）蒸汽伴管和普通型等。

物料系统一般采用截止阀或柱塞阀，排污管道采用球阀，常开易燃、易爆放空管上设有阻火器，蒸汽冷凝液管道安装流水阀。

工艺液体管道设置保温或伴管保温，冷冻盐水管道（RWR、RWS）设保冷。

### 5. 其他特殊要求

原苯计量槽（V0101）、回收苯贮槽（V0105）、原苯贮罐（V0102）物料进口管均为下插式结构。

本工序大致按三层布置。回收苯贮槽（V0105）、原苯贮罐（V0102）、原料苯泵（P0101a，b）、回收槽（V0107）布置于一层平面，中间贮罐储存缓冲物料量大，加上自重，适宜布置于地面，减少土建投资，另外，贮罐和机泵布置于地面便于物料泄漏的集中处理；氯化钠干燥器（V0103a，b，c）和氯化钙干燥器（V0104）悬挂在二层楼板上，原料苯计量槽（V0101）布置在二层楼面（即三层）上；排气冷却器（E0101）悬挂在二层楼板上。其他反应或分离设备在保证反应或停留时间前提下，填充物料及自重较小，可根据流程由高到低布置，一般高位槽在顶部，主要考虑重量梯级使用。

回收苯贮槽（V0105）、原苯贮罐（V0102）、原料苯计量槽（V0101）和回收槽（V0107）为立式贮槽；氯化钠干燥器（V0103a，b，c）和氯化钙干燥器（V0104）为立式圆柱筒体、锥底、顶部封头大盖结构，上部为箅子或填料分布，上托氯化钠或氯化钙干燥剂，充填或检修需在二层楼面操作打开顶部大盖或人孔盖；排气冷却器为列管式换热器，管内为工艺气体，管间为冷冻盐水，盐水与工艺气体为逆流传热。

本工序的辅助物料有：冷冻盐水上水、冷冻盐水回水等总管。

熟悉了主要流程及主要设备、设备的数量、名称及设备位号；控制点、取样点；管道、管道附件的配套情况后，对纯苯干燥工序已基本上有一个系统的了解。若还需进一步掌握设备规格、型号、管道及设备布置情况，则要对照设备一览表、设备平立面布置图、管道平立面布置图、综合材料表等进行阅读。

### 6. 项目实践

**提出问题**：识读醋酐残液蒸馏带控制点工艺流程图（亦可使用本章最后综合练习所提供的工艺流程图作为项目实践案例，如有条件可以在学校的电脑仿真系统上机识读可操作的带控制点的工艺流程图）。

**分析和解决问题**：根据对工艺流程图的识读，在规定时间内完成对图的识读。

**初级任务**：正确填写下面这段文字

如图 7-5 所示，醋酸残液蒸馏岗位有残液蒸馏釜_____和冷凝器_____各一台，有醋酸、酐受槽_____各一台。醋酐残液来自残液贮槽 1140 沿管线_____进入蒸馏釜，通过夹套蒸汽加热，使物料中醋酐蒸发为蒸气。为了提高蒸发效率，釜中装有搅拌器；为控制温度，釜上装有测温指示仪表_____。釜中产生的醋酐蒸气沿_____进入冷凝器，冷凝后的液态醋酐沿_____流入醋酐真空受槽中，然后由_____管放入醋酐贮槽。本系统为间歇操作，蒸馏釜中蒸馏醋酐后的残渣，加入由_____管来的水进行稀释后，再继续加热，使之生成醋酸沿_____放入醋酸真空受槽中，然后由_____放入醋酸贮槽中。本系统蒸馏过程是通过真空受槽由所连真空泵负压进行。在真空受槽上部都装有真空压力表_____、_____。在蒸馏釜和真空受槽上都装有接管放空。

**进阶任务**：

a. 如图 7-5 所示的工艺流程中，安装了哪些控制点，作用是什么？

b. 指出图 7-5 中各管道内有哪些介质？

**达到的效果**：对带控制点的工艺流程图，清晰表述主流程的工艺过程，对具体控制点仪表能说明其作用，如有条件结合实训情况具体分析现场和图纸异同。在过程中锻炼学生使用专业语言表达专业问题，独立分析独立阅读。

## 二、化工设备图识读 (Reading Comprehension of Chemical Equipment Drawing)

### 1. 化工管路的连接与管件

化工管路要通过各种管件连接后把物料输送到目的地。管件的作用就是为了使管路变更方向、延长、分路、汇集、缩小、扩大等。管路的连接方式，一般可分为承插式连接、螺纹连接、法兰连接、焊接连接等四种。

（1）**承插式连接** 承插式连接主要用于铸铁管路之间的连接，是将一根管子的端口插入另一管子或管件的插套内，再在管端与插套所形成的环状空间内填入填料以达到密封的目的（如图 7-6 所示）。根据输送物料对密封的要求而选用不同的填料。给水管路的密封通常是先填入麻绳，再以水泥封固。如果密封要求较高时，可以在管端与插套间灌以熔铅，然后敲实来进行密封。承插式连接安装较方便，允许各管段的中心线有少许偏差，管路稍有扭曲时，仍能维持不漏。其缺点是难于拆卸，耐高压性能较差。

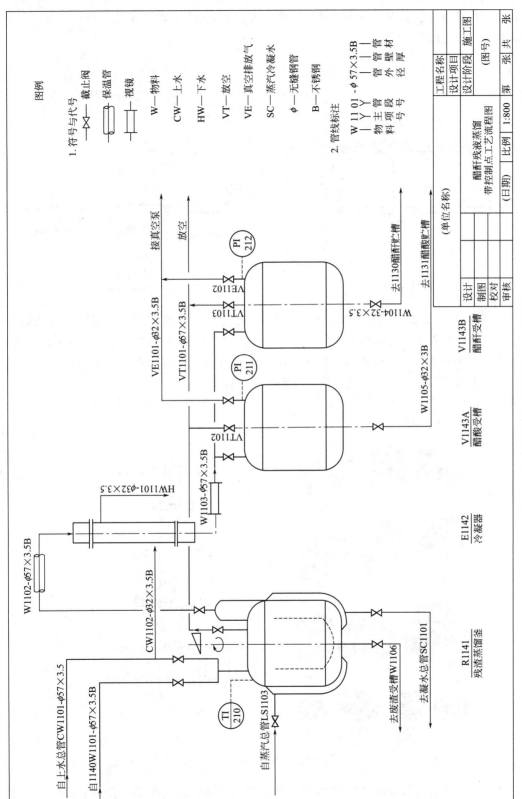

图 7-5　醋酐残液蒸馏带控制点工艺流程图

第七章　项目式教学案例

承插式管件有弯头、四通（十字头）、三通、异径管（大小头）等（见图7-7）。弯头用于管路转弯的地方，三通用于三条管路汇集处，四通用于四条管路汇集处，异径管用于不同管径的两根管路之间的连接处。

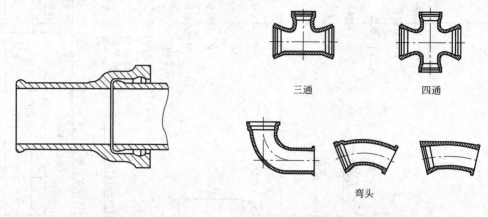

图 7-6　承插式连接方法　　　　　图 7-7　承插式管件

（2）螺纹连接　化工厂里螺纹连接通常用于小直径管、水煤气管、压缩空气管及低压蒸汽管路。在一根管子的管端加工好外螺纹后，此管即可与各种内螺纹管件或阀件相连接。用此法连接的密封方法是采用在内、外螺纹间敷以白漆加麻丝或聚四氟乙烯薄膜等密封介质。密封要求特别高时，可用氧化铅甘油胶合剂作密封介质。

螺纹连接管件主要有内牙管、活管接、弯头、三通、四通、内外牙等（见图7-8）。

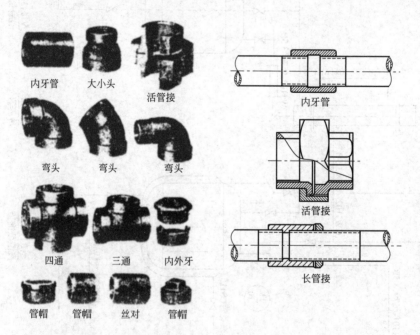

图 7-8　螺纹连接管件

内牙管又称"缩节"，两端均有内螺纹。用其连接管路，结构简单，但拆装较麻烦，要拆一个管接口，常常要把整根管路都拆掉。

活管接又称为"由宁"，其两端的主节都有内螺纹，用以连接管子。连接时，在两个主节之间垫入石棉橡胶板、橡胶等材料制成的垫片，并用分别加工有内、外螺纹的中间套合节将两主节结合起来压紧垫圈，形成密封。活管接虽然构造较复杂，但拆装方便，密封性能好，使用很普遍。

长管接构造较简单，密封时可在销紧螺帽与内牙管间塞入填料，其密封性不如活管接。

（3）**法兰连接**　法兰连接是化工生产中最常用的接管方法。按照密封面结构的特征，法兰分为平面法兰、凹凸法兰、榫槽法兰。它的优点是拆装方便，密封度好，适用的压力、温度和管径范围很大；缺点是耗材较多、费用较高。

（4）**焊接连接**　这是一种把管子与管件（或另一根管子）直接焊接在一起的接管方法。焊接法比螺纹连接和法兰连接的成本都要低，而且连接方便，适用面广，钢管、有色金属管与聚氯乙烯等塑料管均可焊接，比较适用于不需检修的长管路的连接。但焊接连接的管路一旦需要拆卸，只能采用切割的方法，经常需要检修的管路就不适用焊接法连接。

### 2. 化工设备装配图

化工设备装配图（简称：化工设备图），主要用于表达各零件间的装配连接关系、设备的结构形状等。通常包含以下内容。

**一组视图**（主视图、俯视图及局部剖视图）如图 7-9 用以表示设备的主要结构形状以及零部件之间的装配连接关系。其中，主视图采用全剖视图展现设备内部结构，俯视图用于展现设备外形结构，而局部剖视图则表达管口等细部结构。

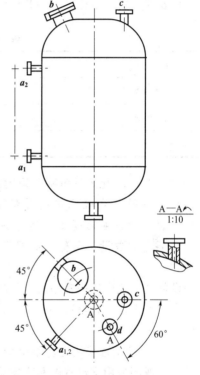

图 7-9　设备视图表达方法

**必要尺寸标注**　用以表示设备的总体大小、规格、装配和安装等尺寸数据，为设备制造、装配、安装、检验等提供依据。

**技术要求**　说明设备制造、检验时应遵循的规范和规定以及对材料表面处理、涂饰、润滑、包装、保管和运输等要求。

**零件序号、明细表**　对组装设备的零部件依次编号，并在明细表中列出零部件的编号、名称、规格、材料、数量及相关图号或标准号等。

**标题栏**　用于填写设备名称、主要规格、绘图比例、业主单位和设计单位及设计、制图、校审人员签字等。

**管口编号和管口表**　如表 7-5 所标注的设备图中所有管口（物料、仪表）在同一视图用小写的拉丁字母（$a$，$b$，$c$，…）按顺时针方向加以编号，同一管口在不同视图用相同的字母编号，结构、大小均相同的管口其符号则用不同脚标的相同字母表示（$a_1$，$a_2$），并在管口表中列出管口的有关数据和用途等。

表7-5 ××管口编号和管口

| 符号 | 公称尺寸 | 连接尺寸标准 | 连接面形式 | 用途及名称 |
|---|---|---|---|---|
| a | 20 | HG5019 $p_g$10 | 平面 | 物料出口 |
| b | 15 | HG5019 $p_g$10 | 平面 | 取样口 |
| c | | | | |

 图7-9的容器上共有几个管口，说明一下可能起什么用途。

**设备技术特性表** 如表7-6用以列出设备的工艺特性（设计压力、设计温度、工作压力、工作温度、物料名称等）和其他特性（焊缝系数和容积类别等）。

表7-6 ××设备技术特性

| 设计压力/MPa | 0.8 |
|---|---|
| 设计温度/℃ | 45℃ |
| 物料名称 | |
| 全容积/m³ | |

例如：图 7-10 化工计量罐，识读该设备的步骤和方法如下。

（1）装备图整体概况识读的步骤 首先阅读标题栏、明细栏、技术要求、管口表、技术特性表，大致了解视图表达方案。再从图中了解设备名称、规格、技术要求、绘图比例、零部件的数量、名称，概况等；进一步了解设备的一些基本情况，对设备有个初步的认识。

该设备是工业生产中常用的计量罐，由 15 种零件组成，其中 11 种为标准件；计量罐在常温、常压下操作；计量罐共有 8 个管口。

（2）视图分析

① 视图 计量罐采用**主、俯两个基本视图**表达其主要结构，**一个局部剖视图**表达其管口细节。主视图采用全剖视图和多次旋转表达其内部结构、各零部件之间的装配关系；俯视图则表达各管口的轴向、方位和悬挂式支座的分布；A—A 局部剖视图表达了接管 f 与封头的装配结构、尺寸。

② 装配关系 计量罐用于存储、计量物料，其中物料多少可通过液位计显示；计量罐为立式设备，四周焊接了 3 个耳式支座，筒体与上、下封头之间均为焊接。

③ 零部件结构 计量罐除筒体及物料出口、取样口为非标准件外，其他均为标准零部件。

④ 技术要求 计量罐按 GB/T 150《压力容器》技术条件进行制造、试验和验收，焊接采用电焊，制造完毕后需进行盛水试漏、罐体外表面需涂红丹防腐。

**3. 项目实践**

**提出问题：** 再沸器装配图识读，如图 7-11 所示。

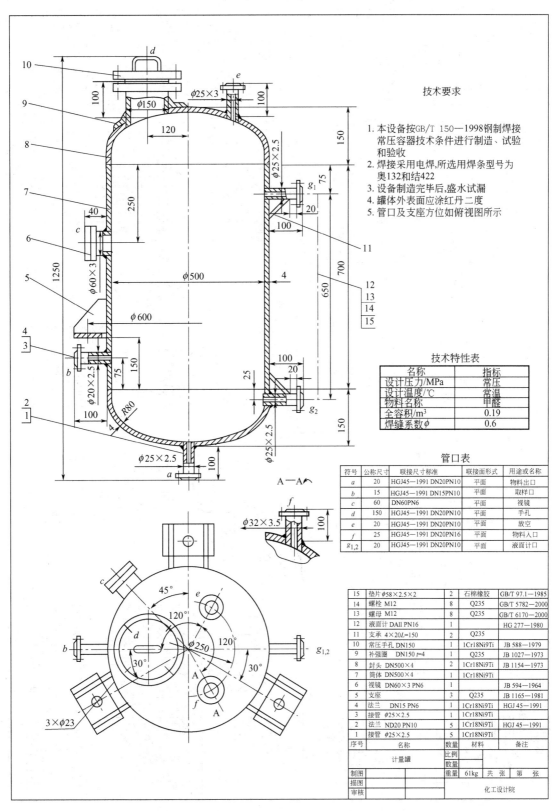

技术要求

1. 本设备按GB/T 150—1998钢制焊接常压容器技术条件进行制造、试验和验收
2. 焊接采用电焊,所选用焊条型号为奥132和结422
3. 设备制造完毕后,盛水试漏
4. 罐体外表面应涂红丹二度
5. 管口及支座方位如俯视图所示

技术特性表

| 名称 | 指标 |
|---|---|
| 设计压力/MPa | 常压 |
| 设计温度/℃ | 常温 |
| 物料名称 | 甲醛 |
| 全容积/m³ | 0.19 |
| 焊缝系数$\phi$ | 0.6 |

管口表

| 符号 | 公称尺寸 | 联接尺寸标准 | 联接面形式 | 用途或名称 |
|---|---|---|---|---|
| a | 20 | HGJ45—1991 DN20PN10 | 平面 | 物料出口 |
| b | 15 | HGJ45—1991 DN15PN10 | 平面 | 取样口 |
| c | 60 | DN60PN6 | 平面 | 视镜 |
| d | 150 | HGJ45—1991 DN20PN10 | 平面 | 手孔 |
| e | 20 | HGJ45—1991 DN20PN10 | 平面 | 放空 |
| f | 25 | HGJ45—1991 DN20PN16 | 平面 | 物料入口 |
| $g_{1,2}$ | 20 | HGJ45—1991 DN20PN10 | 平面 | 液面计口 |

| 15 | 垫片 $\phi58\times2.5\times2$ | 2 | 石棉橡胶 | GB/T 97.1—1985 |
|---|---|---|---|---|
| 14 | 螺栓 M12 | 8 | Q235 | GB/T 5782—2000 |
| 13 | 螺母 M12 | 8 | Q235 | GB/T 6170—2000 |
| 12 | 液面计 DAII PN16 | 1 | | HG 277—1980 |
| 11 | 支承 $4\times20L=150$ | 2 | Q235 | |
| 10 | 常压手孔 DN150 | 1 | 1Cr18Ni9Ti | JB 588—1979 |
| 9 | 补强圈 DN150 $t=4$ | 1 | Q235 | JB 1027—1973 |
| 8 | 封头 DN500×4 | 1 | 1Cr18Ni9Ti | JB 1154—1973 |
| 7 | 简体 DN500×4 | 1 | 1Cr18Ni9Ti | |
| 6 | 视镜 DN60×3 PN6 | 1 | | JB 594—1964 |
| 5 | 支座 | 3 | Q235 | JB 1165—1981 |
| 4 | 法兰 DN15 PN6 | 1 | 1Cr18Ni9Ti | HGJ 45—1991 |
| 3 | 接管 $\phi25\times2.5$ | 1 | 1Cr18Ni9Ti | |
| 2 | 法兰 ND20 PN10 | 1 | 1Cr18Ni9Ti | HGJ 45—1991 |
| 1 | 接管 $\phi25\times2.5$ | 5 | 1Cr18Ni9Ti | |
| 序号 | 名称 | 数量 | 材料 | 备注 |

| 计量罐 | | 比例 | | |
|---|---|---|---|---|
| | | 数量 | | |
| 制图 | | 重量 | 61kg | 共 张 第 张 |
| 描图 | | | | |
| 审核 | | | 化工设计院 | |

图 7-10  化工计量罐

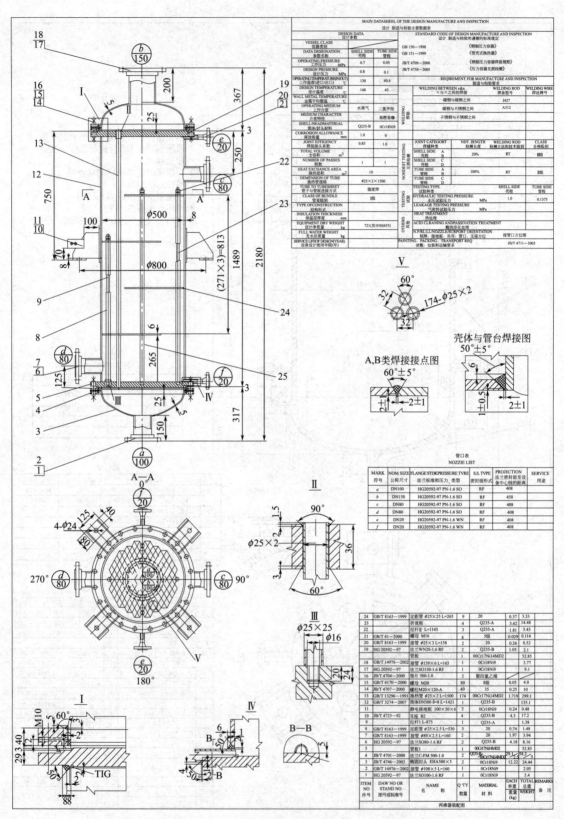

图 7-11　再沸器装配图

**分析和解决问题**：建议步骤

① 识读具体设备装配图，了解概况，详细分析，可给 20min 左右时间。

② 试回答下列问题：

a. 再沸器的封头与简体是何种连接方式？

b. 该设备共有几个接管，尺寸分别是多大？

c. 再沸器的换热面积有多大？材质是什么？能承受多大的压力？

d. 换热管一共有多少根，规格是多少？与管板以何种方式连接？

e. Ⅰ～Ⅴ局部剖视图分别说明了什么问题。

f. 这张图，主视图中有 25 个标注件号，明细栏中只有 24 个，问题出在哪里？

③ 分组，组与组之间互相以图 7-11 进行自编问题竞赛，直至产生优胜组。

**达到的效果**：竞争产生动力；问题被发现、思考、提出、讨论、确定答案的过程是探究学习的过程。化工设备有其独特的多样性，最终希望达到人人能提问，人人能回答。

## 三、设备与管路布置图的识读 (Reading Comprehension of Equipment Layout/Piping Arrangements Drawings)

### 1. 设备布置图

设备布置图是指导设备的安装、布置，是化工设计、施工、设备安装的重要技术文件之一。它是厂房建筑、管道布置的参照物。

图中主要有：

① 一组视图：表达厂房建筑的基本结构及设备在其内外的布置情况。

② 尺寸及标注：注写与设备布置有关的尺寸及建筑定位轴线编号、设备的位号、名称等。

③ 安装方位标：表示安装方位基准的图标。

④ 设备一览表：将设备的位号、名称、技术规格及有关参数列表说明。

⑤ 标题栏：填写图名、图号、比例、设计者等。

设备布置图是进行管道布置，设计绘制管道布置图的依据。

如：图 7-12 醋酐残液蒸馏设备布置图。

从图 7-12 中的平面图可知，该套装置的真空受槽和蒸馏釜分别布置在标高 5m 的楼面上。距 D 轴 1600，距①轴分别串联为 2000、1800、2200 的位置上，冷凝器的位置距 D 轴 500，距真空受槽 V1143A1000。在 A—A 剖面上，看清了设备的立面结构形状和位置，如蒸馏釜和真空受槽 A、B 布置在标高 5m 的楼面上，冷凝器安装在标高 7.5m 的支架上。

### 2. 管路布置图

管路布置图主要是以工艺流程图和总平面布置图为基础，用来指导工程的施工安装。管路布置图需要用标准所规定的符号，表示出管路、建筑、设备、阀件、仪表、管件等的相互位置关系，要求标有准确的尺寸和比例。图样上必须要注明施工数据、技术要求、设备型号、管件规格等，如图 7-13 所示的局部管路布置图。

阅读管路布置图，无论是审查设计、安装施工，还是参考借鉴、维修改造，主要是通过图样了解工程管路的设计意图，以及弄清管道、管件、阀门、仪表、设备等的具体布置安装情况。因此识读管路布置图应按以下方法步骤进行。

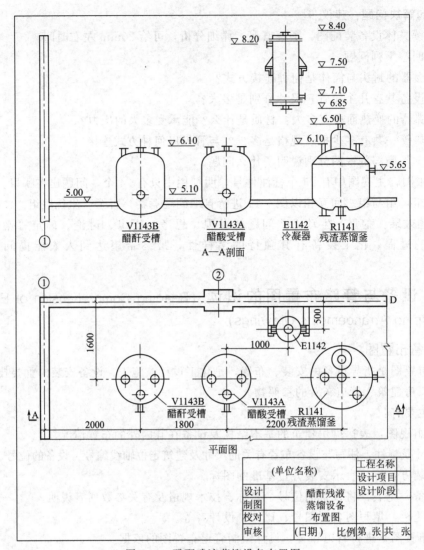

图 7-12　醋酐残液蒸馏设备布置图

（1）**概括了解**　首先概括了解工程管路的视图配置、数量及各视图所表达的重点内容。进一步了解图例、代号的含义，及非标准型管件、管架等的图样。然后浏览设备位号、管口表、施工要求以及各不同标高的平面布置图等。

（2）**布置分析**　根据流程次序，按照管道编号，逐条弄清管道的起始点及终止点的设备位号及管口。依照布置图的投影关系、表达方法、图示符号及有关规定，搞清每条管道的来龙去脉、分支情况、安装位置，以及阀门、管件、仪表、管架等的布置情况。

（3）**尺寸分析**　通过对管路布置图中的尺寸分析，了解管道、设备、管口、管件等的定位情况，以及它们间的相互距离关系。对其他标注进行分析，可以搞清各管路中的工艺物料、管道直径、阀门型号、管件规格、安装要求等。

现按识读管路布置图的方法步骤，分析阅读图 7-13 所示的管路布置图。参考以下基本原则评判管路布置图是否符合要求。

a. 首先全面地了解工程对管路布置的要求，充分了解工艺流程、建筑结构、设备及管

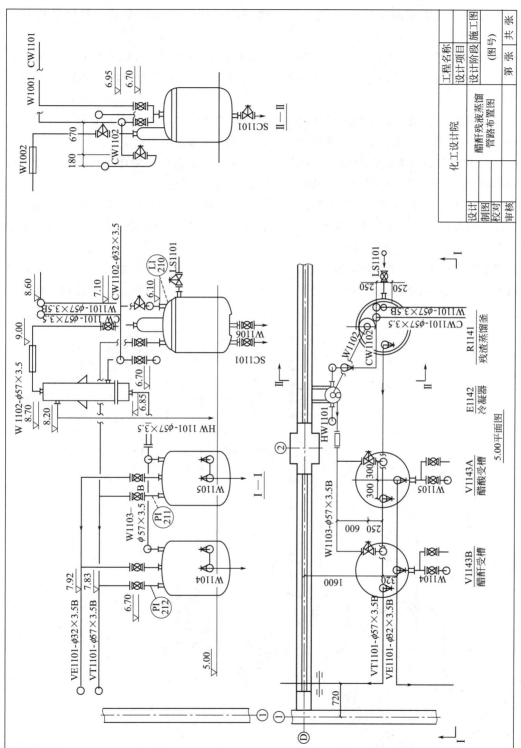

图 7-13　醋酐残液蒸馏管路布置图

口配置等情况。由此对工程管路作出合理的初步布置。

　　b. 冷热管道应分开布置，难避免时，应考虑热管在上冷管在下。有腐蚀物料的管道，应布置在平列管道的下侧或外侧。管道敷设应有坡度，坡度方向一般均沿物料流动方向。

　　c. 管道应集中架空布置，尽量走直线少拐弯，管道应避免出现"气袋"和"盲肠"。支管多的管道应布置在并行管道的外侧，分支气体管从上方引出，而液体管在下方引出。

　　d. 通过道路或受负荷地区的地下管道，应加保护措施。行走过道顶的管道至地面的高度应高于 2.2m。有一定重量的管道和阀门，一般不能支承在设备上。

　　e. 阀门要布置在便于操作的部位，对开关频繁的阀门应按操作顺序排列。重要的阀门或易开错的阀门，相互间要拉开一定的距离，并涂刷不同的颜色。

　　如图 7-13 所示，该图有一个平面图和两个剖面图。在平面图和Ⅰ—Ⅱ剖面图上画出了厂房、设备和管路的平、立面布置情况；从平面图中Ⅱ—Ⅱ的剖切位置看出，Ⅱ—Ⅱ是表示蒸馏釜上以及蒸馏釜与冷凝器之间的管路走向。

　　对照平面图和Ⅰ—Ⅰ剖面图，流程叙述如下：W1101-$\phi$57×3.5B 醋酸残液管线从标高 8.6m 由南向北拐弯向下进入蒸馏釜，另有水管 CW11011-$\phi$57×3.5 也由南向北拐弯向下至

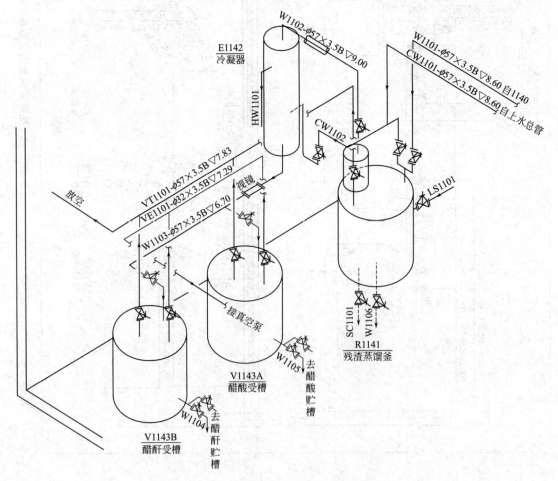

图 7-14　醋酐残液蒸馏管路布置轴测图

标高 6.95m 分为两路，一路向东 200（单位 mm，以下同）拐弯向下至标高 6.3m 处，拐弯向南与 W1101 相交。另一路向西 750 再向北 550 转弯向下至标高 6.3m 处，然后又向北，向上至标高 7.1m 处，再转弯向西 200 接冷凝器。水管与物料管在蒸馏釜、冷凝器的进口处都装有截止阀。W1103-$\phi$57×3.5B 是从冷凝器下部，分别至真空受槽 A、B 间的管线，它先自出口向下至标高 6.7m 处向西，至 700 处分出一路向南 850 再转弯向下进入真空受槽 A，原管线继续向西 1800 也拐弯向南再向下进入真空受槽 B，在两个入口管上都装有截止阀。VT1101-$\phi$57×3.5B 是与蒸馏釜、真空受槽 A、B 相连接的放空管，标高 7.83m，在连接各设备的立管上都装有截止阀。

通过对图 7-3 管路布置图和各管段图的识读，可以建立起一个完整、正确的空间概念。

### 3. 项目实践

**提出问题：** 设备和管路布置图的识读，是锻炼如何在大脑中呈现装置现场的镜像，培养正确的几何空间观的学习项目。

**分析和解决问题：** 建议步骤

① 识读图 7-13 后给出相应的轴测图，如图 7-14 所示。

② 可男女混合分组（男女生的空间感差异性），一方指出图 7-13 中的管线，另一方指出对应的图 7-14 中的位置。亦可反之，并说明管线中流动的物质为何物，流向。

③ 根据图 7-12、图 7-13 标出的尺寸，说明图 7-14 中具体某管线长度。

**达到的效果：** 通过项目实践，对采用正投影原理和规定符号绘制出来的设备与管路布置图中所采用的平面图、立面图、向视图和局部放大图等表达方法有较好的认知。通过图样了解工程管路的设计意图，以及弄清管道、管件、阀门、仪表、设备等的具体布置安装情况。

# 项目三　化工生产工艺流程现场识别与分析

## On-the-site Identification and Analysis for the Process Flow in the Chemical Plant

 **应用知识**

1. 化工生产图纸识读；
2. 化工生产技术原理，工艺流程组织，安全、环保技术要求；
3. 化工单元反应和化工单元操作知识，工艺流程的分析、评价与优化的方法。

**技能目标**

能在化工生产实习现场，对生产流程进行正确分析和判别，发现所存在的问题、并能分析、解释问题。

初次进入化工生产的现场，眼前所看到的是装置的主体设备、和纵横交错的管道。认知的过程是从原料出发，先找出处理原料的单元操作、所涉及的设备、管线、控制系统，再找单元反应器及反应系统、所涉及的设备、管线、控制系统，然后找精制分离单元操作系统、所涉及的设备、管线、控制系统。通过这样的训练才能对化工基本生产技术有系统的了解，完成本项目的要求。

## 一、工艺流程的现场识别与分析 (On-the-site Identification and Analysis for the Process Flow)

对化工产品生产的工艺流程进行现场识别和分析，是化工实习过程的一个重要实践环节，是衡量被考查人员对工艺认知情况的主要手段。同时对于化工生产技术人员尤其重要，他们可以通过既有的化工产品生产工艺流程进行现场识别与分析，清楚该工艺流程有哪些特点，还存在哪些不合理或可以改进的地方，与国内外相似工艺流程相比，又有哪些技术值得借鉴等，由此找到改进工艺流程的措施和方案，使其得到不断优化。

化工生产工艺流程的识别与分析，应遵循以下的原则。

### 1．物料及能量如何充分利用

查看工艺流程时，要注意以下几个问题。

① 了解原料的转化率和主反应的选择性，识别该工艺中所采用的先进技术、合理的单元、有效的设备，选用的工艺条件和催化剂。

② 掌握该工艺如何充分利用原料，对未转化的原料采用何种分离、回收等措施循环使用，以提高总转化率。副反应物怎样加工成副产品，采用的溶剂、助剂等如何回收，如何减少废物的产生和排放，及对废气、废液（包括废水）、废渣综合利用情况。

③ 认真研究换热流程及换热方案，最大限度地回收热量。查找所采用的交叉换热、逆流换热现场，注意现场是如何安排换热顺序，提高传热速率等。

④ 要注意识别现场设备位置的相对高低，合理利用位能输送物料。如高压设备的物料可自动进入低压设备，减压设备可以靠负压自动抽进物料，高位槽与加压设备的顶部设置平衡管可有利于进料等。

### 2．工艺流程如何实现连续化自动化

对大批量生产的产品，工艺流程采用连续操作，设备大型化和仪表自动化控制，以提高产量和降低生产成本，条件具备的企业还采用更先进的智能计算机控制；对精细化工产品以及小批量多品种产品的生产，工艺流程有其独有的灵活性、多功能性，以便于改变产量和更换产品品种（如：防老剂 4010NA/4020 生产工序相同，只是所用原料略有不同，完全可以根据市场需求，调整生产线原料投入，增强适销对路的产品产量）。这些都是实习现场认知分析的重要环节。

### 3．对易燃易爆的物料采取的安全措施

对一些因原料组成或反应特性等因素潜在的易燃、易爆等危险性，在组织工艺流程时都采取了必要的安全措施。如在设备结构上或适当的管路上考虑防爆装置，增设阻火器、保安氮气等。工艺条件上也做了相应的严格规定，苛刻条件下还安装了自动报警及联锁装置以确保安全生产。这些设备、装置亦是实习环节的重点认知、分析的内容。

### 4．适宜的单元操作及设备形式

分析实习现场所采用的具体单元操作，确定每一个单元操作中的流程方案及所用设备的结构和工作原理，认知装置如何合理安排各单元操作与设备的先后顺序；考虑全流程的操作弹性和各个设备的利用率，了解生产中如何确定操作弹性的适应幅度。

## 二、工艺流程的分析、评价与优化方法（Analysis，Assessment and Optimization of Utility of Process Flow）

根据上述实习现场工艺流程的识别与分析，就可以对某一工艺流程进行必要的评价。讨论该流程有哪些地方采用了先进的技术并确认流程的合理性；论证流程中有哪些物料和热量充分利用的措施及其可行性；工艺上确保安全生产的条件等流程具有的特点。此外，也可同时说明因条件所限还存在有待改进的问题。这些评价的提出，需要在实习中对照现场流程，勤加观察、勤于分析，善于积累，增强分析能力。

表 7-7 是实习现场经常能看到的各种工艺情况，请先识读，再根据实际工况进行分析，左右两种情况（情况 1 和情况 2）哪一种合理？

### 表 7-7　工艺流程识别与分析

| 序号 | 情况 1 | 情况 2 |
|------|--------|--------|
| 1 | 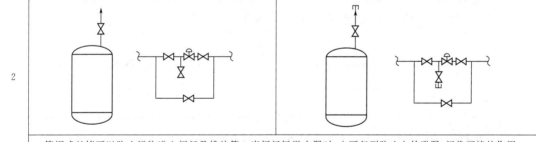 在大型装置分区布置时,分区支管靠近主管廊处根部设置切断阀,可防止装置的某个操作区检修时对其他操作区域,甚至整个装置的影响 | |
| 2 |  管帽或丝堵可以防止污物进入阀门及排放管。当阀门轻微内漏时,也可起到防止向外泄漏,污染环境的作用 | |
| 3 | 切断阀保证了压力表更换检修时,装置的正常生产。<br>放净阀则用于压力表和切断阀间管道,起泄压及介质排放作用,保证维修人员安全 | |

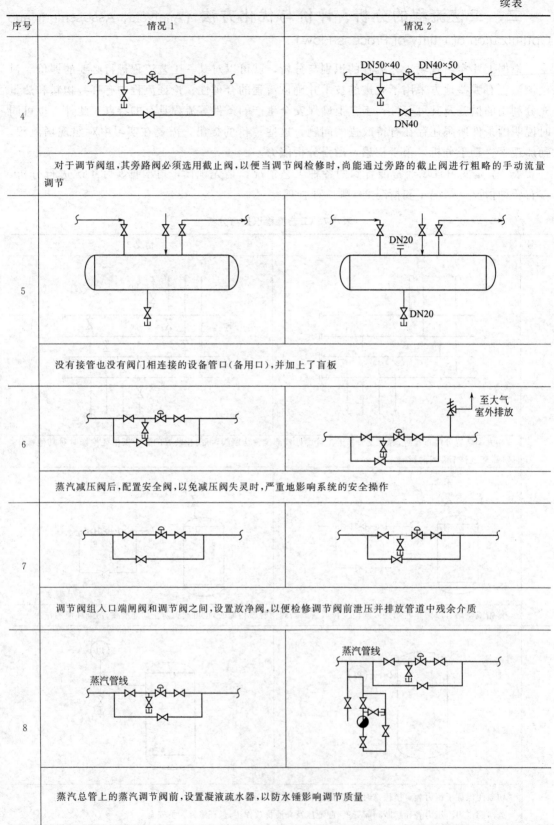

| 序号 | 情况1 | 情况2 |
|---|---|---|
| 4 | 对于调节阀组,其旁路阀必须选用截止阀,以便当调节阀检修时,尚能通过旁路的截止阀进行粗略的手动流量调节 | |
| 5 | 没有接管也没有阀门相连接的设备管口(备用口),并加上了盲板 | |
| 6 | 蒸汽减压阀后,配置安全阀,以免减压阀失灵时,严重地影响系统的安全操作 | |
| 7 | 调节阀组入口端闸阀和调节阀之间,设置放净阀,以便检修调节阀前泄压并排放管道中残余介质 | |
| 8 | 蒸汽总管上的蒸汽调节阀前,设置凝液疏水器,以防水锤影响调节质量 | |

| 序号 | 情况1 | 情况2 |
|---|---|---|
| 9 | 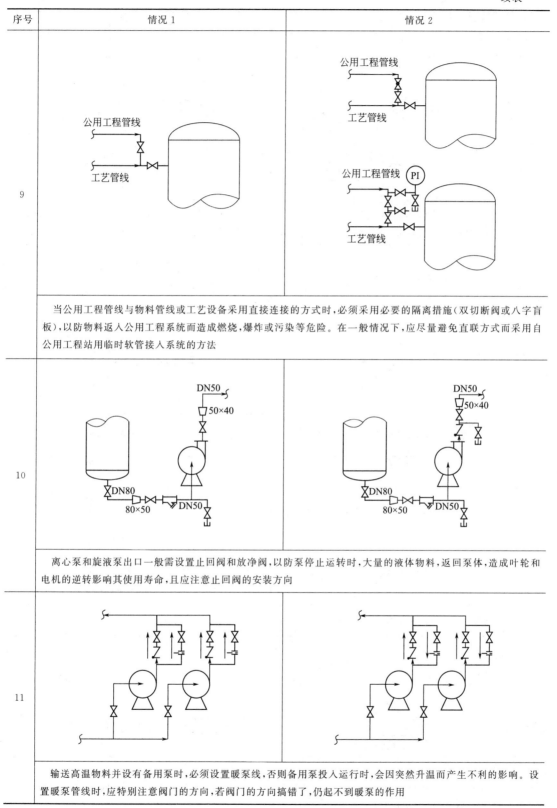 | |
| | 当公用工程管线与物料管线或工艺设备采用直接连接的方式时,必须采用必要的隔离措施(双切断阀或八字盲板),以防物料返入公用工程系统而造成燃烧,爆炸或污染等危险。在一般情况下,应尽量避免直联方式而采用自公用工程站用临时软管接入系统的方法 | |
| 10 | | |
| | 离心泵和旋液泵出口一般需设置止回阀和放净阀,以防泵停止运转时,大量的液体物料,返回泵体,造成叶轮和电机的逆转影响其使用寿命,且应注意止回阀的安装方向 | |
| 11 | | |
| | 输送高温物料并设有备用泵时,必须设置暖泵线,否则备用泵投入运行时,会因突然升温而产生不利的影响。设置暖泵管线时,应特别注意阀门的方向,若阀门的方向搞错了,仍起不到暖泵的作用 | |

| 序号 | 情况 1 | 情况 2 |
|---|---|---|
| 12 | 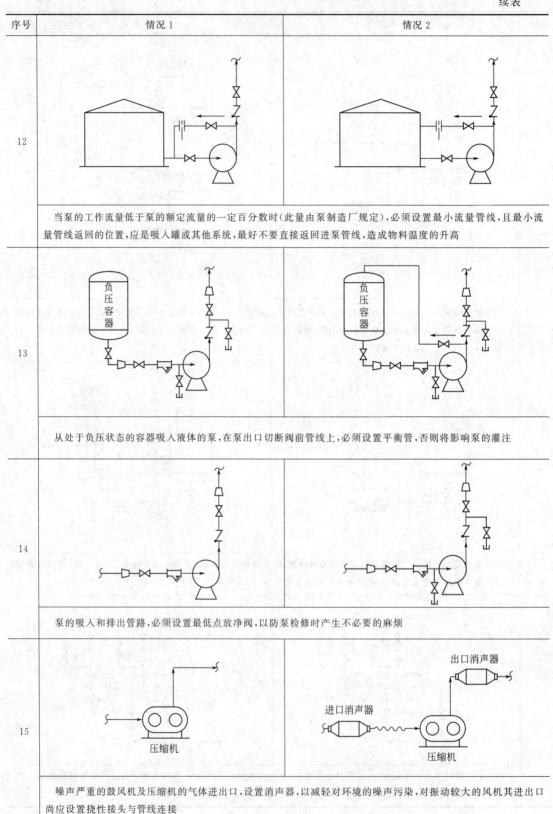 | |
| | 当泵的工作流量低于泵的额定流量的一定百分数时(此量由泵制造厂规定),必须设置最小流量管线,且最小流量管线返回的位置,应是吸入罐或其他系统,最好不要直接返回进泵管线,造成物料温度的升高 | |
| 13 | | |
| | 从处于负压状态的容器吸入液体的泵,在泵出口切断阀前管线上,必须设置平衡管,否则将影响泵的灌注 | |
| 14 | | |
| | 泵的吸入和排出管路,必须设置最低点放净阀,以防泵检修时产生不必要的麻烦 | |
| 15 | | |
| | 噪声严重的鼓风机及压缩机的气体进出口,设置消声器,以减轻对环境的噪声污染,对振动较大的风机其进出口尚应设置挠性接头与管线连接 | |

| 序号 | 情况 1 | 情况 2 |
|---|---|---|
| 16 | | |
| | 储存物料的各种容器,设置最低点放净阀以便清洗和检修设备时使用 | |
| 17 | | |
| | 储存剧毒、危险的物料或氢气等的贮槽,其进、出管口,压力表等,设有双阀。便于抽插盲板 | |
| 18 | | |
| | 对于储存低沸点物料(如液化石油气类)的贮槽,有绝热或淋水等降温设施 | |
| 19 | | |
| | 储存含水的燃料油,烃类物料的贮槽应在贮槽底部设计分水阀或其他排水设施,使物料夹带的水分,在储存过程中分离出来后,能够排出槽外,对寒冷地区尚应考虑防冻措施 | |

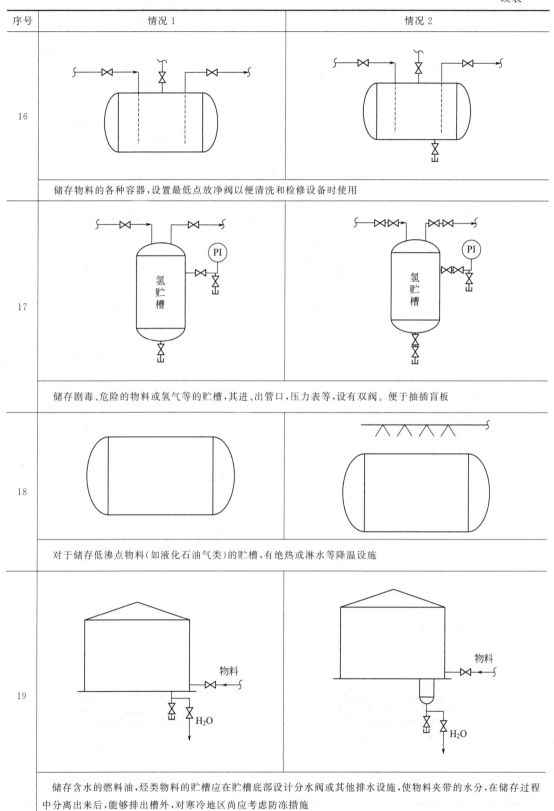

| 序号 | 情况 1 | 情况 2 |
|---|---|---|
| 20 | 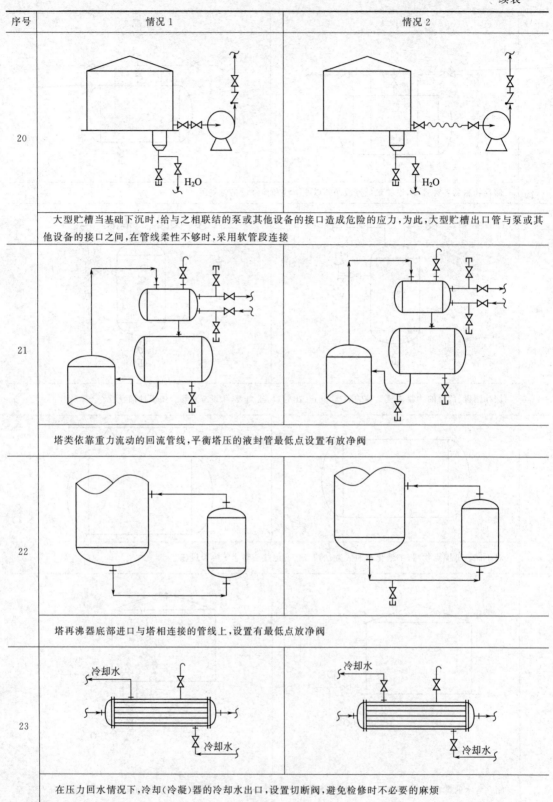 | |
| | 大型贮槽当基础下沉时,给与之相联结的泵或其他设备的接口造成危险的应力,为此,大型贮槽出口管与泵或其他设备的接口之间,在管线柔性不够时,采用软管段连接 | |
| 21 | | |
| | 塔类依靠重力流动的回流管线,平衡塔压的液封管最低点设置有放净阀 | |
| 22 | | |
| | 塔再沸器底部进口与塔相连接的管线上,设置有最低点放净阀 | |
| 23 | | |
| | 在压力回水情况下,冷却(冷凝)器的冷却水出口,设置切断阀,避免检修时不必要的麻烦 | |

| 序号 | 情况 1 | 情况 2 |
|------|--------|--------|
| 24 | 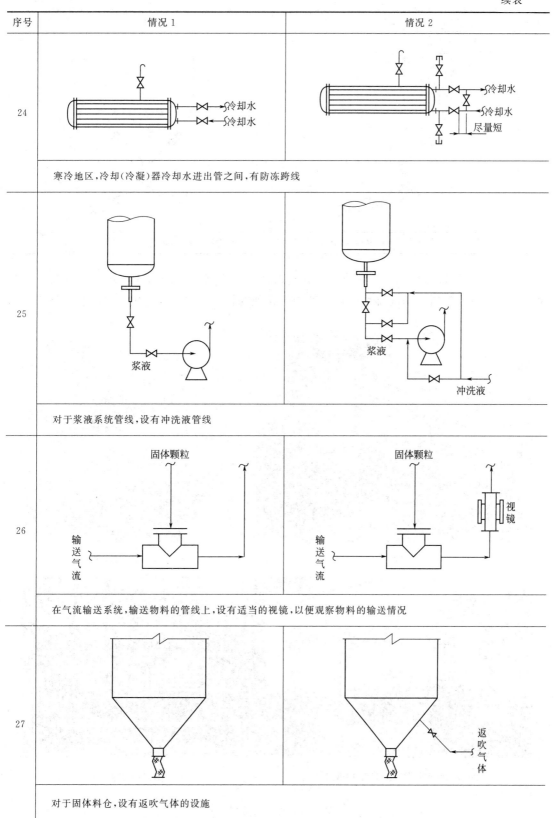 | |
| | 寒冷地区,冷却(冷凝)器冷却水进出管之间,有防冻跨线 | |
| 25 | | |
| | 对于浆液系统管线,设有冲洗液管线 | |
| 26 | | |
| | 在气流输送系统,输送物料的管线上,设有适当的视镜,以便观察物料的输送情况 | |
| 27 | | |
| | 对于固体料仓,设有返吹气体的设施 | |

图中标注:冷却水、冷却水、尽量短、浆液、冲洗液、固体颗粒、输送气流、视镜、返吹气体

| 序号 | 情况 1 | 情况 2 |
|---|---|---|
| 28 | 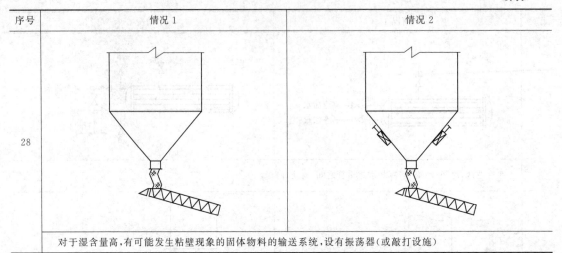 | |
| | 对于湿含量高,有可能发生粘壁现象的固体物料的输送系统,设有振荡器(或敲打设施) | |

如表 7-7 所示,列出了 28 项图例,分别以情况 1 和情况 2 的形式展示。每例图下均有文字描述,以判断所列情况哪种合理。其中不合理的管道布置往往是由于在配管设计中,设

(a) 偏心异径管　　　　　　　　　　　　　(b) 大口径闸阀　截止阀

(c) 鼓风机房罗茨风机的进出口平衡管　　　　　　　(d) 管头盲板

图 7-15　实习现场举例

(a) 为什么说这个表不好用？压力变送器，用于测量200℃以上蒸汽压力，没有安装散热管，而是直接矗在了管道上，导致工作中仪表烫得无法维护

(b) 管卡的孔洞是打好了，但管卡在哪里？安装细节没到位

(c) 该节流装置安装位置合理吗？肯定不对，会有很大误差及显示波动，因为没有足够的直管段。那节流装置安装前后需要多长的直管段距离呢？

(d) 为什么会断？管架未考虑管线热应力，导致投用后，管架撑断

(e) 怎么这么别扭？设备接口与支座距离太小，导致土建基础施工后接口配管困难

图 7-16　实习现场问题分析

计人员的疏忽和经验不足或缺乏认真考虑造成的，重则导致易引发危险事故，轻则使操作检修不便，外表不美观。这是化工基本生产技术的现场中常见的一些基本问题，同学们在工厂实习期间要多观察、多分析、多请教，认真比对总结，看看能否发现问题，并提出可行的解决方案。

### 三、项目实践 (Project Practice)

#### 1. 初级任务

**提出问题：** 在实习现场，可预设 4～5 个教学中提到、生产上常见的装置、部件、静动设备（如图 7-15 的举例）分组寻找确切地点、部位。

**分析问题：** 观察后描述其形状、外观等直观细节；结合现场铭牌等信息，分析在此处的功能、作用，画出局部工艺流程简图，或参照互联网查询到的设备结构图，说明其工作原理。

**达到的效果：** 真正做到理论联系实际，"夫耳闻之，不如目见之，目见之，不如足践之"。做到课程和认识实习过程真正结合。

#### 2. 进阶任务

**提出问题：** 图 7-16 所示为某化工厂现场的几张照片，每幅图都给出了问题所在。在实习中鼓励提出类似疑问。

**分析问题：** 试着自己找出原因。

**达到的效果：** 知识真正学懂，需要在实践中体会；能力真正拥有，需要在过程中思考。

# 项目四　工艺技术规程、岗位操作法的编制

## Compile the Master Production Instruction and Operation Procedure of Chemical Plants

---

### 应用知识

1. 工艺技术规程、岗位操作法的标准内容；
2. 工艺技术规程、岗位操作法的编制要求、批准和修订原则。

### 技能目标

1. 结合实习岗位的现场情况，阅读工艺技术规程、岗位操作法，通过这两个规范性文件找到所需的信息；
2. 具有编写化工操作规程和岗位操作法的基本能力。

---

工艺技术规程就是装置操作手册，即装置工艺流程、原料和产品性质、物料平衡、主要操作条件、能耗、控制分析、安全环保等方面的描述，是装置生产运行必须遵守的原则。通过生产实际应用，使员工了解和全面掌握装置设计的工艺条件和特点，驾驭装置的运行，优化装置的操作。岗位操作法是规范具体生产操作行为的规程，强调的重点是"状态"，具体是指实施的"步骤"，它涵盖了整个生产环节的所有操作，是生产操作的法律依据。

### 一、工艺技术规程的意义、作用和标准内容 (The Meaning, Role and Content of the Master Production Instruction)

#### 1. 工艺技术规程是化工装置生产管理的基本法规

为使一个化工装置能够顺利地开车、正常地运行以及安全地生产出符合质量标准的产

品，且产量又能达到设计规模，在装置投运开工前，必须编写一个该装置的工艺技术规程。工艺技术规程是指导生产、组织生产、管理生产的基本法规，是全装置生产、管理人员借以搞好生产的基本依据。工艺技术规程一经编制、审核、批准颁发实施后，具有一定的法定效力，任何人都无权随意地变更操作规程。对违反操作规程而造成生产事故的责任人，无论是生产管理人员还是操作人员，都要追究其责任，并根据情节及事故所造成的经济损失，给予一定的行政处分，对事故情节恶劣、经济损失重大的责任人，还要追究其法律责任。

在化工生产中由于违反技术规程而造成跑料、灼烧、爆炸、失火、人员伤亡的事故屡见不鲜。例如四川某化工厂，操作人员严重违反工艺技术规程，在合成塔未卸压的情况下，带压卸顶盖，结果高压气流冲出，造成在场 5 人死亡的重大事故。因此，操作规程也是一个装置生产、管理、安全工作的经验总结。每个操作人员及生产管理人员都必须学好工艺技术规程，了解装置全貌以及装置内各岗位构成，了解本岗位在整个装置中的作用，从而，严格的执行规程，按规程办事，强化管理、精心操作，安全、稳定、长周期、满负荷、优质地完成好生产任务。

### 2. 工艺技术规程一般应包括的内容

① 有关装置及产品基本情况的说明。如装置的生产能力，产品的名称、物理化学性质、质量标准以及它的主要用途。本装置和外部公用辅助装置的联系，包括原料、辅助原料的来源，水、电、汽的供给，以及产品的去向等。

② 装置的构成，岗位的设置及主要操作程序。如一个装置分成几个工段，应按工艺流程顺序列出每个工段的名称，作用及所管辖的范围。如己内酰胺装置由环己烷工段、己内酰胺工段及精制工段三个工段组成，环己烷工段则从原料苯加氢制备环己烷到环己烷氧化成环己酮为止，从成品环己酮起始则列入己内酰胺工段；按工段列出每个工段所属的岗位，以及每个岗位的所管范围、职责和岗位的分工；列出装置开停工程序以及异常情况处理等内容。

③ 工艺技术方面的主要内容。如原料及辅助原料的性质及规格；反应机理及化学反应方程式；流程叙述、工艺流程图及设备一览表；工艺控制指标：包括反应温度、反应压力、配料比、停留时间、回流比等；每吨产品的物耗及能耗等。

④ 环境保护方面的内容。列出三废的排放点及排放量以及其组成；介绍三废处理措施，列出三废处理一览表。

⑤ 安全生产原则及安全注意事项。应结合装置特点列出本装置安全生产有关规定、安全技术有关知识、安全生产注意事项等。对有毒有害装置及易燃易爆装置更应详细地列出有关安全及工业卫生方面的篇章。

⑥ 成品包装、运输及储存方面的规定。列出包装容器的规格、重量，包装、运输方式，产品储存中有关注意事项，批量采样的有关规定等。

上述 6 个方面的内容，可以根据装置的特点及产品的性能给予适当的简化或细化。

### 3. 工艺技术规程的通用目录和常见的化工装置工艺技术规程编写的有关章节

① 装置概况。

② 产品说明。

③ 原料、辅助原料及中间体的规格。

④ 岗位设置及开停工程序。

⑤ 工艺技术规程。

⑥ 工艺操作控制指标。

⑦ 安全生产规程。

⑧ 工业卫生及环境保护。

⑨ 主要原料、辅助原料的消耗及能耗。

⑩ 产品包装、运输及储存规则。

## 二、工艺技术规程的编制、批准和修订 (Draw Up, Approval and Revise of the Master Production Instruction)

一个新装置最初版的工艺技术规程一般应由车间工艺技术人员编写初稿，首先他必须学习和熟悉装置的设计说明书及初步设计等有关设计资料，了解工艺意图及主要设备的性能，并配合设计人员，在编写试车方案的基础上，着手编写工艺技术规程，编写好的初稿应广泛征求有关生产管理人员及岗位操作人员的意见，在汇总各方意见的基础上，完成修改稿。在编写中也可将部分章节交由其他一些专业人员参与编写，如安全生产原则、环境保护及工业卫生等内容可以由上述专业人员执笔编写。完成好的修改稿交由车间主任初审，经过车间领导初审后的修订稿上报给工厂生产技术科，经技术科审查后报请厂总工程师审完并由厂长批准下达。

另有一种方式是由工艺技术人员牵头，组织有关人员向国内或国外有同类装置的生产厂收集该厂的操作规程等有关资料，并派出操作人员去上述工厂进行岗位培训，在同类装置培训人员及收集资料的基础上，以同类装置的工艺技术规程为蓝本，加以修改补充，使之更适合本装置的工艺及管理要求，并组织参加岗位培训的操作人员进行讨论、修改完成初稿。再经上述同样程序进行报审和批准。

也有的是将上述两种编写方式结合起来进行编制的。总之，无论采用何种方式编写，都要求能满足装置生产及管理的需要，具有科学根据及先进性，但又不能照抄照搬，一定要结合本装置的特点及本车间的管理体制，并应在实践中结合岗位操作人员的创造、发明、合理化建议不断地予以修改、补充及完善。

装置在生产一个阶段以后，一般为3年，最长的5年，由于技术进步及工厂生产的发展，需要对原有装置进行改造或更新，有的需要扩大生产能力，有的需要改革原有的工艺过程，这样原来的工艺流程、主要设备及控制手段已作了修改，所以，必须对原有的工艺技术规程进行修订，然后才能开工生产。修订的工艺技术规程必须按照上述同样的报批程序进行上报及批准。即使不进行扩建及技术改造，一般情况在装置生产2~3年后也要对原有的工艺技术规程进行修订或补充。由于2~3年的生产实践，工人群众在实践中积累了很多宝贵的经验，发现了原设计中的一些缺陷及薄弱环节，因此，有必要将这些经验及改进措施补充到原订的规程中去，使之更加完善。这必将更有利于工厂的安、稳、长、满、优生产。所以工艺技术规程的修订，虽然并没有硬性的时间规定，但根据生产管理的需要也应及时进行。上述修订工作仍应由车间工艺技术人员牵头组织编写，并报上级批准下达，修订稿一经批准下达，原有的规程即宣告失效。

## 三、岗位操作法的意义、作用及标准内容 (The Meaning, Role and Content of the Operation Procedure)

### 1. 岗位操作法是操作规程的实施和细化

一个化工装置要实现正常运行及顺利试车，除了需要一个科学、先进的操作规程以外，还必须有一整套岗位操作法来实施和贯彻操作规程中所列的开停工程序，进行细化并具体到每个岗位如何互相配合、互有分工地将全装置启动起来，以及在生产需要和非常情况出现时，把全装置正确的停止运转。因此，岗位操作法是每个岗位操作工人借以进行生产操作的依据及指南，它与操作规程一样，一经颁发实施即具有法定效力，是工厂法规的基础材料及基本守则。每个操作工人在走上生产岗位之前都要经过岗位操作法的学习及考试，只有熟悉岗位操作法，并能用操作法中的有关内容来指导实施正常生产操作的人员，经过考核合格才能走上操作岗位。同样，任何个人无权更改操作法的有关内容，如有违反操作法或随意更改操作法的人员，应予严肃批评教育，如果由此而造成生产事故则要追究其责任。由于违反岗位操作法而造成跑料、泄漏、爆炸、失火及人身伤亡等事故，在化工生产中也是经常发生的。如某石油化工厂的聚丙烯装置，岗位操作人员由于未按操作法将低压瓦斯放空阀关严，致使瓦斯气外逸至包装车间形成可燃气体，当包装机启动时火花与可燃气体相遇即引起爆燃，事故造成 7 人烧伤及 1 人死亡，直接经济损失数万元。所以，每个操作人员都必须认真地学习及掌握好岗位操作法，严格按操作法进行操作，杜绝发生事故的根源，完成好本岗位的生产任务。

此外，岗位操作法也是工厂考核工人转正定级的基本依据，也是对新工人进行教育培训的基础教材。一般新工人进厂，除了要进行化工知识的一般讲座培训外，必须组织学习操作规程及岗位操作法，使他们对化工生产的了解由抽象转为具体。而对老工人，每年必须按岗位操作法对其进行考核，然后决定其技术等级，以激励操作工人不断地学习和进取，达到高级技工的水平。

**2. 岗位操作法一般应包括的内容**

① 本岗位的基本任务。应以简洁、明了的文字列出本岗位所从事的生产任务。如原料准备岗位，每班要准备哪几种原料，它的数量、质量指标、温度、压力等；准备好的原料送往什么岗位，每班送几次，每次进几吨。本岗位与前、后岗位是怎么分工合作的，两个岗位之间的交接点，不能造成两不管的状况。

② 工艺流程概述。说明本岗位的工艺流程及起止点，并列出工艺流程简图。

③ 所管设备。应列出本岗位生产操作使用的所有设备、仪表，标明其数量、型号、规格、材质、重量等。通常以设备一览表的形式来表示。

④ 操作程序及步骤。列出本岗位如何开工及停工的具体操作步骤及操作要领。如先开哪个管线及阀门；是先加料还是先升温，加料及升温具体操作步骤，要加多少料？温度升到多少度？都要详细列出，特别是空车开工及倒空物料作抢修准备的停工。

⑤ 生产工艺指标。如反应温度、操作压力、投料量、配料比、反应时间、反应空间速度等，凡是由车间下达本岗位的工艺控制指标，应一个不漏地全部列出。

⑥ 仪表使用规程。列出仪表的启动程序及有关规定。

⑦ 异常情况及其处理。列出本岗位通常发生的异常情况有哪几种，发生这些异常状况的原因分析，以及采用什么处理措施来解决上列的几种异常状况，措施要具体化，要有可操作性。

⑧ 巡回检查制度及空接班制度。应标明本岗位的巡回检查路线及其起止点，必要时以简图列出；列出巡回检查的各个点、检查次数、检查要求等。交接班制度应列出交接时间、交接地点、交接内容、交接要求及交接班注意事项等。

⑨ 安全生产守则。应结合装置及岗位特点列出本岗位安全工作的有关规定及注意事项。

如本岗位不能穿带钉子的鞋上岗；如有的岗位需戴橡皮围裙及橡皮手套进行操作等。都应以具体的条款列出。

⑩ 操作人员守则。应从生产管理角度对岗位人员提出一些要求及规定。如上岗不能抽烟；必须按规定着装等。提高岗位人员素质，实现文明生产的一些内容及条款。

上述基本内容也应结合每个岗位的特点予以简化或细化，但必须符合岗位生产操作及管理的实际要求。编写中内容应具体，结合一些理论，但要突出具体操作。文字要简洁明了，含义应明确，以免导致误操作以及岗位之间的扯皮。如是上道岗位或下道岗位的工作内容及所管辖范围，则在本岗位的操作法中就不应列出，如必须列出时应明确本岗位的职责只是予以配合。操作人员如对岗位操作法中有些内容、要求不够清楚时，应及时请示班长及值班主任。不能随意解释及推测，否则岗位操作发生事故应由操作人员负主要责任。

## 四、岗位操作法的编制、批准和修订 (Draw Up，Approval and Revise of the Operation Procedure)

岗位操作法一般由装置的工艺技术人员牵头组织编写初稿，并可由车间安全员、班组长及其他一些生产骨干共同参与编写工作，编写过程可与操作规程同步，也可先完成操作规程继而完成岗位操作法。

一般也可有两种方式：一种方式是由工艺技术人员组织上述人员，一起消化、学习装置的设计说明书、初步设计及试车规程和操作规程，在此基础上编写岗位操作法。一般在化工投料之前，先缩写一个初稿供试车用，也可叫试行稿。在化工试车总结基础上，对初稿进行补充、修改、完善，然后正常试生产一段时期后再最终确定送审稿。因为在试车阶段毕竟时间甚短，许多问题一时尚未暴露出来，所以在试生产一个时期后，再予确定最终进行审稿的做法比较值得推荐。为了使工厂在试生产阶段有法可依，可将这一阶段的岗位操作法定为试行稿或暂行稿，交由厂生产技术科审查备案。另一种方式则由装置的工艺技术人员牵头组织部分生产骨干，去国内（外）同类生产厂培训，并收集同类装置的岗位操作法等技术资料后，再按不同专业、不同岗位有针对性地，对同类装置相同岗位的操作法进行修改、补充、完善来完成初稿，进行试行，在试行一个阶段后再作一次修改完成最终送审稿。也有的同类装置但最终产品的包装方式不一样，如有的是液体、灌桶包装；但有的却是固体包装。此时就必须到另外的固体包装岗位收集资料，作为编写初稿的基础材料，再根据产品的不同性质作出适当的修改。如有的产品怕吸收空气中的水分而影响它的出厂质量指标，而有的产品则无此方面的要求，则包装岗位设备的设置及操作内容都会有一些不相同。

上述两种岗位操作法的编写方式可根据情况选择使用，或将两种方式结合起来进行初稿的编写。总之，无论采用哪种方式编写，编写好的岗位操作法，既要满足生产管理的需要；又要使操作工人易懂、易学、易明了、易执行。初稿确定后由车间主任组织讨论修改后试行，试行一阶段后再作修改完成送审稿，交由厂生产技术部门及总工程师进行审定，由厂长批准颁发。岗位操作法与操作规程一样，一经批准下达即具有法定效力，不得随意修改，各类人员都应维护它的严肃性。

岗位操作法的修订工作与操作规程情况基本类同。第一种情况是由于科技进步，革新了原有的工艺流程或主要设备；第二种情况是由于扩建增加了生产能力；第三种情况是由于工人群众在生产一个阶段后发现了设计上的一些缺陷及一些薄弱环节后，提出了一些改进的意见和措施，这样原有的操作法就必须进行修订和补充。修订和报批的程序与前述相同。新操作法一旦报批颁发，原有的操作法即宣告失效。此外，在工厂体制、管理模式进行调整时，也可能要对岗位操作法进行一些修改或补充。

# 五、某企业工艺规程和操作法格式和内容（The Format and Contents of the Operating Rules and the Position Procedure of a Certain Chemical Plant）

## 产品工艺规程

一、产品概述

1. 产品名称、化学结构式、主要理化性质

2. 技术标准、产品质量规格、包装储运方式

3. 主要用途、使用方法须知

二、原辅材料

1. 原材料名称、规格及其主要指标检验方法

2. 辅助材料名称、规格及其主要指标检验方法

3. 其他材料名称、规格及其主要指标检验方法

三、生产工艺过程

1. 工艺沿革（包括装置能力、技术进步等内容）

2. 化工工艺路线及其技术依据

3. 主要化学反应及副反应

4. 主要物料的平衡及流向

5. 工艺过程及流程图

四、生产控制技术

1. 配方和配料（可列配方编号、配方另立）

2. 工艺控制点示意图

3. 各项工艺操作指标

4. 主要生产工序的控制方法

5. 中间控制技术及检测手段

6. 其他

五、原材料动力消耗定额

六、安全生产技术

1. 使用、产生有毒有害物质一览表

2. 易燃易爆工序岗位一览表

3. 安全生产的储存、运输要点

4. 可能发生的事故及处理方法

5. 工业卫生与劳动保护措施

七、环境保护

1. 三废排放示意图

2. 三废排放及其治理

3. 三废排放地方标准与现状对比

4. 副产品回收的综合利用

八、劳动组织和生产管理

1. 工段岗位划分示意图

2. 工段岗位的定员

3. 单位产品所需工时、产品生产周期

4. 原始记录和工艺台账的图表式样

九、设备一览表及主要设备生产能力

十、仪表计量一览表及主要仪表规格型号

附录

1. 有关的理化常数、曲线、图表、计算公式等

2. 工艺操作指标修改情况（年份、修改内容、技术依据等）

3. 工艺查定的情况（年份、查定内容、查定结果）

# 岗位操作法

一、岗位任务、岗位编号

二、工艺操作指标一览表

三、中间体和苯岗位制成品的质量标准或规格

四、原辅材料或其他材料规格、性能

五、岗位工艺流程图（带控制点）及叙述

六、生产操作方法和要求

1. 开车（参见第四章有关开车的内容）

① 开车前准备

② 正常开车及操作

2. 停车（参见第四章有关停车的内容）

① 正常停车

② 临时停车

③ 紧急停车

3. 生产操作

4. 原始记录格式和要求

七、常见不正常现象及其处理方法

八、生产控制与分析

九、交接班制度、巡回检查制度和重点操作复核制度

1. 交接班制度

2. 巡回检查制度及内容

① 巡回检查制度

② 巡回检查内容

3. 重点操作复核制度

十、安全生产

十一、工业卫生与劳动保护

十二、三废处理与环境保护

十三、设备仪表一览表

十四、计量器具及仪器仪表的检查及校正

## 示例　某企业氯化铵干燥岗位操作法

### 氯化铵干燥岗位操作法

一、岗位任务

利用 1.3MPa 蒸汽加热后的热空气为干燥介质，将湿氯化铵干燥合格后送至包装岗位。

干燥后的氯化铵一方面可以减轻结块，便于包装和使用。另一方面也可以减少运输量和对储运工具及厂房的腐蚀。

二、专职范围

1. 主操作

（1）负责干燥岗位的工艺控制及投入量的调节，产品质量和对外联系等全面工作。

（2）负责沸腾干燥炉的开、停及事故处理。

（3）负责开好干铵除尘装置，确保环保装置正常运行。

（4）负责设备检修的准备以及试车验收工作。

（5）负责鼓、排风机、干燥炉搅拌、洗水泵、加热器的安全运行和维护保养。

（6）详细、准确、及时认真写好交接班日志等有关记录。

（7）值班长不在时行使值班长的职责。

2. 副操作

（1）主操作不在时，由值班长指定一副操作代行主操作职责。

（2）负责干燥炉、旋风分离器、除尘器和进料皮带的正常操作和维护保养。

（3）配合主操作严格控制工艺指标和故障处理。

（4）按时、准确、认真填写操作日报表。

（5）负责岗位所属设备的保养及正常运行。

（6）负责保养和维护工具。

（7）负责专责区域、操作室的卫生。

三、生产原理及工艺流程

（一）生产原理

干燥岗位的生产原理实质就是对湿物料的干燥过程。湿铵进入干铵炉后，因炉底鼓风的缘故，湿铵在干铵炉内逐渐流态化，当颗粒在气流中的上升速度大于临界流化速度时，床层高度增加，固体颗粒被流体浮起（此时的床层称为流化床），在流化床中，颗粒在热气流中上、下翻动，彼此碰撞和混合，气固间进行传热和传质，随固体颗粒表面温度的升高，颗粒表面水蒸气分压大于干燥介质的水蒸气分压，其压力差作为颗粒表面水分蒸发的推动力，逐渐将颗粒表面水分蒸发而被引风机带走，从而达到干燥的目的。

（二）工艺流程

如图 7-17 所示，分离机分离出来的湿氯化铵，由皮带输送到干铵炉炉顶，经进料溜子入炉后与鼓风机送来的热空气进行沸腾干燥。干燥后的氯化铵由出料溢流口连续排出，经皮带运输机送至料仓进行包装。沸腾干燥尾气经旋风分离器、湿法除尘器除尘后，由排风机送至水沫除尘器除尘后排空。旋风分离器回收的氯化铵粉尘，经皮带运输机与沸腾干铵炉出料一起入料仓包装。

沸腾干铵炉的热空气，通过加热器采用 1.3MPa 蒸汽间接加热而获得。加热器蒸汽回水经凝水槽、闪发器闪发成 0.6MPa 蒸汽和凝结水，0.6MPa 蒸汽去盐厂蒸汽工序，凝结水去热水管网。

除尘系统新鲜河水由二级洗水桶加入，二级洗水桶水满后溢流至一级洗水桶，洗水经洗水泵送至湿法除尘器和水沫除尘器，除尘后分别自流回一、二级洗水桶。根据上道工序的需要，干燥尾气除尘洗水送至氯化铵车间作为分离机刷车水用。

四、主要设备规格

| 序号 | 设备名称 | 型号及规格 | | 台数 |
|---|---|---|---|---|
| 1 | 干铵炉 | $\phi 3500, F=9m^2$<br>搅拌电机：Y132M1-6 | 生产能力：240t/(d·台)<br>$N=4kW$ | 8 |
| 2 | 鼓风机 | FF-R160(FDF)右 180°<br>全压 6364～5894Pa | 风量 33764～41914m³/h<br>电机：Y315M6-6 $N=132kW$ | 8 |
| 3 | 排风机 | FF-R140D(IDF)右 90°<br>全压 3600～3700Pa | 风量 58000m³/h<br>电机：Y315M2-6 $N=110kW$ | 8 |
| 4 | 加热器 | NFⅡ-2-0.88FB[2.5 片距] | | 7 |
| | | NFTⅡ-2-2 | | 1 |
| 5 | 旋风分离器 | $\phi 1120$ | | 8 |
| 6 | 湿法除尘器 | $\phi 2000$ | | 8 |
| 7 | 水沫除尘器 | $\phi 780$ | | 8 |
| 8 | 凝水槽 | $\phi 1400$ | | 2 |

| 序号 | 设备名称 | 型号及规格 | | 台数 |
|------|----------|-----------|---|------|
| 9 | 闪发器 | $\phi$800 | | 1 |
| 10 | 洗水桶 | $\phi$2600 | | 1 |
| | | $\phi$2400 | | 1 |
| 11 | 洗水泵 | IFD100-65-200 | 流量 100m³/h  扬程 50m | 4 |
| | | 电机：Y180M-2 | $N=22$kW | |

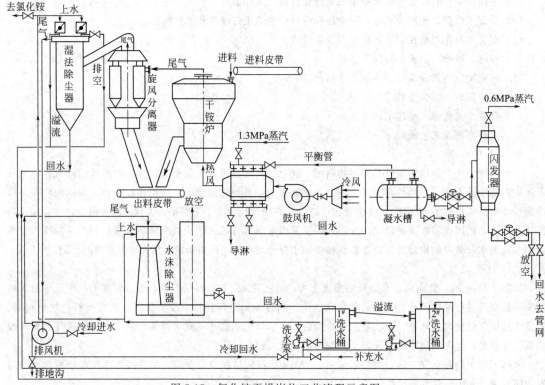

图 7-17　氯化铵干燥岗位工艺流程示意图

五、操作方法

（一）开车步骤

1. 检查电器、仪表、安全装置是否齐备好用；运转设备盘车一周以上，检查有无障碍；各阀门开关正确、好用。

2. 检查干铵炉内有无杂物，封好各人孔盖及清扫孔。

3. 一级、二级洗水桶加满水，开洗水泵。根据湿法除尘器和水沫除尘器运行情况，适当调节水量。

4. 备好干燥的氯化铵，以铺垫沸腾床之用，每台需 2~3t。

5. 与调度室等有关岗位联系，提供 1.3MPa 蒸汽，送出 0.6MPa 低压蒸汽和冷凝水，产品包装做好准备。

6. 依次开出料皮带运输机、排风机、鼓风机，并封好旋风分离器清扫孔。

7. 开加热器回水阀、平衡阀和放空阀，稍开加热器蒸汽入口阀，通入少量蒸汽介温，并排出冷凝水，严防由于水冲击而损坏设备。

8. 开凝水槽出口、入口阀、闪发器入口阀、排污阀，加热器凝水排空后关放空阀，使冷凝水进入凝水槽、闪发器，凝水槽及闪发器安全阀调到 0.6MPa；凝水槽、闪发器污物排净后关排污阀，开出汽阀，当闪发器温度逐渐升起时，慢慢增大蒸汽量，待闪发器内冷凝水液位升到规定高度时，开冷凝水出口阀。加热器、凝水槽、闪发器升温时间应在 1h 左右，防止温度急剧升高而损坏设备。

9. 干铵炉床温升到 100～120℃并保持 10min，待炉壁、分离器和内积水蒸气干净后，开搅拌机，向炉内加干燥氯化铵铺固定床。

10. 开进料皮带运输机，加入湿氯化铵，调节风量、风压和风温，转入正常操作。

（二）停车步骤

1. 与调度室等有关岗位联系，停止投入湿氯化铵；调节风量和床层压力，将物料缓慢吹出。

2. 依次停止进蒸汽，停鼓风机、排风机。若短时间停炉，可以减少蒸汽量而不停风机，减少风量使炉内保留部分余料，以备随时开炉之用。

3. 停止进蒸汽，停风机后，关闭闪发器出汽阀和出水阀；打开闪发器排污阀和加热器放空阀（冬季开加热器、凝水槽和闪发器时需用少量蒸汽防冻）。

4. 清除床层、炉壁上旋风分离器内的结疤。

5. 停洗水泵，并排尽内积水。

（三）正常操作要点

1. 保证热风温度：在氯化铵干燥过程中，湿铵表面水分的汽化主要决定于传热速率。提高热风温度，即提高湿铵与热风的温度差，从而增大湿铵表面与热风的水蒸气压力差，使干燥推动力增大。热风温度愈高，愈有利于干燥；但热量损失大，并受鼓风机的耐湿性能和干燥炉的防腐层以及氯化铵的热敏性限制，热风温度一般不得超过 220℃。为了保证热风温度，应经常检查加热器的作业情况，及时调节蒸汽量和空气量以及控制凝水槽、闪发器内冷凝水液位等。

2. 稳定床层温度：在热风温度及风量一定的情况下，床层温度高，干燥速度快。但尾气和干铵带走的热量愈多，则热效率低。反之，床层温度低，干燥速度慢，不易保证产品质量，并且容易造成除尘系统堵塞。因此，应及时联系调度室和分离机岗位尽快压量，确保床层温度控制在 60～90℃范围内。

3. 控制湿铵水分和干铵水分：湿铵水分的大小直接影响干燥炉的正常操作和生产能力。湿铵水分大，物料粘接成块，分散不好，容易形成座炉而影响或降低生产能力。因此，要求分离机岗位尽量降低湿铵水分，不许稀料和大块料入炉，防止座炉。在干燥的操作过程中，要根据床层温度、床层压力、进出料水分等情况，及时调节风量、风温和进料量，保证干铵产品的水分在 0.5%以下。

4. 维护床层压力：沸腾干燥炉要求在负压下操作。这样可防止炉内粉尘逸出，改善操作环境和减少浪费。但负压过大势必吸入大量冷空气，降低热效率和床层温度，并使旋风分离器堵塞且增加排风机负荷。因此，干燥炉的床层压力宜在微负压下操作。

5. 由于环保工作日趋重要，加之新干燥系统厂地所处的特殊位置，必须杜绝干燥尾气冒料，并努力减少旋风分离器被堵。为此，应经常检查炉内沸腾状况及各处压力，防止干燥炉、旋风分离器被堵或冒料。开好湿法除尘和水沫除尘器，经常检查湿法除尘器密封槽有无堵塞和冒槽现象，发现问题及时联系处理。

6. 检查风机、干燥炉搅拌机、洗水泵、皮带运输机等传动设备运转情况，并及时加油。维护电器、仪表装置，确保处于良好状态。

7. 经常观察干燥炉进料、出料、床层沸腾及炉壁粘料等情况，发现问题及时处理。

8. 经常检查皮带进料情况，加强与分离机岗位的联系，及时刮掉太湿、大块物料，防止炉壁粘肥和座炉。

9. 经常检查进、出料皮带，以防跑偏掉料。

10. 经常检查现场及室内的压力、液位，保证其正常操作范围内。发现仪表问题要及时联系处理。

11. 当凝水槽液位在气调阀全开的情况下，液面仍然偏高，此时可开近路阀降低液位，正常后再恢复正常。

12. 自动调节一般都有调节滞后现象，若工况变化不大，压力液位波动频繁，此时可辅以手动短时间操作。

六、工艺指标

1. 热风温度：　　140～220℃

2. 床层温度：　　60～90℃

3. 尾气温度：　　50～80℃

4. 热风压力：　　2.0～4.5kPa

5. 床层压力：　　0～-1.5kPa

6. 闪发器液位：1/2左右

七、故障处理

| 序号 | 故障名称 | 原 因 分 析 | 处 理 方 法 |
|---|---|---|---|
| 1 | 出湿料 | 1. 热风温度低,风量不足<br>2. 湿铵水分大<br>3. 进料大,物料在炉内干燥时间短<br>4. 沸腾炉内局部座炉严重或分布板堵塞<br>5. 空气加热器加热片漏气<br>6. 出料口太低 | 1. 加大热风量,提高蒸汽压力<br>2. 与分离机岗位联系处理<br>3. 减少进料量<br>4. 停炉清扫<br>5. 更换加热片或堵漏<br>6. 提高出料口高度 |
| 2 | 座炉 | 1. 入炉料太湿、量过大<br>2. 入炉料块多<br>3. 热风温度低<br>4. 进风量小<br>5. 开炉时加干料太少<br>6. 机械故障,停风或搅拌机停 | 1. 与值班长及分离机岗位联系<br>2. 加强操作,防止块料进炉<br>3. 提高蒸汽压力<br>4. 加大风量(洗加热器)<br>5. 停料清理,并重新铺床层<br>6. 联系检修 |
| 3 | 尾气含尘高 | 1. 排风量大<br>2. 鼓风量大<br>3. 床层温度高,引起氯化铵升华<br>4. 旋风分离器及下料堵塞、结疤<br>5. 旋风分离器清扫孔、下料管口密封不严 | 1. 减少排风量<br>2. 减少鼓风量<br>3. 降低床层温度<br>4. 清理旋风分离器及下料管<br>5. 盖好密封胶皮或检修 |
| 4 | 炉壁粘肥 | 1. 床层温度低<br>2. 床层负压过大<br>3. 进料溜子被堵<br>4. 未按要求敲炉壁 | 1. 提高床层温度<br>2. 调节风量<br>3. 清除进料溜子上的粘肥<br>4. 严格执行生产管理制度 |
| 5 | 洗水浓度高 | 1. 未及时补充或洗水存量低<br>2. 旋风分离器堵<br>3. 未及时回收洗水 | 1. 补充洗水,保证存量<br>2. 清扫旋风分离器<br>3. 与氯化铵车间联系 |
| 6 | 洗水桶冒 | 1. 补充水过量<br>2. 洗水泵停 | 1. 停止补水<br>2. 倒换备用泵 |
| 7 | 风量小 | 1. 风道堵塞<br>2. 风机能力小 | 1. 停车处理<br>2. 加大风机能力 |
| 8 | 风机震动 | 1. 叶轮粘肥,不平衡<br>2. 轴瓦松动或轴承损伤 | 1. 清洗叶轮<br>2. 停车检修 |
| 9 | 湿法除尘器液封槽堵 | 1. 水量过小<br>2. 泵停<br>3. 旋风分离器堵 | 1. 加大水量<br>2. 倒泵<br>3. 处理旋风分离器 |
| 10 | 热风温度低 | 1. 蒸汽压力低<br>2. 蒸汽中含水量高<br>3. 加热器回水不畅 | 1. 提高蒸汽压力<br>2. 联系总调解决<br>3. 调节有关阀门 |
| 11 | 轴瓦温度高 | 1. 油不足或油质不好<br>2. 瓦安装不好<br>3. 机械故障 | 1. 加油或更换好油<br>2. 联系钳工处理<br>3. 联系钳工处理 |
| 12 | 闪发器超压 | 1. 调节阀工作特性影响<br>2. 冷凝水来量变化大<br>3. 来自外管热力网压力波动影响<br>4. 意外情况(仪表、管道等) | 1. 短时间改用手动控制<br>2. 稳定操作<br>3. 联系调度处理<br>4. 通知有关人员处理 |
| 13 | 液位失控 | 仪表故障 | 联系仪表工处理 |
| 14 | 杂质超标肥料 | 1. 上道工序来脏肥<br>2. 落地脏肥撮进了炉或旋风分离器下料管<br>3. 检修设备时未置换 | 1. 查明源头,联系调度解决<br>2. 按要求装袋回收<br>3. 将脏肥清除装袋 |

| 序号 | 故障名称 | 原 因 分 析 | 处 理 方 法 |
|------|---------|-------------|-------------|
| 15 | 旋风分离器堵 | 1. 出湿肥<br>2. 清扫孔及下料口密封不严<br>3. 疤块堵住下料口 | 1. 见出湿肥故障处理<br>2. 盖好密封胶皮或联系检修<br>3. 清除疤块 |
| 16 | 泵不上水 | 1. 泵叶轮反转<br>2. 泵及管线堵塞<br>3. 洗水桶拉空<br>4. 入口管线及泵内存气 | 1. 停泵联系调换接线<br>2. 停泵清扫<br>3. 检查桶内存液情况<br>4. 排气 |
| 17 | 泵上量不足 | 1. 叶轮间隙堵塞<br>2. 填料函漏气<br>3. 泵体叶轮腐蚀严重<br>4. 洗水桶存量太小 | 1. 停泵清扫叶轮<br>2. 更换填料或紧填料<br>3. 停泵检修<br>4. 提高洗水桶液面 |
| 18 | 泵突然停止转动 | 1. 电气故障<br>2. 负荷太大,开关跳<br>3. 机械故障 | 1. 联系电工检修<br>2. 联系电工检修<br>3. 联系钳工检修 |
| 19 | 突然停电 | 1. 局部电气故障<br>2. 整体停电 | 1. 迅速联系上道工序停车并联系电工处理<br>2. 将开关按至"停车"状态,并做好工艺处理 |
| 20 | 突然停水 | 1. 短时间停水<br>2. 长时间停水 | 1. 开好除尘装置,维持生产<br>2. 联系调度室,并按停车步骤停车 |
| 21 | 突然停汽 | 1. 蒸汽管破裂<br>2. 锅炉、外管故障 | 1. 联系调度停车,并迅速联系钳工检修<br>2. 按停车步骤停车,并做好工艺处理 |

八、干燥岗位安全技术操作规程

1. 开车前联系电气人员检查电机情况是否合乎要求,安全罩是否完好。

2. 检查各压力表、温度表是否齐备好用。

3. 运转设备需盘车一周以上,检查有无障碍物,检查各阀门是否灵活好用。

4. 检查炉内有无异物,封好手孔、人孔。

5. 开排风机时,必须先开冷却水;停排风机时,立即停冷却水。

6. 运行中,应经常检查各设备运转声音、轴承温度、电机温升是否正常。设备运行中注意润滑情况。

7. 经常检查炉内沸腾情况是否良好,发现座炉及时处理。座炉严重时要立即停车处理。

8. 开好湿法除尘器和水沫除尘器,经常检查湿法除尘中喷水孔有无堵塞现象,严禁尾气中带出大量物料。

9. 经常检查加热器的作业情况,及时调节蒸汽量和空气量以及控制凝水槽、闪发器内冷凝水液位等,热风温度不得超过220℃。

10. 为了防止旋风分离器堵塞且增加排风机负荷,沸腾干燥炉应在微负压下进行操作。

11. 为防止除尘系统堵塞,应确保床层温度控制在60~90℃。

12. 经常检查皮带进料情况,加强与分离机岗位的联系,及时刮掉太湿、大块物料,防止炉壁粘肥和座炉。

13. 清炉中,需切断搅拌电源并设专人监护。所用工具应牢固,注意人员安全以免误伤。

14. 停车时,应依次停止进蒸汽,停鼓风机、排风机。若短时间停炉,可以减少蒸汽量而不停风机,减少风量使炉内保留部分余料,以备随时开炉用。

15. 停止进蒸汽,停风机后,关闭闪发器出汽阀和出水阀;打开闪发器排污阀和加热器放空阀(冬季开加热器、凝水槽和闪发器时需用少量蒸汽防冻)。

16. 停洗水泵，并排尽积水。

17. 修理风机和泵时，必须先切断电源，并在刀闸上悬挂"禁止合闸，有人工作"标示牌。

18. 进炉内检修前，必须停下风机，并进行转换、通风，待分析氧含量在 19%～22%，卫生分析合格后，方可交付检修。

19. 沸腾炉检修完毕封堵人孔前，必须将炉内物料清除干净。

20. 因检修而拆卸的安全罩、接地线，检修完毕后应立即恢复原状。

## 六、项目实践 (Project Practice)

**提出问题**：可选用氯化铵干燥岗位操作法，亦可根据实习实际情况选择有现场实训条件的岗位操作。练习阅读和编制岗位操作法。

**分析和解决问题**：建议步骤

① 通读岗位操作法；

② 结合工艺流程图，看懂工艺过程，记忆工艺指标。

③ 识别主要装置设备，查看其工作参数；

④ 分组记忆开停车步骤和操作要点；

⑤ 分析故障原因和处理方法的因果关系；

⑥ 熟悉安全操作技术规程

⑦ 分组编制生产实习中具体装置的岗位操作法。

**达到的效果**：通过分组阅读、编制的过程，体会操作法中的步骤细致准确、操作动作顺序严谨的特点。通过学习规范的岗位操作法，在编制的过程中避免操作步骤倒置和疏漏；具体操作量化；实施步骤确认，分工明确。

# 本章小结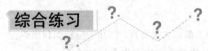

本章以化工项目建议书的编制、化工生产图纸识读、化工生产工艺流程现场识别与分析、工艺技术规程、岗位操作法的编制或修订等四个项目为教学案例，阐述了任何一个化工生产装置，从立项到生产出合格产品要完成的技术文件、操作规范；介绍了化工从业人员如何识读化工生产图纸，如何在化工生产的现场识别工艺流程；从而训练化工从业人员知道将来做什么、怎样做。

1. 编写化工项目建议书的目的和意义，项目建议书的编写格式与具体规范、程序、内容。

2. 熟悉化工生产图纸的内容、表达方式及如何识读。

3. 通过对现场工艺流程的识别与分析的训练，以期达到能发现问题（存在的或可能会发生的隐患）并能提出解决问题的方法。

4. 化工操作规程、岗位操作法是化工生产中的法律性文件，是约束化工从业人员控制生产的技术操作规范，上岗前必须熟练掌握。

### 综合练习 ? ? ? ? ?

自行阅读图 7-18、图 7-19，试着给班级同学就这两幅工艺流程图，结合本书所学内容，出一篇期末试卷，要求有 15 道题量以上，并附上自己的答案。

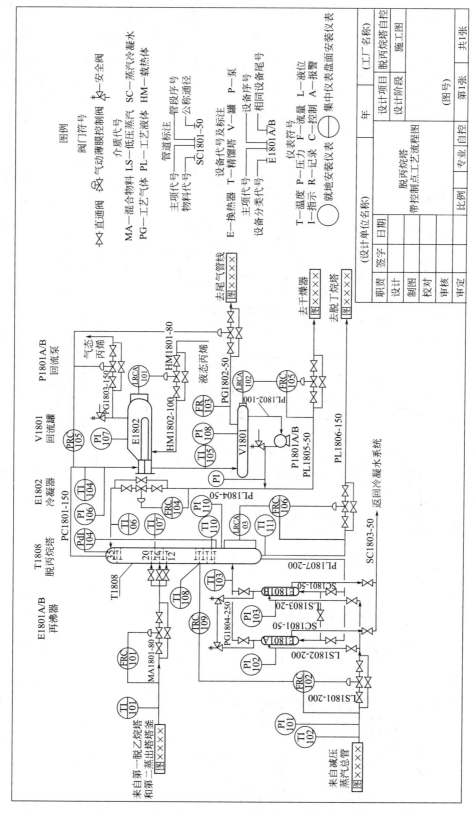

图 7-18 脱丙烷塔带控制点工艺流程图

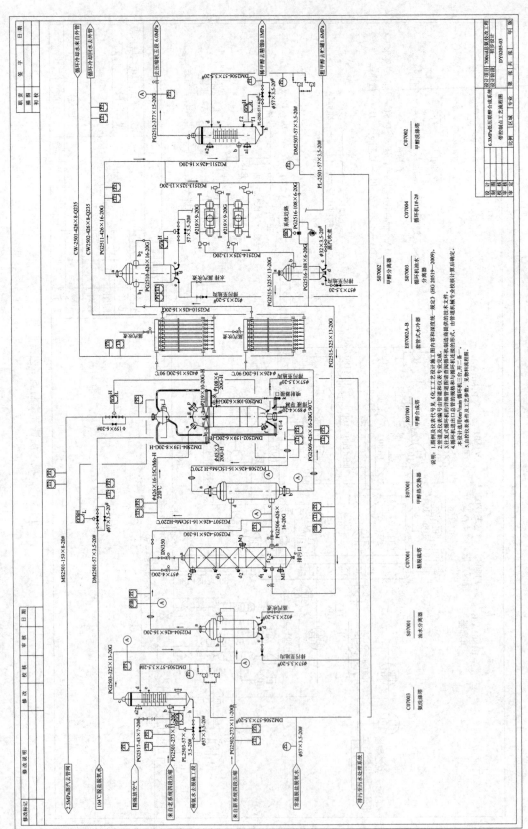

图 7-19　6.3MPa 低压联醇合成系统带控制点工艺流程图

## 自测题

### 一、填空题

1. 一个工程项目的基本建设，从计划到竣工投产要经过许多程序和步骤，_____ 是全部程序中的首要工作，是项目可行性论证的前提和基础。

2. 管路的连接方式，一般可分为 _____ 、 _____ 、 _____ 、 _____ 等四种。

3. 化工厂里螺纹连接通常用于 _____ 、 _____ 、 _____ 及 _____ 管路。

4. 化工生产工艺流程的识别与分析，应重点关注 _____ 、 _____ 、 _____ 、 _____ 等方面。

### 二、名词解释

1. 化工项目建议书；

2. 工艺技术规程；

3. 岗位操作法；

4. 带控制点工艺流程图。

### 三、简答题

列出一个化工项目建议书应有的一级目录。

## 复习思考题

1. 编写化工项目建议书时要做哪些前期工作？为什么？

2. 项目建议书与可行性研究报告有何区别？

3. 环境和安全问题在化工项目建议书中是否可有可无？为什么？

4. 什么是工艺流程、工艺流程图？工艺流程图有哪些表达方式？

5. 带控制点工艺流程图主要用来表达的内容是什么？识读带控制点工艺流程图的主要目的是什么？

6. 何为化工设备装配图？其主要内容包括哪些？

7. 化工生产工艺流程一般由哪些环节组成？各环节应具有什么功能？

8. 如表 7-7 所示，列出了 28 项图例，分别以情况 1 和情况 2 的形式展示。请将其归纳分类，哪些属于操作问题？哪些属于安装不当造成的？哪些属于其他问题？

9. 表 7-7 的图例中正确使用了哪些阀，请简述各种阀的作用。

10. 编制操作规程和岗位操法的主要依据是什么？在什么情况下产生效率？

11. 岗位操作法的主要内容是什么？

12. 化工从业人员上岗前为什么必须掌握操作规程和岗位操作法？

# 参 考 文 献

[1] 谢克昌，李忠等. 甲醇及其衍生物. 北京：化学工业出版社，2006.
[2] 冯元琦. 甲醇生产操作问答. 北京：化学工业出版社，2000.
[3] 应卫勇，曹发海，房鼎业等. 碳一化工主要产品生产技术. 北京：化学工业出版社，2004.
[4] 姚虎卿，刘晓勤等. 化工工艺学. 南京：河海大学出版社，1994.
[5] 《化学工程手册》编辑委员会. 化学工程手册. 第三卷. 北京：化学工业出版社，1989.
[6] 董大勤. 化工设备机械基础. 第2版. 北京：化学工业出版社，1994.
[7] 天津大学化工原理教研室. 化工原理. 天津：天津科学技术出版社，1993.
[8] 《化工》编辑委员会. 化工//《中国大百科全书》总编辑委员会. 中国大百科全书. 北京：中国大百科全书出版社，1980.
[9] 中国石化集团上海工程有限公司. 化工工艺设计手册. 第3版. 北京：化学工业出版社，2003.
[10] 李贵贤，卞进发. 化工工艺概论. 北京：化学工业出版社，2002.
[11] 梁凤凯等. 有机物生产技术. 北京：化学工业出版社，2003.
[12] 黄仲涛等. 工业催化剂设计与开发. 广州：华南理工大学出版社，1991.
[13] 闵恩泽. 工业催化剂的研制与开发，北京：中国石化出版社，1997.
[14] 汤桂华，郑冲，硫酸工业. 北京：化学工业出版社，1966.
[15] 刘振河. 化工生产技术. 北京：高等教育出版社，2007.
[16] 曾繁芯. 化学工艺学概论. 北京：化学工业出版社，1998.
[17] 李应麟，尹其光. 化工过程的物料衡算和能量衡算. 北京：化学工业出版社，1987.
[18] 李成栋. 催化重整. 北京：中国石化出版社，1991.
[19] 向德辉，刘惠云编. 化肥催化剂应用手册. 北京：化学工业出版社，1992.
[20] 娄爱娟，吴志泉，吴叙美编著. 化工设计. 上海：华东理工大学出版社，2002.
[21] 方向晨等. 化工过程强化技术是节能降耗的有效手段. 当代化工，2008，03 (1).
[22] 米镇涛. 化学工艺学. 第2版. 北京：化学工业出版社，2006.
[23] 沈发治等. 化工基础概论. 北京：化学工业出版社，2007.
[24] 刘景良. 化工安全技术. 北京：化学工业出版社，2008.
[25] 杨永杰等. 环境保护概论. 北京：化学工业出版社，2008.
[26] 田铁牛. 化学工艺. 北京：化学工业出版社，2007.
[27] 王新颖. 危险化学品设备安全. 北京：中国石化出版社，2005.
[28] 万世波. 化工工人安全卫生基础知识. 北京，化学工业出版社，2008.
[29] 葛晓军. 化工生产安全技术. 北京：化学工业出版社，2008.
[30] 周忠元. 化工安全技术与管理，北京：化学工业出版社，2002.
[31] 陈匡民. 过程装备腐蚀与防护. 北京：化学工业出版社，2001.
[32] 特种设备安全监察条例（国务院令第549号）.
[33] GB 7144—1999；GB 16297—1996.
[34] 关文玲. 我国化工企业火灾爆炸事故统计分析及事故表征物探讨. 中国安全科学学报 2008，18 (3).
[35] 李保健. 化工识图. 北京：化学工业出版社，2000.
[36] 韩文光. 化工装置实用操作技术指南. 北京：化学工业出版社，2001.
[37] ［美］Lucy Pryde Eubanks, Catherine H Middlecamp 等编著. 化学与社会，段连运等译. 北京：化学工业出版社，2008.
[38] 蒋德军. 合成氨工艺技术的现状及其发展趋势. 现代化工，2005，25 (8).
[39] 全国煤化工信息站. 煤化工技术进展及产业现状分析. 煤化工，2009，(3).
[40] 徐淑玲，尹芳华主编. 走进石化. 北京：化学工业出版社，2008.
[41] 缪巧丽，米镇涛主编. 化学工艺学. 北京：化学工业出版社，2001.
[42] 厉玉鸣. 化工仪表及自动化. 第5版. 北京：化学工业出版社，2011.
[43] 程桂花等. 合成氨. 北京：化学工业出版社，2011.

［44］ 田伟军等．合成氨生产．北京：化学工业出版社，2012．

［45］ 李平辉等．氨的合成生产．北京：化学工业出版社，2011．

［46］ 朱志庆．化工工艺学．北京：化学工业出版社，2011．

［47］ 谢全安等．煤化工安全与环保．北京：化学工业出版社，2008．

［48］ 潘瑞松等．聚酯生产废水的处理．工业用水与废水，2007（6）．

［49］ 薛凤臣．煤制甲醇装置"三废"的处理措施的探讨．科技与企业，2012（16）．

［50］ 钟臣．"责任关怀"决定石油和化工企业的未来．化工质量，2006（1）．

［51］ 孙京京．"责任关怀"化工企业"道德经"．现代职业安全，2009（10）．

［52］ 国家安全生产监督管理总局危险化学品安全监督管理．http：//www．chinasafety．gov．cn/newpage/wxhxp/wx-hxp2013＿jdys．htm．